"十四五"职业教育河南省规划教材

高职高专公共基础课系列教材

办公信息化实例教程

主　编　王惠斌　谢伟增

副主编　张鑫倩　金振乾　冯卫华

　　　　余风军　孟晓峰

西安电子科技大学出版社

内容简介

本书基于实际办公需要，采用“实例驱动”+“同步实训”的编写方式介绍了办公信息化的基本知识和实用操作技能，具有清晰易懂、系统全面、实用性强和突出技能培训等特点。全书共 8 章，内容包括办公自动化与 Windows 操作基础、办公中文档的基本操作、办公中文档的高级应用、办公中表格的基本应用、办公中的数据处理、办公中的演示文稿制作、WPS 办公组件的综合应用和 Internet 网络资源的应用。

本书可以作为职业院校财经类、政法类、信息类、文秘类、管理类等专业办公自动化课程的教材、教学参考书或办公自动化的培训教材，也可作为办公自动化相关从业者的参考资料。

图书在版编目（CIP）数据

办公信息化实例教程 / 王惠斌，谢伟增主编. —西安：西安电子科技大学出版社，2021.10
(2025.1 重印)
ISBN 978-7-5606-6210-7

Ⅰ. ①办…　Ⅱ. ①王…　②谢…　Ⅲ. ①办公信息化—应用软件—教材　Ⅳ. ①TP317.1

中国版本图书馆 CIP 数据核字(2021)第 189602 号

策　　划　李鹏飞　刘　杰
责任编辑　宁晓蓉
出版发行　西安电子科技大学出版社(西安市太白南路 2 号)
电　　话　(029)88202421　88201467　　邮　　编　710071
网　　址　www.xduph.com　　电子邮箱　xdupfxb001@163.com
经　　销　新华书店
印刷单位　西安日报社印务中心
版　　次　2021 年 10 月第 1 版　　2025 年 1 月第 5 次印刷
开　　本　787 毫米×1092 毫米　1/16　印　张　17.5
字　　数　415 千字
定　　价　48.00 元
ISBN 978-7-5606-6210-7

XDUP 6512001-5

如有印装问题可调换

前言

近几年，国际科技领域的竞争日益加剧，在国外压力和国内知识产权环境改善的双重作用下，国产办公软件迎来了爆发式增长，为国内 IT 生态建设作出了重要的贡献。我们很高兴地看到，在办公软件领域，经过多年的准备，国内已经有了可以替代微软 Office 的相关产品，比如本书重点介绍的金山 WPS 就是一款日益成熟的国产办公软件。

随着我国现代化社会的飞速发展，许多单位对工作人员的办公文档处理能力提出了越来越高的要求。学习办公信息化相关知识，适应信息化发展的需要，已经成为各类专业学生的共识。本书从办公人员日常工作的实际出发，本着让更多的办公人员能快速、轻松、全面地掌握计算机基本操作的目的，介绍了办公信息化的相关知识，通过丰富的实例讲解了办公信息化的实用操作。通过本书的学习，读者可以提高办公操作技能，并能熟练使用办公软件、办公网络以及应用各种工具软件分析和解决办公业务中的实际问题。

本书共有 8 章，第 1 章概括性地介绍了办公自动化的基本知识和 Windows 10 的基本操作，主要是考虑到读者的基础不一，便于一些没有计算机知识的人员学习。第 2 章是办公中文档的基本操作，主要包括办公中文档处理的基本流程、简单文档的制作、图文混排文档的制作。第 3 章是办公中文档的高级应用，主要介绍了长文档的制作、域的概念、合并邮件的方法、文档审阅以及修订的方法、论文的编排、科研论文公式的制作方法、脚注和尾注的添加、样式的使用、论文目录的制作。第 4 章是办公中表格的基本应用，主要介绍了常用电子表格的类型和宏的概念、公式和函数的使用方法、利用 WPS 制作表格和图表的方法以及格式化工作表的方法。第 5 章是办公中的数据处理，主要介绍了数据的输入方法，图表、数据透视表的制作方法，工作表中数据的排序、筛选和分类汇总操作。第 6 章是办公中的演示文稿制作，主要介绍了演示文稿的基础知识、演示文稿的建立、幻灯片的编辑与修饰、演示文稿的放映设置。第 7 章是 WPS 办公组件的综合应用，主要介绍了 WPS 各组件之间传输数据的方法和作用、几个常用组件之间共享资源的方法、各项工具的使用技巧及其在实际工作中的应用。第 8 章是 Internet 网络资源的应用，主要介绍了 Internet 的基本知识，网络信息的检索、保存，从 Internet 下载资源，使用电子邮箱收发邮件。为了便于教学，本书每章前面都列出了教学目标和教学内容，每章末都提供了本章小结和实训。

本书由河南司法警官职业学院和西安电子科技大学出版社组织具有丰富教学经验和实践经验的教师编写，王惠斌、谢伟增担任主编，张鑫倩、金振乾、冯卫华、余风军、孟晓峰担任副主编。本书的统稿和编写组织工作由王惠斌负责。宋阳、崔宇琦、王依诺、王鑫硕、李伟、李畅、王小虎等同学参与了本书的文字录入、编辑等工作，这里一并表示感谢。

由于作者水平有限，书中若有不当之处，敬请广大读者、专家批评指正。

编　者

2021 年 7 月

※※ 目　　录 ※※

第 1 章　办公自动化与 Windows 操作基础

教学目标：

- 了解办公自动化的产生、发展过程和发展趋势；
- 熟悉办公自动化的概念、办公自动化系统的功能和组成以及办公自动化采用的技术；
- 掌握 Windows 操作系统的基本操作；
- 了解 WPS 办公软件的功能。

教学内容：

- 办公自动化、信息化的基本概念；
- 办公自动化的发展和 WPS 办公软件概述；
- Windows 10 基本操作。

1.1　办公自动化的基本概念

为了提高工作效率，人们开始借助办公自动化技术来处理日益繁多的办公信息。办公自动化是一种技术，也是一个系统工程。它随技术的发展而发展，随人们办公的方式、习惯和管理思想的变化而变化。本节主要介绍办公自动化的概念、办公自动化系统的功能和组成。

1.1.1　什么是办公自动化

1. 办公自动化的概念

1936 年，美国通用汽车公司的 D. S. Harte 首先提出了办公自动化(Office Automation，OA)的概念。20 世纪 70 年代，美国麻省理工学院的 M. C. Zisman 教授将其定义为："办公自动化就是将计算机技术、通信技术、系统科学及行为科学应用于传统的数据处理技术，对难以处理、数量庞大且结构不明确的、包括非数值型信息的办公事务进行处理的一项综合技术。"

我国办公自动化是 20 世纪 80 年代中期才发展起来的。1985 年召开了全国第一次办公自动化规划会议，对我国办公自动化建设进行了规划。与会的专家、学者们综合了国内外的各种意见，将办公自动化定义为：办公自动化是利用先进的科学技术，不断使人的一部分办公业务活动物化于人以外的各种设备中，并由这些设备与办公室人员构成服务于某种目标的人-机信息处理系统，其目的是尽可能充分地利用信息资源，提高生产率、工作效率和质量，辅助决策，求得更好的效果，以达到既定(即经济、政治、军事或其他方面的)目标。办公自动化的核心任务是为各领域、各层次的办公人员提供所需的信息。1986 年 5 月，在国务院电子振兴领导小组办公自动化专家组第一次会议上，定义了办公自动化系统的功能层次和结构。随后国务院率先开发了“中南海办公自动化系统”。

近年来，随着网络技术的不断发展与普及，跨时空的信息采集、信息处理与利用成为现实，为办公自动化提供了更大的应用空间，同时也提出了许多新的要求。

办公自动化是将现代化办公和计算机网络功能结合起来的一种新型的办公方式，是当前新技术革命中一个非常活跃和具有很强生命力的技术应用领域，是信息化社会的产物。通过网络，组织机构内部的人员可以跨越时间、地点协同工作。通过 OA 系统所实施的交换式网络应用，使信息的传递更加快捷和方便，从而极大地扩展了办公手段，实现了办公的高效率。

信息化代表了一种信息技术被高度应用，信息资源被高度共享，从而使得人的智能潜力以及社会物质资源潜力被充分发挥，个人行为、组织决策和社会运行趋于合理化的理想状态。同时信息化也是 IT 产业发展与 IT 在社会经济各部门扩散的基础之上的，不断运用 IT 改造传统的经济、社会结构，从而通往如前所述的理想状态的一段持续的过程。

2000 年 11 月，在办公自动化国际学术研讨会上，专家们建议将办公自动化更名为办公信息系统(Office Information System，OIS)，并定义办公信息系统为：办公信息系统是以计算机科学、信息科学、地理空间科学、行为科学和网络通信技术等现代科学技术为支撑，以提高专项和综合业务管理水平和辅助决策效果为目的的综合性人机信息系统。随着近年来人工智能等新一代信息技术的发展，智慧化办公越来越成为新的热点。基于传统，本书仍以办公信息化命名。

由上可知，办公自动化的概念随着外部环境的变化、支撑技术的改进、人们观念的不断发展而逐渐演变，并不断充实和完善。它可以被认为是计算机技术、通信技术与科学管理思想的结合并不断地向一种理想境界发展。

2. 办公自动化的层次

办公自动化一般可分为三个层次：事务处理型、管理控制型、辅助决策型。面向不同层次的使用者，OA 会有不同的功能表现。

(1) 事务处理型。事务处理型是最基本的应用，包括文字处理、行文管理、日程安排、电子邮件处理、工资管理、人事管理，以及其他事务处理。该层次的 OA 也就是业务处理系统，它为办公人员提供良好的办公手段与环境。

(2) 管理控制型。管理控制型为中间层应用，它包含事务处理型，是支持各种办公事务处理活动的办公系统与支持管理控制活动的管理信息系统二者相结合的办公系统。该层次的 OA 主要是管理信息系统(Management Information System，MIS)，它能够利用各业务管理环节提供的基础数据提炼出有用的管理信息，把握业务进程，降低经营风险，提高经营效率。超市结算系统、书店销售系统等就属于此类 OA。

(3) 辅助决策型。辅助决策型为最上层的应用，它以事务处理型和管理控制型办公系统的大量数据为基础，同时又以其自有的决策模型为支持。该层次的 OA 主要是决策支持系统(Decision Support System，DSS)，它运用科学的数学模型，以单位内部/外部的信息为条件，为单位领导提供决策参考和依据。医院的专家诊断系统就属于此类 OA。

1.1.2　办公自动化系统的功能

办公自动化系统的功能包括基本功能和集成化功能两个方面。

1. 办公自动化系统的基本功能

从外在形式上看，办公自动化系统的基本功能包括 8 个方面，如表 1-1 所示。

表 1-1　办公自动化系统的基本功能

序号	功 能	解　释
1	公文管理	公文的收发、起草、传阅、批办、签批、会签、下发、催办、归档、查询、统计等，初步实现公文处理的网络化、自动化和无纸化
2	会议管理	会议的策划、通知、组织、纪要归档、查询、统计等和会议室管理，使会议通知、协调、安排都能在网络环境下实现
3	部门事务处理	部门休假及值班安排、制订工作计划、撰写工作总结、策划部门活动等
4	个人办公管理	通讯录、日程、个人物品管理等
5	领导日程管理	领导活动日程的设计、安排等
6	文档资料管理	文档资料的立卷、借阅、统计等
7	人员权限管理	人员的权限、角色、口令、授权等
8	业务信息管理	人事、财务、销售、库存、供应以及其他业务信息的管理等

2. 集成办公环境下办公自动化系统的功能

在集成办公环境下，所有办公人员都在同一个桌面环境下一起工作。具体来说，一个完整的办公自动化系统应该实现下面七个方面的功能。

(1) 内部通信平台的建立。建立单位内部的邮件系统，使单位内部的通信和信息交流快捷通畅。

(2) 信息发布平台的建立。在单位内部建立一个有效的信息发布和交流的场所，例如电子公告、电子论坛、电子刊物，使内部的规章制度、新闻简报、技术资讯、公告事项等能够在单位内部员工之间得到广泛的传播，从而使员工能够了解单位的发展动态。

(3) 工作流程的自动化。工作流程的自动化包括流转过程的实时监控、跟踪，解决多岗位、多部门之间的协同工作问题，实现高效率的协作，例如公文的处理、收发，各种审批、请示、汇报等流程化的工作。通过实现工作流程的自动化，可以规范各项工作，提高单位协同工作的效率。

(4) 文档管理的自动化。文档管理的自动化可以使各类文档能够按权限进行保存、共享和使用，并有一个方便的查找手段。办公自动化使各种文档实现电子化，通过电子文件柜的形式实现文档的保管，按权限进行使用和共享。实现办公自动化以后，如果单位来了一个新员工，管理员只要分配给他一个用户名和口令，他就可以上网查看单位的各种规章制度和相关技术文件等。

(5) 辅助办公。辅助办公涉及很多内容，像会议管理、车辆管理、物品管理、图书管理等与日常事务性的工作相结合的各种辅助办公，都可以在 OA 中实现。

(6) 信息集成。每一个单位都存在大量的业务系统，如购销存、ERP(Enterprise Resource

Planning，企业资源计划)等，单位的信息源往往都在这些业务系统里。办公自动化系统能够和这些业务系统实现很好的集成，使相关人员能够获得全面的信息，提高整体的反应速度和决策能力。

(7) 分布式办公的实现。分布式办公就是要支持多分支机构、跨地域的办公模式以及移动办公。就目前情况来看，随着单位规模越来越大，地域分布越来越广，对移动办公和跨地域办公的需求越来越多。

1.1.3　办公自动化系统的组成

1. 办公自动化系统的组成要素

一个完整的办公自动化系统涉及四个要素：办公人员、办公信息、办公流程和办公设备。

(1) 办公人员。办公人员包括高层领导、中层干部等管理决策人员，秘书、通讯员等办公室工作人员，以及系统管理员、软硬件维护人员、录入员等。这些人应当掌握一定的现代科学技术知识、现代管理知识与业务技能。他们的自身素质、业务水平、敬业精神、对系统的使用水平和了解程度等，对系统的运行效率至关重要。

(2) 办公信息。办公信息是各类办公活动的处理对象和工作成果。办公在一定的意义上讲就是处理信息。办公信息的覆盖面很广，按照其用途，可以分为经济信息、社会信息、历史信息等；按照其发生源，又可分为内部信息和外部信息；按照其形态，办公信息包括各种文书、文件、报表等文字信息，电话和录音等语音信息，图表和批示手迹等图像信息，统计结果等数据信息。各类信息为不同的办公活动提供不同的支持，它们可为事务工作提供基础，为研究工作提供素材，还能为管理工作提供服务，也能为决策工作提供依据。

OA 系统要辅助各种形态的办公信息的收集、输入、处理、存储、交换、输出乃至全部过程，因此，对于办公信息的外部特征、办公信息的存储与显示格式、不同办公层次需要与使用信息的特点等方面的研究，是组建 OA 系统的基础性工作。

(3) 办公流程。办公流程是有关办公业务处理、办公过程和办公人员管理的规章制度、管理规则，它是设计 OA 系统的依据之一。办公流程的科学化、系统化和规范化，将使办公活动易于纳入自动化的轨道。应该注意的是，由于 OA 系统往往要模拟具体的办公过程，因此办公流程或者组织机构的某些变化必然会导致系统的变化，同时，在新系统运行后，也会出现一些新要求、新规定和新的处理方法，这就要求办公自动化系统与现行办公流程之间有一个过渡和切换。

(4) 办公设备。办公设备包括传统的办公用品和现代化的办公设备，它是决定办公质量的物质基础。传统的办公用品历来以笔、墨、纸、砚(文房四宝)、记事本、记录本、电话、钢笔、蜡版等为主；现代化的办公设备包括计算机、打印机、扫描仪、电话、传真机、复印机、微缩设备等。办公自动化的环境要求办公设备主要以现代化设备为主。办公设备的优劣直接影响 OA 系统的应用与普及。

2. 办公自动化系统的处理环节

一般来说，一个较完整的办公自动化系统包括信息输入、信息处理、信息反馈、信息输出四个处理环节。这四个环节组成了一个有机的整体。无论是传统的办公系统还是自动化办公系统，整个办公活动的工作流程如图 1-1 所示。图中箭头的指向表示信息流的方向。输入的办公信息主要有文稿和报表等文字信息、电话和录音等语音信息、图表和批示手迹等图像信息、统计结果等数据信息。输出的是编辑好的文件、表格、报表、图表等有用信息。在办公自动化系统中，信息处理的工具主要是计算机、打印机、复印机、传真机等，信息的存储介质是硬盘、移动硬盘、磁盘、磁带、光盘、缩微胶片等。信息反馈是指处理过的信息需要再次处理。

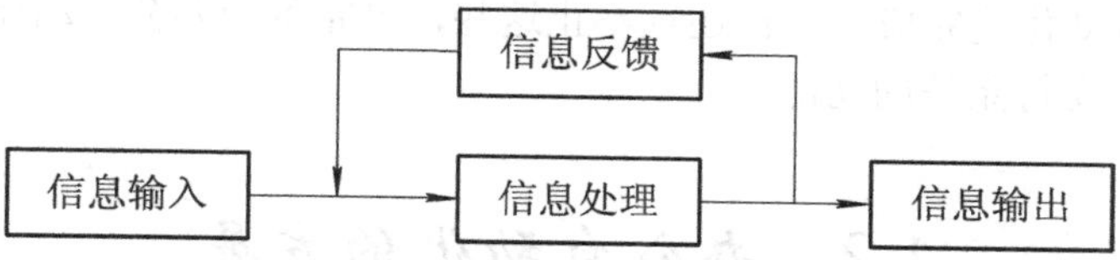

图 1-1　办公活动的工作流程

办公自动化系统综合体现了人、机器、信息三者之间的关系。信息是被加工的对象，机器是加工信息的工具，人是加工过程中的设计者、指挥者和成果的享用者。

3. 办公自动化的主要技术

现代的办公自动化系统，是综合运用信息技术、通信技术和管理科学的系统，是向集成化、智能化方向不断发展的系统。从其处理技术来看，它包括以下几个方面的内容：

(1) 公文电子处理技术。公文电子处理是指使用计算机，借助文字处理软件和其他软件，自动地产生、编辑与存储文件，并实现各部门之间文件的传递。其核心部件是文字处理软件，可以实现文字的输入、编辑、排版以及存储、输出等基本功能。

(2) 电子表格和数据处理技术。在一般办公室环境下，许多工作都可用二维表来做，如财务计算、统计计算、通讯录、日程表等。计算机电子表格处理软件提供了强大的表格处理功能，而数据处理是通过数据库软件建立的各类管理信息系统或其他应用程序来实现的，包括对办公中所需大量数据信息的存储、计算、排序、查询、汇总、制表、编排等内容。

(3) 电子报表技术。办公室离不开报表的处理。电子报表技术就是将手工报表处理转化为计算机处理的技术。目前有许多电子报表软件(如本书后续章节介绍的 WPS 表格)，这些专业软件可以使复杂而烦琐的报表处理变得容易，并且由计算机处理的报表能生成各种图表，达到清晰、美观的效果。

(4) 语音和图形图像处理技术。语音处理技术是指计算机对人的语言声音或其他声音的处理；图形图像处理技术包括图形图像的生成(绘制)、编辑和修改，图形图像与文字的混合排版、定位与输出等。

(5) 电子邮件技术。电子邮件技术是以计算机网络为基础，将声音、数据、文字、图形、图像及其组合，通过网络由一地快速地传递到另一地的技术。

(6) 电子会议技术。电子会议技术指在现代化通信手段和各种现代电子设备的支持下，在本地或异地举行会议的技术。它使用先进的计算机工作站和网络通信技术，使多个办公室的工作台构成同步会议系统，代替一些面对面的会议。它分为电话会议、电视会议和网络视频会议三种。电子会议免除了不必要的交通费用，减少了会议开支，缩短了与会时间，大大提高了会议的质量，它是目前现代决策和信息交流必不可少的手段。特别是网络视频会议，随着网络速度的不断加快，已经在一些政府机关、大型集团公司、跨国企业广泛运用。

(7) 信息检索与传输技术。信息检索与传输技术是指利用计算机可以方便地进行信息检索和传输。在办公室，只要知道档案名，甚至只需要知道档案名中一个或几个关键字就可以顺利地找到资料，任何一台计算机都可以通过电话线、网线、通信卫星等设施或者无线方式与世界各地的计算机相连，这使信息检索的应用扩展到全世界。

当然，办公自动化能完成的工作还远不止这些，更完备的办公自动化系统还应具有管理信息系统和决策支持系统的功能。

1.2　办公自动化的发展

办公自动化技术像其他技术一样，都有一个产生和发展的过程，其发展的核心动力是人们对办公效率提高的需要。本节主要介绍办公自动化的起源、现代办公技术设备的发展、办公自动化的发展趋势、我国办公自动化的发展过程与现状、WPS 办公软件介绍。

1.2.1　办公自动化的起源

美国最先将计算机系统引入办公室。20 世纪 60 年代初，美国 IBM 公司生产了一种半自动化的打字机，这种打字机具有编辑功能，它是现代文字处理机的早期产品。不久，IBM 公司就使用了文字处理机，实现了文书起草、编辑、修改和打印，从而揭开了办公自动化的序幕。

20 世纪 80 年代初，微电子技术迅速发展并与光机技术结合，产生了适合办公需要的电子计算机、通信设备及各类办公设备，为办公自动化的实现提供了物质上的可能。许多体积小、功能全、操作方便的微机出现以后，计算机才真正成为办公工具。随着微型计算机的不断改进，办公自动化的进程大大加快，并且形成了新型综合学科——办公自动化。

20 世纪 80 年代到 90 年代，办公自动化系统开始在世界各国得到快速发展。美、日、英、德等国都在很大程度上实现了办公自动化。目前，这些国家的办公自动化正向着更高的阶段迈进。

1.2.2　现代办公技术设备的发展

从世界范围来看，尽管各个国家情况有所不同，但办公自动化的发展过程在技术设备的使用上大都经历了单机设备、局部网络、一体化、全面实现办公自动化四个阶段。美国是推行办公自动化最早的国家，下面以其为例来说明该发展历程。

(1) 单机设备阶段(1975 年以前)。办公自动化在该阶段主要是进行单项数据处理，如工资结算、报表统计、档案检索、档案管理、文书写作等，使用的设备有小型机、微型机、复印机、传真机等，用以完成单项办公室事务的自动化。在此阶段，计算机只是在局部代替办公人员的手工劳动，使部分办公室的工作效率有所提高，但并未引起办公室工作性质的根本改变。这时的办公自动化可以称为“秘书级别”。

(2) 局部网络阶段(1975 年—1982 年)。在该阶段，办公自动化主要设备的使用在单机应用的基础上，以单位为中心向单位内联机发展，建立了局部网络。局部网络的功能相当于一台小型机、中型机甚至大型机。一个局部网络中可以连接几台、几十台甚至上千台微型机。网络里的计算机以双重身份工作，它既可以像没有连接网络的计算机一样单独工作，又可以作为网络的一部分参加网络的工作。应用局部网络，可以实现网络中的资源共享，使得办公中的关键办公业务实现了自动化。这时的办公自动化可以称为“主任级别”。

(3) 一体化阶段(1983 年—1990 年)。在该阶段，办公自动化设备使用由局部网络向跨单位、跨地区联机系统发展。把一个地区、几十个地区乃至全国的局部网络连接起来，就形成了庞大的计算机网络。采用系统综合设备，如多功能工作站、电子邮政、综合数据通信网等，可以实现更大范围的资源共享，实现全面的办公业务综合管理的自动化。1984 年，美国康涅狄格州哈特福特市一幢旧金融大厦改建为“都市办公大楼(City Place Building)”，用计算机统一控制楼内的空调、电梯、供电配电、防火防盗系统，并为客户提供语音通信、文字处理、电子邮政、市场行情查询、情报资料检索、科学计算等多方面的服务，成为公认的世界上第一幢智能大厦。这一阶段已经是办公自动化的较高级阶段，办公自动化进入了“经理(决策)级别”。

(4) 全面实现办公自动化阶段(1990 年至今)。办公自动化在该阶段以实现数字、文字、声音、图像等多媒体信息传输、处理、存储的广域网为手段，使信息资源在世界范围内共享，将世界变成地球村。比如，1993 年 9 月，克林顿政府正式宣布了“国家信息基础设施(NII)”计划，该计划以光纤网技术为先导，谋求实现政府机关、科研院所、学校、企业、商店乃至家庭之间的多媒体信息传输，使得办公系统与其他信息系统结合在一起，形成一个高度自动化、综合化、智能化的办公环境。内部网可以和其他局域或广域网相连，以获取外部信息源产生的各种信息，更有效地满足高层办公人员、专业人员的信息需求，达到辅助决策的目的。

在该阶段，人们在办公室中可以看到许多现代化的办公设备，如各类计算机、可视电子业务通信设备、综合信息数字网络系统、多功能自动复印机、传真机、电子会议室、缩微系统等。利用计算机以及由计算机控制的各类现代办公设备就可迅速处理大量的办公信息。

1.2.3 办公自动化的发展趋势

随着各种技术的不断进步，办公自动化的未来发展趋势将体现以下几个特点。

(1) 办公环境网络化。完备的办公自动化系统能够把多种办公设备连接成局域网，进而通过公共通信网或专用网连接成广域网，通过广域网可连接到地球上任何角落，从而使办公人员真正做到“秀才不出门，尽知天下事”。

(2) 办公操作无纸化。办公环境的网络化使得跨部门的连续作业免去了纸介质载体的传统传递方式。采用无纸办公可以节省纸张，更重要的是速度快、准确度高，便于文档的编排和复用，它非常适合电子商务和电子政务的办公需要。

(3) 办公服务无人化。无人办公适于那些办公流程及作业内容相对稳定，工作比较枯燥，易疲劳，易出错，劳动量较大的工作场合，如自动存取款的银行业务、夜间传真及电子邮件自动收发。

(4) 办公业务集成化。许多单位的办公自动化系统最初往往是单机运行的，至少是各个部门分别开发自己的应用系统。在这种情况下，由于所采用的软、硬件可能出自多家厂商，因此软件功能、数据结构、界面等也会不同。随着业务的发展、信息的交流，人们对办公业务集成性的要求将会越来越高。实现办公业务集成有四个方面的要求，一是网络的集成，即实现异构系统下的数据传输，这是整个系统集成的基础；二是应用程序的集成，以实现不同的应用程序在同一环境下运行和同一应用程序在不同节点下运行；三是数据的集成，不仅包括相互交换数据，而且要实现数据的相互操作和解决数据语义的异构问题，真正实现数据共享；四是界面的集成，就是要实现不同系统下操作环境和操作界面的一致，至少是相似。

(5) 办公设备移动化。人们可通过便携式设备实现办公自动化，如笔记本电脑通过电话线或无线接入轻而易举地与“总部”相连，完成信息交换、指令传达、工作汇报。利用移动存储设备可以将大量数据很容易、很轻便地从一处移动到别处。1995 年，IBM 启动了一项“移动办公计划”，亚洲地区的日本、韩国、新加坡等国家以及中国香港、台湾等地区的 IBM 分公司都先后实现了这一计划。1997 年，IBM 中国公司广州分公司在中国大陆率先实现了“移动办公”。据 IBM 韩国分公司统计，推行移动办公后，员工与客户直接接触的时间增加了 40%，有 63.7%的客户对服务表示更加满意，而公司则节省了 43%的空间。

(6) 办公思想协同化。20 世纪 90 年代末期开始，协同办公管理思想开始兴起，旨在实现项目团队协同、部门之间协同、业务流程与办公流程协同、跨越时空协同，它主要侧重和关注知识/信息与资源的分享，是今后办公自动化的一大发展方向。

(7) 办公信息多媒体化。多媒体技术在办公自动化中的应用，使人们处理信息的手段和内容更加丰富，使数字、文字、图形图像、音频及视频等各种信息载体均能使用计算机处理，它更加适应并有力支持了人们喜欢以视觉、听觉、感觉等多种方式获取及处理信息的习惯。目前人事档案库中增添个人照片、历史档案材料的光盘存储等就是其典型应用。

(8) 办公管理知识化。知识管理的优势在于，注重知识的收集、积累与继承，最终目标是要实现政府、机关、企业及员工的协同发展，而不是关注办公事务本身与单位本身的短期利益。只有实现单位的发展，员工的发展才有空间；只有实现员工的发展，单位的发展才有潜力。“知识管理”正是实现两者协同发展的桥梁。

(9) 办公系统智能化。给机器赋予人的智能，这一直是人类的一种梦想。人工智能是当前计算机技术研究的前沿课题，也取得了一些成果。这些成果虽然还远未达到让机器像人一样思考、工作的程度，但已经可以在很多方面对办公活动给以辅助。办公系统智能化的广义理解可以包括手写输入、语音识别、基于自然语言的人机界面、多语互译、基于自学习的专家系统以及各种类型的智能设备等。

综上所述，办公自动化技术发展前景是广阔美好的。办公自动化技术能让人从繁重、枯燥、重复性的劳动中解放出来，使他们有更多的精力和时间去研究、思考更重要的问题，最终把办公活动变成一个思考型而不是业务型的活动。

在新型冠状病毒肆虐期间，智能化的办公系统让人足不出户就实现了远程办公、网上授课，发挥了巨大的作用。

1.2.4　我国办公自动化的发展过程与现状

1. 我国办公自动化的发展过程

我国办公自动化起源于 20 世纪 80 年代初政府的公文和档案管理，发展过程可以概括为以下三个阶段：

(1) 启蒙动员阶段(1985 年以前)。我国的办公自动化从 20 世纪 80 年代初进入启蒙阶段，1983 年，国家开始大力推行计算机在办公中的应用，通过一段时期的积累，成立了办公自动化专业领导小组，它负责制定我国的办公自动化发展规划，并从硬件、软件建设上进行宏观指导。当时，计算机汉字信息处理技术的突破性进展，为 OA 系统在我国的实用化铺平了道路。通过试点，在该阶段建立了一些有效的办公自动化系统。1985 年，我国制定了办公自动化的发展目标及远景规划，确定了有关政策，为全国 OA 系统的初创与发展奠定了基础。

(2) 初见成效阶段(1986 年—1990 年)。20 世纪 80 年代末，我国开始大力发展办公自动化。这个阶段我国建立了一批能体现国家实力的国家级办公自动化系统，在各个省市县区的领导部门建立了一批有一定水平的办公自动化系统，同时做了一定的标准化工作，为建立自上而下的网络办公自动化系统打好了基础。1987 年 10 月，上海市政府办公信息自动化管理系统(SOIS)通过鉴定并取得了良好的效果，在全国具有一定的示范性。

在这一阶段，我国的单机应用水平与国外相近，并且基于此时国内通信设施落后、网络水平低的情况，国家已经开始对全国通信网络进行全面改造。

(3) 快速发展阶段(1990 年以后)。进入 20 世纪 90 年代，网络技术、数据库技术得到了广泛应用，同时国内经济的飞速发展引发了市场竞争逐渐激烈，政府管理职能也得到了扩大和优化，这一切导致政府和企业对办公自动化产品的需求快速增长。这时，办公自动化开始进入一个快速的发展阶段，我国 OA 系统发展也呈现网络化、综合化的趋势。该阶段我国 OA 发展有两大群体，一个是国家投资建设的经济、科技、银行、铁路、交通、气象、邮电、电力、能源、军事、公安及国家高层领导机关等 12 类大型信息管理系统，体系较为完整，具有相当的规模。其中，由国务院办公厅秘书局牵头的“全国行政首脑机关办公决策服务系统”于 1992 年启动，以国办的计算机主系统为核心节点，覆盖全国省级和国务院主要部门的办公机构，取得了很大的进展，到 1997 年底初步实现全国行政首脑机关的办公自动化、信息资源化、传输网络化和管理科学化。另一个群体是各企业、各部门自行开发的或者是一些软件公司推出的商品化的 OA 软件。这些软件系统是根据用户的具体需求开发的，往往侧重于某几个主要功能，或者适合于某种规模，或者满足某些特殊需要，所以它功能比较完善，并能较好地满足用户的实际需要，在一些中、小型单位具有较大的市场。

总之，办公自动化发展到今天，它的定义已由原来简单的公文处理扩展到整个企事业单位的信息交换平台，并实现了与系统支持平台的无关性，其功能已有极大的飞跃。

2. 我国办公自动化的现状

我国的办公自动化建设经历了一个较长的发展阶段，目前各单位的办公自动化程度相差较大，大致可以划分为以下四类：

(1) 起步较慢，还停留在使用没有联网的计算机的阶段，使用 Microsoft Office 系列、

WPS 系列应用软件以提高个人办公效率。

(2) 已经建立了自己的 Intranet(单位内部局域网)，但没有好的应用系统支持协同工作，仍然是个人办公。网络处在闲置状态，单位的投资没有产生应有的效益。

(3) 已经建立了自己的 Intranet，单位内部员工通过电子邮件交流信息，实现了有限的协同工作，但产生的效益不明显。

(4) 已经建立了自己的 Intranet；使用经二次开发的通用办公自动化系统；能较好地支持信息共享和协同工作，与外界的联系畅通；通过 Internet 发布、宣传单位的有关情况；Intranet 网络已经对单位的管理产生明显效益。大多数单位已经开发或已经在使用针对业务定制的综合办公自动化系统，实现科学的管理和决策，增强单位的竞争能力。

目前，构筑单位内部 Intranet 平台，实现办公自动化，进而实现电子商务(e-business)或电子政务(e-government)已成为众单位的当务之急；设计信息系统方案，添置硬件设备、建设网络平台，选择应用软件，这些已经成为每个企事业单位领导和信息主管日常工作的重要组成部分。

3. 影响我国办公自动化发展的原因

纵观我国办公自动化系统的发展，经历了和发达国家类似的过程。目前影响系统发展的主要因素有以下几个方面：

(1) 基础设施建设尚不完善。应用办公自动化产品的多数单位的计算机和网络基础设施建设尚不完善，仅仅依靠独立的个人计算机完成简单的文字处理和表格处理，或者利用网络进行简单的邮件交换，这并不能大幅度提高用户的工作效率。

(2) 系统的安全难以令人满意。自从第一台计算机诞生以来，安全就成了阻碍计算机应用的一个重要因素，尤其是在网络时代，Internet 的深入同时也意味着外部窥探的到来。对于办公系统来说，由于传输、处理、存储的信息具有很高的价值和保密性，往往成为黑客和病毒攻击的目标，直接与 Internet 相连的办公系统的安全难以保障。

(3) 与办公自动化相适应的规章制度不健全。办公自动化系统不同于一般的管理软件，它处理的电子化公文存在法律效力的问题，目前国内尚无这方面的立法规定。同时，单位内部也没有建立和完善相应的规章制度，保证办公系统的正确运行，使工作人员能接受和使用软件。在运用软件的管理过程中，必须有一种制度对人的行为进行管理，建立责任、诚信制度。

(4) 落后的管理模式与先进的计算机网络化管理不相适应。单位投入大量资金实现办公自动化，但如果管理人员和办公人员的计算机水平跟不上，员工使用计算机的热情不高，网络管理混乱，基础数据不完整，则必然造成办公自动化效果不明显。办公过程中引入计算机管理系统，必然对现行的体制产生影响，一部分领导干部和工作人员产生疑问和抵触情绪，会妨碍现代办公管理系统的应用。

(5) 领导的重视和工作人员的支持不够。在目前形势下，应当对机关和企业办公自动化负全责的 CIO(Chief Information Official，首席信息官)或信息中心主任没有真正获得应有的权力和信任，既要面对单位领导的直接指导，又要面临来自传统基层部门的阻力。因此，办公自动化的实施必须取得领导的重视和业务人员的支持。

(6) 软件应用相对滞后于硬件平台。过去，许多企业开发的办公软件功能过于单一，长期以来成熟的办公自动化软件产品还主要是以文字、表格处理为主，没有将用户其他方面，尤其是其业务处理的需求结合在办公自动化系统中。软件应用相对滞后于硬件平台，导致有路无车现象，很多单位只限于单机应用或简单的网络应用。

(7) 不能慎重选择适合自身条件的设备、软件和服务厂商。不同的单位都有自己的特殊之处，适用于其他单位的软件不一定适合自己。然而，一些单位在实施办公自动化之初，没有事先对单位需求进行分析和设计，没有对各种系统进行咨询和考察，不能慎重选择与单位条件相适应的体系结构、设备、软件系统和能及时提供服务支持的厂商，结果造成对软件系统的期望值过高，软件应用过于庞大，软件功能与单位需求相差甚远，尽管硬件系统比较完善，仍导致“有路坏车”的现象。

近年来，网络技术、通信技术、数据库技术、多媒体技术、虚拟现实技术等的飞速发展和应用，尤其是云计算、大数据、人工智能等新一代信息技术的发展使我国办公自动化的发展呈现出新的景象，为办公自动化的进一步发展提供了契机。

1.2.5　WPS 办公软件介绍

WPS Office 是由金山软件股份有限公司(以下简称金山办公)自主研发的一款办公软件套装，可以实现办公软件最常用的文字、表格、演示等多种功能。具有内存占用低、运行速度快、体积小巧、强大插件平台支持、免费提供海量在线存储空间及文档模板、支持阅读和输出 PDF 文件、全面兼容微软 Office 97—2010 格式(.doc、.docx、.xls、.xlsx、.ppt、.pptx 等)的独特优势，可以直接保存和打开 Microsoft Word、Excel 和 PowerPoint 文件，也可以用 Microsoft Office 轻松编辑 WPS 系列文档。覆盖 Windows、Linux、Android、iOS 等多个平台。金山办公的业务目前已经覆盖全国 30 多个省、市、自治区政府，400 多个市县级政府，政府采购率达到 90%。每天全球有超过 5 亿个文件在 WPS Office 平台上被创建、编辑和分享。

金山办公旗下主要产品和服务均由公司自主研发而形成，针对核心技术，如 WPS 新内核引擎技术、基于大数据分析的知识图谱技术、基于云端的移动共享技术、文档智能美化技术等关键技术，金山办公均已申请了发明专利，并对重要产品申请了软件著作权。截至 2018 年底，金山办公及子公司拥有专利和著作权总计分别为 164 项和 282 项，其中中国境内登记的专利共 146 项，境外登记的专利总计 18 项，中国境内登记的软件著作权总计 275 项，境外登记的软件著作权总计 7 项。

截至 2021 年 7 月，WPS Office 最新版本号是 W.P.S.10578.12012.2019.exe

1. 产品特点

(1) 支持多种文档格式：兼容 Word、Excel、PPT 三大办公套组的不同格式，支持 PDF 文档的编辑与格式转换，集成了思维导图、流程图、表单等功能。

(2) 云服务助力高效云办公：云端自动同步文档，记住工作状态，登录相同账号，切换设备也无碍工作。

(3) 云端备份防丢失：让本地文件/文件夹同步到云，安全高效云办公。

(4) 接收文件云储存：在不同设备随时查看各聊天工具接收到的文件。

(5) 1 G 免费云空间：注册成为 WPS 用户即可免费享有 1 G 云空间。

(6) 内嵌云文档：客户端也能多人协作，无需重复收发文件，多人同时查看与编辑，还能保留编辑记录。

2. 发展历史

WPS Office 的简要发展历史阶段如图 1-2 所示。

图 1-2　WPS Office 的历史发展阶段

3. 产品主要功能

1) *在文字方面的功能*

(1) 新建 Word 文档；

(2) 支持 .doc、.docx、.dot、.dotx、.wps、.wpt 文件格式的打开，包括加密文档；

(3) 支持对文档进行查找替换、修订、字数统计、拼写检查等操作；

(4) 编辑模式下支持文档编辑，文字、段落、对象属性设置，插入图片等；

(5) 阅读模式下支持文档页面放大、缩小，调节屏幕亮度，增减字号等；

(6) 支持批注、公式、水印、OLE 对象的显示。

2) *在演示方面的功能*

(1) 新建幻灯片；

(2) 支持 .ppt、.pptx、.pot、.potx、.pps、.dps、.dpt 文件格式的打开和播放，包括加密文档；

(3) 全面支持 PPT 各种动画效果，并支持声音和视频的播放；

(4) 编辑模式下支持文档编辑，文字、段落、对象属性设置，插入图片等；

(5) 阅读模式下支持文档页面放大、缩小，调节屏幕亮度，增减字号等；

(6) 共享播放，与其他 iOS 设备链接，可同步播放当前幻灯片；

(7) 支持 Airplay、DLNA 播放 PPT。

3) 在表格方面的功能

(1) 新建 Excel 文档；

(2) 支持 .xls、.xlt、.xlsx、.xltx、.et、.ett 格式的查看，包括加密文档；

(3) 支持 sheet 切换、行列筛选、显示隐藏的 sheet、行、列；

(4) 支持醒目阅读——表格查看时，支持高亮显示活动单元格所在行列；

(5) 表格中可自由调整行高和列宽，完整显示表格内容；

(6) 支持在表格中查看批注；

(7) 支持表格查看时，双指放缩页面。

4) 在公共方面的功能

(1) 支持文档漫游，开启后无需数据线就能将打开过的文档自动同步到您登录的设备上；

(2) 支持金山快盘、Dropbox、Box、GoogleDrive、SkyDrive、WebDAV 等多种主流网盘；

(3) WiFi 传输功能，电脑与 iPhone、iPad 可相互传输文档；

(4) 支持文件管理，可以新增文件夹，复制、移动、删除、重命名、另存文档；

(5) 适配 iOS，支持 siri 语音输入、支持选区翻译、支持选区朗读。

1.3 Windows 10 操作系统

Windows 操作系统是目前应用最为广泛的一种图形用户界面操作系统，它利用图像、图标、菜单和其他可视化部件控制计算机。通过鼠标，可以方便地实现各种操作，而不必记忆和键入控制命令，非常容易掌握其使用方法。本节主要介绍 Windows 10 操作系统的基本知识和使用方法。

1.3.1 Windows 10 操作系统简介

Windows 是由美国微软公司(Microsoft)开发的视窗式操作系统，它采用了 GUI 图形化操作模式，使计算机操作更为简单化和人性化，得到了用户的普遍认可，成为目前世界上使用最广泛的计算机操作系统。

Windows 10 在易用性和安全性方面有了极大的提升，除了针对云服务、智能移动设备、自然人机交互等新技术进行融合外，还对固态硬盘、生物识别、高分辨率屏幕等硬件进行了优化完善与支持。

截至 2021 年 6 月 8 日，Windows 10 正式版已更新至 10.0.19043.1052 版本，预览版已更新至 10.0.21390.1 版本。

2017 年 5 月 23 日，微软宣布与神州网信合作开发了政府版 Windows 10，以适应政府、基础设施、国有企业等的需求，据介绍，联想将率先推出预装政府版 Windows 10 系统的电脑设备，而中国海关、上海市经信委将作为试点企业。

2021 年 6 月，微软公司网站发布消息称，将于 2025 年 10 月 14 日终止对 Windows 10 操作系统的支持，包括专业版和家庭版。

1. Windows 10 版本介绍

无论是家庭版、专业版、教育版、企业版，它们的 Windows 10 核心功能都是一样的，比如自动升级、Cortana 娜娜语音助手、虚拟桌面、Edge 浏览器等。

1) Windows 10 家庭版

Windows 10 家庭版是普通用户用得最多的版本，几乎绝大多数 PC 都会预装 Windows 10 家庭版。该版本拥有 Windows 的全部核心功能，比如 Edge 浏览器、Cortana 娜娜语音助手、虚拟桌面、微软 Windows Hello、虹膜、指纹登录、Xbox One 流媒体游戏等。支持 PC、平板、笔记本电脑、二合一电脑等各种设备的使用。为了提高系统安全性，Windows 10 家庭版用户对于来自 Windows Update 的补丁无法做出自己的判断，只能照单全收，系统将会自动安装任何安全补丁，不再向用户询问。

家庭版还包括了一个针对平板电脑设计的称之为“Continuum”的功能，其向用户提供了简化的任务栏以及开始菜单，应用也将以全屏模式运行。

2) Windows 10 专业版

Windows 10 专业版主要面向电脑技术爱好者和企业技术人员，除了拥有 Windows 10 家庭版所包含的应用商店、Edge 浏览器、小娜助手、Windows Hello 等外，主要增加了一些安全类及办公类功能。比方说允许用户管理设备及应用、保护敏感企业数据、支持远程及移动生产力场景、云技术支持等。Windows 10 专业版还内置一系列 Windows 10 增强的技术，主要包括组策略、Bitlocker 驱动器加密、远程访问服务、域名连接。

3) Windows 10 企业版

Windows 10 企业版是针对企业用户提供的版本，相比于家庭版本，企业版提供了专为企业用户设计的强大功能，例如无需 VPN 即可连接的 Direct Access、支持应用白名单的 AppLocker、通过点对点连接与其他 PC 共享下载与更新的 BranchCache 以及基于组策略控制的开始屏幕。

4) Windows 10 教育版

在 Windows 10 之前，微软还从未推出过教育版，教育版是专为大型学术机构设计的版本，具备企业版中的安全、管理及连接功能。除了更新选项方面的差异之外，Windows 10 教育版与 Windows 企业版功能没有区别。

5) Windows 10 移动版

使用 WindowsPhone 或者是运行 Windows 8.1 的小尺寸平板电脑的用户，可以升级到 Windows 10 移动版。Windows 10 移动版包括 Windows 10 中的关键功能，包括 Edge 浏览器以及全新触摸友好版的 Office，但是它并未内置 IE 浏览器。

6) Windows 10 移动企业版

Windows 10 移动企业版是针对大型企业用户推出的，它采用了与企业版类似的批量授权许可模式，但是微软并未对外透露相关的细节。

7) Windows 10 物联网版

如果用户拥有一台树莓派 2(RaspberryPi2)或者是一个英特尔 Galileo，那么就可以将免费的 Windows 10 物联网版刷入其中，然后运行通用应用。微软还提供了其他针对销售终端、ATM 或其他嵌入式设备设计的工业以及移动版本的 Windows 10。

工业版 Windows 10 仅支持 x86 架构的系统，而移动版可能同时支持 x86 以及 ARM 架构的处理器，它们可以运行通用应用。

2. Windows 10 的硬件要求

安装 Windows 10 的计算机硬件至少要达到以下要求：

(1) 主频至少达到 1 GHz 的 32 位或者 64 位处理器；

(2) 内存至少达到 1 G(针对 32 位 Windows 10 系统)/2 G(针对 64 位 Windows 10 系统)容量；

(3) 硬盘至少达到 16 G(针对 32 位 Windows 10 系统)/20 G(针对 64 位 Windows 10 系统)容量；

(4) 带有 WDDM 1.0 或者更高版本驱动程序的 DirectX 9 图形设备。

1.3.2 Windows 10 的关机、重启和启动

1. Windows 10 的关机和重启

为了保证计算机正常使用和延长其寿命，用户要采用正确的关机方式进行关机，否则可能造成文件损坏或丢失，从而影响系统的稳定性和用户的正常使用。正确的关机方法有以下几种：

(1) 单击桌面左下方“开始”按钮，在弹出的“开始”菜单中，单击“关机”按钮。

(2) 按下 Alt + F4 组合键(先按下 Alt 键不松，再按下 F4 键)，弹出“关闭 Windows”窗口，在“希望计算机做什么?”问题下选择“关机”选项，单击“确定”按钮，如图 1-3 所示。

(3) 短按主机电源按钮。

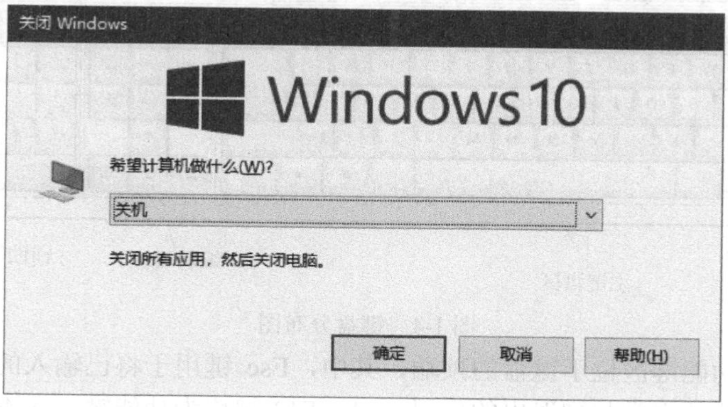

图 1-3　Windows 10 关机

重启操作与关机类似。用户可以通过单击“开始”按钮，执行“开始”菜单“关机”按钮右侧扩展项中的“重新启动(R)”项完成。

小提示：

• 利用短按主机电源按钮进行关机操作时，一定要注意是“短”按。因为长按主机电源属于强制关机，而强制关机仅在计算机出现死机的情况下适用，它可能造成系统文件损坏。

• Windows 10 的关机按钮允许用户订制。用户可以通过修改“开始菜单”属性中“电源按钮操作”进行设置，比如把“关机”按钮设置为“重启”按钮等。

2. Windows 10 的启动

成功安装 Windows 10 后，用户一旦打开计算机，Windows 10 就会自动启动。此时，如果用户设置了登录密码，或者系统中存在 2 个以上的用户时，用户需要单击相应用户并输入正确的密码才能显示桌面。而如果系统只存在一个用户，且没有设置密码，Windows 10 会自动显示桌面。如果存在多个用户，登录界面会出现多个用户账户图标，单击相应的用户图标选择用户登录。

小提示：Windows 10 是多用户、多任务的操作系统。也就是说多个用户可以共用一台计算机，而且各个用户可以拥有自己的工作界面，互不干扰。如何添加和管理用户将在后面章节进行介绍。

1.3.3　键盘与鼠标的使用

键盘和鼠标是计算机系统中最重要的输入设备。一般情况下，使用键盘输入字符、数字和文字等，使用鼠标进行窗口常用操作。

1. 键盘的使用

按照键盘各键的功能，可以将键盘分成功能键区、主键盘区、编辑键区、辅助键区(小键盘区)以及状态指示灯区 5 个键位区，如图 1-4 所示。

图 1-4　键盘分布图

功能键区：功能键区位于键盘的顶端。其中，Esc 键用于将已输入的命令或字符串取消，在一些应用软件中常起到退出的作用。F1～F12 键称为功能键，在不同的软件中，各个键的功能有所不同。一般在程序窗口中 F1 键可以获取该程序的帮助。

主键盘区：主键盘区的按键主要用于输入文字和符号，包括字母键、数字键、符号键、控制键和 Windows 功能键。

编辑键区：编辑键区的按钮主要用于编辑过程中光标的控制和定位。

辅助键区：辅助键区又称小键盘区，主要用于快速输入数字。当要使用小键盘区输入数字时，应先按 Num Lock 键，使小键盘右上角状态指示灯 Num Lock 亮，表示此时为数字状态。

状态指示灯区：主要用于提示小键盘工作状态、大小写状态及滚屏锁定键的状态，所以该区仅起提示作用，不作为键盘的按键使用。

2. 鼠标的使用

虽然鼠标的外形各不相同，但大体上都包含左键、右键和中间的滚轮三个部件。常用的鼠标操作包括指向、单击、右击、双击、拖动和滚轮滚动等，每种操作都有各自的特点和功能。

指向：将鼠标光标移动到某一对象上并稍作停留，就是指向操作。一般进行指向操作后，该定位对象上将出现相应的提示信息。

单击：单击操作常用于选定对象、打开菜单或启动程序。将鼠标光标定位到要选取的对象上，按下鼠标左键并立即松开即可完成单击操作，同时被选取的对象呈高亮显示。

右击：右击操作常用于打开相关的快捷菜单。将鼠标光标指向某对象，单击鼠标右键，此时会弹出该对象的快捷菜单。

双击：双击操作常用于打开对象。将鼠标光标指向某对象后，连续快速地按两下鼠标左键，然后松开。

拖动：拖动操作常用于移动对象。将鼠标光标定位到对象上，按住鼠标左键不放，然后移动鼠标光标将对象从屏幕的一个位置拖动到另一个位置，最后松开鼠标左键即可。

滚轮滚动：当屏幕上下不能一次性完全显示内容时，用户可以通过鼠标滚轮上下滚动将显示屏幕上下移动。

1.3.4　桌面

Windows 开机后出现的界面称为“桌面”，它是用户操作计算机使用最频繁的场所之一。Windows 10 桌面以其简洁、友好、靓丽的设计，赢得了广大用户的认可。Windows 10 的标准桌面由桌面图标、桌面背景和任务栏三部分组成，如图 1-5 所示。

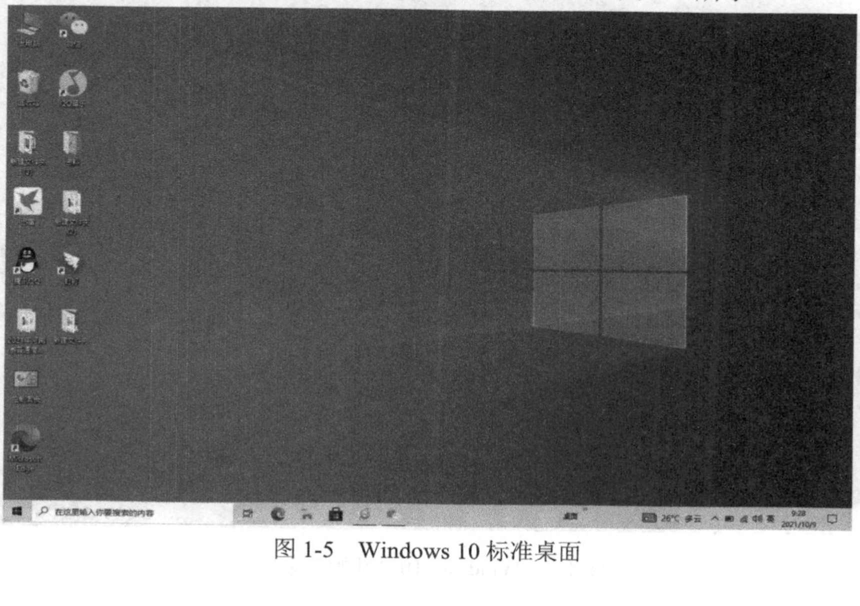

图 1-5　Windows 10 标准桌面

1. 桌面图标

Windows 是一个图形化的操作系统，在 Windows 10 环境下，所有的应用程序、文件、文件夹等对象都用图标来表示。图标由一个可以反映对象类型的图片和相关文字说明组成。鼠标双击这些图标，即可打开并运行相应的应用程序或者文件。Windows 10 桌面图标又分为系统图标和快捷方式图标两类。其中，系统图标是 Windows 10 操作系统为用户设置的图标，而快捷方式图标是用户自己创建的图标。两者外观的主要区别在于系统图标左下方没有快捷箭头标识。

2. 桌面背景

桌面背景是指桌面的背景图案。Windows 10 安装完成后，默认的桌面背景是一样的，千篇一律，缺乏个性。用户可以尝试把背景改成自己喜欢的图案，具体操作方法将在后面章节进行介绍。

3. 任务栏

任务栏一般情况下位于 Windows 10 桌面的底部，它由“开始”菜单、程序锁定区、应用程序区、通知区域和显示桌面按钮等几部分组成，如图 1-6 所示。

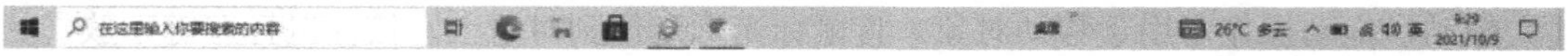

图 1-6　Windows 10 任务栏

(1) “开始”菜单。几乎所有的 Windows 10 操作都是从“开始”菜单开始的。用户可以通过单击桌面左下方的  按钮打开“开始”菜单，如图 1-7 所示。“开始”菜单由固定程序列表、常用程序列表、所有程序列表、搜索框、启动菜单和关机选项等部分组成。

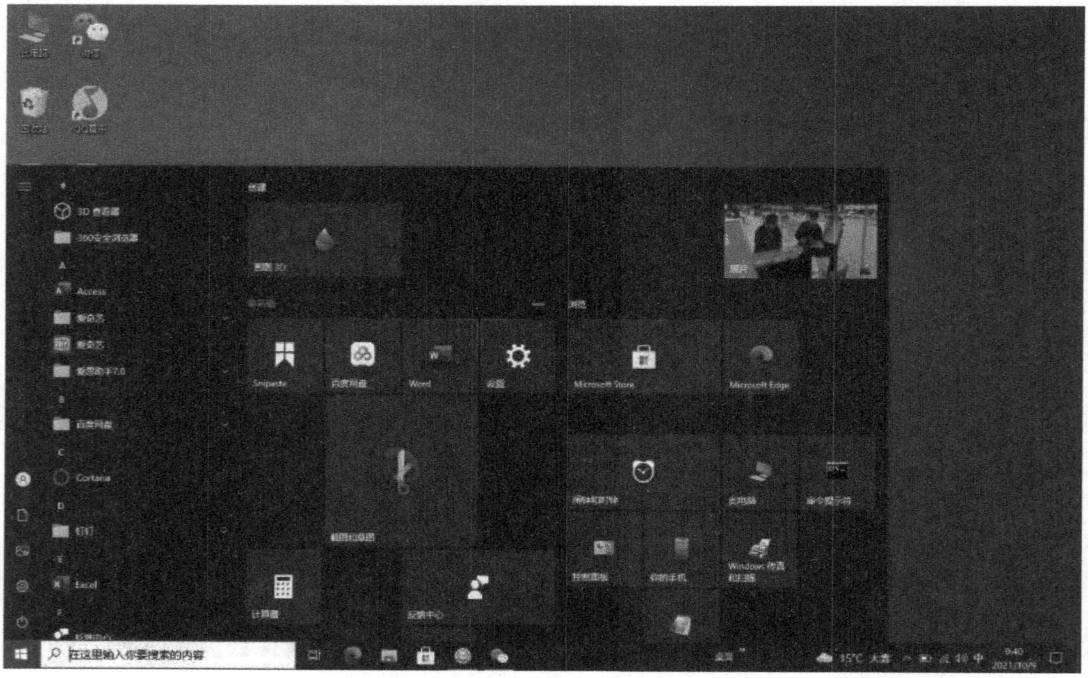

图 1-7　Windows 10“开始”菜单

(2) 程序锁定区。程序锁定区由用户常用的程序图标或快捷方式组成，单击其中的图标可以快速启动程序，这与以往 Windows 版本中的快速启动栏作用类似。

(3) 应用程序区。应用程序区位于任务栏的中间部分，当前正在运行的应用程序在任务栏中显示。在此区域内用户可以对相应的应用程序进行简单操作，如最大化、最小化、还原和关闭等。单击应用程序区中的某个应用程序图标，即可将其设置为当前活动窗口。

(4) 通知区域。通知区域位于任务栏的右端，通常由日期/时间、音量调节、网络状态和系统通知等程序组成。

(5) 显示桌面按钮。显示桌面按钮位于任务栏的最右端，单击该按钮可以快速显示桌面元素，再次单击还原窗口。

1.3.5 窗口

当用户打开一个文件或者应用程序时，都会出现一个窗口。窗口是用户进行操作时的重要区域。

1. 窗口的组成

在 Windows 10 中，每一个应用程序的基本操作界面都是窗口。以画图程序为例予以介绍，如图 1-8 所示。该窗口包含了标题栏、工具栏、工作区、状态栏、水平和垂直滚动条等几个部分。

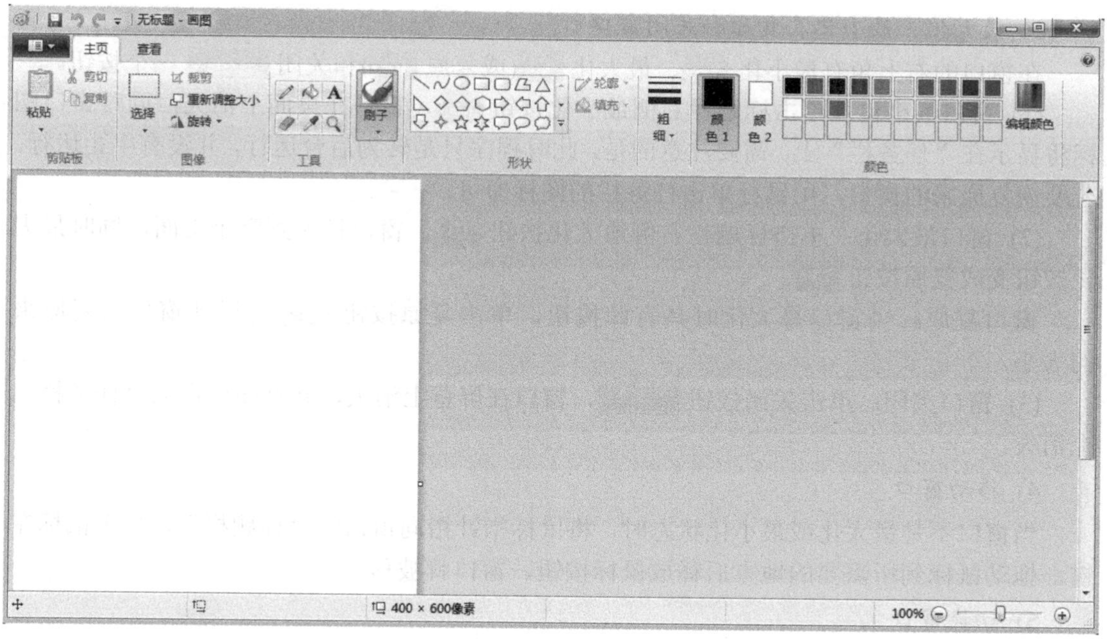

图 1-8　画图程序窗口

标题栏：位于窗口的上方，它给出了窗口中程序的名称。同时，它还包括保存、撤销、最大化、最小化和关闭等常用按钮。

工具栏：位于菜单栏的下面，它以按钮的形式列出了用户最常使用的一些命令，比如字体加粗、字体颜色、段落对齐等。

工作区：位于窗口中间的区域，占据界面大部分空间，用于文档内容的输入与编辑等操作。不同的应用程序，工作区的操作也不尽相同。

状态栏：位于窗口底部，对程序的运行状态进行描述。通过它用户可以了解到程序的运行情况。

水平和垂直滚动条：当工作区域的内容太多而不能全部显示时，窗口将自动出现滚动条，通过拖动滚动条可以查看所有的内容。

2. 窗口的基本操作

既然 Windows 10 的应用程序都是以窗口形式展现的，而且应用程序的操作很大程度上要依赖于窗口，所以掌握窗口的基本操作也就成为了用户的必备技能。

1) 打开窗口

当执行一个应用程序或在这个应用程序中打开一个文档时，窗口会自动打开。如在桌面上双击“此电脑”，可以打开“此电脑”窗口。

2) 改变窗口的大小

将鼠标指针移到窗口的边框或角，鼠标指针自动变成双向箭头，这时按下左键拖动鼠标，就可以改变窗口的大小了。不过需要注意的是：在窗口四个角上拖动的效果，与在其他位置拖动是不一样的，请读者仔细体会其中的差别。

3) 最大化、最小化、复原和关闭窗口

在窗口的右上角有最小化 、最大化 (或复原 )和关闭  三个按钮。

(1) 窗口最小化：单击标题栏右侧最小化按钮 ，窗口在桌面上消失，同时窗口图标将显示在“任务栏”上。需要注意的是，此时程序只是转为后台运行，并没有中止运行。若要恢复原来的窗口，用鼠标单击任务栏的图标即可。

(2) 窗口最大化：单击标题栏右侧最大化按钮 ，窗口扩大到整个桌面，同时最大化按钮变成复原按钮 。

窗口复原：当窗口最大化时具有此按钮，单击复原按钮  可以使窗口恢复原来的大小。

(3) 窗口关闭：单击关闭按钮 ，窗口在屏幕上消失，并且图标也从“任务栏”上消失。

4) 移动窗口

当窗口不是最大化或最小化状态时，将鼠标指针指向窗口的“标题栏”，按下鼠标左键，拖动鼠标到所需要的地方后释放鼠标按钮，窗口就被移动了。

5) 切换窗口

当打开的窗口数量在一个以上时，屏幕上始终只能有一个活动窗口。活动窗口和其他窗口相比有着突出的标题栏。下面是几种切换窗口的方法：

① 用鼠标单击“任务栏”上的窗口图标；

② 在所需要的窗口没有被其他窗口完全挡住时，单击所需要的窗口的任务部分；

③ 使用快捷键 Alt + Tab 或者 Alt + Esc 切换。

6) 排列窗口

窗口排列有层叠、堆叠显示和并排显示三种方式。用鼠标右键单击“任务栏”空白处，弹出如图 1-9 所示菜单，然后选择一种排列方式，即可按要求排列窗口。

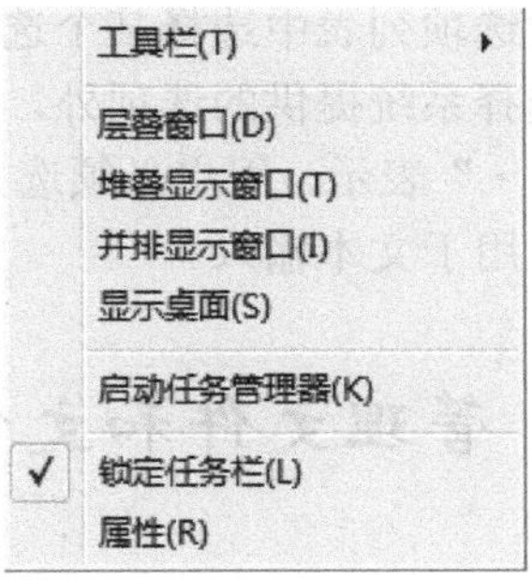

图 1-9　“任务栏”快捷菜单

1.3.6　对话框

对话框在 Windows 10 应用程序中大量用于系统设置、信息获取和交换等操作。下面以 Word 2010 中的“页面设置”对话框为例进行介绍，如图 1-10 所示。虽然不同的对话框外观和内容差别很大，但是对话框中所含元素基本相同。

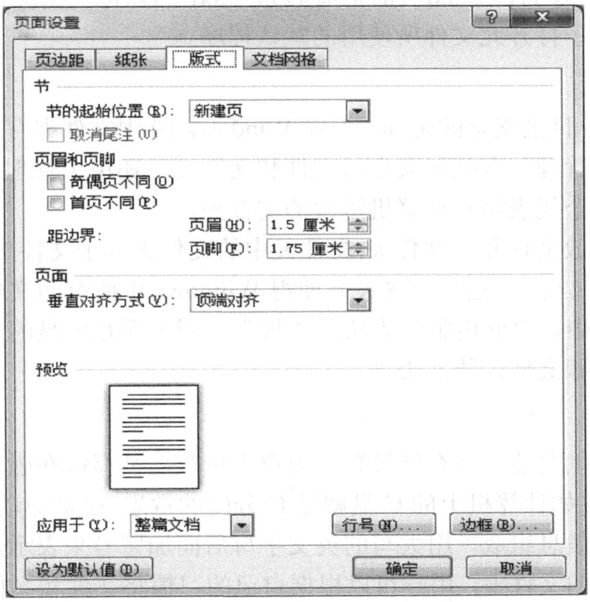

图 1-10　“页面设置”对话框

(1) 标题栏：列出对话框名字。

(2) 选项卡：又称标签，是将对话框中功能进一步的详细分类。

(3) 下拉列表框：它是一个单行列表框，右边有一个向下的箭头按钮。

(4) 复选框：一组选项，可以不选，也可以选择多个，选中的项以“√”表示。

(5) 数值框：又称微调按钮，用于输入数值信息，也可以单击该框右边的向上和向下箭头按钮来调整框中的数值。

(6) 命令按钮：单击它执行相应的命令。

此外，在某些对话框中可能还会遇到以下几种元素：

(1) 列表框：用户在它里面的选项列表中选择某个选项，从而达到设置项目的目的。

(2) 组合框：用户除了可以选择系统提供的选项外，还可以输入信息。

(3) 单选框：选中的前面以“•”表示，用户必须选择并且只能选择其中的一个选项。

(4) 文本框：又称编辑文字，用于文本输入。

1.4　管理文件和文件夹

1.4.1　基本概念介绍

1. 文件

文件是计算机系统对数据进行管理的基本单位，是信息在计算机磁盘上存储的集合，它可以存放文本、图像、数值数据、音频、视频或程序等多种数据类型。

在 Windows 中，文件是以图标和文件名来标识的，而文件名又由文件名和扩展名两部分组成(如文本文件“我的日记.txt”的扩展名为“.txt”)。每一个文件都对应一个文件图标，图标的外形决定了打开此文件所使用的默认程序。

2. 文件夹

文件夹是 DOS 中目录概念的延伸，但在 Windows 10 中文件夹有了更广的含义，它不仅用于存放、组织和管理具有某种关系的文件和文件夹，还用于管理和组织计算机资源。如“此电脑”就是一个代表用户计算机资源的文件夹。

文件夹中可以存放文件和子文件夹(文件夹中的文件夹称子文件夹)，子文件夹中还可以继续存放文件和子文件夹，这种包含关系使得 Windows 中所有的文件夹形成了一种树形结构。在此树形结构中，“此电脑”为树的“根”，根下面是磁盘的各个分区，每个分区下面是第一级文件夹和文件，依次类推。

3. 磁盘驱动器

磁盘是计算机上重要的外部存储设置，用户大量数据都存放在磁盘上。通常，磁盘驱动器指的是磁盘分区，如计算机上的 C 盘就是 C 分区的意思。磁盘驱动器通常由磁盘图标、磁盘名称和磁盘使用信息组成，用大写的英文字母后面加冒号来表示。从本质上来讲，磁盘驱动器就是一个大的文件夹，用户可以根据自己的习惯将文件和文件夹分类存放在计算机的各个分区上。

1.4.2　Windows 资源管理器

1. 启动资源管理器

Windows 是利用资源管理器实现对计算机软、硬件资源管理的，用户可以通过它方便地浏览、查看、移动和复制文件和文件夹等。资源管理器以分层方式显示计算机内所有文件和文件夹的详细图表，如图 1-11 所示。

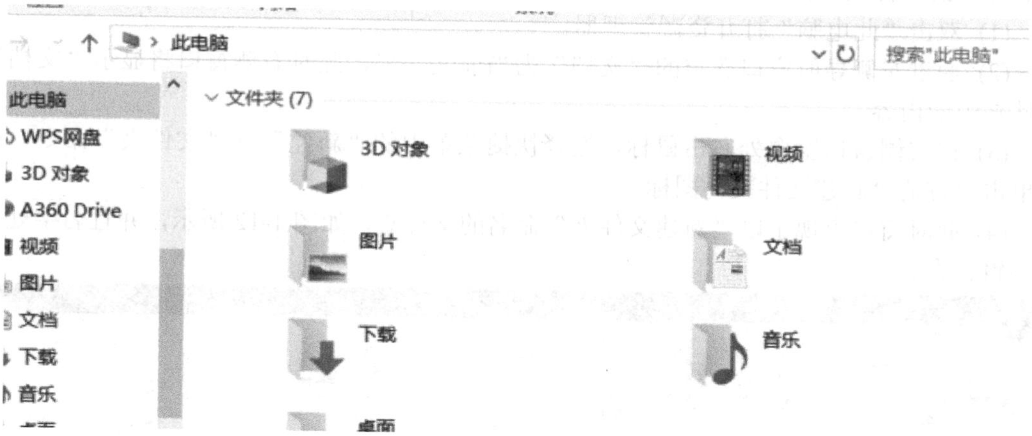

图 1-11　“资源管理器”窗口

启动资源管理器的方法很多，在此介绍如下常用方法。

(1) 双击桌面上“此电脑”图标，打开计算机资源管理器窗口。

(2) 右击“开始”按钮，在弹出的快捷菜单中选择“文件资源管理器”。

(3) 使用快捷键 Windows + E。

2. 资源管理器的常用操作

1) 展开和折叠文件夹

资源管理器中的操作都是针对选定的文件夹或文件进行的，因此在进行操作前，必须选择相应的对象。

在资源管理器左侧的导航栏中，文件夹左边有 ▷ 符号时，表示此文件夹有下一级子文件夹。单击 ▷ 符号，可以在导航窗口中展开其下一级子文件夹，此时 ▷ 符号变成 ◢。再次单击 ◢ 符号，又重新实现了文件夹的折叠。单击导航栏中文件夹图标，使该文件夹成为当前文件夹，并在右侧窗口中显示该文件夹内的文件和文件夹信息，同时导航栏中该文件夹显示浅蓝色背景。

2) 选择文件

首先通过资源管理器左侧导航栏打开相应的文件夹，使其成为当前文件夹。然后单击右侧窗口中的文件，实现文件选择。如果选择的文件是多个，且这些文件处于连续的位置，可以单击第一个文件，按下键盘上 Shift 键，再单击最后一个文件；如果要选择的多个文件位置不连续，则可以单击选择完第一个文件后，按下键盘上 Ctrl 键，再依次单击其他文件，实现文件选择；如果要选择该窗口中全部文件和文件夹，可以使用快捷键 Ctrl+A，或者执行菜单命令“编辑(E)”→“全选(A)”。

1.4.3　文件和文件夹操作

1. 创建文件夹

用户可以创建新的文件夹来存放自己的文件。下面以在“文档”中建立一个名叫“家庭照片”的文件夹为例进行介绍，具体操作步骤如下：

(1) 双击“此电脑”打开资源管理器。

(2) 通过左侧导航窗口选定的“文档”为当前文件夹，此时右侧窗口将显示“文档”文件夹中的内容。

(3) 在右侧窗口空白处右击鼠标，选择快捷菜单中的“新建”→“文件夹”命令，或者单击上方的“新建文件夹”图标。

(4) 此时窗口出现了以“新建文件夹”命名的文件夹，如图 1-12 所示，并且名字处于可编辑状态。

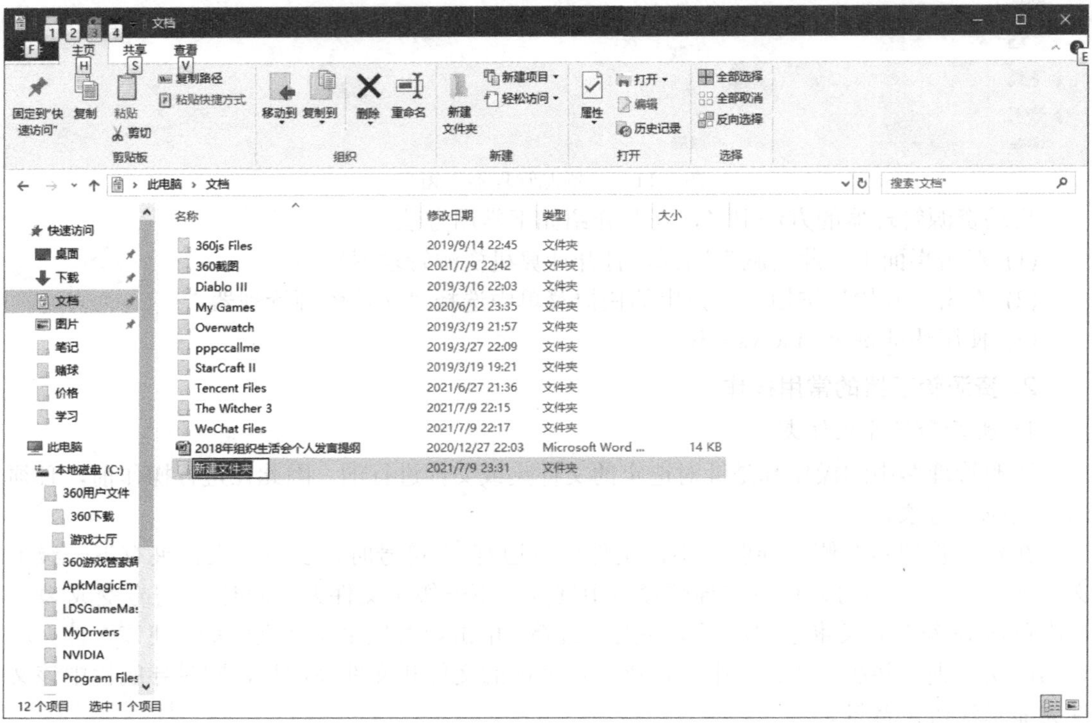

图 1-12　新建文件夹操作

(5) 通过键盘输入“家庭照片”，按下回车键 Enter，或者在窗口空白处单击鼠标左键，从而完成创建文件夹的操作。

2. 重命名文件和文件夹

重命名文件和文件夹的操作基本相同，下面以“文档”中的“家庭照片”文件夹重命名为“宝宝照片”为例进行讲解。具体操作步骤如下：

(1) 选中要重命名的文件夹，然后用鼠标右击文件夹，选择快捷菜单中的“重命名”命令。

(2) 单击“重命名”之后，文件夹的名称即处于可编辑状态，用户直接通过键盘输入新的文件夹名“宝宝照片”后，按回车键确认即可。

小提示： 重命名文件和上述操作基本相同，用户需要注意的是，重命名文件时文件扩展名不应改变，否则可能更改默认打开程序，从而造成文件不能正常使用。

3. 移动和复制文件、文件夹

移动和复制文件是 Windows 的常用操作，可以通过以下三种方式来实现，这些方式各有特点，可应用于不同的场合。下面以把“文档”中文件夹“宝宝照片”移动到 D 盘根目录为例讲解。

(1) 使用剪贴板移动和复制文件、文件夹，具体操作步骤如下：

① 在资源管理器窗口中，选取要移动或复制的“宝宝照片”文件夹。

② 如果要移动文件夹，单击上方“剪切”；如果要复制文件夹，则单击“复制”。此步操作也可以通过右击文件夹，选择快捷菜单中的相应命令来完成。

③ 打开要存放文件夹的驱动器或文件夹，如 D 盘。

④ 执行“粘贴”命令。同样，此操作也可以通过右击窗口空白处，选择快捷菜单中的粘贴命令完成。

小提示：由于移动和复制文件、文件夹是一项十分常用的操作，用户也可以通过掌握相应的快捷键提高工作效率，即“剪切”快捷键为 Ctrl + X，“复制”快捷键为 Ctrl + C，“粘贴”快捷键为 Ctrl + V。

(2) 使用鼠标拖放移动和复制文件、文件夹，具体操作步骤如下：

① 在资源管理器窗口中，设置源位置和目标位置可见。若两个位置不能同时可见的话，用户可以再打开一个资源管理器窗口。

② 在资源管理器中，选择要移动或复制的文件和文件夹。

③ 如果源位置和目标位置不在同一驱动器上(即不在同一个磁盘分区)，用户要移动文件和文件夹时，需要按下 Shift 键，再将选定的所有图标拖放到目的位置；复制文件时，则可以直接将选定文件或文件夹拖放到目标位置即可。如果源位置和目标位置位于同一个驱动器，移动操作可以直接拖放，复制操作则需要在拖放的同时按下 Ctrl 键。

④ 拖放指针放置到目标文件夹，目标文件夹变成蓝色背景显示时，放开鼠标即可。

4. 删除文件和文件夹

在删除文件或文件夹操作过程中，首先要选择对象，然后按照下列 3 种方法中任意一种方法操作，并在随即弹出的确认删除对话框中选择“是(Y)”按钮，即可完成删除；选择“否(N)”按钮，则取消删除操作。

(1) 在选择对象图标上右击鼠标，选择快捷菜单中的“删除(D)”命令。

(2) 按下键盘上的 Delete 键。

(3) 单击上方的“删除(D)”图标。

除了上述三种常用删除方法外，在“回收站”可见的情况下，用鼠标将要删除的对象拖动到“回收站”图标上，也可以实现文件或文件夹的删除。此方法与上述三种方法不同之处在于它不再出现确认删除对话框。

默认情况下，执行文件或文件夹删除操作后，并不是真正从磁盘上删除，而是将删除对象移动到了系统“回收站”。用户可以在“回收站”中彻底删除文件，或者还原已删除文件。具体操作步骤如下：

① 在桌面上双击“回收站”图标，打开“回收站”资源管理器窗口。

② 右击要彻底删除或还原的已删除文件图标，选择快捷菜单中的“删除(D)”或者“还

原(E)”命令，从而实现文件的彻底删除和文件还原到原始位置的还原操作。

如果要把“回收站”中的全部文件彻底删除，用户可以右击“回收站”图标，执行“清空回收站(B)”命令。

小提示： 在“回收站”中删除文件将被彻底删除，不能再被还原。同时，删除外部移动存储设备上的文件是不经过“回收站”而直接删除的，建议用户操作时要慎重。

5. 搜索文件或文件夹

Windows 10 系统提供了强大的搜索功能，可以快速地搜索计算机上的文档、图片、音乐和视频文件等。下面以搜索“Big world”为例来说明搜索操作。

(1) 双击桌面“此电脑”图标，打开计算机资源管理器窗口。

(2) 在资源管理器窗口的右上方的“搜索框”中，输入要搜索的关键字“Big world”，计算机在用户输入时即时开始搜索相关文件。

(3) 等待搜索进度条完成后，相关的文件就会出现在搜索结果中，如图 1-13 所示。

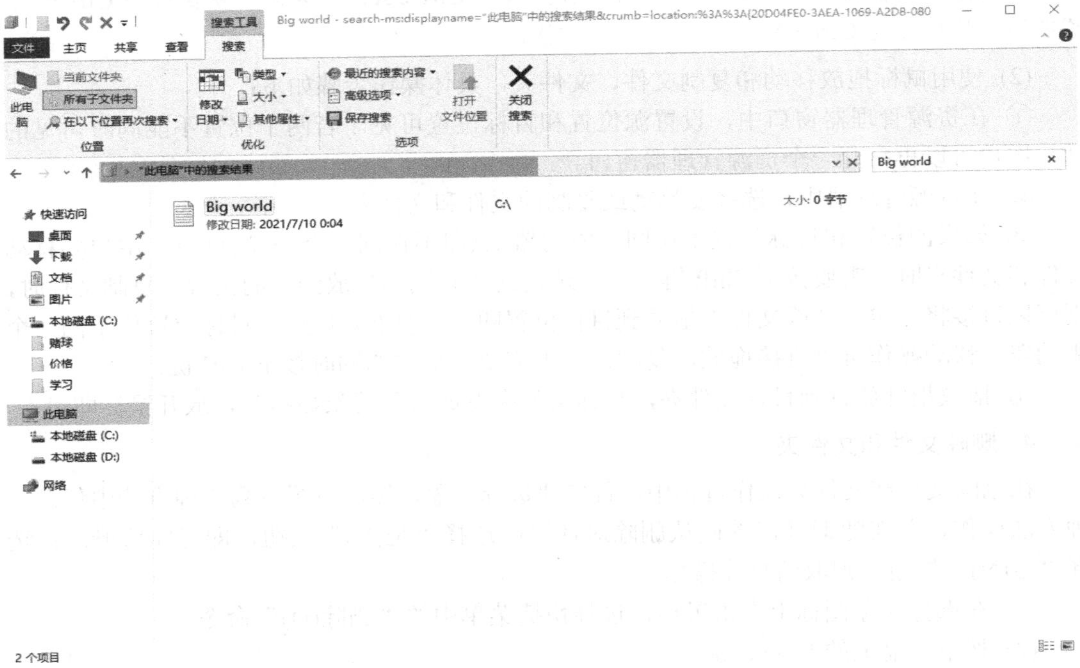

图 1-13　在计算机中搜索文件结果

小提示： 如果用户记得文件所在分区，也可以直接通过“此电脑”打开此分区再进行搜索，这样可以减小计算机搜索的范围。同时，Windows 10 文件搜索功能还支持搜索关键字中使用通配符，如“?”代表一个任意字符，“*”代表多个字符。

本 章 小 结

办公自动化是一种技术，是一个系统工程。办公自动化是指办公人员利用先进的科学技术，不断使人的办公业务活动物化于人以外的各种设备中，并由这些设备与办公室人员构成服务于某种目标的人-机信息处理系统，以达到提高工作质量、工作效率的目的。

办公自动化一般可分为事务处理型、管理控制型、辅助决策型三个层次。一个完整的办公自动化系统应该能够实现 7 个方面的功能，分别是：内部通信平台的建立、信息发布平台的建立、工作流程的自动化、文档管理的自动化、辅助办公、信息集成以及分布式办公的实现。

办公自动化的发展过程在技术设备的使用上经历了单机、局部网络、一体化、全面实现办公自动化四个阶段。其未来发展将体现以下几个特点：办公环境网络化、办公操作无纸化、办公服务无人化、办公业务集成化、办公设备移动化、办公思想协同化、办公信息多媒体化、办公管理知识化以及办公系统智能化。我国办公自动化发展已经经历了三个阶段，因种种原因的制约，各个单位办公自动化程度有所不同。

掌握办公自动化，需要学会文档高级排版、表格设计与处理、函数、图表、幻灯片课件制作、商务办公基础等。

实　　训

实训一　Windows 基本操作

实训要求：

(1) 隐藏任务栏；把任务栏放在屏幕上端。

(2) 删除开始菜单文档中的历史记录。

(3) 设置回收站的属性：所有驱动器均使用同一设置(回收站最大空间为 5%)。

(4) 以“详细资料”的查看方式显示 C 盘下的文件，并将文件按从小到大的顺序进行排序。

(5) 设置屏幕保护程序为“三维管道”，等待时间为 1 分钟。

实训二　文件及文件夹操作

实训要求：

(1) 在 D 盘的根目录下建立一个新文件夹，以学员自己姓名命名。

(2) 在该文件夹中建立 brow 文件夹与 word 文件夹，并在 brow 文件夹下，建立一个名为 bub.txt 的空文本文件和 teap.bmp 图像文件。

(3) 将 bub.txt 文件移动到 word 文件夹下并重新命名为 best.txt。

(4) 查找 C 盘中所有以 .exe 为扩展名的文件，并运行 wmplayer.exe 文件。

(5) 为 brow 文件夹下的 teap.bmp 文件建立一个快捷方式图标，并将该快捷方式图标移动到桌面上。

(6) 删除 brow 文件夹，并清空回收站。

(7) 在桌面上创建一个指向学员姓名的文件夹的快捷方式，命名为“校校通”。

(8) 在 E 盘的根目录下建立 Mysub 文件夹，访问类型为“只读”。

(9) 将 D 盘下所创建的文件夹复制至 E 盘下，改名为“校校通”。

(10) 桌面设置：

① 使用“画图”程序制作一张图片，命名为“背景.bmp”并保存在你的文件夹中。

② 将“背景.bmp”设置为桌面背景。

第 2 章　办公中文档的基本操作

教学目标：

➢ 了解办公文档处理的基本流程，掌握文档的创建、打开和保存以及文档保护等基本知识；

➢ 熟练掌握文档基本的编辑、排版方法以及文档打印等操作，并且在进行这些操作时，可以使用多种不同的方法。

教学内容：

➢ 办公中文档处理的基本流程；

➢ 简单文档的处理；

➢ 图文混排文档的处理；

➢ 实训。

2.1　办公中文档处理的基本流程

在办公业务实践中，文档处理有其规范的操作流程。一般来说，文档处理都要遵循图 2-1 所示的操作流程。

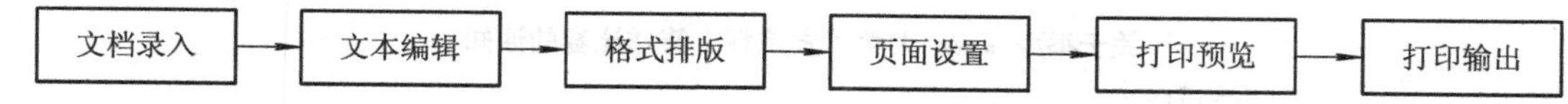

图 2-1　文档操作流程

1. 文档录入

文档录入是文字处理工作的第一步，它包括文字录入、符号录入以及图片、声音等多媒体对象的导入。文字录入包括中文和英文的录入，符号录入包括标点符号、特殊符号的录入，它们主要通过键盘、鼠标录入，而图片、声音等多媒体对象的获取需要依靠素材库或者通过专门的设备导入。

2. 文本编辑

文档内容录入完成后，出于排查错误、提高效率或者其他目的，必须对文档内容进行编辑。对于文字内容来说，它主要包括选取、复制、移动、添加、修改、删除、查找、替换、定位、校对等。对于多媒体对象，还将有专门的编辑方法。

3. 格式排版

文档经编辑后，如果内容无误，下一步就是排版。包括：字体、段落格式设置，分页、分节、分栏排版，边框和底纹设置，文字方向，首字下沉，图文混排设置，多媒体对象排版等。

4. 页面设置

文档排版完成后，在正式打印之前必须根据将来的打印需要进行页面设置，主要包括：纸张大小设置，页面边界设置，装订线位置以及宽度设置，每页行数、每行字数设置，页眉和页脚设置等。

5. 打印预览

文档正式打印之前，最好先进行打印预览操作，就是先在屏幕上模拟文档的显示效果。如果效果符合要求，就可以进行打印操作；如果感觉某些方面不合适，可以回到编辑状态重新进行编辑或者通过有关设置在预览状态下直接编辑。

6. 打印输出

利用文字处理软件制作的文档最终输出有两个方向：一个是打印到纸张上，形成纸质文档进行传递或存档；另一个是制作网页或电子文档用来通过网络发布。如果是前一目的，必须进行打印操作这一环节。它主要包括打印机选择、打印范围确定、打印份数设置以及文档的缩放打印设置等步骤。

2.2　简单文档制作实例

在工作和学习中，经常要用计算机处理一些基本的文档，如公文、海报、招聘启事、合同等。下面就是利用 WPS 文字软件制作一个比赛通知的实例。

【实例描述】

制作一份学校内部下发的通知，其效果如图 2-2 所示。

关于举办 xxxx 大学“友谊杯”篮球比赛的通知

各学院：

为了活跃和丰富学生的业余生活，增进各学院的友谊，构建和谐的校园文化氛围，经校团委和学生会研究决定举办此次男子篮球比赛，现将具体事项通知如下。

1、比赛时间：**2021 年 6 月 1 日—6 月 8 日。**

2、比赛地点：**学校篮球场。**

3、参加方式：采用自愿报名的方式，以学院为单位报到校学生部办公室（教学楼 205 室）。

4、组队要求：每院限报 10 人。

5、比赛形式：初赛以抽签方式分为两组，采用循环积分制，分别取前两名。决赛以单场淘汰制进行。

6、主办团体：校学生会。

请各学院将参赛队员名单于 5 月 30 日 11：00 之前交校学生部办公室，并于 5 月 30 日 19：00 在校学生部办公室（教学楼 205 室）举行篮球比赛抽签会议（请各学院篮球队负责人准时到会）。望各学院认真组织选手报名参赛，在比赛中赛出好成绩。特此通知。

xxxx 大学学生工作部

2021 年 5 月 26 日

图 2-2　比赛通知的效果图

本实例中将主要解决如下问题：

(1) 如何录入文本内容；

(2) 如何修改文本字体和段落格式；

(3) 如何为文本添加编号。

【操作步骤】

1. 新建一个 WPS 文档并保存

在电脑桌面上找到并启动 WPS Office 软件，也可以在“开始”菜单中选择“所有程序”→“WPS Office”程序来启动。软件启动后，建立一个空白文档。为了方便文档打开和防止文档内容丢失，先将文档进行更名保存。操作步骤如下：单击文档左上角的“文件”菜单，在下拉列表中单击“保存”按钮，打开“另存文件”对话框，如图 2-3 所示。在“文件名”文本框中输入“通知”，单击“保存”按钮即新建了一个名为“通知.doc”的文档。

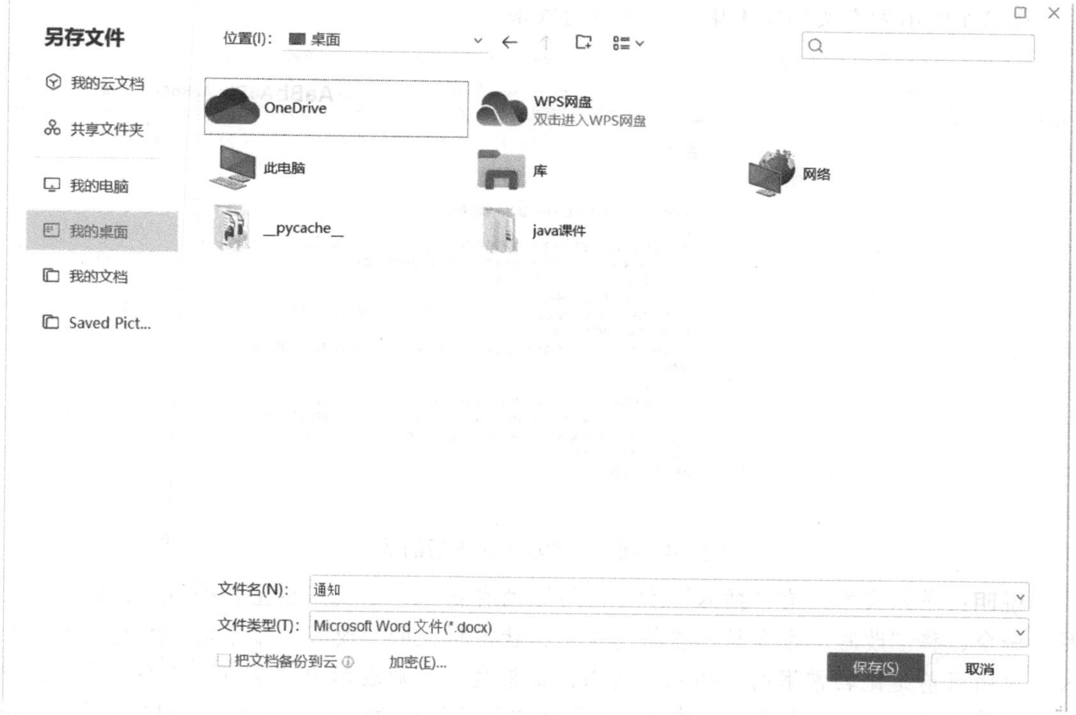

图 2-3　“另存文件”对话框

说明： 对于 WPS 文字这类经常使用的程序，最好在桌面上建立它的快捷方式，这样以后启动时可节约很多时间。

2. 录入与编辑通知文本

1) 设置输入法

在文本录入之前，最好先设置好使用的中文输入法。使用快捷键 Ctrl + Shift 来选择一种中文输入法。如文本中需要交替录入英文和中文，使用快捷键 Ctrl + Space 可以快速切换中/英文输入法。

说明：对于经常使用的中文输入法，可以通过“控制面板”中的“输入法”来定义热键或者将其设置为第一种中文输入法，这样以后在切换输入法时就很方便。

2) 录入通知的文本内容

文档建立之后，文档上有一个闪动的光标，这就是“插入点”，也就是文本的输入位置。选择好输入法后，直接输入文字即可。

由于目前的办公软件都具有强大的排版功能，因此，在文字和符号录入过程中，原则上首先应进行单纯录入，然后运用排版功能进行有效排版。基本的录入原则是不要随便按回车键和空格键，具体要求如下：

(1) 不要用空格键进行字间距的调整以及标题居中、段落首行缩进的设置。

(2) 不要用回车键进行段落间距的排版，当一个段落结束时，才按回车键。

(3) 不要用连续按回车键产生空行的方法进行内容分页的设置。

图 2-4 所示为本实例文本单纯录入后的效果。

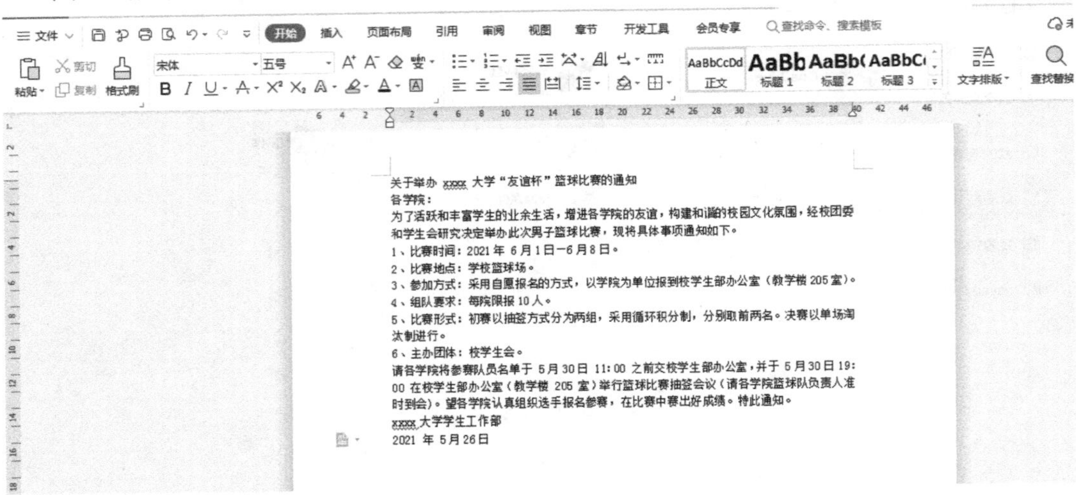

图 2-4　通知文本单纯录入后的效果

说明：录入文本时有“插入”和“改写”两种状态，在状态栏空白处右击，选择“改写”命令，将“改写”命令显示在状态栏上，状态栏上的“改写”命令前面的符号如果是×，说明目前是比较常用的“插入”状态；如果是√，则表示为“改写”状态。此时，输入的字符会将后面的字符覆盖。在“插入”和“改写”两种状态之间进行切换可以按 Insert 键，或者用鼠标单击状态栏上的改写标志。

3) 录入特殊符号

文档中除了文字外，有时还会根据内容需要输入各种标点和特殊符号(例如：×、♂、※、◎、№、§等)。符号的输入方法有很多种，通常采用的方法是：单击“插入”→“符号”→“其他符号”命令，弹出图 2-5 所示的对话框。如本例中需插入符号“×”，则在图 2-5 中选中“×”，单击“插入”按钮即可。

图 2-5　插入特殊符号

4) 编辑通知的文本内容

如果在文档录入过程中需要进行编辑，则可按本节【主要知识点】中介绍的方法操作。

3. 设置通知的字体和段落格式

文档中的字体格式主要包括字体、字号、字形、文字效果、字符间距等；段落格式主要包括对齐方式、缩进、间距等。设置分别通过“开始”选项卡中的“字体”“段落”功能组进行操作。图 2-6 所示为“字体”对话框，图 2-7 所示是“段落”对话框。可以通过对话框上的选项对字体和段落进行设置，最后单击“确定”按钮即可。

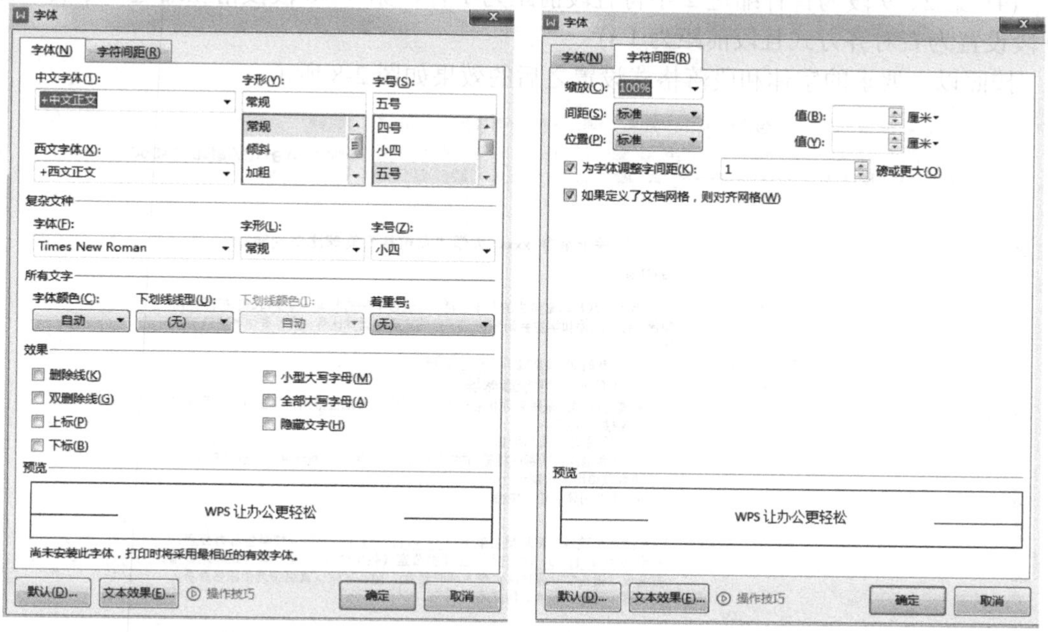

(a) 设置字体格式　　　　(b) 设置字符间距

图 2-6　“字体”对话框

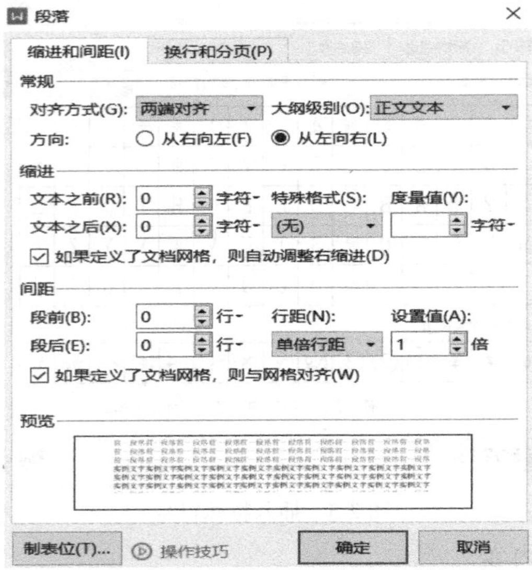

图 2-7　“段落”对话框

本例中按照下面的要求对文本进行字体和段落的格式设置：

(1) 标题为三号黑体字，居中，段后距为 1 行。正文为宋体小四号字。

(2) 第 3 段“比赛时间”后面的时间为红色、粗体、带底纹。第 4 段的“学校篮球场”字符缩放为 120%，字间距加宽为 1.5 磅。

(3) 第 9 段的时间部分加下划线。

(4) 第 2、9 段为首行缩进 2 字符且段前距为 1 行，第 3～8 段段落左缩进 2 字符，第 10 段设置为右对齐方式且段前距为 1 行。

按照以上要求的字体和段落格式设置之后的效果如图 2-8 所示。

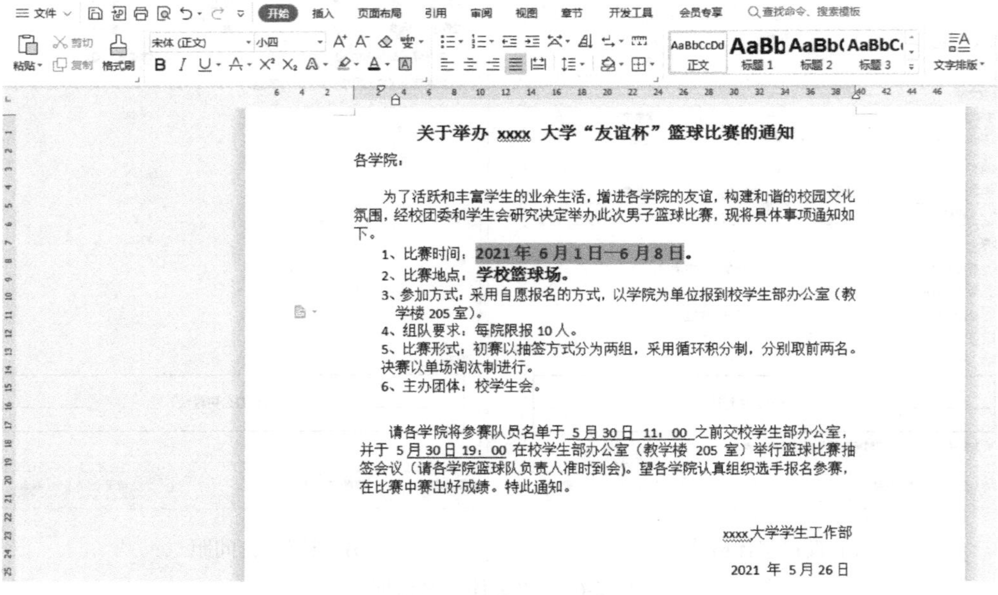

图 2-8　设置过字体和格式的效果

另外，当一篇文章中某一些字体和段落的格式相同时，为提高排版效率并达到风格一致的效果，可使用“格式刷”按钮复制文本格式。具体操作步骤如下：

首先选择要被复制格式的文本，然后单击“开始”选项卡中的“格式刷”命令，这时光标变成刷子形状，最后用刷子形状的光标选择需要复制格式的文本，这样被选择文本的格式就与原文本的格式相同。

说明：单击“格式刷”按钮，只能复制一次，双击“格式刷”按钮，可以多次复制格式，想结束格式复制时，再次单击“格式刷”按钮即可。

4. 设置通知中的编号

选中第 3～8 段，选择“开始”选项卡，单击“项目符号”或者“编号”右侧的下拉箭头，在下拉列表中选择“自定义项目符号”或者“自定义编号”，打开“项目符号和编号”对话框，如图 2-9 所示。

如果发现没有符合要求的编号，则选择一种接近目标的编号，进行自定义设置。方法是：单击“自定义”按钮，在打开的“自定义编号列表”对话框中，把“编号格式”文本框中“①、”后的“.”删除，输入“、”即可。注意不要将带域的部分删除。此时在“预览”框中可以看到结果，如图 2-10 所示，单击“确定”按钮。

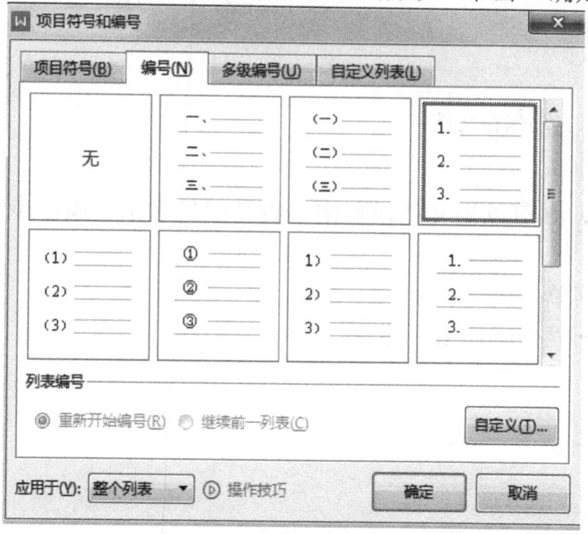

图 2-9　“项目符号和编号”对话框

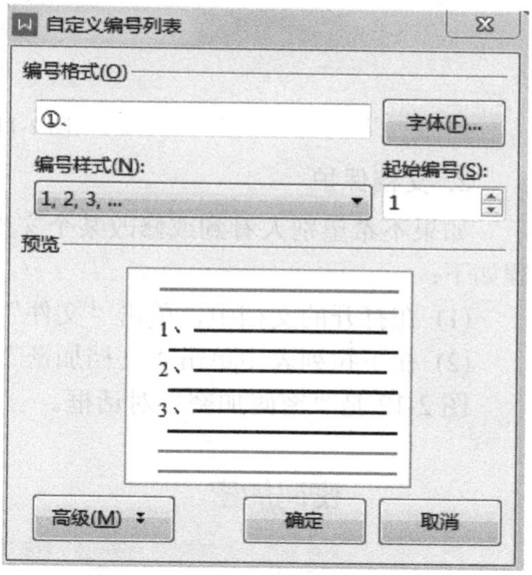

图 2-10　“自定义编号列表”对话框

此时，文本编辑和排版全部完成，效果如图 2-2 所示。

【主要知识点】

1. 自动保存文档

(1) 单击“文件”菜单。

(2) 在下拉列表中单击“备份与恢复”→“备份中心”命令。

(3) 在弹出的“备份中心”对话框中单击“本地备份设置”。

(4) 选中“定时备份，时间间隔”单选框。

(5) 在“小时”“分钟”字段中，指定希望程序保存数据和程序状态的频率。

还可以更改程序自动保存所处理的文件版本的位置(在“设置本地备份存放的磁盘”中指定)，如图 2-11 所示。

图 2-11　自动保存文档

2. 文档保护

如果不希望别人看到或修改某个文档，则可以为文档设置密码将其保护起来。操作步骤如下：

(1) 在打开的文档中，单击“文件”菜单。

(2) 在下拉列表中单击“文档加密”→“密码加密”命令。

图 2-12 是“密码加密”对话框。

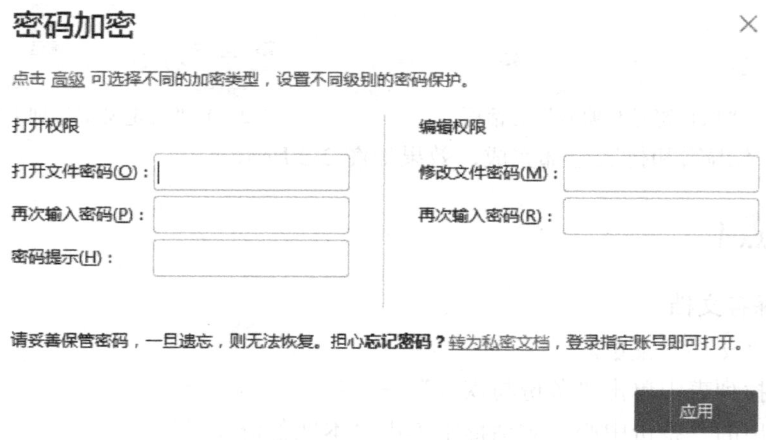

图 2-12　“密码加密”对话框

3. 文本的基本编辑

文本的编辑是指文本字符的选择、修改、删除、复制、粘贴和移动等。

1) 选择文本

在所有的编辑操作之前，必须选择文本，也就是确定编辑的对象。选择文本有多种方法，常用的有鼠标拖动法和选择栏法。

鼠标拖动法：对于连续的文本，将光标定位在起点，然后拖动鼠标到终点选中文本；对于不连续的文本，使用 Ctrl + 鼠标拖动即可。

选择栏法：选择栏的位置在文本左边的空白区域，单击选择栏选择一行；双击选择一段；三击选择全文。

2) 修改文本

一般来说，修改文本是先将光标定位到错误字符之后按退格键 BackSpace 或错误字符之前按删除键 Delete。但是也可以先选取出错内容的文本，然后直接输入新的文本，这样既可以删除所选文本，又在所选文本处插入新的内容。

3) 复制、移动、删除文本

首先必须选择所要操作的文本，然后才能进行复制、移动、删除操作。常用的操作方法有鼠标拖动法和快捷键法。

鼠标拖动方法：移动鼠标将所选内容拖动到新的位置，就移动了文本；如果按住 Ctrl 键不松手，然后移动鼠标将所选内容拖动到新位置，就复制了文本。

快捷键法：Ctrl + X 用来剪切，Ctrl + C 用来复制，Ctrl + V 用来粘贴，Delete 用来删除，复制与粘贴、剪切与粘贴组合分别实现复制、移动。

说明：“粘贴”通常是将复制或剪切的内容原封不动地放置到目标位置，但是有时若只想要其中的文字，而不要其格式，这个时候就可以使用“选择性粘贴”。

复制文本内容后，单击“开始”→“粘贴”命令右侧的下拉箭头，在打开的下拉列表中单击“选择性粘贴”命令，在“选择性粘贴”对话框中选择“无格式文本”就可以只要文字而不带原来的格式。

4) 撤销和恢复文本

WPS 文字提供了撤销和恢复操作，可以对错误操作予以反复纠正。

撤销操作的方法是：单击常用工具栏上的“撤销”按钮 。不过，最简单的方法还是使用快捷键 Ctrl + Z。

恢复操作的方法是：单击常用工具栏上的“恢复”按钮 。不过，最简单的方法还是使用快捷键 Ctrl + Y 或者单独按 F4 键。

4. 拼写和语法

文本录入完成后，有时会出现一些不同颜色的波浪线，这是因为 WPS 文字具有联机校对的功能。对英文来说，拼写和语法功能能发现一些很明显的单词、短语或语法错误。如果出现单词拼写错误，则英文单词下面自动加上红色波浪线；如果有语法错误，则英文句子下面被自动加上绿色波浪线。但是对于中文来说，此项功能不太准确，所以用户可以选择忽略。

5. 查找和替换

查找和替换是一种常用的编辑方法，可以将需要查找或者要替换的文字进行快速而准确的操作，从而提高编辑的效率。

例如，实例中多次出现“学生”。下面介绍如何查找“学生”和把“学生”全部替换为“大学生”。

1) 查找文本

单击“开始”选项卡中的“查找替换”命令，如图 2-13 所示。打开“查找和替换”对话框，在查找内容中输入“学生”，如图 2-14(a)所示，重复单击“查找下一处”按钮即可详细定位到每一处“学生”出现的地方。

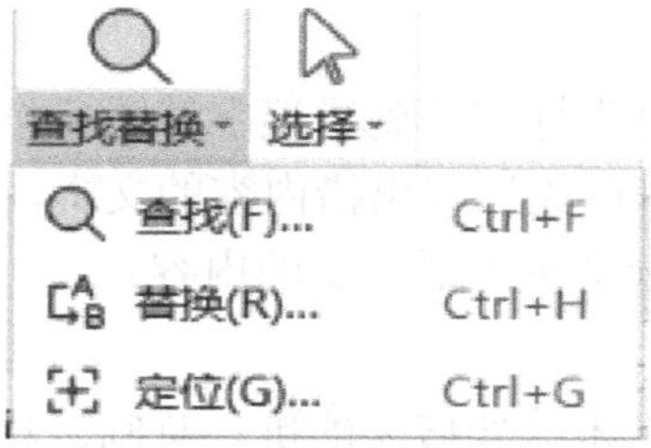

图 2-13　查找命令

2) 替换文本

对于一个比较长的文档来说，如果把文本用手动的方法一个一个地替换可能会漏掉一部分文本。但是利用替换功能就可以自动全部替换，打开“查找和替换”对话框，如图 2-14(b)所示，在查找内容中输入“学生”，在替换内容中输入“大学生”，单击“全部替换”，就会将文档中所有的“学生”进行替换。

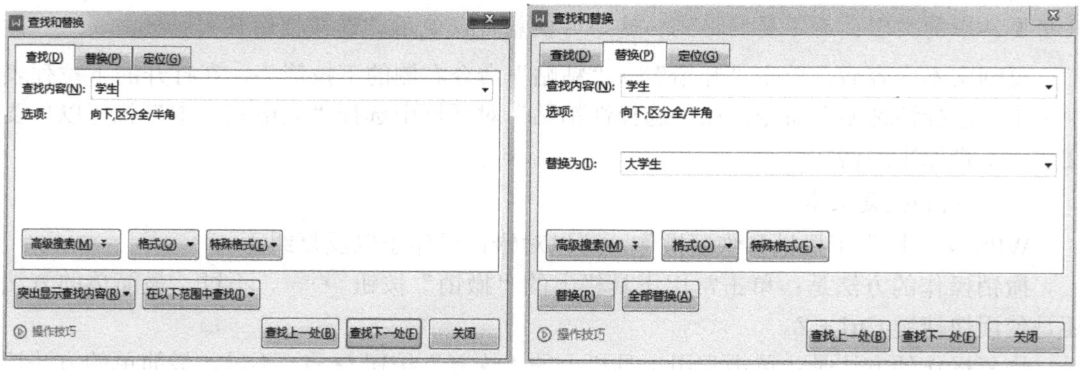

(a) 查找文本　　(b) 替换文本

图 2-14　“查找和替换”对话框

6. 项目符号和编号

在文档中，相同级别的段落有时需加一些符号或者编号。项目符号是在每个条例项目前加上点或钩、三角形等特殊符号，主要用于罗列项目，各个项目之间没有先后顺序。而编号则是在项目前面加上 1，2，3… 或者 A，B，C… 等，一般在各个项目有一定的先后顺序时使用“编号”。适当地使用项目符号或编号可以增加文件的可读性。

添加项目符号和编号的操作步骤如下：

(1) 选中所需添加项目符号的文本内容，单击“开始”→“项目符号”命令右侧的下拉箭头，在下拉列表中有 WPS 预设的项目符号，单击“自定义项目符号”命令，弹出图 2-15 所示的对话框，可以选择对话框中所示的某一种项目符号和编号，单击“确定”按钮即可。

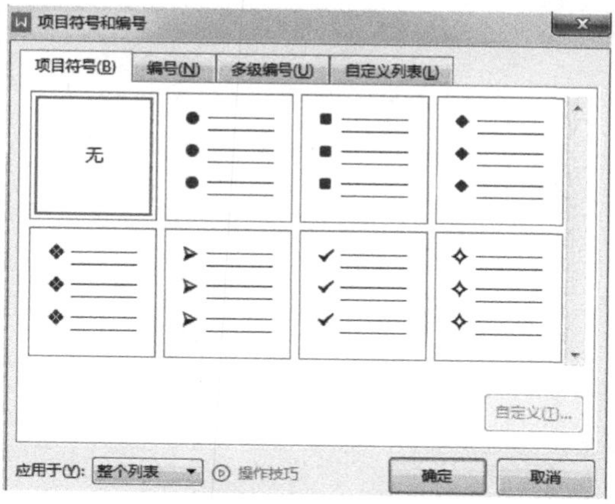

(a) “项目符号”选项卡

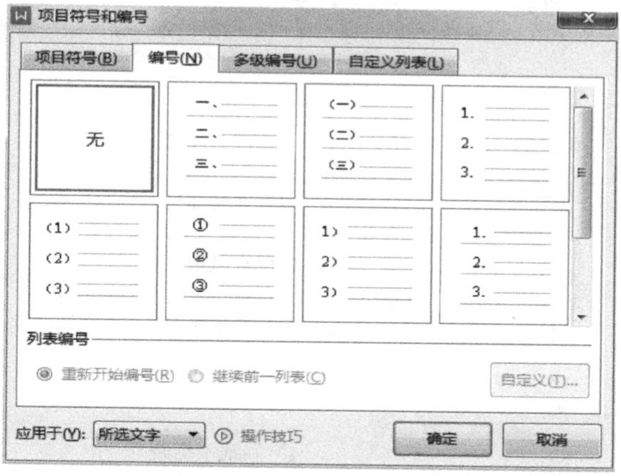

(b) “编号”选项卡

图 2-15　“项目符号和编号”对话框

(2) 若在图 2-15 中没有我们想要的样式，可自定义设置项目符号。操作步骤：选中某一预设符号，单击“自定义”按钮，弹出图 2-16 所示的对话框，可以设置项目符号的字体、字符和位置等。

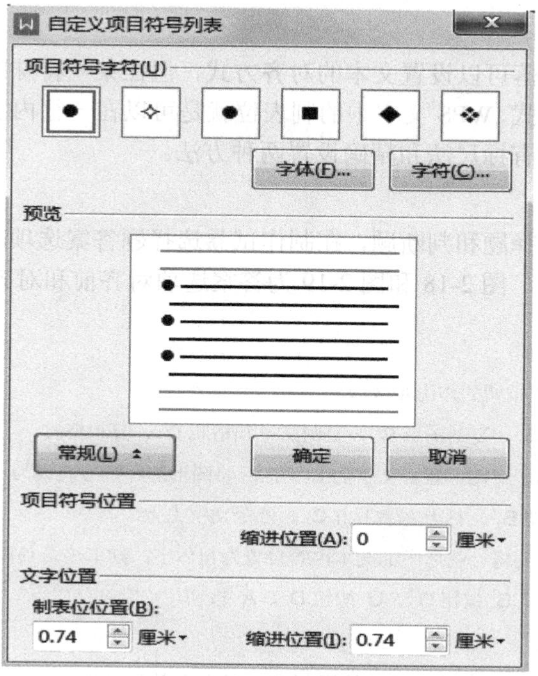

图 2-16　自定义项目符号

添加过项目符号和编号的文本如图 2-17 所示。

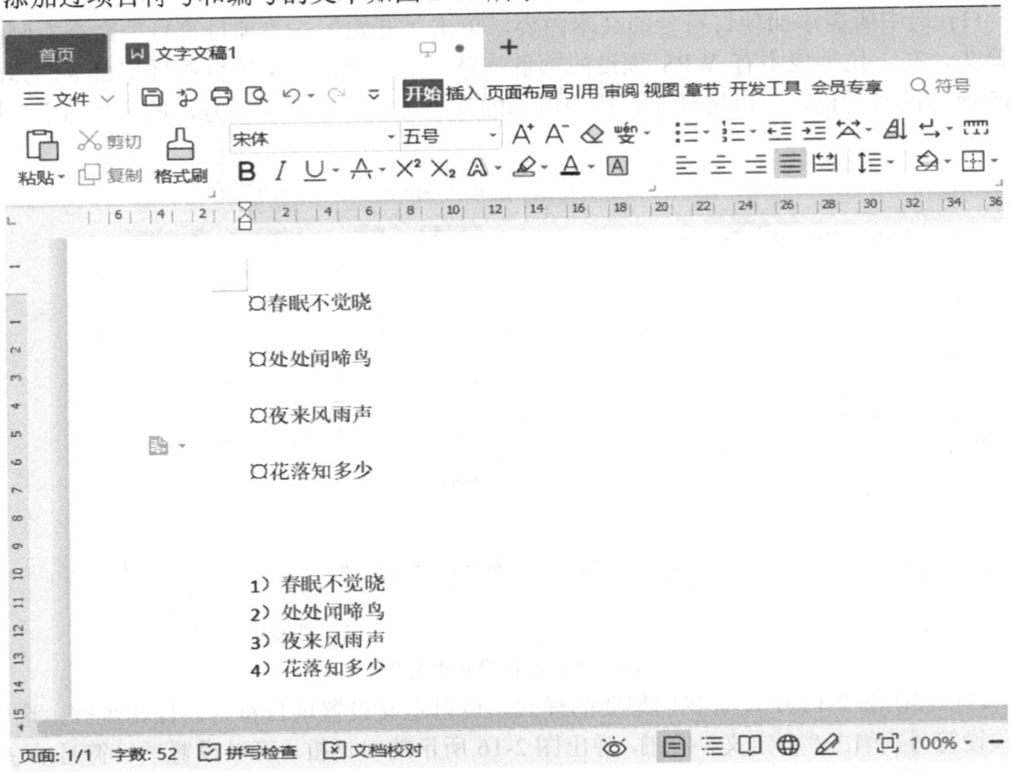

图 2-17　添加过项目符号和编号的文本效果

7. 使用制表位

通常情况下，用段落可以设置文本的对齐方式，但在某些特殊的文档中，有时候需要在一行中有多种对齐方式，WPS 文字中的制表位就是可以在一行内实现多种对齐方式的工具。制表位的设置通常有标尺法和精确设置两种方法。

1) 标尺法

例如，试卷中有选择题和判断题，在制作试卷选择题答案选项时，往往需要对其多个答案选项进行纵向对齐，图 2-18 和图 2-19 为答案选项对齐前和对齐后的效果。

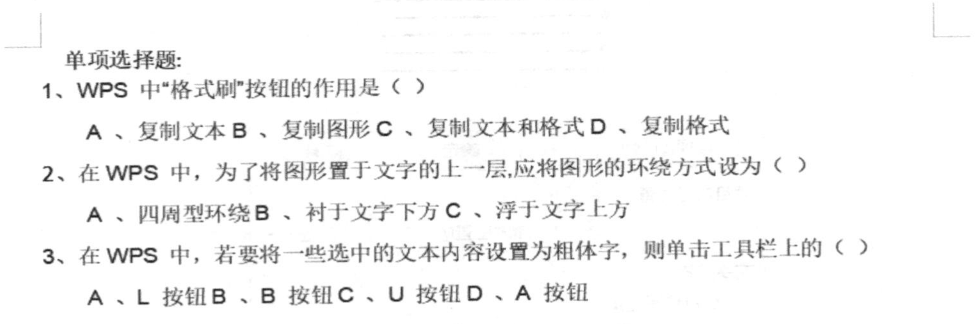

单项选择题:

1、WPS 中"格式刷"按钮的作用是（ ）

A 、复制文本 B 、复制图形 C 、复制文本和格式 D 、复制格式

2、在 WPS 中，为了将图形置于文字的上一层,应将图形的环绕方式设为（ ）

A 、四周型环绕 B 、衬于文字下方 C 、浮于文字上方

3、在 WPS 中，若要将一些选中的文本内容设置为粗体字，则单击工具栏上的（ ）

A 、L 按钮 B 、B 按钮 C 、U 按钮 D 、A 按钮

图 2-18　使用制表位对齐之前的试题

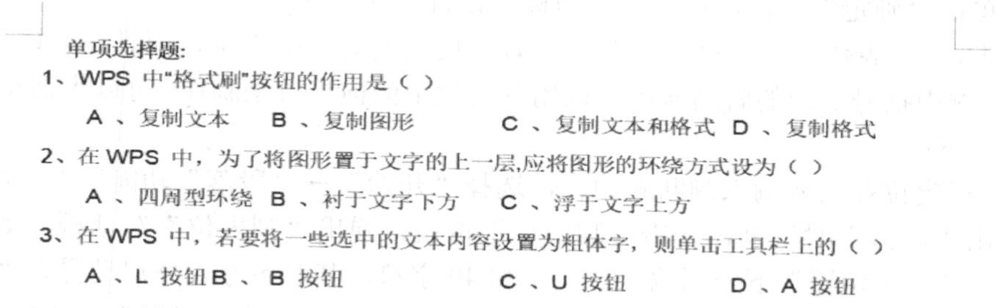
单项选择题:
1、WPS 中"格式刷"按钮的作用是（ ）
A 、复制文本　B 、复制图形　C 、复制文本和格式　D 、复制格式
2、在 WPS 中，为了将图形置于文字的上一层,应将图形的环绕方式设为（ ）
A 、四周型环绕　B 、衬于文字下方　C 、浮于文字上方
3、在 WPS 中，若要将一些选中的文本内容设置为粗体字，则单击工具栏上的（ ）
A 、L 按钮B 、B 按钮　C 、U 按钮　D 、A 按钮

图 2-19　使用制表位对齐之后的试题

标尺法的具体操作步骤如下：

(1) 选择“视图”选项卡，选中“标尺”复选框，此时在页面中出现标尺。

(2) 选中所有的答案行，先将其设定为首行缩进 2 个字符，当标尺最左端出现左对齐制作符 L 时，在标尺 10、20 和 30 字符处分别单击鼠标，这时会在标尺上出现三个左对齐的符号，如图 2-20 所示。

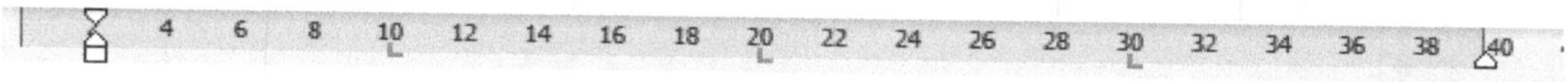

图 2-20　添加制表符后的标尺

(3) 在答案的 B、C 和 D 符号前面分别按 TAB 键就可以出现如图 2-19 所示的效果。

2) 精确设置

在标尺上设置制表位有一定的缺点，就是不能精确设置制表位的位置，还有一种方法可以精确地设置制表位。如上例，选中所有的答案行，单击“开始”→“段落”功能组右下角的启动按钮，弹出“段落”对话框，如图 2-21 所示。单击左下角的“制表位”按钮，弹出“制表位”对话框，在“制表位位置”中分别输入 2、10、20、30 字符，对齐方式都选择“左对齐”，前导符都为“无”，每输入一个都要单击一下“设置”按钮，结果如图 2-22 所示。

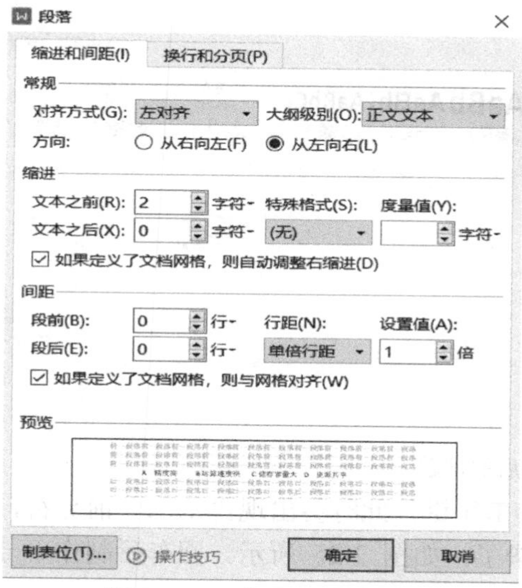

图 2-21　“段落”对话框

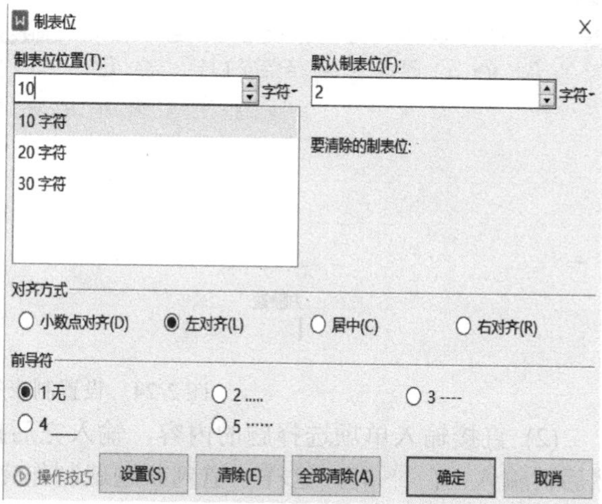

图 2-22　“制表位”对话框

最后单击“确定”按钮，再重复上面标尺设置法的步骤(3)即可。

实际上，“制表位”对话框中包含了所有标尺上的对齐制表符，而且还可以设置前导符，如判断题中括号前面的省略号就可以用制表位中的前导符来制作。可以先调整后输入，操作步骤如下：

(1) 光标定位在需要输入判断题的行，选择“开始”→“段落”功能组右下角的启动按钮，弹出“段落”对话框，单击“制表位”按钮，弹出“制表位”对话框，如图 2-23 所示，在“制表位位置”下分别输入 2 字符和 40 字符，其对齐方式分别设置为“左对齐”和“右对齐”，其中 40 字符的制表符的前导符为“5……”，单击“设置”按钮后确定，结果如图 2-24 所示。

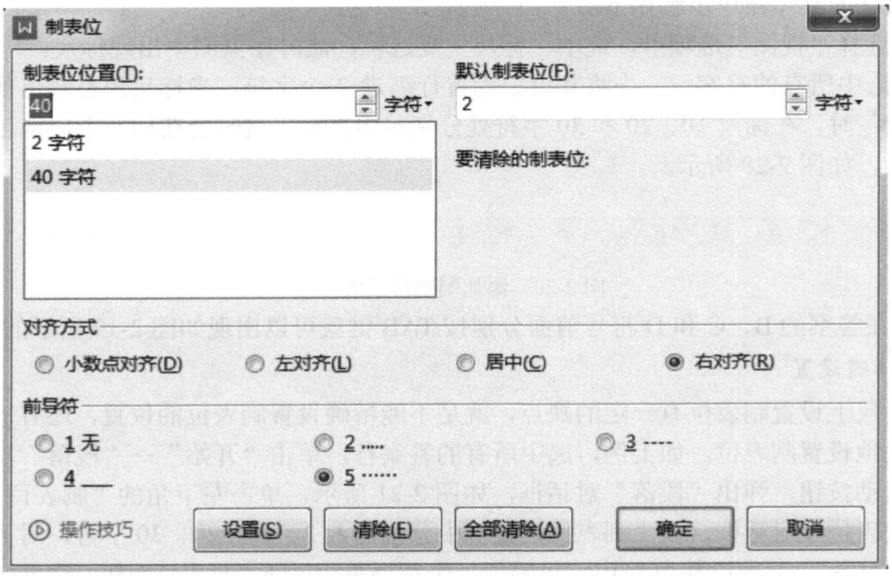

图 2-23　在“制表位”对话框中设置前导符

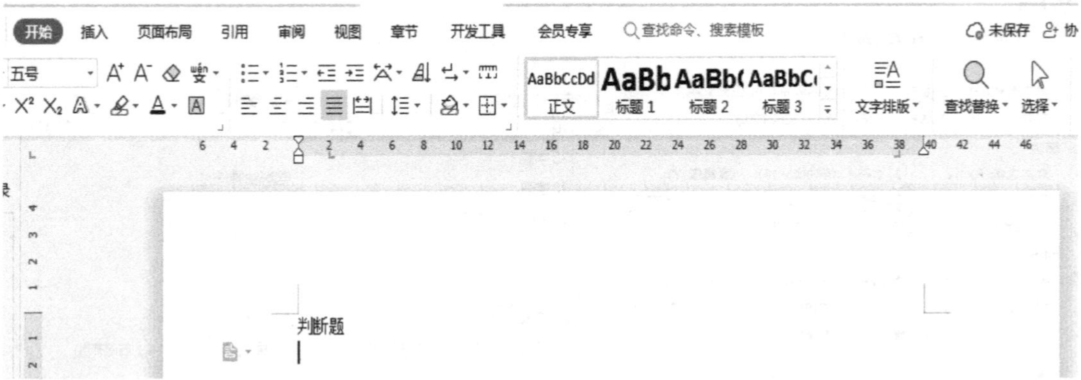

图 2-24　设置制表符后的试题

(2) 直接输入单项选择题的内容，输入完后按 Tab 键，此时会出现“……”前导符，然后再输入“(　　)”，这样一道判断题就制作完毕了，如图 2-25 所示。回车后制作下一道题，后面的试题依此类推。

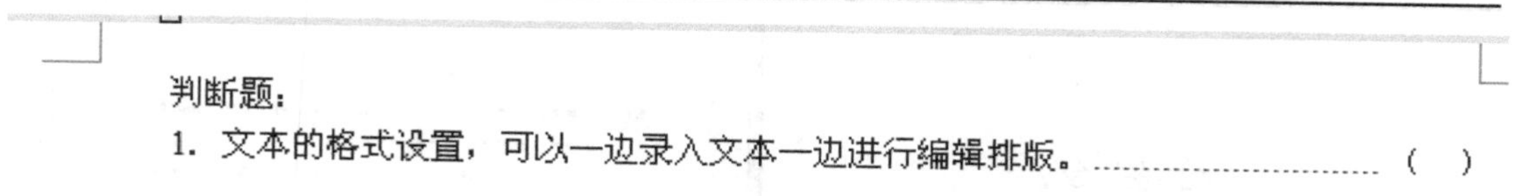
判断题：
1. 文本的格式设置，可以一边录入文本一边进行编辑排版。……………………（　）

图 2-25　使用制表符后的试题

3) 删除制表符

若想删除制表符，可以直接在标尺上把对齐符号拖曳下来，也可以打开“制表位”对话框，选择需要删除的制表符，单击“清除”按钮后再单击“确定”按钮即可。

说明：制表位有好多种，有左对齐、右对齐、居中式、竖线式和小数点式等，在标尺的左端用鼠标单击就可以交替出现，大家可以在实训的时候多做几种来熟练掌握它。

8. 页面设置

在文档打印输出之前，必须进行页面设置，这样打印出来的文档才能正确美观。选择“页面布局”选项卡，在“页面设置”功能区可设置“页边距”“纸张方向”“纸张大小”等，如图 2-26 所示。

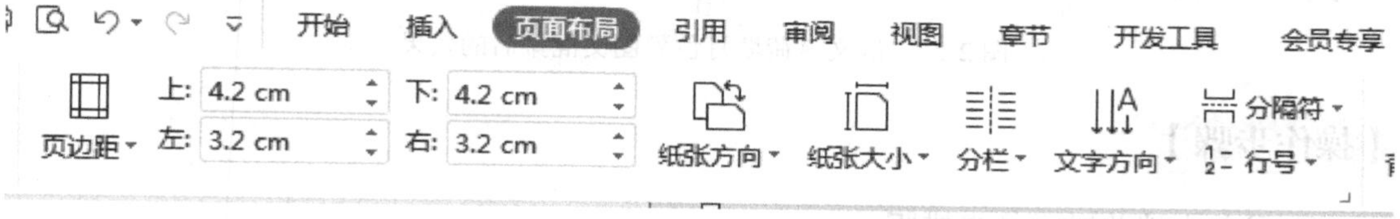

图 2-26　“页面布局”对话框

2.3　图文混排文档制作实例

WPS 文字还有一个强大的功能是图文混排。可以在文档中插入图形、图片、艺术字、文本框、页面边框等，还可以为文档分栏排版，真正做到“图文并茂”。

【实例描述】

以一篇散文《荷塘月色》为例，利用 WPS 文字为它进行图文混排，使文章更加彰显艺术效果。文档排版后的效果如图 2-27 所示。

在本例中，将主要解决如下问题：

(1) 如何为段落设置首字下沉、分栏、边框和底纹。

(2) 如何插入图片和艺术字，设置图片格式将图片衬于文字下方与文本混排，设置艺术字格式和为艺术字设置阴影等。

(3) 如何插入文本框，并为文本框内的文字添加项目符号。

(4) 如何设置页面边框。

(5) 如何设置页眉、页脚，修改页眉的下边线。

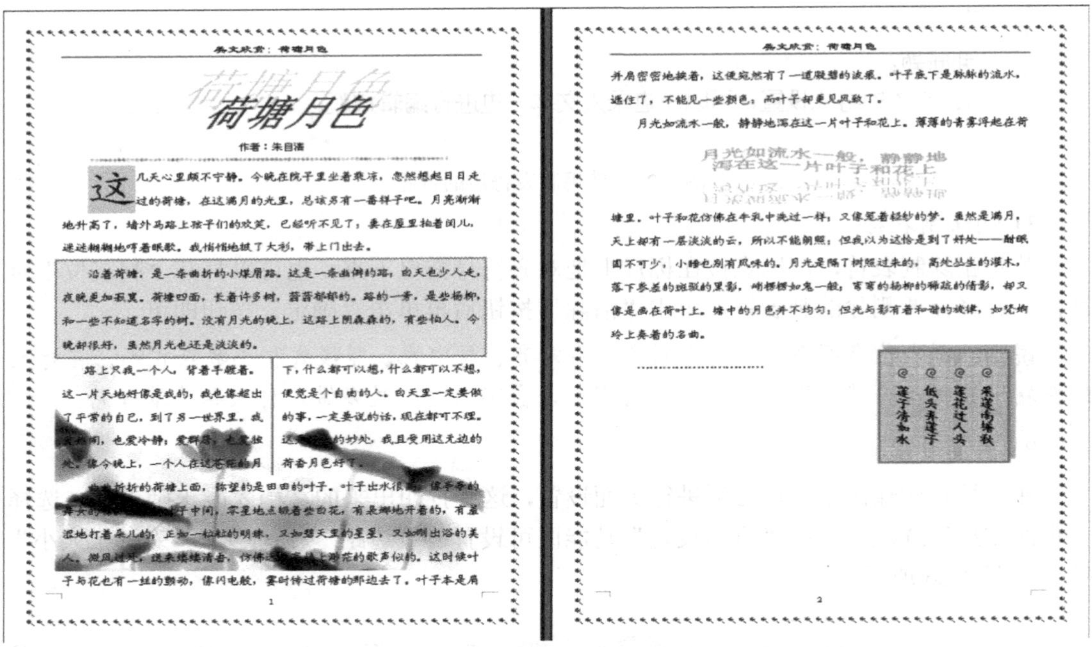

图 2-27　散文《荷塘月色》图文混排后的效果

【操作步骤】

1. 录入文档并进行基本排版

根据上节介绍的知识把散文的原文录入，并为每段设置首行缩进两个字符，将正文的字体设置为楷体、字号为 4 号，将作者一行字体设置为黑体、小四号字、居中对齐，如图 2-28 所示。

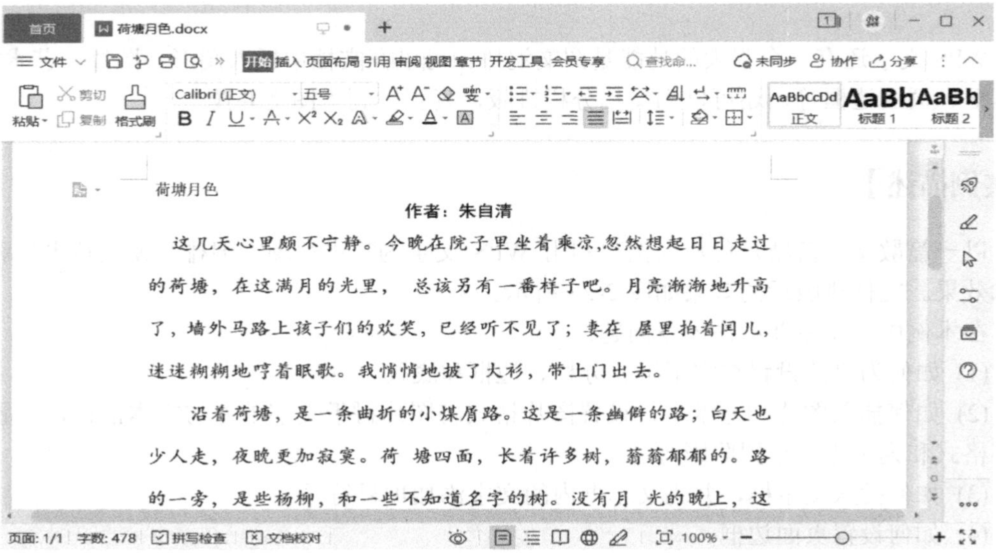
荷塘月色.docx
荷塘月色
作者：朱自清
这几天心里颇不宁静。今晚在院子里坐着乘凉，忽然想起日日走过的荷塘，在这满月的光里，总该另有一番样子吧。月亮渐渐地升高了，墙外马路上孩子们的欢笑，已经听不见了；妻在屋里拍着闰儿，迷迷糊糊地哼着眠歌。我悄悄地披了大衫，带上门出去。
沿着荷塘，是一条曲折的小煤屑路。这是一条幽僻的路；白天也少人走，夜晚更加寂寞。荷塘四面，长着许多树，蓊蓊郁郁的。路的一旁，是些杨柳，和一些不知道名字的树。没有月光的晚上，这

图 2-28　设置格式后的散文文本

2. 设置首字下沉

为正文的第一段设置首字下沉，将光标定位在第一段中，单击“插入”→“首字下沉”命令，弹出“首字下沉”对话框，如图 2-29 所示，“位置”选择“下沉”，“下沉行数”为“2”，单击“确定”按钮，并将下沉字选中，设置为蓝色字体、加字符底纹，结果如图 2-30 所示。

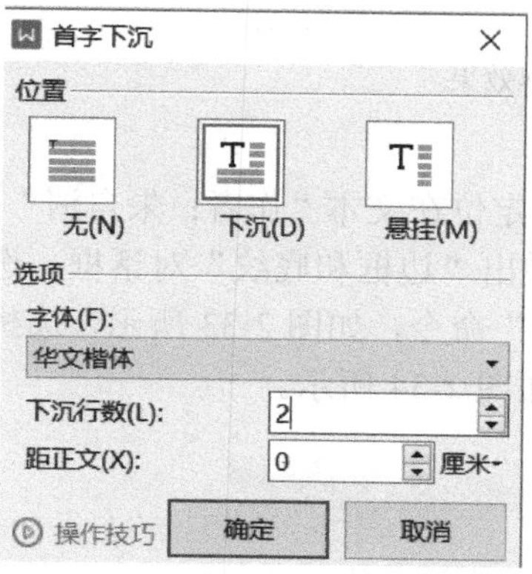

图 2-29　“首字下沉”对话框

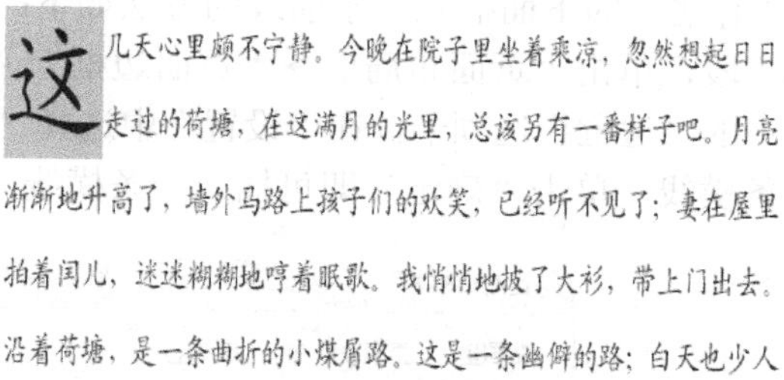

图 2-30　设置过首字下沉的文本效果

3. 设置边框和底纹

1) 为段落设置边框和底纹

为文章的第二段加边框和底纹。方法如下：选中第二段，单击“开始”→“边框”命令右侧的下拉箭头，在此处有下框线、上框线、左框线、右框线等。单击下拉列表中的“边框和底纹”命令，弹出“边框和底纹”对话框，如图 2-31 所示，在“边框”选项卡中，先在“设置”区选择“方框”，然后在“颜色”中选择“蓝色”，在“线型”中选择“波浪线”；在“底纹”选项卡中的“填充”区选择“浅绿”，单击“确定”按钮，结果如图 2-32 所示。

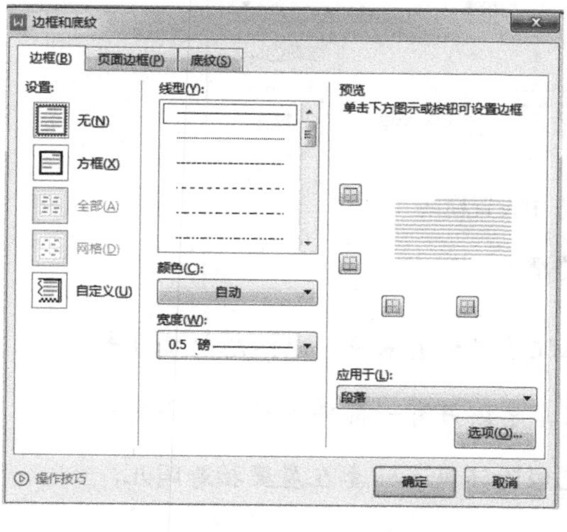

(a)“边框”选项卡

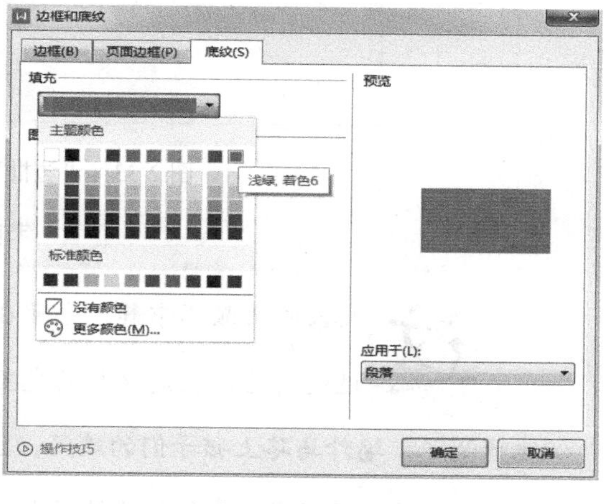

(b)“底纹”选项卡

图 2-31　“边框和底纹”对话框

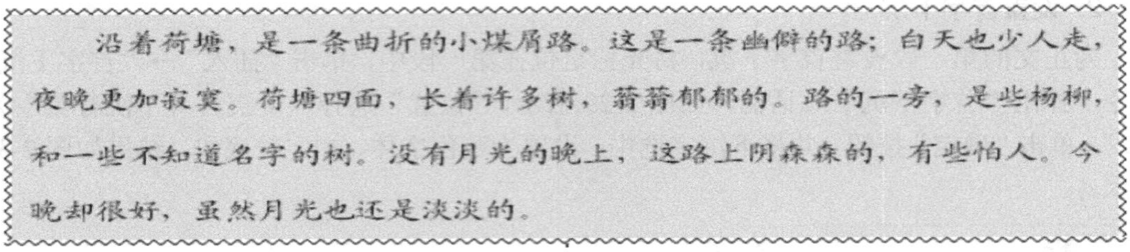
沿着荷塘，是一条曲折的小煤屑路。这是一条幽僻的路；白天也少人走，夜晚更加寂寞。荷塘四面，长着许多树，蓊蓊郁郁的。路的一旁，是些杨柳，和一些不知道名字的树。没有月光的晚上，这路上阴森森的，有些怕人。今晚却很好，虽然月光也还是淡淡的。

图 2-32　设置过边框和底纹的段落效果

2) 插入横线

在“作者”的下面插入一条横线的方法如下：将光标定位在文本“作者：朱自清”后，选中第二段，单击“页面布局”→“页面边框”命令，弹出“边框和底纹”对话框，选择对话框中的“边框”选项卡，在“设置”中选择“自定义”命令，如图 2-33 所示，选择其中的一条横线，单击“确定”即可插入一条横线，结果如图 2-34 所示。

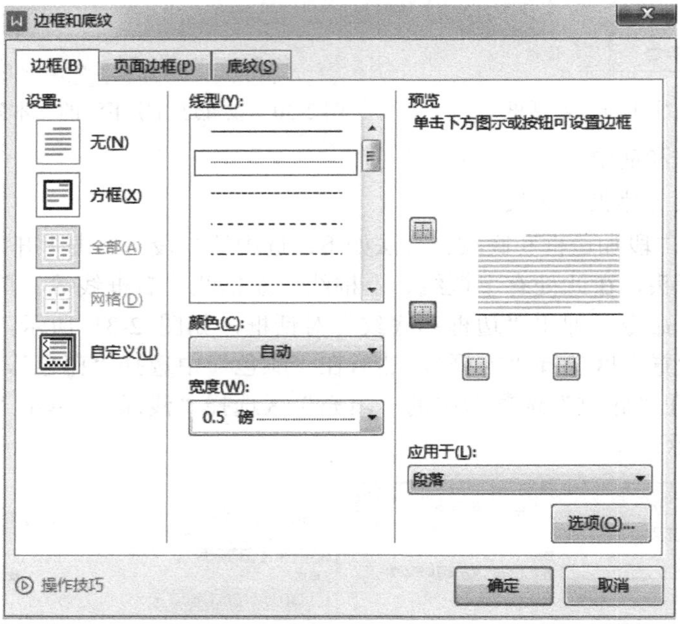

图 2-33　“边框”中设置横线

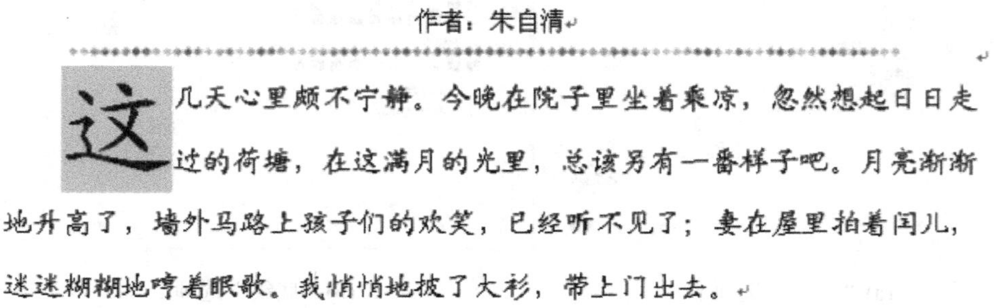
作者：朱自清

这几天心里颇不宁静。今晚在院子里坐着乘凉，忽然想起日日走过的荷塘，在这满月的光里，总该另有一番样子吧。月亮渐渐地升高了，墙外马路上孩子们的欢笑，已经听不见了；妻在屋里拍着闰儿，迷迷糊糊地哼着眠歌。我悄悄地披了大衫，带上门出去。

图 2-34　插入横线后的文本效果

3) 设置页面边框

为了使文章的艺术效果更加明显，我们为文章设置页面边框，方法如下：选中第二段，单击“页面布局”→“页面边框”命令，弹出“边框和底纹”对话框，选择“页面边框”选项卡，如图 2-35 所示，在“艺术型”下拉列表框中，选择某一种图形，此时效果会出现在预览框中，单击“确定”按钮，结果如图 2-36 所示。

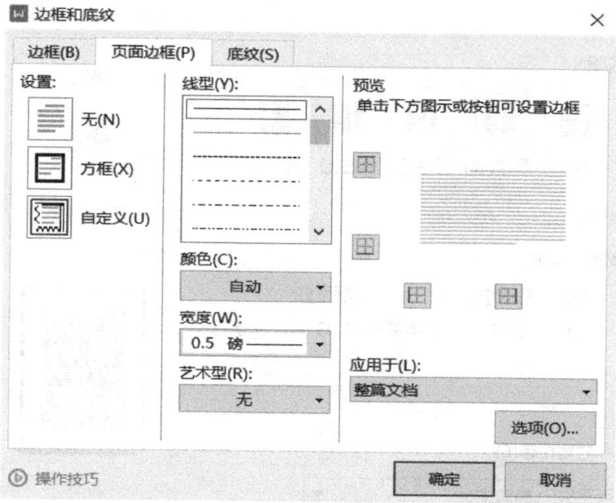

图 2-35　“边框和底纹”选项卡

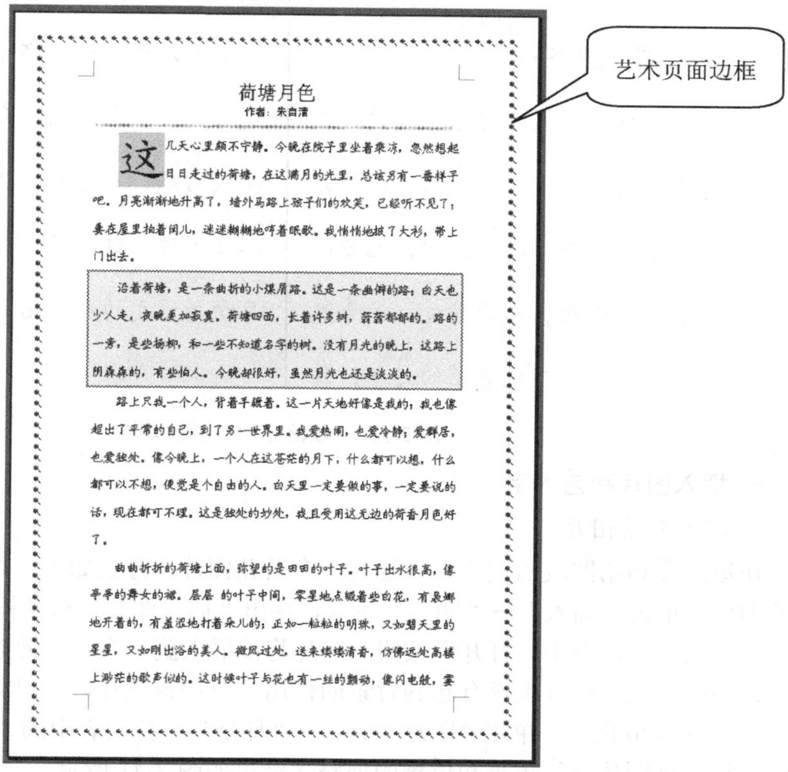

图 2-36　设置过页面边框的文本

4. 为段落分栏

文章的第三段要求分为等宽的两栏，方法如下：选中第三段文字，单击“页面布局”→“分栏”右侧的下拉箭头，在下拉列表中选择“更多分栏”命令，打开图 2-37 所示的“分栏”对话框，选择“两栏”，将“分隔线”前面的复选框选中。单击“确定”按钮，结果如图 2-38 所示。

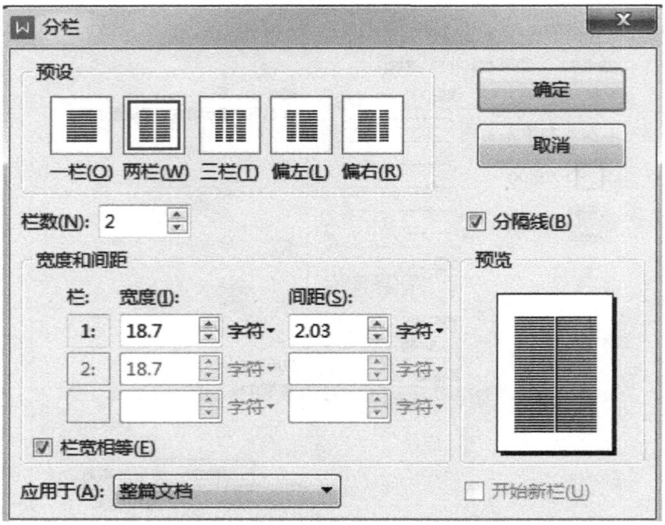

图 2-37　“分栏”对话框

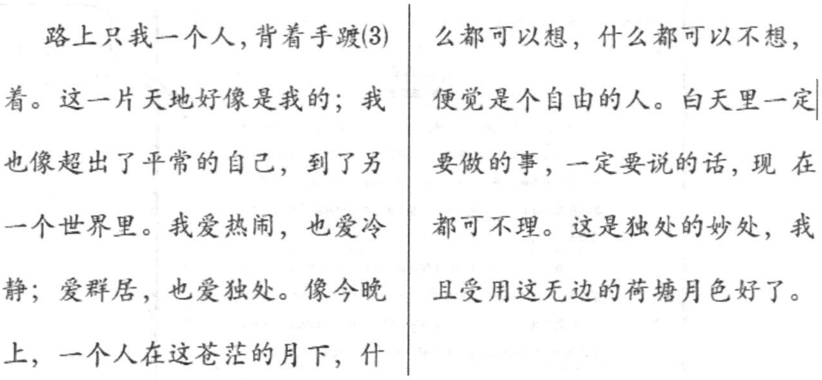

路上只我一个人，背着手踱(3)着。这一片天地好像是我的；我也像超出了平常的自己，到了另一个世界里。我爱热闹，也爱冷静；爱群居，也爱独处。像今晚上，一个人在这苍茫的月下，什么都可以想，什么都可以不想，便觉是个自由的人。白天里一定要做的事，一定要说的话，现 在都可不理。这是独处的妙处，我且受用这无边的荷塘月色好了。

图 2-38　段落分两栏后的效果

5. 插入图片和艺术字

1) 插入背景图片

在第三段和第四段的文字下方插入一个荷花图片，方法如下：将光标定位在第四段文本的前面，单击“插入”→“图片”命令，弹出“插入图片”对话框，如图 2-39 所示，查找到需要的图片，单击“打开”按钮，图片将被插入到文章中。此时，图片是嵌入在文档里的，不能移动，而且也没有起到背景的作用。单击该图片，这时会增加“图片工具”选项卡，如图 2-40 所示，单击“图片工具”→“环绕”下拉列表中的“衬于文字下方”命令，再用鼠标拖动图片进行大小和位置的调整，结果如图 2-41 所示。

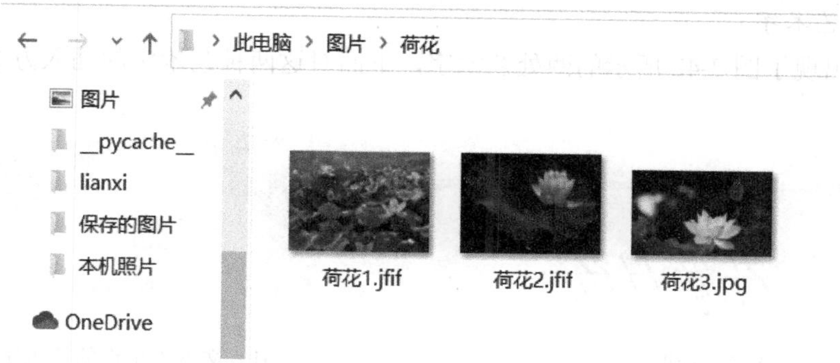

图 2-39　“插入图片”对话框

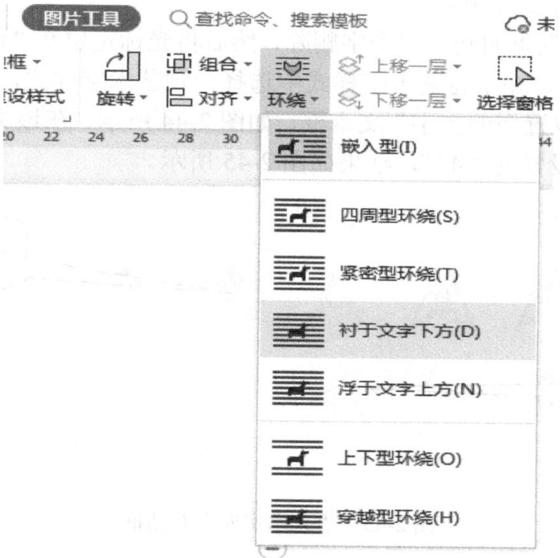

图 2-40　图片设置文字环绕方式

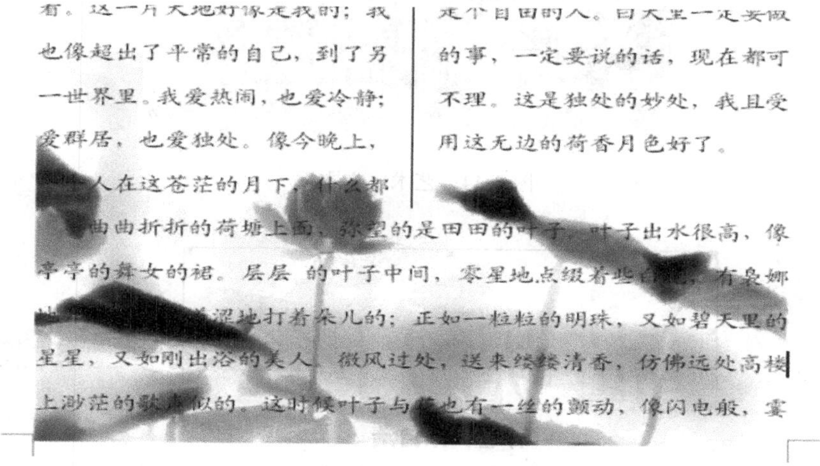
看。这一片天地好像是我的；我也像超出了平常的自己，到了另一世界里。我爱热闹，也爱冷静；爱群居，也爱独处。像今晚上，一个人在这苍茫的月下，什么都可以想，什么都可以不想，便觉是个自由的人。白天里一定要做的事，一定要说的话，现在都可不理。这是独处的妙处，我且受用这无边的荷香月色好了。

曲曲折折的荷塘上面，弥望的是田田的叶子。叶子出水很高，像亭亭的舞女的裙。层层的叶子中间，零星地点缀着些白花，有袅娜地开着的，有羞涩地打着朵儿的；正如一粒粒的明珠，又如碧天里的星星，又如刚出浴的美人。微风过处，送来缕缕清香，仿佛远处高楼上渺茫的歌声似的。这时候叶子与花也有一丝的颤动，像闪电般，霎

图 2-41　图片衬于文字下方后的效果

2) 插入艺术字

文章中出现了图 2-42 所示的两处艺术字，下面对这两种艺术字的插入方法进行介绍。

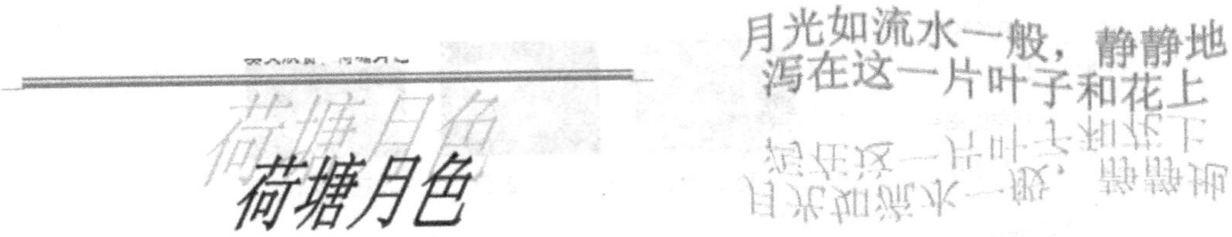

(a) 艺术字标题　　(b) 文本中出现的艺术字

图 2-42　文章中出现在两处的艺术字

图 2-42(a)的操作步骤如下：

(1) 首先将标题“荷塘月色”四个字删除，然后将光标定位在“作者”前面，单击“插入”→“艺术字”命令，在下拉艺术字样式中选择一种艺术字样式，如图 2-43 所示。此时页面中出现“请在此放置您的文字”文本框，如图 2-44 所示，在该文本框中输入“荷塘月色”四个字，将字号设置为“44”，结果如图 2-45 所示。

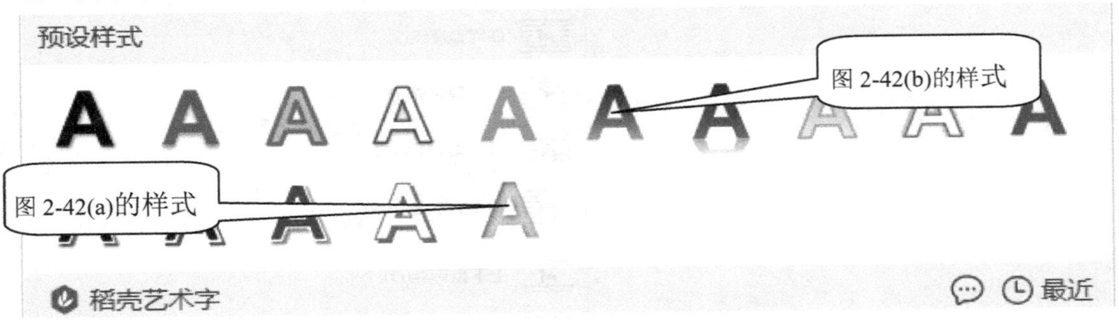

图 2-43　“艺术字库”对话框

图 2-44　艺术字文本框

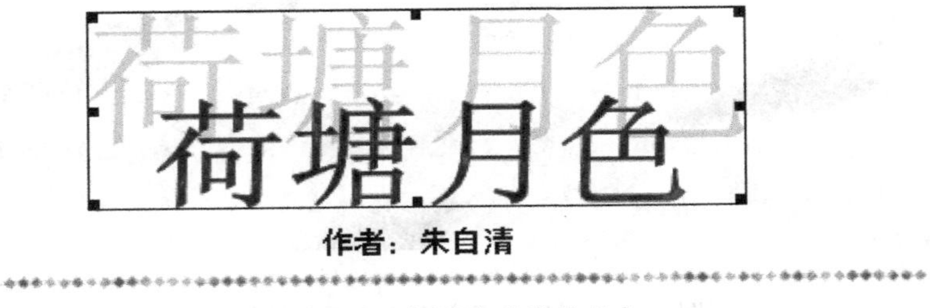

图 2-45　初步生成的艺术字

(2) 设置艺术格式。选中插入的艺术字，单击“页面布局”→“文字环绕”命令选择“文字环绕”下拉列表中的“上下型环绕”命令，此时艺术字周围的控制点变化为八个圆圈，用鼠标拖动下面的“扭曲”控制点，使艺术字倾斜，结果如图 2-46 所示。

图 2-46　设置过格式的艺术字

图 2-42(b)的操作步骤如下：

(1) 插入艺术字。首先将光标定位在第五段前面，插入图 2-42(b)样式的艺术字。在图 2-47 所示的文本框中输入“月光如流水一般，静静地泻在这一片叶子和花上”并将其分为两行，将字号设置为“36”，如图 2-48 所示。

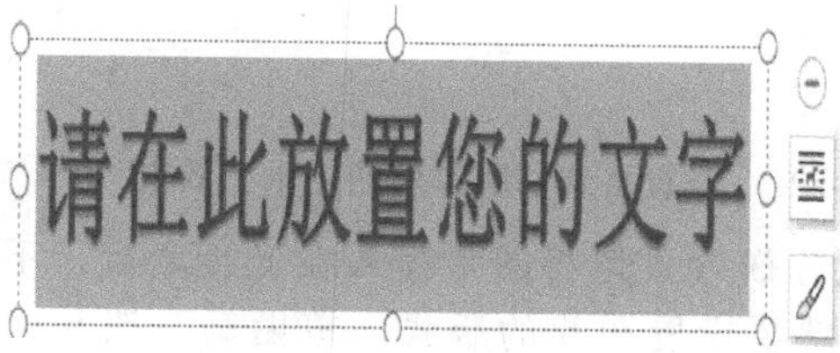

图 2-47　艺术字文本框

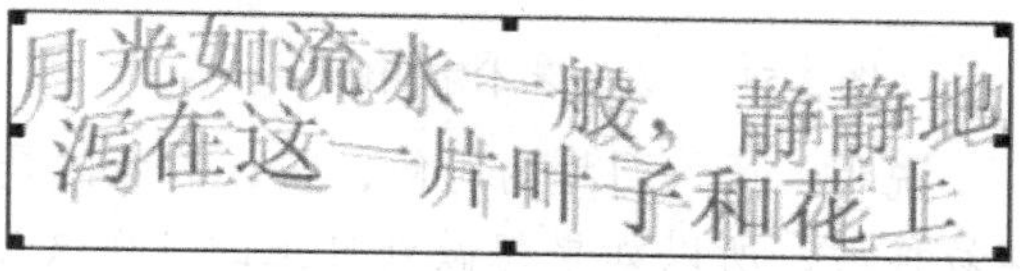

图 2-48　设置艺术字

(2) 为艺术字设置格式。双击插入的艺术字，在页面右侧弹出“属性”对话框，如图 2-49 所示，在“形状填充”命令中将“填充”颜色设置为“橙色”，“线条”颜色设置为“玫瑰红”，在“页面布局”选项卡中单击“文字环绕”命令，将版式设置为“上下型环绕”，结果如图 2-50 所示。

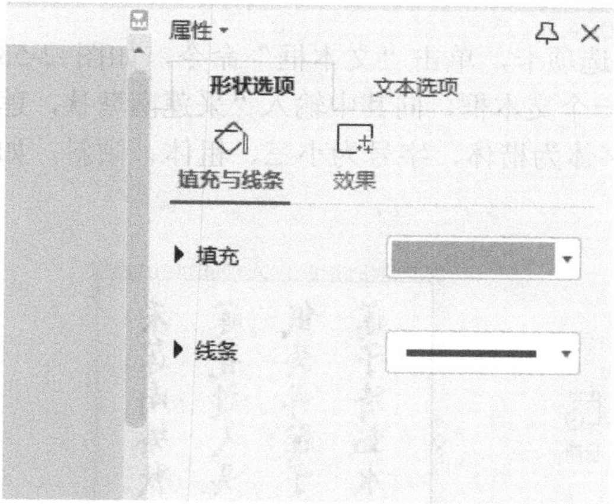

图 2-49　设置艺术字格式

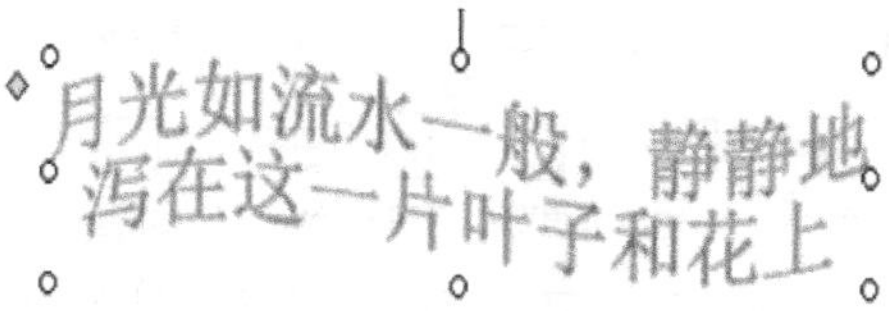

图 2-50　进行格式设置后的艺术字

(3) 为艺术字设置阴影。双击插入的艺术字，在页面右侧弹出“属性”对话框，选择“文本选项”→“效果”→“阴影”命令，如图 2-51 所示，在下拉列表中设置阴影度为 17，最后调整一下艺术字的大小和位置，结果如图 2-52 所示。

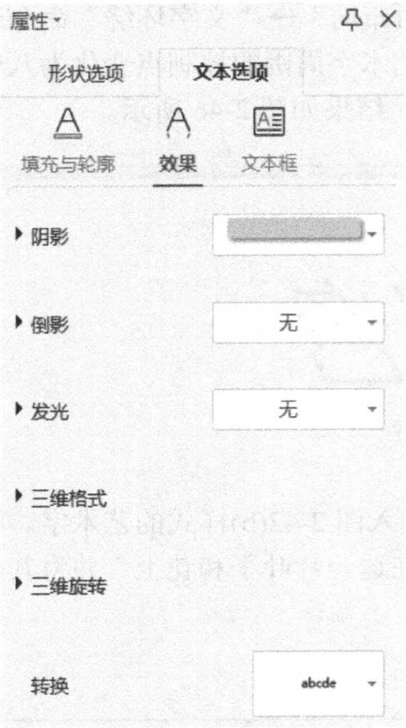

图 2-51　设置艺术字阴影

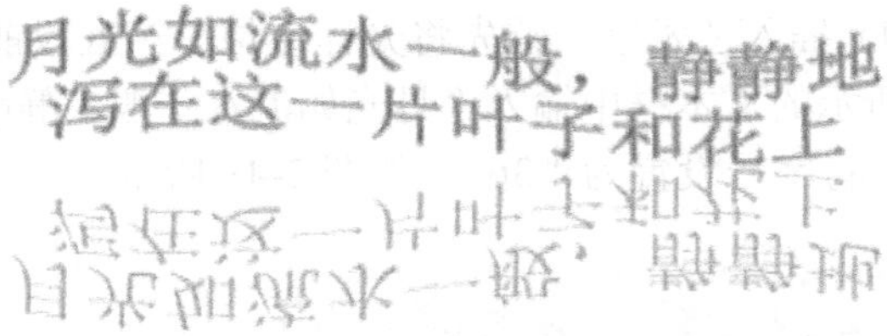

图 2-52　设置格式和阴影后的艺术字效果

说明：插入图片的时候，默认的版式是嵌入式，嵌入式是将图片插入在光标之后，不容易移动，所以如果想做到真正的“图文混排”，就要设置图片的版式。剪贴画、照片、艺术字、图形、组织结构图、图表等图片类型的对象在和文本混排的时候最好都要进行版式的设置。

6. 插入竖排文本框

文档中需插入一处竖排文本框，具体操作步骤如下：

1) 插入文本框

把光标定位在文档结尾处，选择“插入”选项卡，单击“文本框”命令，如图 2-53 所示，在其下拉列表中选择“竖向”命令，画一个文本框，向其中输入“采莲南塘秋，莲花过人头，低头弄莲子，莲子清如水”，设置字体为楷体，字号为小三、粗体、倾斜，如图 2-54 所示。

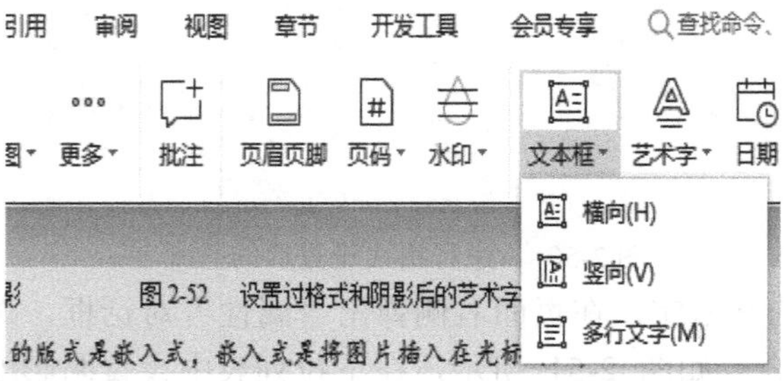

图 2-53　插入竖排文本框

图 2-54　在文本框中输入文字

2) 为文字添加项目符号

选中文本框里的文字，单击“开始”→“项目符号”命令，在其下拉列表中单击“自定义项目符号”，在“项目符号和编号”对话框中选中任一符号，单击“自定义”按钮，弹出“自定义项目符号列表”对话框，如图 2-55 所示。单击“字符”按钮，弹出“符号”对话框，选择图 2-56 所示的符号，单击“插入”按钮，结果如图 2-57 所示。

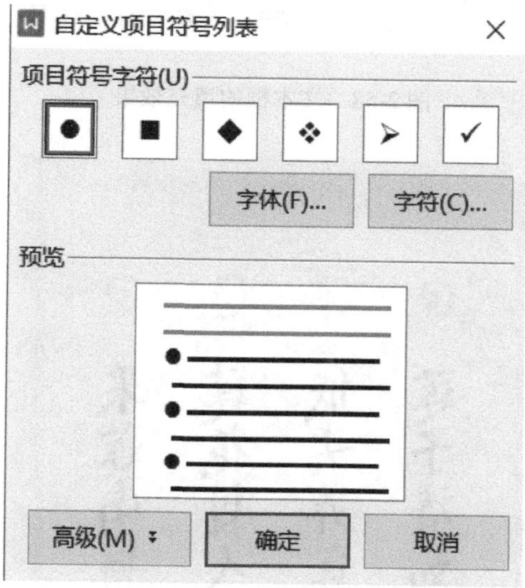

图 2-55　定义新的项目符号

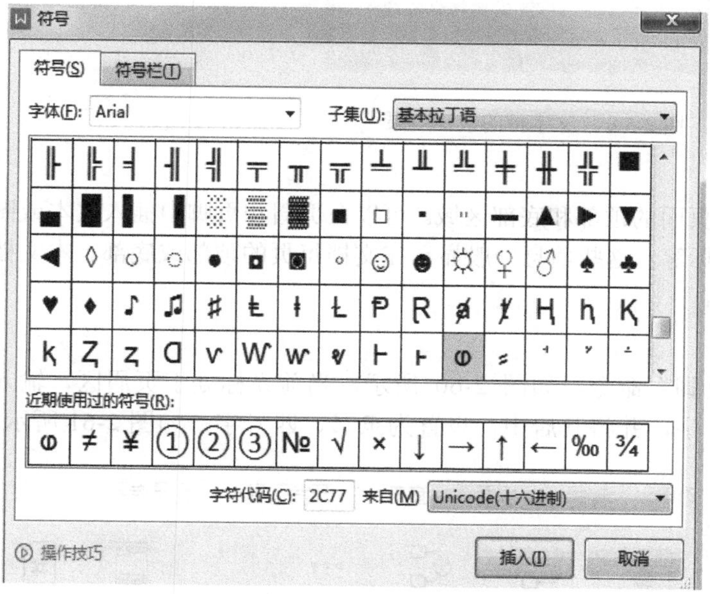

图 2-56　“图片项目符号”对话框

图 2-57　添加过项目符号的文本框

3) 为文本框设置边框和底纹

单击该文本框，选择“绘图工具”选项卡，如图 2-58 所示，在“填充”下拉列表中选择一种图案，在“轮廓”中将颜色设置为“天蓝色”，线型设置为“3 磅”，最后在“形状效果”中设置文本框的阴影效果，结果如图 2-59 所示。

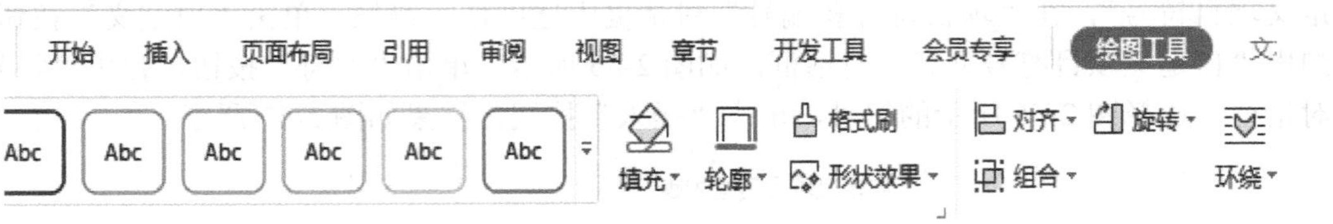

图 2-58　文本框的填充效果

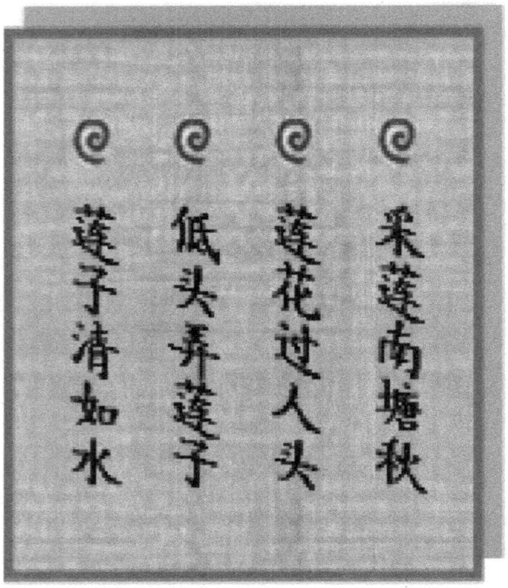

图 2-59　文本框的最终效果

7. 设置页眉、页码

页眉和页脚是文档中每个页面的顶部和底部区域。可以在页眉和页脚中插入文本或图形，其中包括页码、日期、图标等。这些信息一般显示在文档每页的顶部或底部。本文档中页眉和页脚的插入方法如下：

1) 设置页眉

单击“插入”→“页眉页脚”命令，如图 2-60 所示，当前光标处于页眉区，输入“美文欣赏：荷塘月色”几个字，并将其居中，设置为隶书、四号字，如图 2-61 所示。

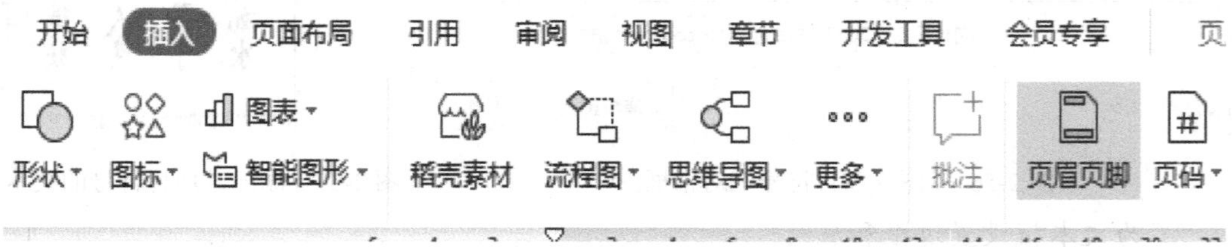

图 2-60　设置页眉页脚

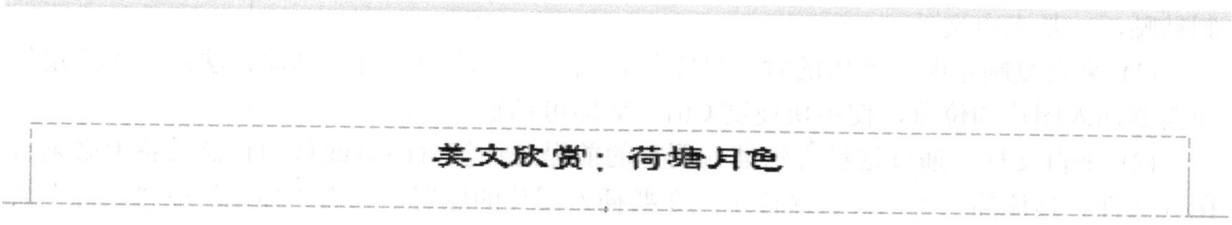

图 2-61　设置页眉后的效果

2) 设置页码

单击“插入”→“页码”命令，在“预设样式”中单击“页码”命令，弹出“页码”对话框，如图 2-62 所示，在下拉列表中选择“样式”和“位置”。此时自动在页面底部插入一个居中位置的数字页码，效果如图 2-63 所示。

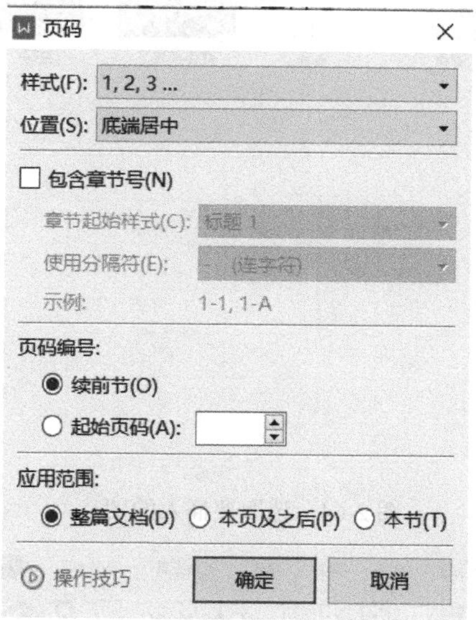

图 2-62　在页面底部插入页码

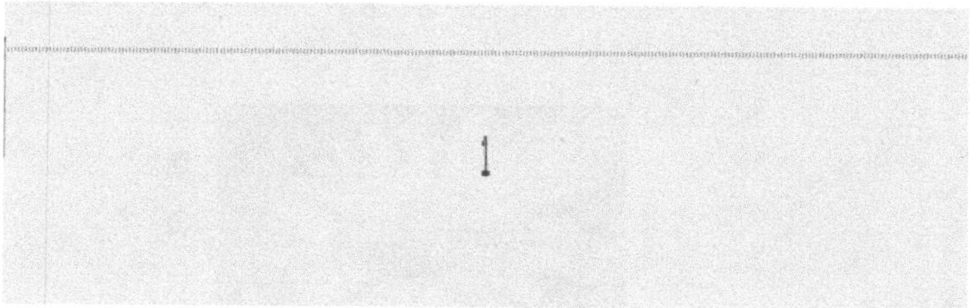

图 2-63　插入页码的效果

【主要知识点】

1. 图片

1) 在文档中插入图片

在文档中可以直接插入图片，一般情况下，图片的来源主要有两个方面，一是来自复制粘贴，二是来自文件。

(1) 来自复制粘贴。使用的时候只需复制粘贴相应的图即可。具体方法：将光标定位在需要插入图片的位置，使用快捷键 Ctrl + V 即可粘贴上去。

(2) 来自文件。通过这种方法插入图片的前提是计算机磁盘或移动存储设备上必须有图片文件。具体插入方法：将光标定位在要插入图片的位置，单击“插入”→“图片”命令，打开“插入图片”对话框，如图 2-64 所示。选择需要插入的图片，单击“插入”按钮即可，结果如图 2-65 所示。

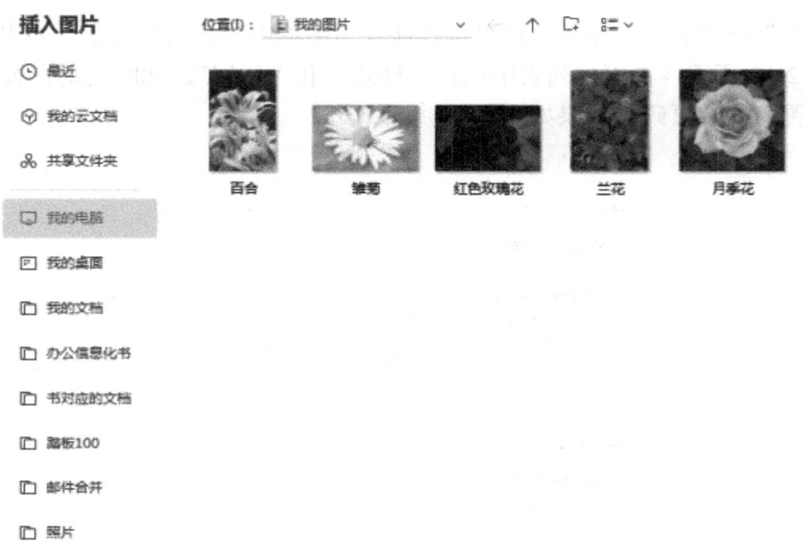

图 2-64　选取要插入的图片

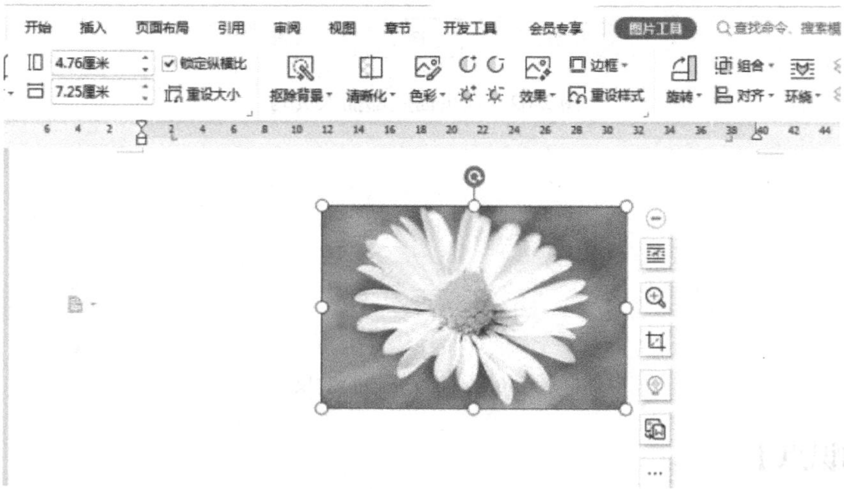

图 2-65　文档中插入图片后的效果

2) 调整图片的格式

插入图片后，菜单栏会自动处于“图片工具”选项卡，如图 2-66 所示。

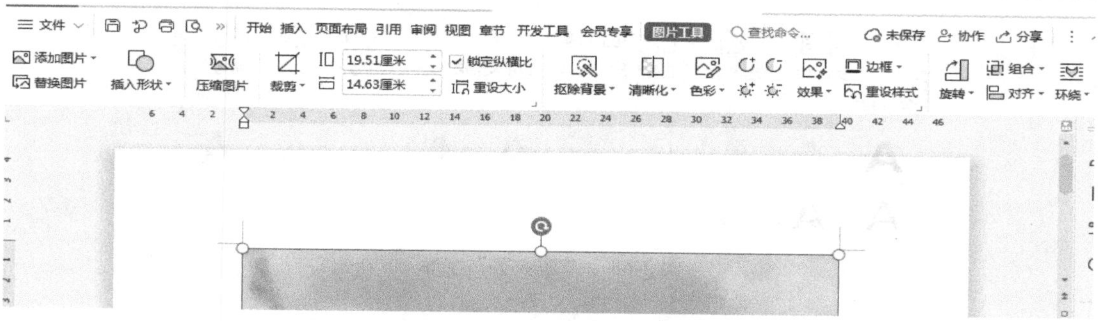

图 2-66　“图片工具”选项卡

在该选项卡中可以详细地设置图片的类型、样式、排列位置、大小等。具体设置内容如下：

(1) “布局”功能组：在此功能组中，可以对图片进行裁剪，也可以设置图片的高度和宽度。

(2) “属性”功能组：在此功能组中，可以调整图片的背景、清晰度、色彩等效果，还可以调整设置图片轮廓和填充图片。

另外，还可以调整图片的亮度、对比度、颜色饱和度及特定的艺术效果，也可以简单地设置图片不同色调的特殊效果，还可以压缩图片、更改图片和重设图片，以及进行图片的位置、文字环绕、对齐、组合、旋转等设置。

也可以右键单击图片，单击“设置对象格式”，在弹出的“属性”对话框中对图片进行设置，如图 2-67 所示。

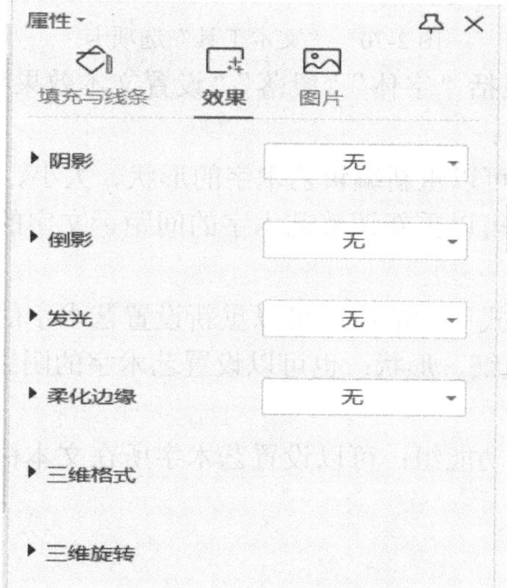

图 2-67　“属性”对话框

2. 插入艺术字

将光标定位在要插入艺术字的位置，单击“插入”→“艺术字”命令，如图 2-68 所示，在“预设样式”中选择一种字库样式，弹出如图 2-69 所示的文本框，在文本框中输入文字后单击“确定”按钮即可插入艺术字。

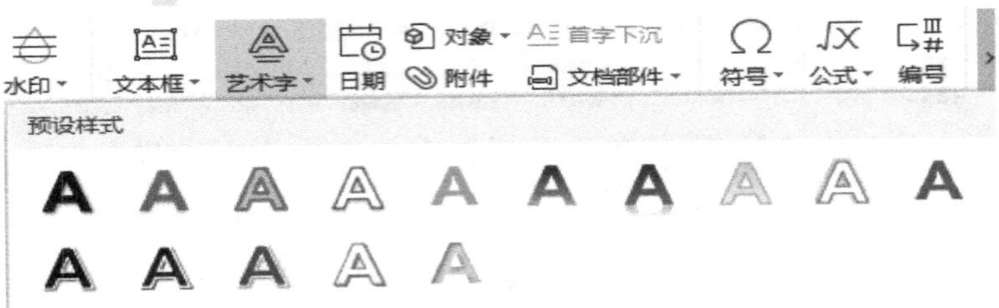

图 2-68　“艺术字”字库

图 2-69　编辑艺术字文字

在插入艺术字的同时菜单栏会自动显示出“文本工具”选项卡，如图 2-70 所示。

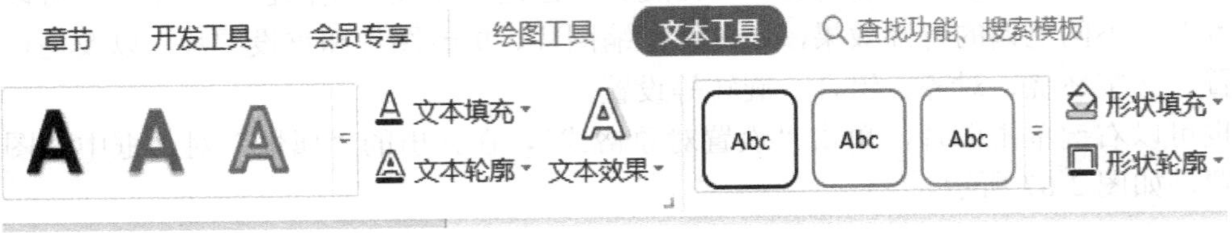

图 2-70　“文本工具”选项卡

“文本工具”选项卡包括“字体”“段落”“设置文本效果格式”“设置形状格式”等功能组。具体设置内容如下：

(1) “字体”功能组：可以重新编辑艺术字的形状、大小、颜色、轮廓等。

(2) “段落”功能组：可以重新调整艺术字的间距、文字的宽度，将文字竖排和设置多行艺术字的对齐方式等。

(3) “设置文本效果格式”功能组：可以重新设置艺术字的字库样式、艺术字的填充颜色、线条轮廓的线型和粗细、形状；也可以设置艺术字的阴影效果以及阴影的位置，三维效果及三维旋转角度等。

(4) “设置形状格式”功能组：可以设置艺术字所在文本框的形状、颜色以及阴影效果等。

3. 插入形状图形

1) 绘制形状

在实际工作中，用户经常需要自己绘制各种图形。WPS 文字为用户提供了多种自选图形，单击“插入”→“形状”命令，选择所需的图形，拖动鼠标进行绘制即可画出所需的图形，如图 2-71 所示。此时会自动出现“绘图工具”选项卡。该选项卡与艺术字的“文本工具”选项卡类似，可以插入多个形状，也可以设置图形的样式、填充颜色和线条轮廓等格式以及阴影效果、三维效果和排列、大小。

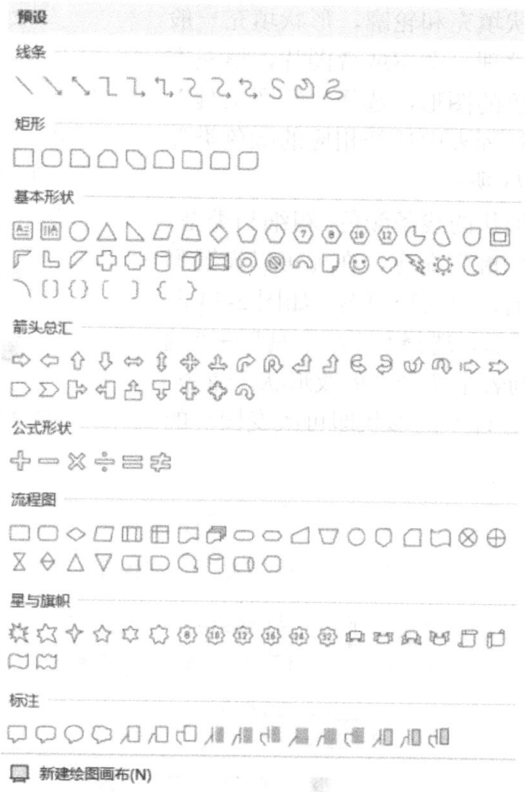

图 2-71　插入形状

2) 设置形状图形的格式

常见的图形格式一般包括图形的填充格式和线条格式。WPS 文字提供了许多样式库，展开“绘图工具”选项卡中的样式库可以直接选择套用，如图 2-72 所示。

图 2-72　可套用形状的格式

也可以单独设置形状填充和轮廓，形状填充一般包括纯色、渐变颜色、纹理、图案或者图片，填充方法如下：选中要填充颜色的图形，选择“绘图工具”→“填充”命令，在下拉列表中选择相应的颜色类型进行填充即可，如图 2-73 所示。

形状轮廓一般包括形状的线条颜色、粗细和类型。选择“绘图工具”→“轮廓”命令，在此可以设置形状外边框线的类型、粗细、颜色和图案，如图 2-74 所示。还可以为图形更改形状，选择“绘图工具”→“编辑形状”命令，在下拉列表中选择“更改形状”命令，如图 2-75 所示，选择某一种不同形状即可改变图形的形状。

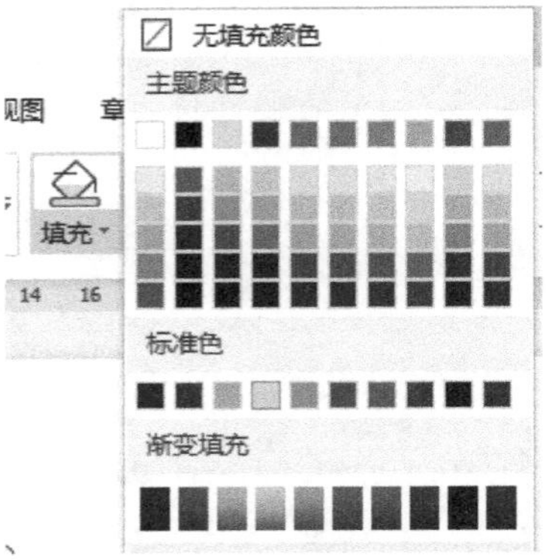

图 2-73　设置填充颜色

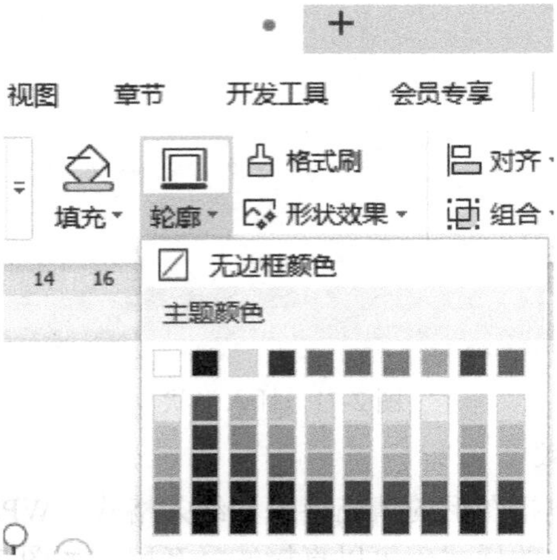

图 2-74　修改形状轮廓

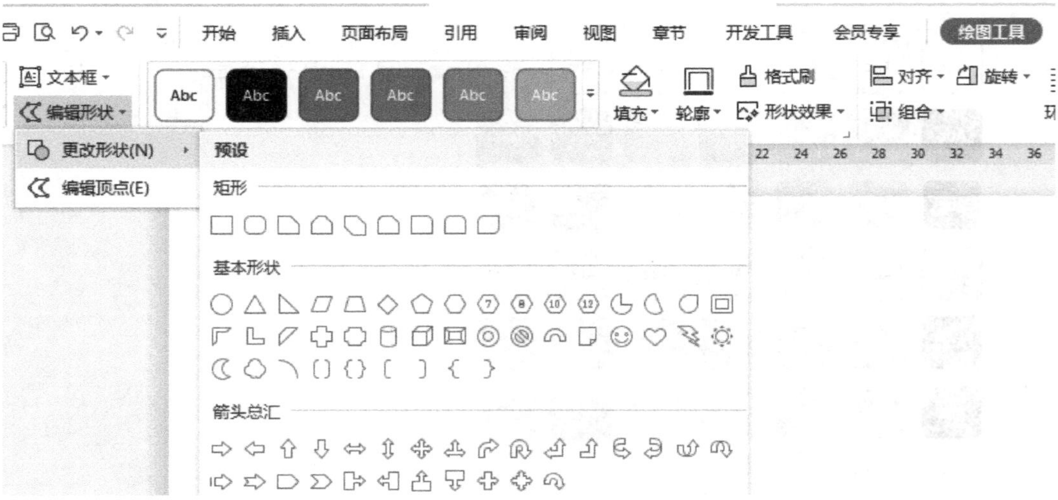

图 2-75　更改图形的形状

3) 修改图形的叠放次序

当插入的图形叠放在一起时，后来绘制的图形可能会遮盖之前绘制的图形，如图 2-76 所示，如果想让被遮盖的图形显示出来，可以改变它们的叠放次序。具体操作方法：选择想要看到的图形，右击，在弹出的快捷菜单中选择“置于顶层”命令，如图 2-77 所示，在下拉菜单中选择“上移一层”即可，如图 2-78 所示。

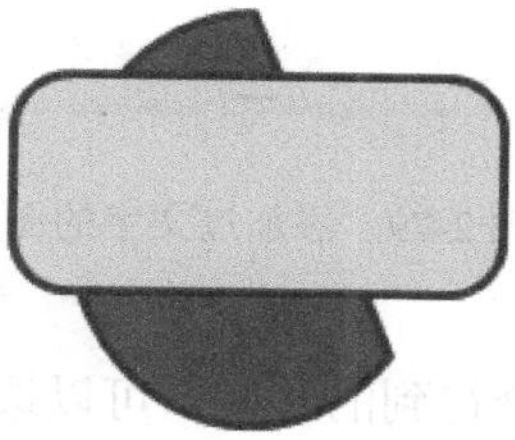

图 2-76　两个叠放在一起的图形

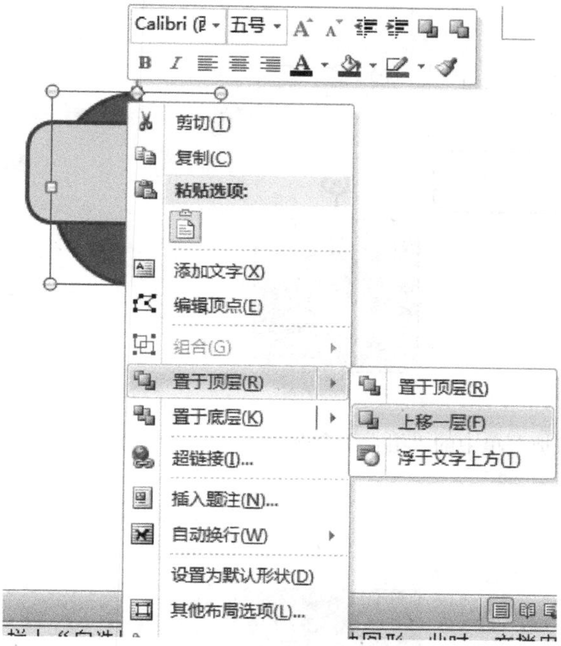

图 2-77　为叠放的图形改变叠放次序

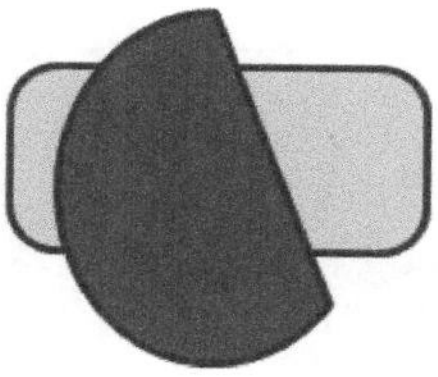

图 2-78　改变叠放次序的效果

说明：还可以单击“绘图工具”→“上移一层”或者“下移一层”命令，在这两个命令的下拉列表中有“置于顶层”或“置于底层”命令，通过选择这些命令设置图形不同的叠放次序。

4) 为形状图形添加文字

形状图形里还可以添加文字，添加文字的方法如下：选中形状图形，单击鼠标右键，在弹出的快捷菜单中选择“添加文字”命令，此时光标会出现在图形中，直接输入文字就可以了。还可以通过双击图像添加文字。如图 2-79 所示。

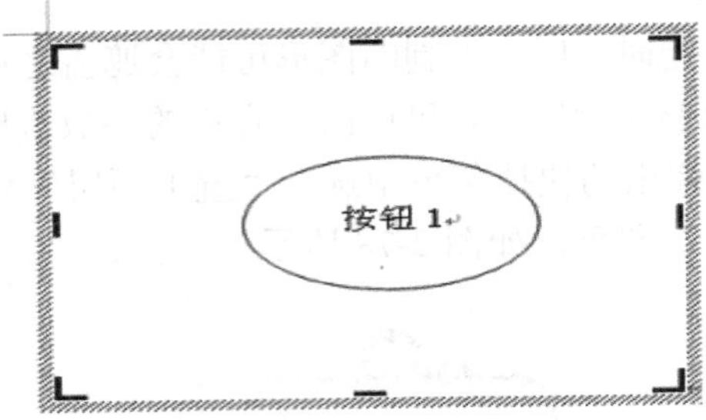

图 2-79　添加过文字的图形

5) 组合图形对象

当一个图形是由多个图形组合得到的时候，可以选中全部图形(借助于 Ctrl 键)，然后右击，在弹出的快捷菜单中单击“组合”命令，如图 2-80 所示，这样所有的图形都被组合成一个图形。组合过的图形可以作为一个整体进行缩放和移动，还可以复制到其他文档中间，如图 2-81 所示。

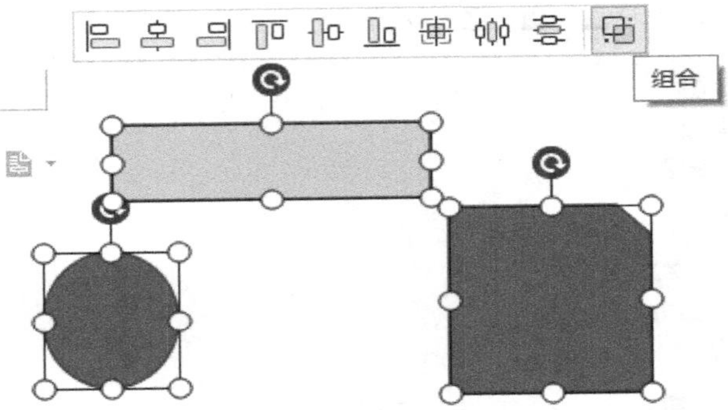

图 2-80　快捷菜单中的“组合”命令

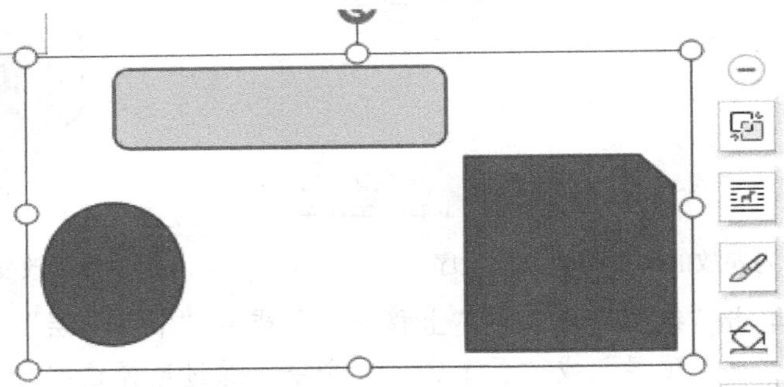

图 2-81　多个图形组合后的效果

说明：图形组合后还可以取消组合，步骤和组合时一样，如果遇到复杂的图形，还可以分批组合。

6) 制作流程图

在科技论文撰写中经常会使用一些流程图来简洁明了地说明完成某件事情的过程。在图形不是特别复杂的情况下，利用 WPS 文字中的绘图功能就可以绘制这些流程图。

下面以绘制图 2-82 所示的电话银行操作流程图的一部分为例，介绍如何利用 WPS 文字制作流程图。

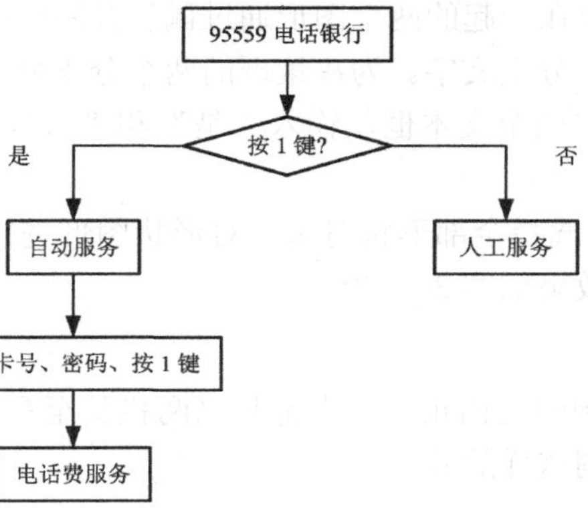

图 2-82　电话银行操作流程图的绘制效果

本流程图的制作主要运用了流程图基本图形、带箭头直线以及文本框等相关内容，这也是制作流程图所必须使用的基本工具。具体操作步骤如下：

(1) 绘制形状图形。单击“插入”→“流程图”按钮右侧的下拉箭头，在下拉列表中选择“新建空白图”命令，此时弹出一个新的页面，在编辑区按住鼠标左键，选中矩形图框，然后进行拖动，画出第一个图框，并复制四个。再按照以上步骤拖动出所需菱形图框，最后效果如图 2-83 所示。

(2) 输入文字。选中第一个图框，单击右键选择“编辑文本”命令，输入“95559 电话银行”。用同样的方法为其他图框分别添加上文字“按 1 键”“自动服务”“人工服务”“输入卡号、密码，按 1 键”“电话费服务”。按下 Ctrl 键连续选中多个图框，在所有图框都被选中的状态下，单击选择“编辑”选项卡，在工具栏中将字体设为宋体、五号，结果如图 2-84 所示。

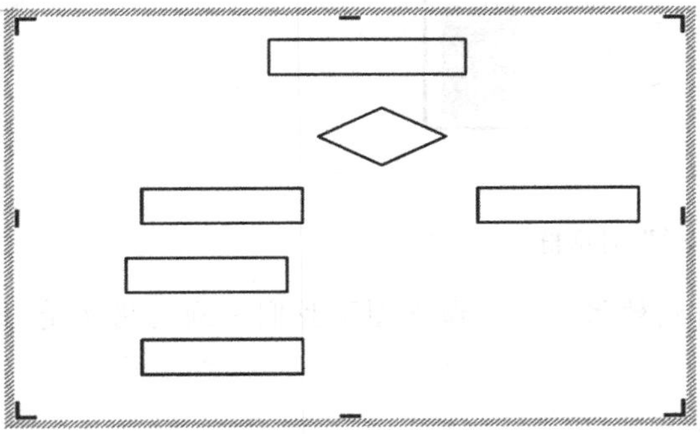

图 2-83　绘制框图

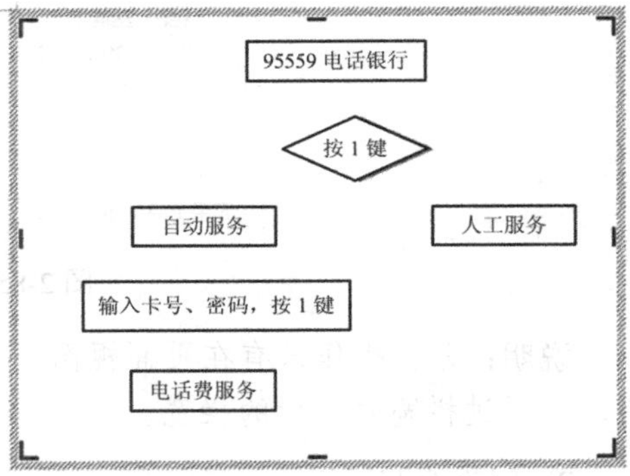

图 2-84　输入文字

(3) 对齐图形。选择第一个图框“95559 电话银行”和第二个图框“按 1 键”，单击“排列”→“对齐”→“居中对齐”命令。利用相同的方法让“自动服务”“输入卡号、密码，按 1 键”和“电话费服务”　三个形状水平居中。选中除“自动服务”外的所有图框，单击“分布”命令中的“垂直平均分布”命令，这样选中的图框的纵向间隔就变均匀了。选中“自动服务”和“人工服务”两个图形，选择“对齐”命令中的“顶端对齐”命令，这样“自动服务”图框就会调整位置与“人工服务”图框顶端对齐。

(4) 绘制线条。选中需要连线的图形，右键单击图形，在弹出的快捷菜单中选择“创建连线”命令，把你想连在一起的两个图形通过鼠标控制线的方向连在一起。

(5) 输入“是”“否”分支文字。为决策框的两个分支分别输入文字“是”“否”，方法是：分别在相应位置建立两个文本框，输入“是”和“否”，然后将文本框的线条颜色、填充颜色均设为“无色”。

(6) 组合形状对象。选择全部形状对象，对形状图形进行组合，这样所有的图形都被组合成一个图形，最终效果如图 2-82 所示。

4. 分栏

在报刊和杂志上看到的文档正文，大都是以两栏甚至多栏的版式出现的，使用 WPS 文字的分栏功能可以达到这样的效果。

1) 设置分栏

首先选取需要分栏的文本；然后单击“页面布局”→“分栏”命令右侧的下拉箭头，选择“更多分栏”命令，弹出“分栏”对话框，如图 2-85 所示；此时在“预设”中选择分栏的方式，可以是等栏宽地分为两栏、三栏或不等栏宽地分为两栏，如果不满意预设中的设置，可以通过自定义“栏数”以及“宽度和间距”来确定分栏形式；选择是否带“分隔线”；可以在“预览”框中预览效果。最后，单击“确定”按钮回到文本编辑区，分栏设置完成。

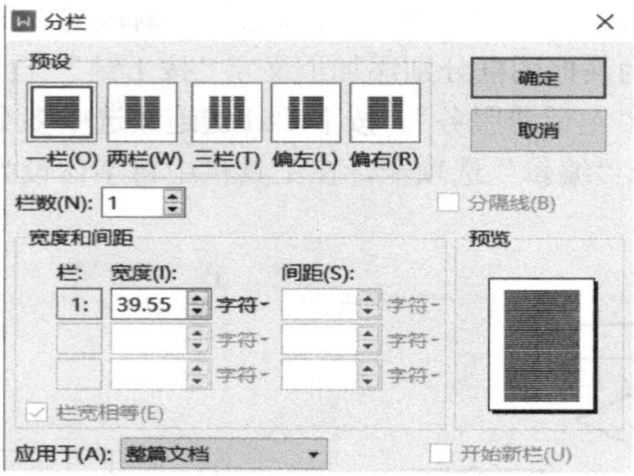

图 2-85　“分栏”对话框

说明：分栏操作只有在页面视图下才能看到效果，在普通视图下我们见到的仍然是一栏，只不过栏宽是分栏的栏宽。

2) 删除分栏

在“分栏”对话框中，将栏数重新设置为一栏即可。

3) 调整栏宽

在“分栏”对话框中输入栏宽数据，或者拖动分栏后标尺上显示的制表符标记。如果要精确地设置栏宽，可以在按住 Alt 键的同时拖动标尺上的制表符标记。

4) 单栏与多栏的混排

虽然多栏版面很好看，但是有时需要将文档的一部分设置为单栏，比如文章标题和某一些小标题往往是通栏的，这需要进行单栏、多栏的混排。它的设置方法有两种：第一种方法是分别选择所要分栏的文本，然后分别设置“栏数”和“栏宽”；第二种方法是将文档按分栏数目的不同分别分节，每节内部设置不同的分栏效果。

5) 强制分栏

分栏时，一般按栏长相等原则或自动设置多栏的长度。使用分栏符也可以对文档在指定位置强制分栏。操作时，将光标移动到需开始新一栏的位置，选择“页面布局”→“分隔符”→“分栏符”命令，如图 2-86 所示，则从光标处开始就另起一栏，如图 2-87 所示。

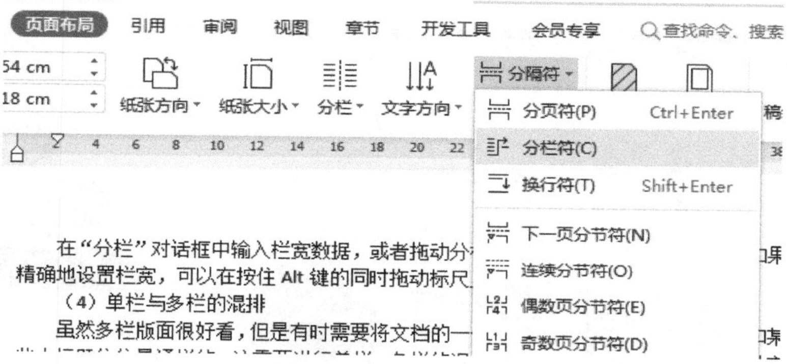

图 2-86　选择“分栏符”命令

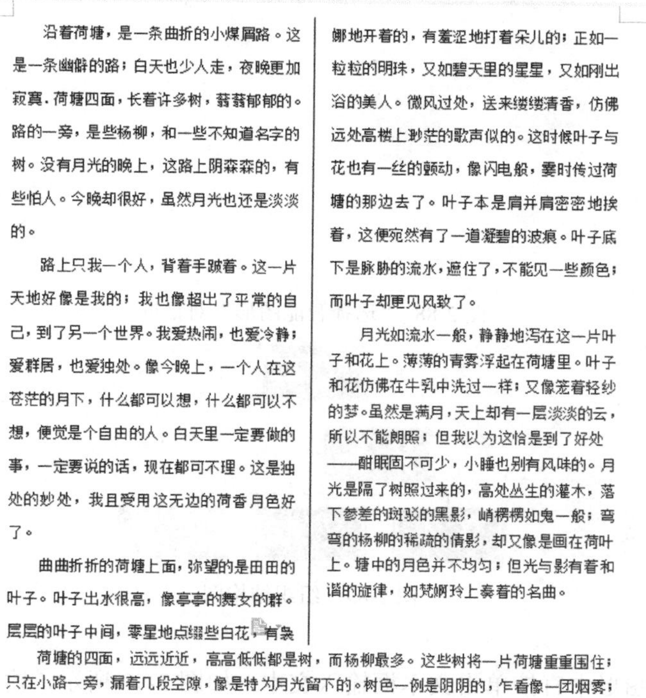

沿着荷塘，是一条曲折的小煤屑路。这是一条幽僻的路；白天也少人走，夜晚更加寂寞。荷塘四面，长着许多树，蓊蓊郁郁的。路的一旁，是些杨柳，和一些不知道名字的树。没有月光的晚上，这路上阴森森的，有些怕人。今晚却很好，虽然月光也还是淡淡的。

路上只我一个人，背着手踱着。这一片天地好像是我的；我也像超出了平常的自己，到了另一个世界。我爱热闹，也爱冷静；爱群居，也爱独处。像今晚上，一个人在这苍茫的月下，什么都可以想，什么都可以不想，便觉是个自由的人。白天里一定要做的事，一定要说的话，现在都可不理。这是独处的妙处，我且受用这无边的荷香月色好了。

曲曲折折的荷塘上面，弥望的是田田的叶子。叶子出水很高，像亭亭的舞女的裙。层层的叶子中间，零星地点缀些白花，有袅娜地开着的，有羞涩地打着朵儿的；正如一粒粒的明珠，又如碧天里的星星，又如刚出浴的美人。微风过处，送来缕缕清香，仿佛远处高楼上渺茫的歌声似的。这时候叶子与花也有一丝的颤动，像闪电般，霎时传过荷塘的那边去了。叶子本是肩并肩密密地挨着，这便宛然有了一道凝碧的波痕。叶子底下是脉脉的流水，遮住了，不能见一些颜色；而叶子却更见风致了。

月光如流水一般，静静地泻在这一片叶子和花上。薄薄的青雾浮起在荷塘里。叶子和花仿佛在牛乳中洗过一样；又像笼着轻纱的梦。虽然是满月，天上却有一层淡淡的云，所以不能朗照；但我以为这恰是到了好处——酣眠固不可少，小睡也别有风味的。月光是隔了树照过来的，高处丛生的灌木，落下参差的斑驳的黑影，峭楞楞如鬼一般；弯弯的杨柳的稀疏的倩影，却又像是画在荷叶上。塘中的月色并不均匀；但光与影有着和谐的旋律，如梵婀玲上奏着的名曲。

荷塘的四面，远远近近，高高低低都是树，而杨柳最多。这些树将一片荷塘重重围住；只在小路一旁，漏着几段空隙，像是特为月光留下的。树色一例是阴阴的，乍看像一团烟雾；

图 2-87　强制分栏后的效果

5. 插入 SmartArt 图形

SmartArt 图形工具有 100 多种图形模板，有列表、流程、循环、层次结构、关系、矩阵和棱锥图等七大类。利用这些图形模板可以设计出各样的专业图形，能快速为幻灯片的特定对象或者所有对象设置多种动画效果，而且能够即时预览。

下面以插入组织结构图为例，介绍如何使用 SmartArt 图形工具。

1) 插入组织结构图

单击“插入”→“智能图形”，在下拉列表中选择“智能图形”命令，弹出“选择智能图形”对话框，如图 2-88 所示，选择“组织结构图”，单击“确定”按钮后会出现图 2-89 所示的 SmartArt 图形。

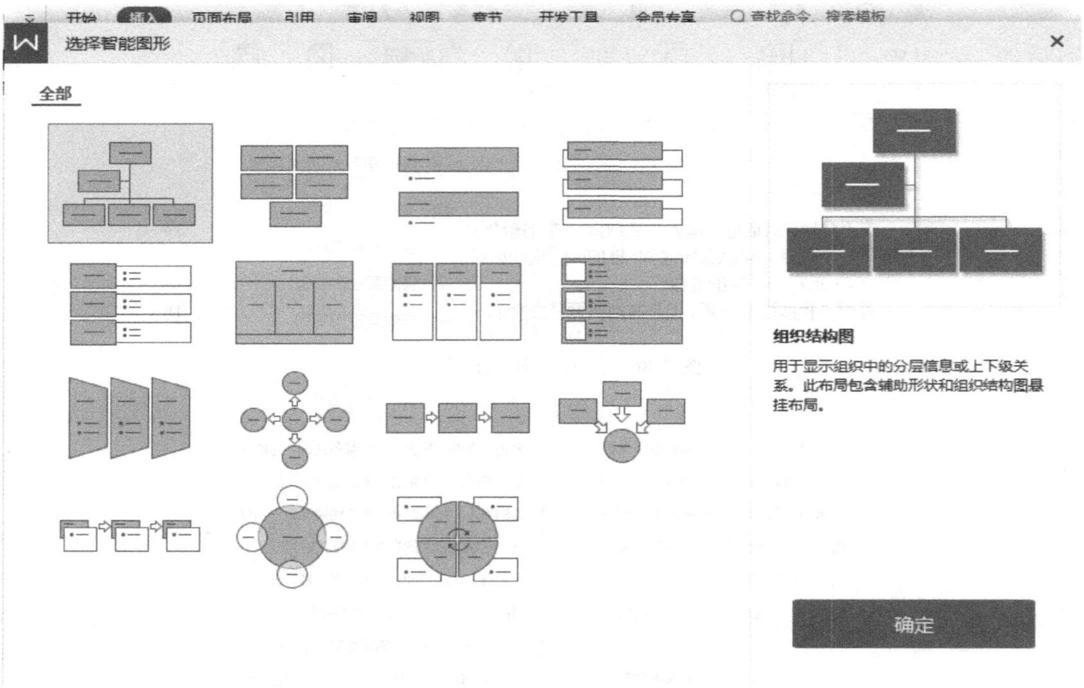

图 2-88 “选择智能图形”对话框

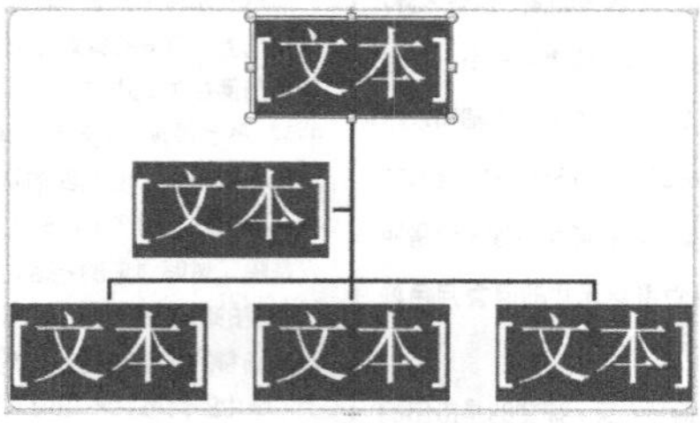

图 2-89　组织结构图

2) 输入文本

在 SmartArt 图形中直接单击文本框输入文本，如图 2-90 所示，输入相应的文本内容，结果如图 2-91 所示。

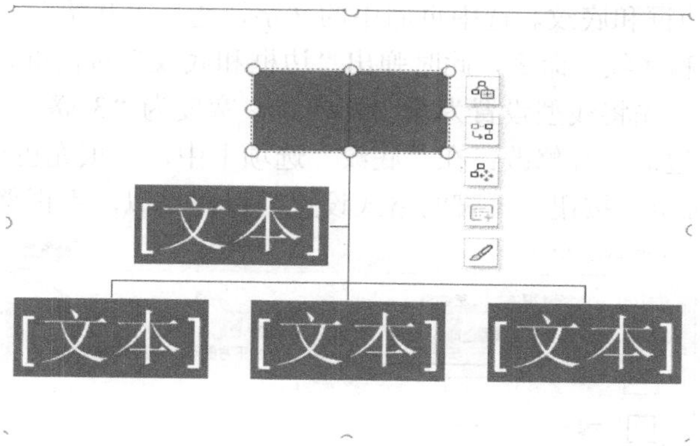

图 2-90　单击输入文本

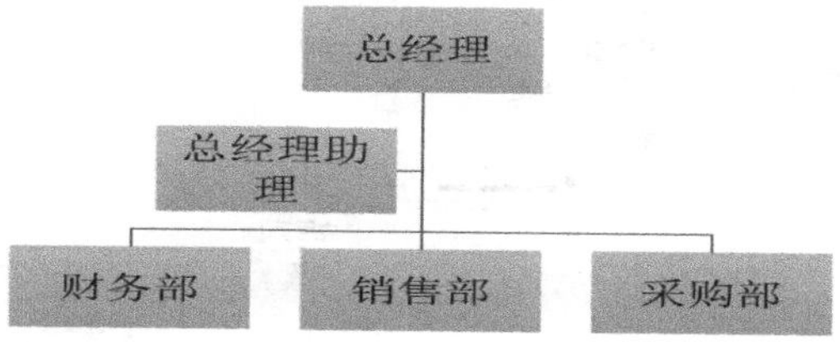

图 2-91　输入文本内容

3) 添加形状

选择“采购部”，在右侧的快捷菜单中选择“添加项目”→“在后面添加项目”命令，在添加的形状中输入“人事部”，如图 2-92 所示。

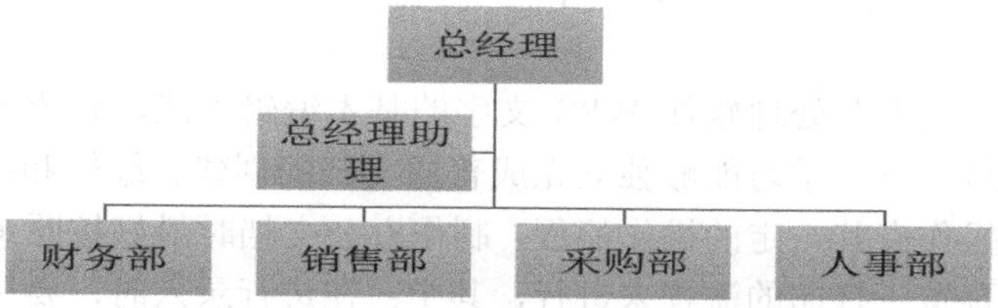

图 2-92　添加形状

4) 格式设置

在插入图形之后，“SmartArt”按钮会自动出现“设计”和“格式”两个选项卡。其中“设计”选项卡中可以设置 SmartArt 图形的整体布局和样式，“格式”选项卡中可以设置单独形状的格式，如形状的填充和轮廓等样式。本例中，将组织结构图的文字设置为 16 号字、粗体，在“设计”选项卡中将颜色更改为适当的颜色。

6. 页眉、页脚的设置

在文档中，通常会使用页眉和页脚，页眉、页脚的内容也可以设置字体、字号和对齐方式、边框和底纹等。以本节实例中的页眉格式设置为例，介绍页眉和页脚的格式设置方法：

(1) 字体设置。选中需要设置的页眉内容，在“开始”→“字体”功能组中设置文本的字体为隶书，字号为三号，字体颜色为红色。

(2) 设置页眉的边框和底纹。选中页眉中的文字，选择“开始”→“段落”→“边框”下拉列表中的“边框和底纹”命令，此时弹出“边框和底纹”对话框，如图 2-93 所示。在“边框”选项卡中，首先将线型设置为图中的样式，宽度为“3 磅”，应用于“段落”，然后单击预览框中的下边框进行修改；在“底纹”选项卡中，将填充色设置为浅橙色，应用于“段落”，单击“确定”按钮。页脚的格式设置同页眉类似，不再赘述。

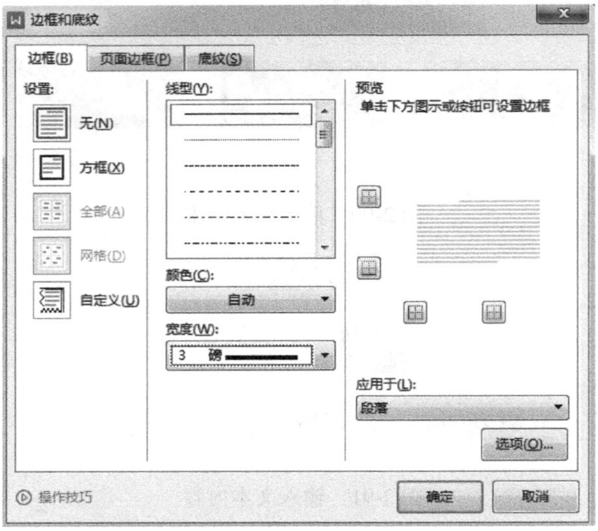

图 2-93　“边框和底纹”对话框

本 章 小 结

本章主要介绍的是办公处理软件 WPS 文字的基本编辑功能，介绍了编辑窗口和基本操作，使读者通过这一章的学习能够独立完成普通文档的创建、编辑和打印。

基本文档处理操作有其一定的操作流程，制作办公文档时最好按照录入→编辑→排版→页面设置→打印预览→打印的流程来进行，其中：在进行录入时，要注意按照单纯文本录入原则，注意一些常用符号的录入方法，文字录入完成后，最好进行联机校对；编辑操作包括添加、删除、修改、移动、复制以及查找、替换等，进行编辑操作首先需要选取操作对象，为此必须掌握一些快捷操作和选取技巧；基本的文档排版包括字体格式、段落格式排版等，排版时要掌握格式刷的使用以及单击与双击的不同效果；通过制表位的设置可以实现多种对齐效果；页面设置主要是设置纸张、页边距大小以及其他内容，目的是保证文档的版心效果合适；在进行正式打印前需要先进行打印预览，以便确定效果是否满意；开始打印前需要进行打印设置，包括选取打印机、设置打印范围、打印份数等。

办公公文是现代办公中使用较多的文档格式。对于办公公文，应该能够利用向导来快速建立。

通过本章的学习，读者应该能够熟练进行办公事务处理中的文字处理工作，对日常工作中的公告文件、工作计划、年度总结、调查报告等文档能够进行娴熟的输入、编辑、排版和打印等。

实　训

实训一　制作一份招聘启事

1. 实训目的

(1) 了解简单文档处理的基本流程。

(2) 熟练掌握文档中字体、段落格式的设置，项目符号和编号的添加等操作方法。

(3) 掌握 WPS 文字中页面设置的方法和打印预览的使用方法。

2. 实训内容及效果

本次实训内容为一份简单文档的处理，即制作一份招聘启事。最终效果如图 2-94 所示。

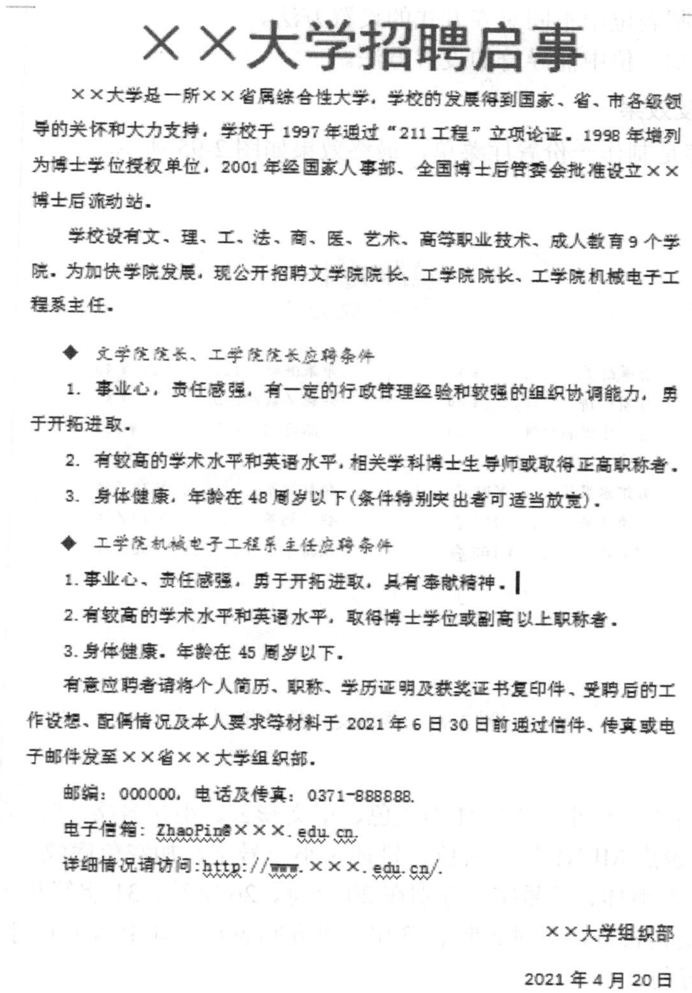

××大学招聘启事

××大学是一所××省属综合性大学，学校的发展得到国家、省、市各级领导的关怀和大力支持，学校于 1997 年通过“211 工程”立项论证，1998 年增列为博士学位授权单位，2001 年经国家人事部、全国博士后管委会批准设立××博士后流动站。

学校设有文、理、工、法、商、医、艺术、高等职业技术、成人教育 9 个学院。为加快学院发展，现公开招聘文学院院长、工学院院长、工学院机械电子工程系主任。

◆ 文学院院长、工学院院长应聘条件

1. 事业心，责任感强，有一定的行政管理经验和较强的组织协调能力，勇于开拓进取。

2. 有较高的学术水平和英语水平，相关学科博士生导师或取得正高职称者。

3. 身体健康，年龄在 48 周岁以下(条件特别突出者可适当放宽)。

◆ 工学院机械电子工程系主任应聘条件

1. 事业心、责任感强，勇于开拓进取，具有奉献精神。

2. 有较高的学术水平和英语水平，取得博士学位或副高以上职称者。

3. 身体健康。年龄在 45 周岁以下。

有意应聘者请将个人简历、职称、学历证明及获奖证书复印件、受聘后的工作设想、配偶情况及本人要求等材料于 2021 年 6 日 30 日前通过信件、传真或电子邮件发至××省××大学组织部。

邮编：000000，电话及传真：0371-888888.

电子信箱：ZhaoPin@×××.edu.cn.

详细情况请访问:http://www.×××.edu.cn/.

××大学组织部

2021 年 4 月 20 日

图 2-94　“招聘启事”效果图

3. 实训要求

(1) 标题为小初号、黑体、蓝色，居中对齐，段后距为 1.5 行。

(2) 正文为宋体、小四号、黑色，首行缩进 2 个字符，行间距为 1.5 倍行距。

(3) 将“文学院院长、工学院院长应聘条件”和“工学院机械电子工程系主任应聘条件”字体设置为红色、加粗，并添加效果图中的项目符号，设置段前距为 0.5 行。分别为下面的内容添加效果图中所示的编号，字体为楷体。

(4) 最后落款为右对齐，并且“××大学组织部”的段前距为 2 行。

(5) 页面设置：纸型为 A4，四个页边距都为 2.5 厘米。

实训二　利用制表位制作一份菜单

1. 实训目的

(1) 掌握页面设置的方法。

(2) 熟练掌握制表位中不同对齐方式的设置方法。

(3) 熟练掌握制表位中前导符的设置方法。

2. 实训内容及效果

本次实训内容是制作一份餐厅菜单，最终效果如图 2-95 所示。

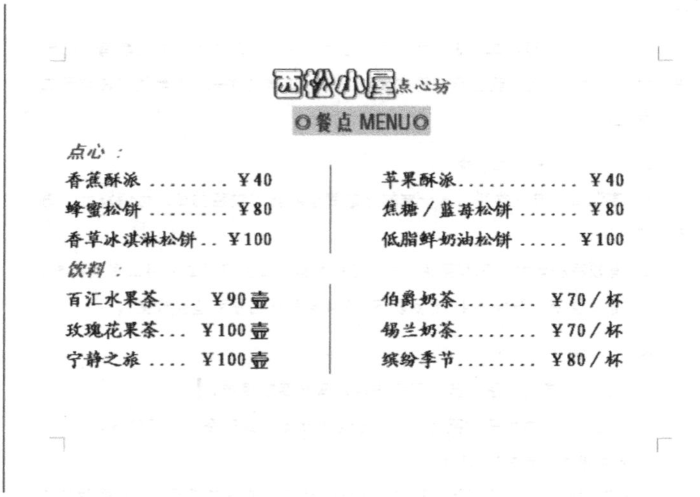

图 2-95　菜单文档的效果图

3. 实训要求

(1) 标题部分：“西松小屋”字体为蓝色、华文彩云、小初号字。“点心坊”为粉红色、楷体、二号字。“餐点 MENU”为紫色、姚体、小一号字，加灰色底纹。

(2) 菜单部分为楷体、三号字。分别在 20 字符、26 字符、31 字符和 55 字符处添加右对齐制表符、竖线制表符、左对齐制表符和右对齐制表符。其中两个右对齐制表符前加效果图中所示的前导符。

(3) 页面设置：方向为横向，纸型为 A4。

实训三 制作一篇《回忆母校》的图文混排文档

1. 实训目的

(1) 熟练掌握 WPS 文字中首字下沉和分栏的操作。

(2) 熟练掌握 WPS 文字中图片、艺术字和文本框的插入及其格式设置等操作。

(3) 熟练掌握 WPS 文字中边框和底纹、页眉和页脚的设置。

2. 实训内容及效果

本次实训内容是制作一篇图文混排的文档，最终效果如图 2-96 所示。

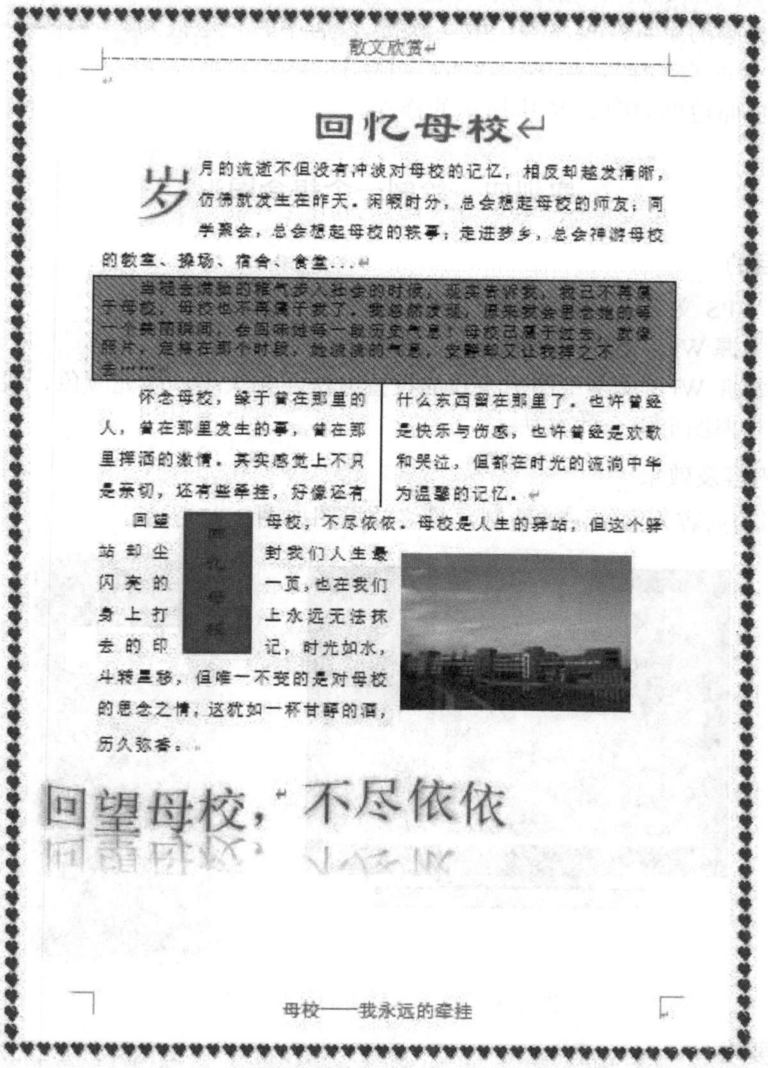

图 2-96 图文混排的文档效果图

3. 实训要求

(1) 文本部分：标题为隶书、小初号字、蓝色；正文部分为宋体、小四号字，首行缩进 2 个字符。

(2) 第一段使用首字下沉，下沉 3 行，颜色为粉色。

(3) 为第二段添加边框和底纹，边框为黑色、实线，底纹为淡蓝色，图案为黑色下斜线。

(4) 为第三段分两栏，有分隔线。第四段中间插入一个竖排文本框，文字为“回忆母校”，边框为绿色、3 磅的实线，底纹为粉色，字体为三号、隶书。

(5) 文本结束处插入一张图片，版式为“四周型”，添加一段艺术字，内容为“回望母校，不尽依依”，版式为“四周型”，颜色为蓝色，阴影样式为 20。

(6) 页眉页脚的设置：页眉为“散文欣赏”，居中、下边框为“ ”；页脚为“母校——我永远的牵挂”，居中、黑体、四号字。

(7) 添加页面边框如图 2-96 中所示的样式。

实训四　绘制一个组合图形

1. 实训目的

(1) 掌握 WPS 文字中组合图形绘制的基本流程。

(2) 熟练掌握 WPS 文字中基本图形的绘制方法。

(3) 熟练掌握 WPS 文字中图形格式的设置方法，如大小、填充颜色、线条颜色等。

(4) 熟练掌握图形组合的方法。

2. 实训内容及效果

本次实训的内容为网络图的绘制，最终效果图如图 2-97 所示。

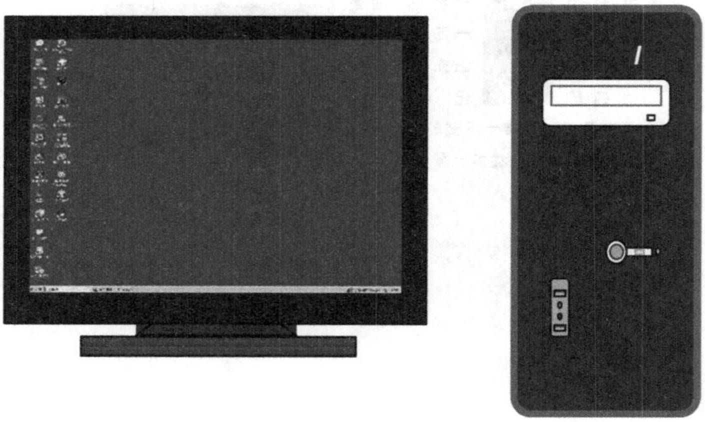

图 2-97　单个计算机的绘制效果图

3. 实训要求

(1) 先绘制图 2-97 所示的计算机图片，再绘制图 2-98 所示的网络图。图 2-98 中用到的计算机图是图 2-97。

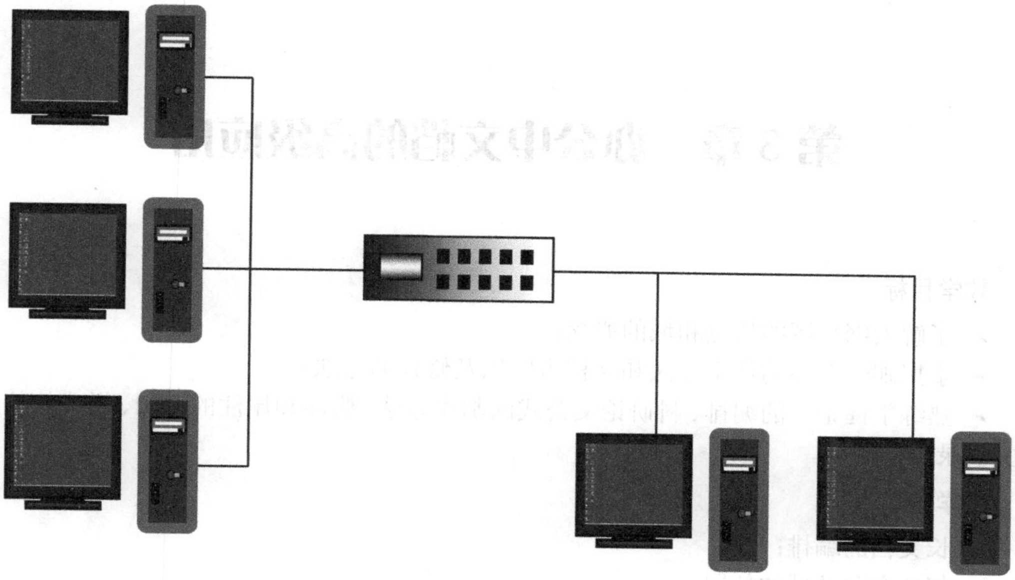

图 2-98　网络图的效果图

(2) 绘制过程中需要用到多种图形和线型，图形的填充色也分为多种，一切以效果图为准，在此不再详细要求。

(3) 图形绘制的过程中需要分批多次组合。

第 3 章　办公中文档的高级应用

教学目标：

➢ 了解大纲视图的特点和域的概念；

➢ 掌握邮件合并的使用方法和文档审阅以及修订的方法；

➢ 熟练掌握论文的编排、科研论文公式的制作方法、脚注和尾注的添加、样式的使用、论文目录的制作等。

教学内容：

➢ 长文档的编排；

➢ 邮件合并及域的使用；

➢ 文档审阅与修订；

➢ 实训。

3.1　长文档制作实例

在高级办公应用中，往往会遇到一些论文、课题以及著作等长文档，长文档编排的复杂之处在于它要求的格式比较统一，而且还可能包含一些目录、公式和科研图表的制作等。

【实例描述】

本实例为一篇论文的制作，从这篇论文的制作过程中我们可以学习长文档的编排特点和制作方法。实例效果如图 3-1 所示。

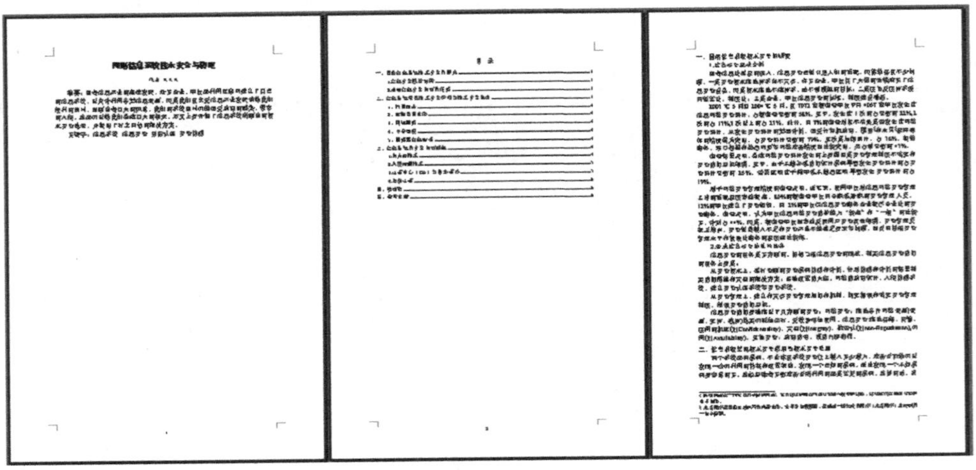

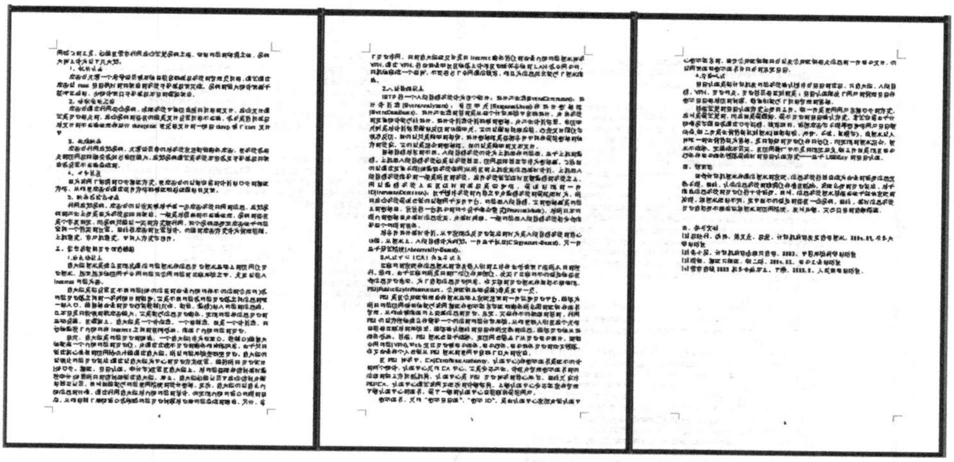

图 3-1　排版后的论文效果图

在本例中将主要解决如下问题：

(1) 如何录入论文的标题、摘要和关键字。

(2) 如何设置标题的级别，并为其添加多级编号。

(3) 在标题下录入正文内容并设置其格式。

(4) 为文本插入脚注。

【操作步骤】

在编写论文的时候，通常是先写论文的题目、摘要、关键字，列出论文的各级标题，然后在各级标题下输入正文，最后再为论文生成目录。

在本实例中，首先录入论文的题目、摘要、关键字和各级标题，方法如前章。图 3-2 是一份内容完整的论文，且已经进行过基本排版，包括题目、摘要、关键字、正文和参考文献的字体格式和首行缩进等。

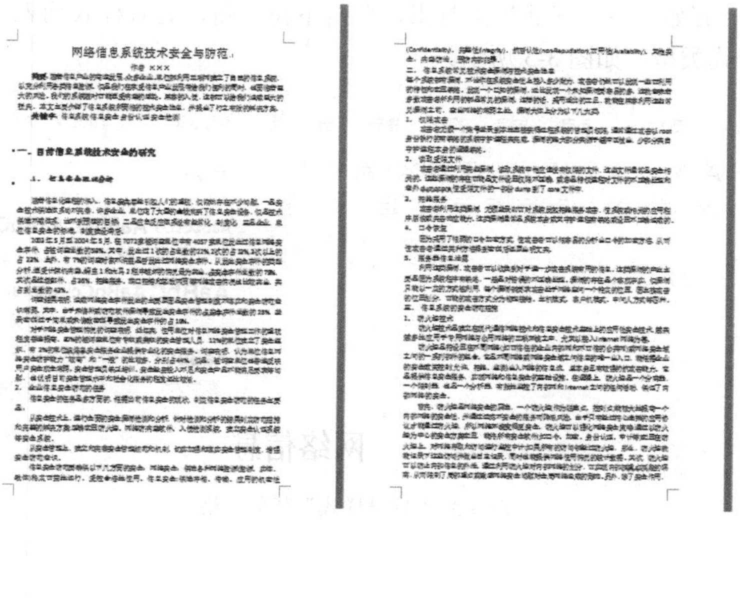
网络信息系统技术安全与防范

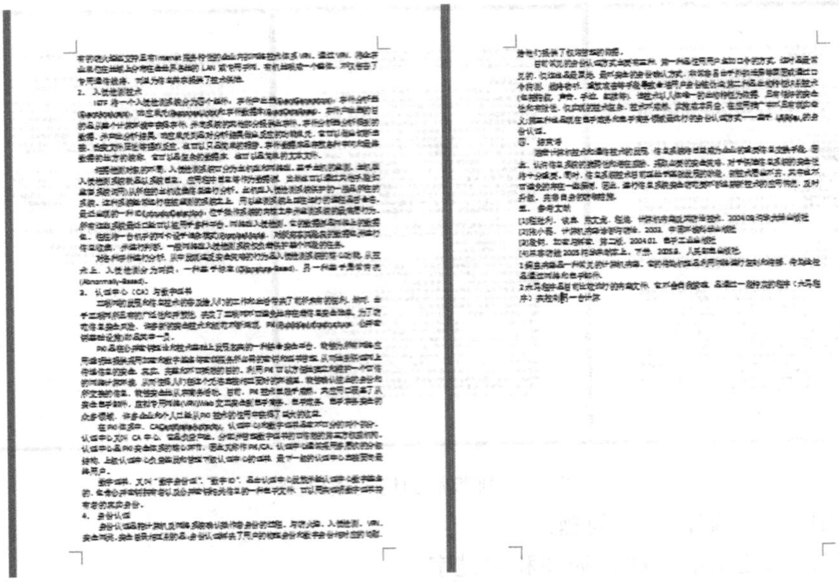

图 3-2　排版过的论文内容

1. 使用样式修改标题文本和段落的格式

在编辑复杂文档时，由于修改相同类型文本的次数比较多，如果逐个设置会很麻烦，虽然用“格式刷”能提高效率，但“格式刷”中的格式不能保存，所以文档关闭后想增加标题仍需要再重新设置。WPS 文字在菜单栏中的“开始”选项卡中提供了“样式”功能，设置一个样式可以直接套用，以后还可以永久保存，这样同一级别的文本套用一种样式的文本，修改时只修改这种样式就相当于修改每一个文本格式。

在本例中，为了配合目录的制作，需要将标题制作成“标题 1”“标题 2”的级别样式，并且为了区别标题与正文内容的格式，还要统一修改标题的文本和段落格式。下面将本论文中的标题样式进行修改，操作如下：

(1) 选择“开始”→“样式”工具组，单击下拉三角，此时样式列表中显示了该文档使用的所有样式类型，如图 3-3 所示。

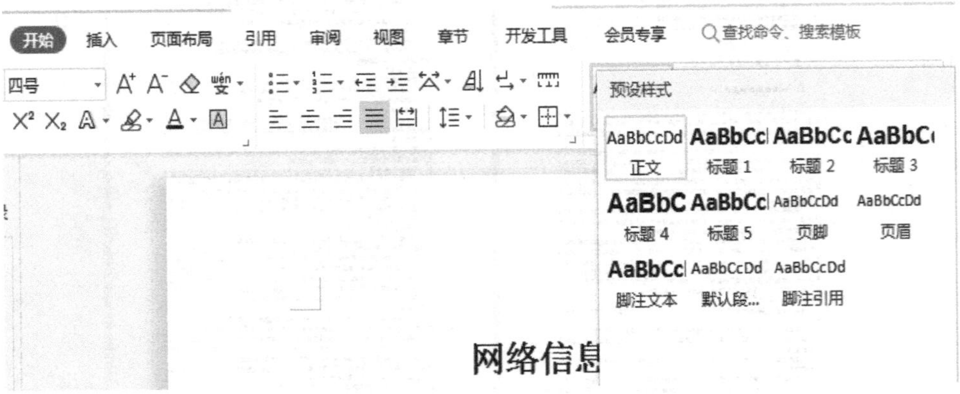

图 3-3　“预设样式”任务窗格

(2) 为标题直接套用样式。为了以后能顺利地在目录中出现，现将论文中的两级标题设置为样式列表中的“标题 1”和“标题 2”，方法如下：将光标定位在需要套用“标题 1”样式的段落上，直接单击“样式”任务窗格中的“标题 1”，这样套用样式的“标题 1”成功。将光标定位在需要套用“标题 2”样式的段落上，直接单击“样式”任务窗格中的“标题 2”，这样套用样式的“标题 2”成功。用此方法，将论文中所有需要设置的标题设置为相对应的样式。如图 3-4 所示，为“目前信息系统技术安全的研究”套用“标题 1”，为“信息安全现状分析”套用“标题 2”。

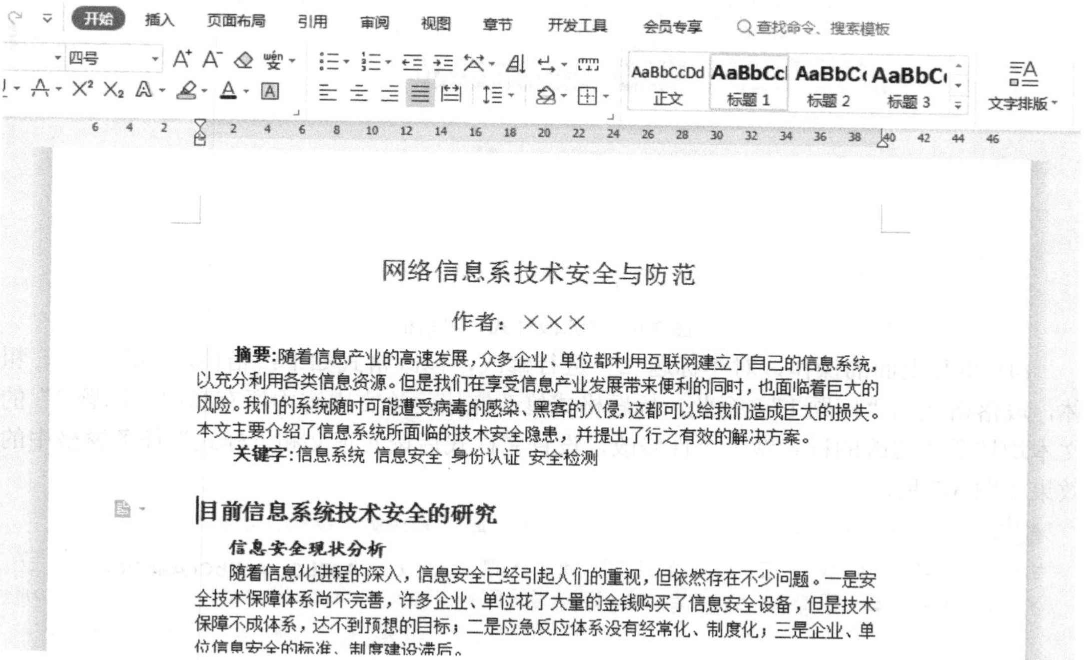

图 3-4　套用过“标题 1”和“标题 2”的样式

(3) 修改“标题 1”和“标题 2”的样式。从图 3-4 中不难看出，初步套用的样式段落的文本格式不太符合要求，字体过大或段前段后间距过大等，因此需要重新修改“标题 1”和“标题 2”样式的格式。方法如下：右键单击“标题 1”样式，弹出如图 3-5 所示的下拉菜单，单击“修改样式”，弹出“修改样式”对话框，将字体格式改为宋体、四号字、粗体，段落格式改为段前及段后距为 0、行距为单倍行距，修改完如图 3-6 所示。单击“确定”按钮，则所有的标题 1 级别的内容都按这个格式进行了修改。

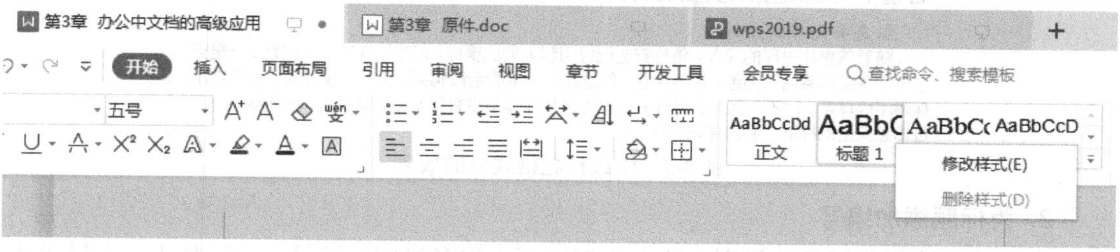

图 3-5　修改“标题 1”样式

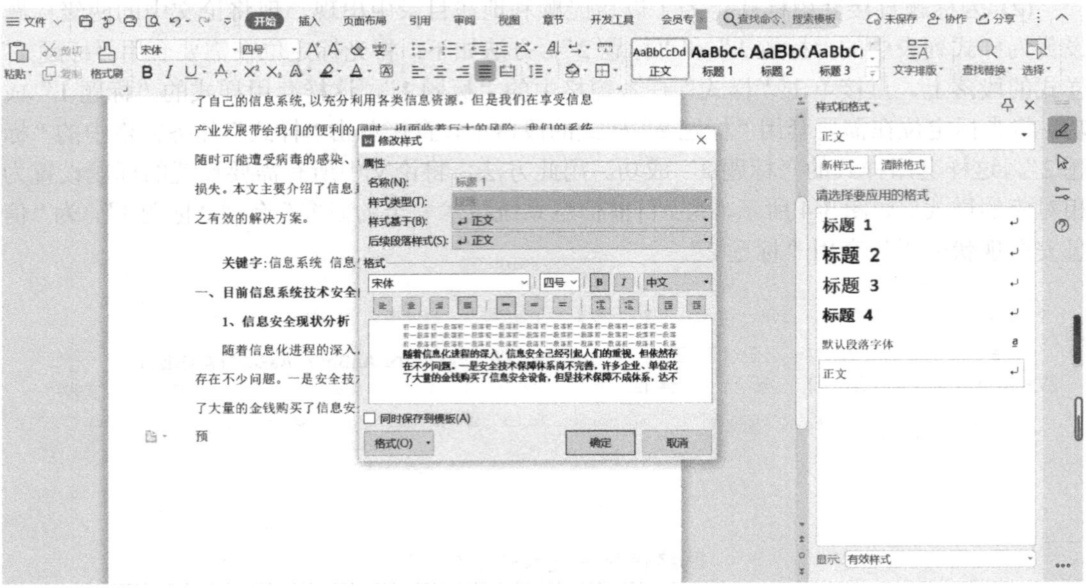

图 3-6　“修改样式”对话框

(4) 重复上面的操作，对“标题 2”进行修改，修改格式如下：楷体、小四号字、粗体，段落格式同“标题 1”。至此，标题格式修改完毕，论文内容中所有套用“标题 2”的文本均按照新修改的样式做了个性修改，设置完样式后论文正文和“样式”任务窗格中的效果如图 3-7 所示。

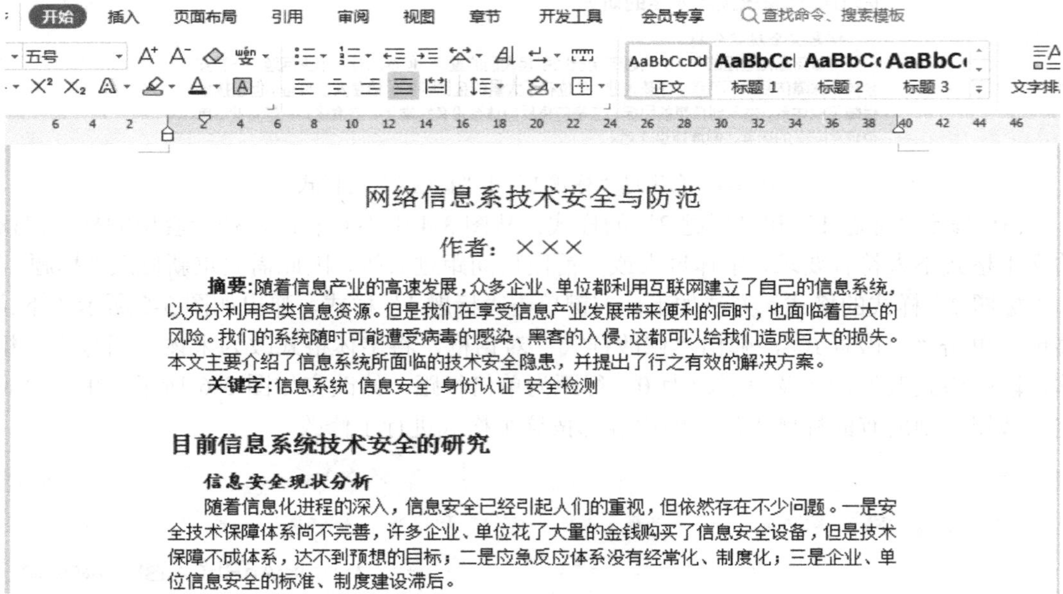

图 3-7　修改标题格式后的效果

2. 为标题添加编号

为了更好地区分标题的级别，要为所有标题添加多级别的编号，方法如下：右键单击

“标题 1”样式，在下拉列表中选择“修改样式”，弹出“修改样式”对话框，单击左下角的“格式”按钮，在下拉菜单中选择“编号”命令，弹出“项目符号和编号”对话框，选择“多级编号”选项卡，如图 3-8 所示，这时可以在其中选择一种样式，但是如果都不符合要求，可以选择“自定义”，此时弹出“自定义多级编号列表”对话框，在该对话框中可以修改各级标题的样式，将“1 级”修改为“一、”，“2 级”修改为“1、”，同时预览框中会出现修改过的多级编号的样式，如图 3-9 所示。单击“确定”按钮后，论文中的标题就会应用多级编号的样式，如图 3-10 所示。

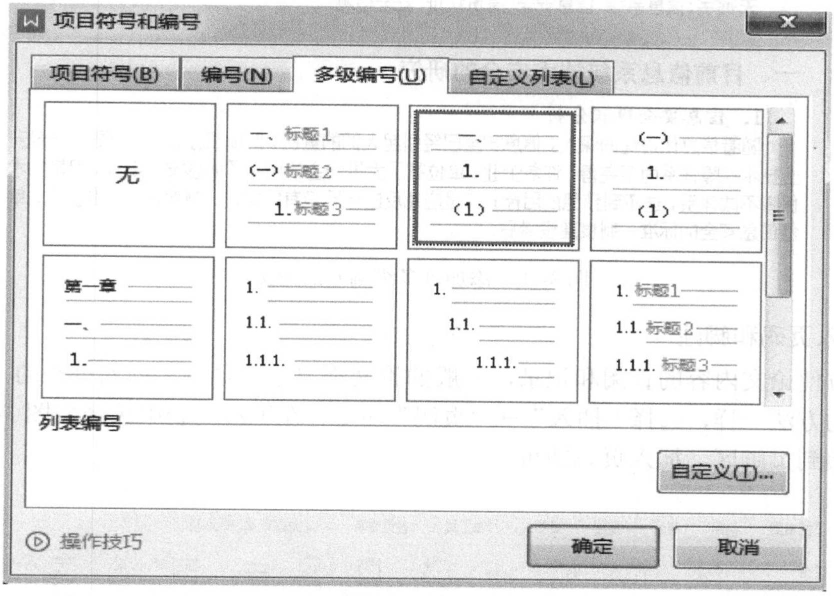

图 3-8　添加多级编号

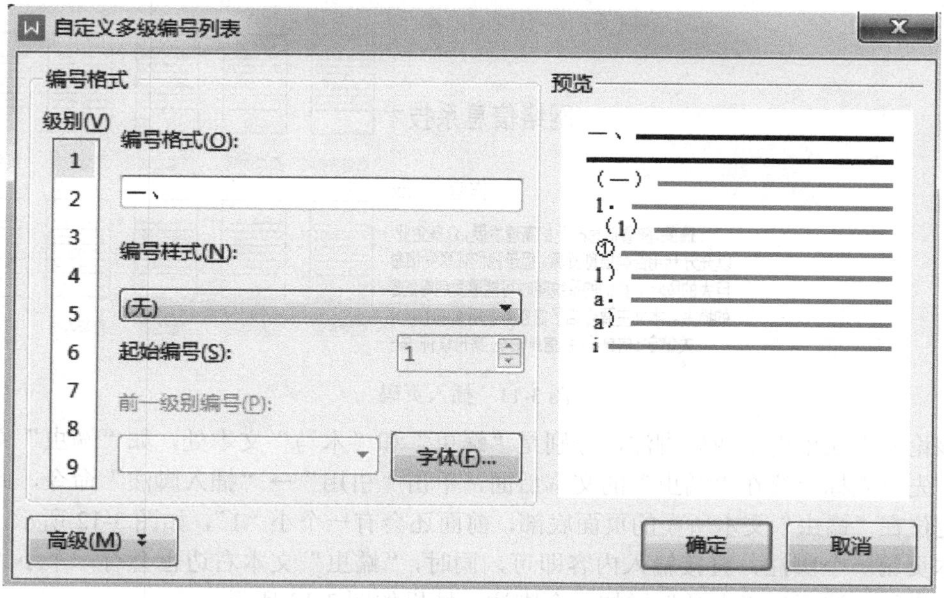

图 3-9　定义新的多级编号

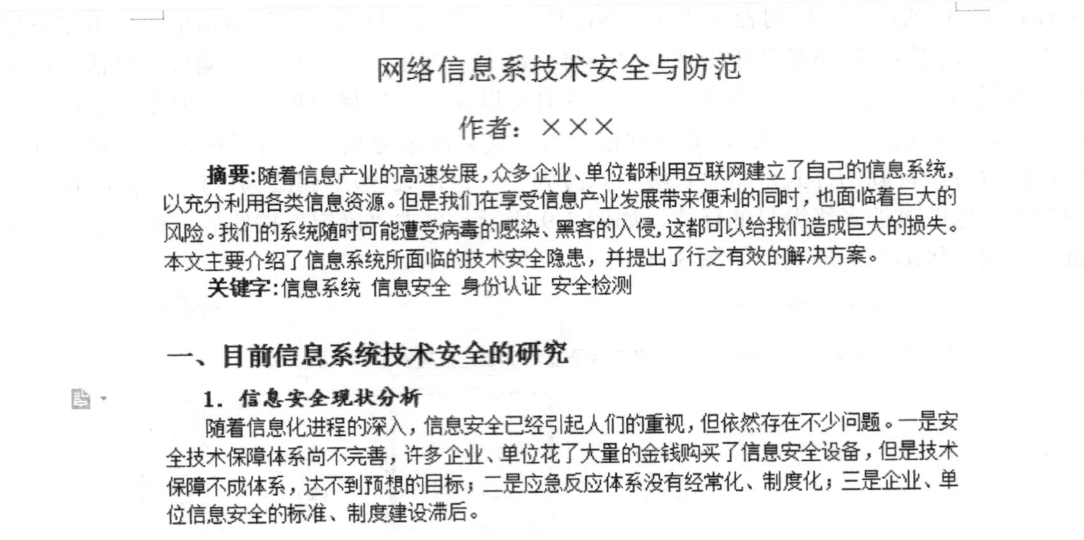

网络信息系技术安全与防范

作者：×××

摘要:随着信息产业的高速发展，众多企业、单位都利用互联网建立了自己的信息系统，以充分利用各类信息资源。但是我们在享受信息产业发展带来便利的同时，也面临着巨大的风险。我们的系统随时可能遭受病毒的感染、黑客的入侵，这都可以给我们造成巨大的损失。本文主要介绍了信息系统所面临的技术安全隐患，并提出了行之有效的解决方案。

关键字:信息系统 信息安全 身份认证 安全检测

一、目前信息系统技术安全的研究

1. 信息安全现状分析

随着信息化进程的深入，信息安全已经引起人们的重视，但依然存在不少问题。一是安全技术保障体系尚不完善，许多企业、单位花了大量的金钱购买了信息安全设备，但是技术保障不成体系，达不到预想的目标；二是应急反应体系没有经常化、制度化；三是企业、单位信息安全的标准、制度建设滞后。

图 3-10　添加过多级编号的论文

3. 插入页码和脚注

为了方便论文内容的查阅和记录，一般的论文都要添加页码，插入页码的方法和第 2 章中介绍的方法一样，选择“插入”→“页码”命令，在下拉列表中选择如图 3-11 所示的样式，切换到页脚区，插入页码即可。

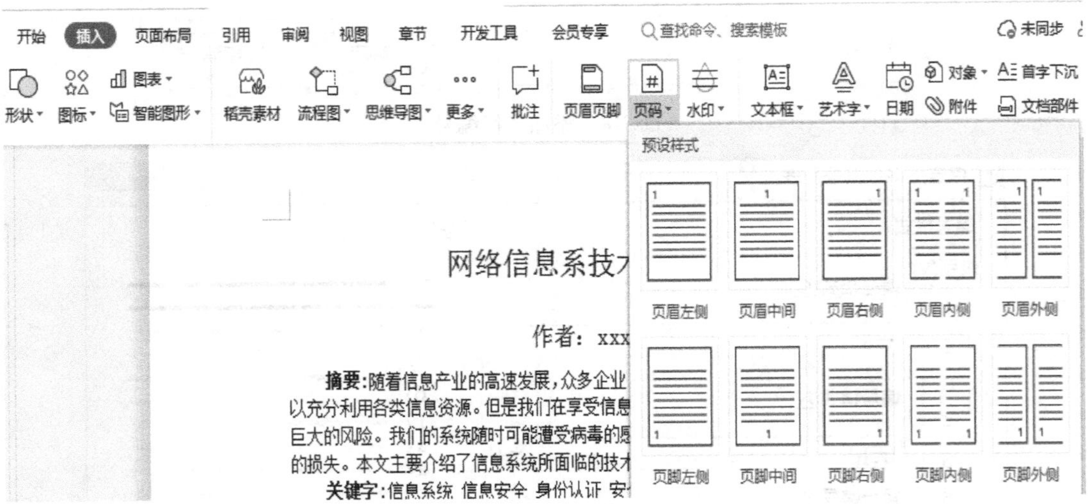

图 3-11　插入页码

该论文中还出现了两处脚注，分别是“蠕虫”和“木马”文本处，如“蠕虫”文本的脚注，先将光标定位在“蠕虫”的文本后面，单击“引用”→“插入脚注”命令，此时光标会定位在“蠕虫”文本所在的页面底部，前面还会有一个小“1”，如图 3-12 所示，表示这是本页第一个脚注，直接输入内容即可，同时，“蠕虫”文本右边也会有一个小“1”。使用同样的方法再为“木马”增加一个脚注，结果如图 3-13 所示。

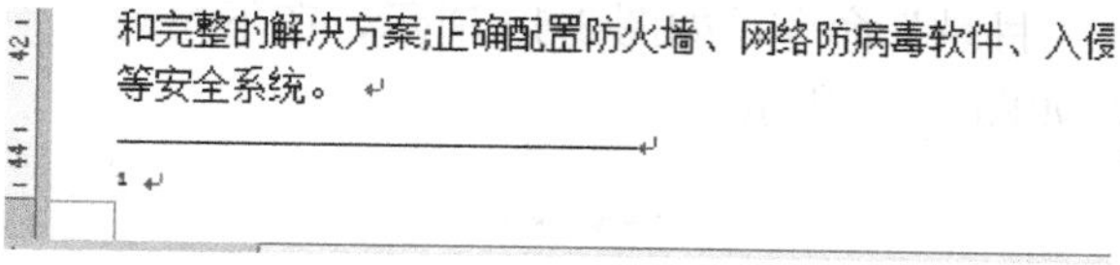

图 3-12 插入注脚

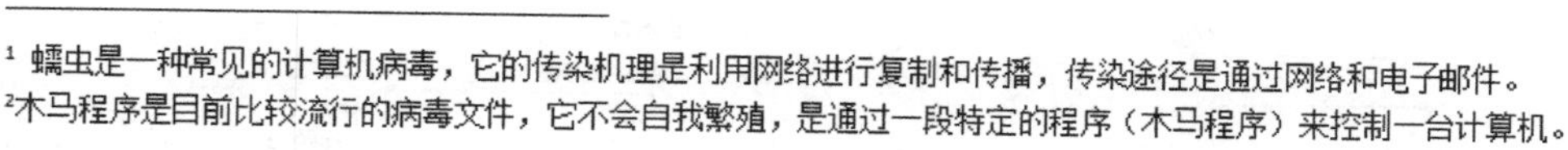

1 蠕虫是一种常见的计算机病毒，它的传染机理是利用网络进行复制和传播，传染途径是通过网络和电子邮件。
2木马程序是目前比较流行的病毒文件，它不会自我繁殖，是通过一段特定的程序（木马程序）来控制一台计算机。

图 3-13 为论文插入两个脚注

4. 论文中目录的制作

有的论文写得比较长，为了方便查阅，在文章正文前面应该有一个目录。WPS 文字可以自动搜索文档中的标题。建立一个非常规范的目录，操作时不仅快速方便，而且目录可以随着内容的变化自动更新。

目录的生成是建立在标题的文本样式上的，必须是标题级别才能够生成目录，也就是说，如果标题的样式是除标题 1、标题 2……标题 9 之外的样式，则生成的目录里不会出现该标题。

1) 制作目录的方法

以本论文为例，制作目录的操作步骤如下：

(1) 将光标定位在文章正文的最前面，选择“插入”→“空白页”命令，此时论文题目和正文之间就多出一页空白页，如图 3-14 所示。

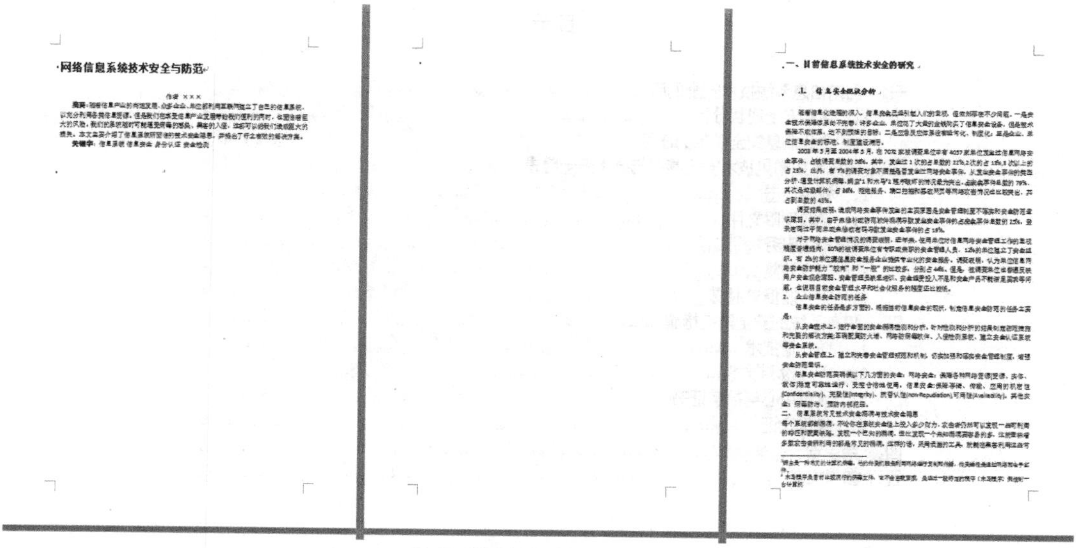

图 3-14 插入一张空白页

(2) 在空白页最上面输入“目录”两个字并另起一行，设置“目录”字体为四号字、居中。选择“引用”→“目录”命令，如图 3-15 所示，在下拉列表中选择“自定义目录”，弹出“目录”对话框，如图 3-16 所示。

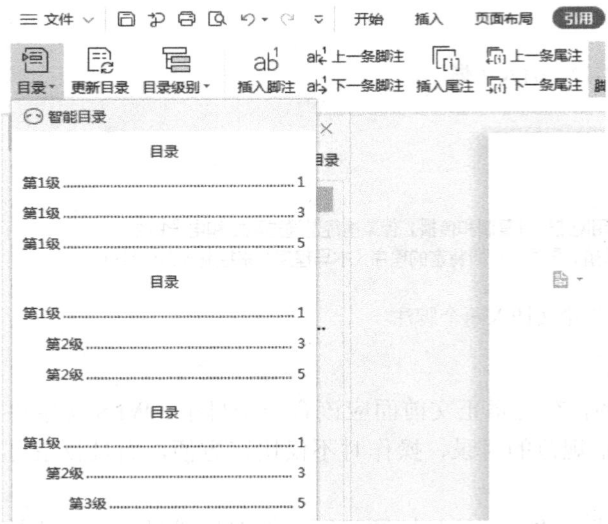

图 3-15　插入目录

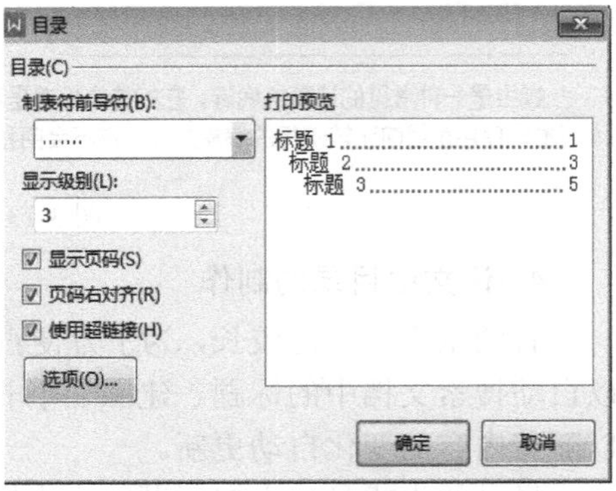

图 3-16　“目录”对话框

(3) 根据需要可以选择是否要页码、页码是否右对齐，并可以设置制表符前导符号、目录格式以及目录层次，通常情况下，论文要制作三级目录，因此没有特殊要求时，以上设置一般使用默认值即可，设置完毕后单击“确定”按钮。

此时，系统将会自动插入目录的内容，如图 3-17 所示。其中，灰色的底纹效果表示目录是以“域”的形式插入的，该底纹在打印预览和打印时不起作用。

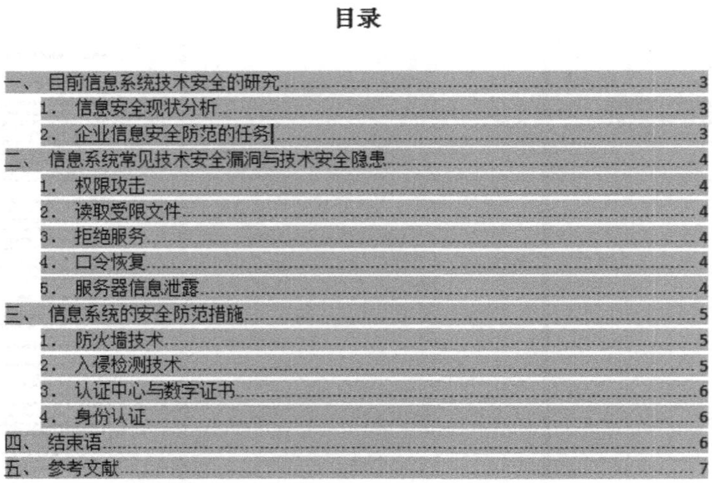

目录

图 3-17　目录的制作效果

说明：域是 WPS 文字中的内容会发生变化的部分，或者文档(模板)中的占位符。最简单的域如在文档中插入的页码，它可以显示文档共几页，当前为第几页，并且会根据文档的情况自动进行调整。其他常用的域还有：文档创建日期、打印日期、保存日期、文档作者与单位、文件名与保存路径等文档信息，段落、字数等统计信息。

利用域还可以在文档中插入某些提示行文字和图形，提示使用者键入相应的信息，比如有些信函模板中的提示文字“单击此处输入收信人姓名”等。

2) 目录的使用技巧

(1) 目录底纹不显示。WPS 文字中的域底纹只在选取时显示，不选取时不会显示灰色底纹，如图 3-18 所示。

目录

一、 目前信息系统技术安全的研究............3
1. 信息安全现状分析............3
2. 企业信息安全防范的任务............3
二、 信息系统常见技术安全漏洞与技术安全隐患............4
1. 权限攻击............4
2. 读取受限文件............4
3. 拒绝服务............4
4. 口令恢复............4
5. 服务器信息泄露............4
三、 信息系统的安全防范措施............5
1. 防火墙技术............5
2. 入侵检测技术............5
3. 认证中心与数字证书............6
4. 身份认证............6
四、 结束语............6
五、 参考文献............7

图 3-18　不显示底纹的目录

(2) 目录的使用。目录除了是一个检索工具外，还具有超级链接功能。当使用者按 Ctrl 键的同时将光标移动到需要查看的标题上，此时单击鼠标左键，系统会自动跳转到指定内容位置，如图 3-19 所示。从这个意义上来讲，目录也起到了导航条的作用。

目录

一、 目前信息系统技术安全的研究............3
1. 信息安全现状分析............3
2. 企业信息安全防范的任务............3
二、 信息系统常见技术安全漏洞与技术安全隐患............4
1. 权限攻击............4
2. 读取受限文件............4
3. 拒绝服务............4
4. 口令恢复............4
5. 服务器信息泄露............4
三、 信息系统的安全防范措施............5
1. 防火墙技术............5
2. 入侵检测技术............5
3. 认证中心与数字证书............6
4. 身份认证............6
四、 结束语............6
五、 参考文献............7

当前文档
按住 CTRL 并单击鼠标以跟踪链接

图 3-19　目录的超级链接功能

(3) 目录格式的设置。目录插入以后，其格式是可以进行再次设置的。选中目录区的全部或部分行后，就可以对其进行字体和段落排版，排版方法和普通文本一样。

(4) 目录的更新。更新目录的最大好处是，当文章增删或修改内容时，会造成页码或标题发生变化，不必手动重新修改页码，只要在目录区单击鼠标右键，从弹出如图 3-20 所示的快捷菜单中选择“更新域”命令，然后在如图 3-21 所示的“更新目录”对话框中，根据需要选择“只更新页码”或“更新整个目录”(选择此项，则当修改、删减标题时，不仅页码更新，目录内容也会随着文章的变化而变化)，最后单击“确定”按钮即可。

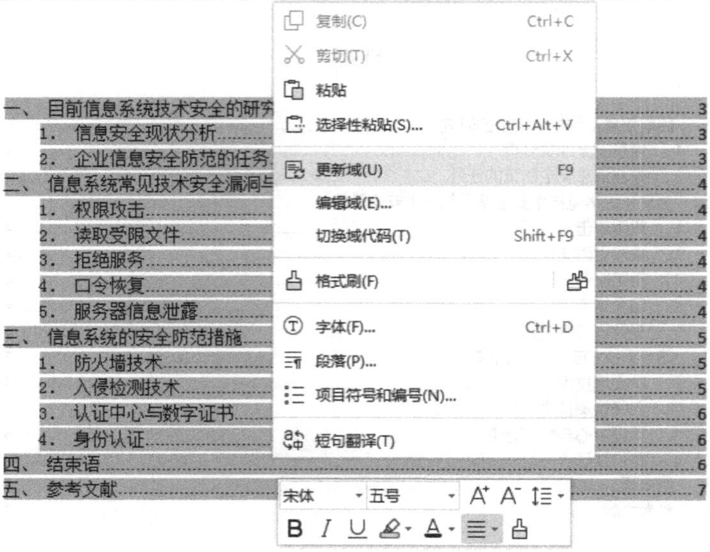

图 3-20　目录对应的快捷菜单

还可以选择“引用”→“更新目录”命令，此时弹出如图 3-21 所示的“更新目录”对话框，之后步骤不再赘述。

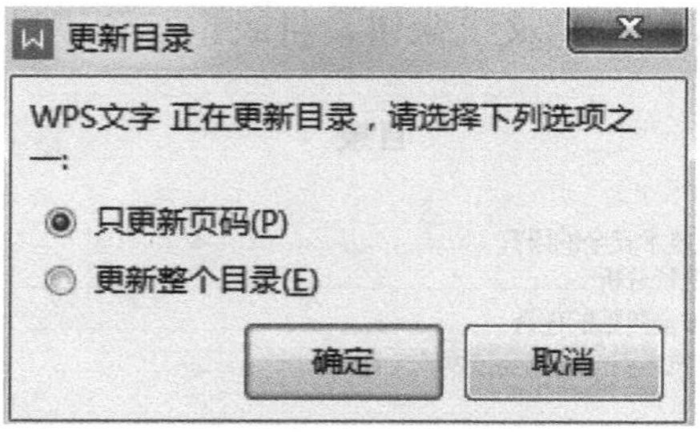

图 3-21　“更新目录”对话框

(5) 目录的删除。选中目录区后，按 Delete 键即可将目录删除。

至此，论文排版的操作就全部完成了，效果如图 3-1 所示。

【主要知识点】

1. 导航窗格的使用

导航窗格是 WPS 文字中的一项功能，它是默认显示在文档编辑左边的一个独立的窗格，能够分级显示文档的标题列表并对整个文档快速浏览，同时还能在文档中进行高级查找。

选择“视图”→“导航窗格”命令，打开导航窗格，如图 3-22 所示。导航窗格分为三部分：浏览文档标题、浏览页面和浏览当前搜索的结果。

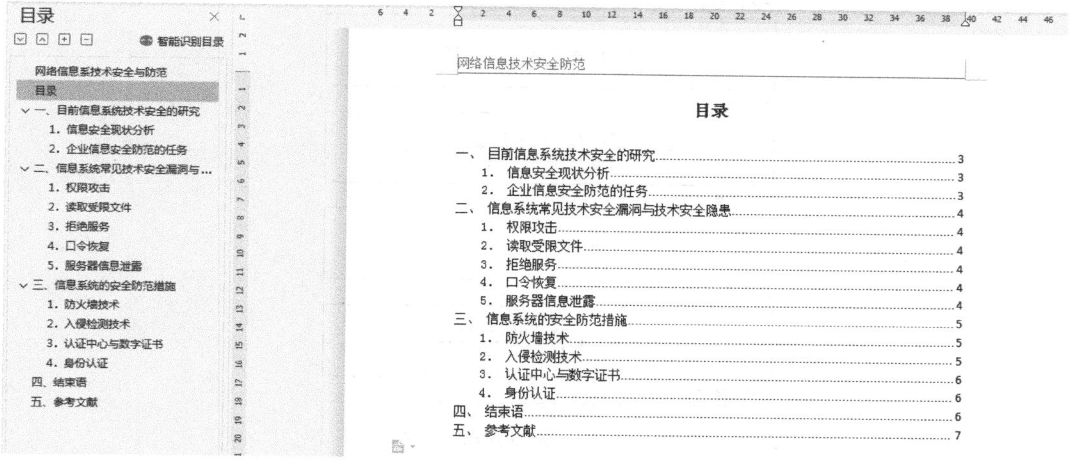

图 3-22　导航窗格

当处于浏览文档标题的状态时，可以单击标题左边的下拉箭头展开或折叠标题的列表，在文档标题列表中单击任一标题，右边的编辑区就会显示相应的文档内容。

若在文档中查找某一文本对象，单击左侧的搜索图标，此时出现“查找和替换”文本框，在文本框中输入内容，按回车键，搜索后的内容即可在文档中以彩色底纹显示，如图 3-23 所示。另外还可以在文档中搜索图片、公式、脚注/尾注、表格和批注等。

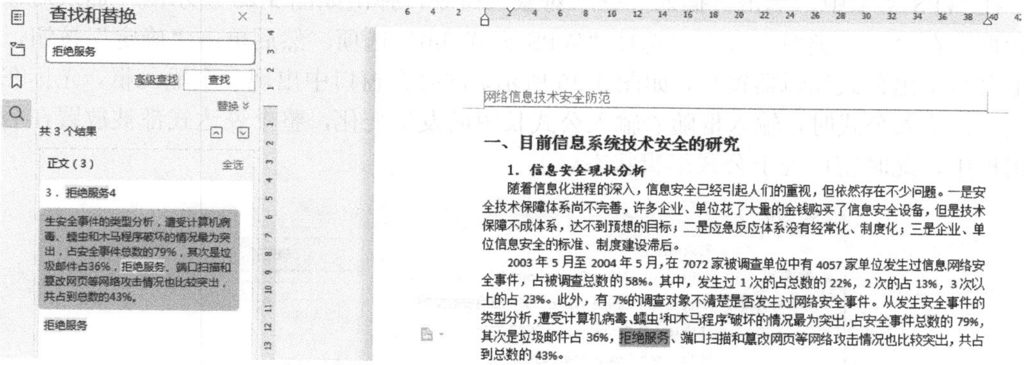

图 3-23　使用导航窗格进行查找

2. 公式的制作

在论文中，经常会出现各种数学、化学公式或表达式。公式常常会含有一些特殊符号，如积分符号、根式符号等，有些符号不但键盘上没有，在 WPS 文字的符号集中也找不到，并且公式中符号的位置变化也很复杂，仅用一般的字符和字符格式设置无法录入和编排复杂公式。在 WPS 文字中，制作公式的方法有两种，一种是单击“插入”选项卡中的“公式”命令，如图 3-24 所示，选择其中的某个公式或选择“插入新公式”命令进行制作；另一种是利用 WPS 文字提供的 WPS 公式 3.0，可实现论文中各类复杂公式的编排。

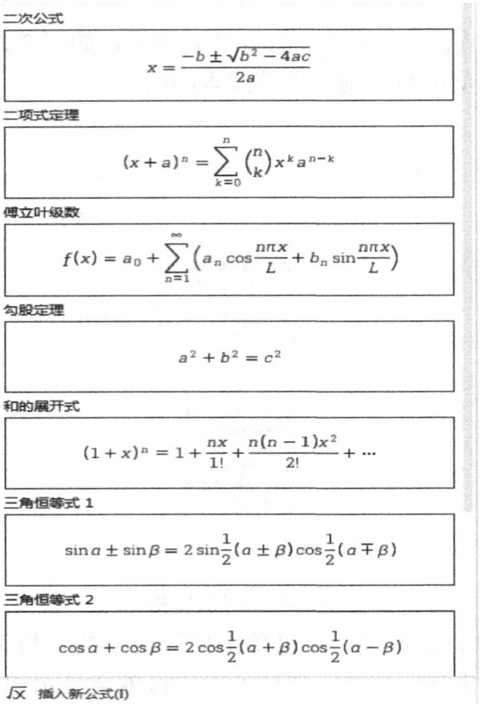

图 3-24　选择“公式”命令

1) *启动公式编辑器*

在 WPS 文字中，单击“插入”→“对象”命令，弹出如图 3-25 所示的“插入对象”对话框，在“对象类型”列表中选择“WPS 公式 3.0”选项，然后单击“确定”按钮，屏幕上会显示出公式编辑器窗口，如图 3-26 所示，同时在窗口中出现一个输入框，光标在其中闪动，输入公式时，输入框随着输入公式长短而发生变化，整个表达式都被放置在公式编辑框中，此时窗口处于公式编辑状态。

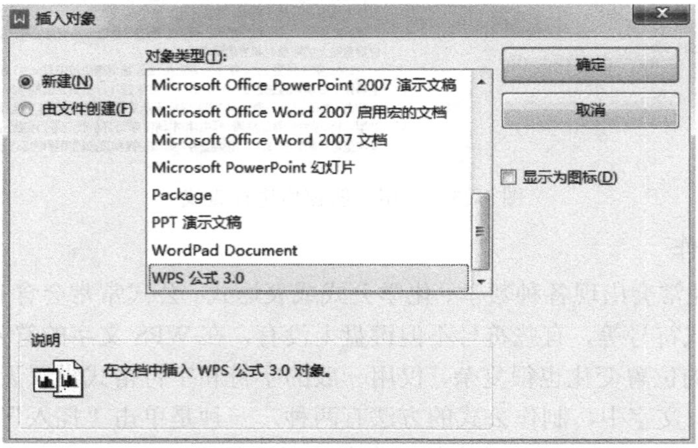

图 3-25　“插入对象”对话框

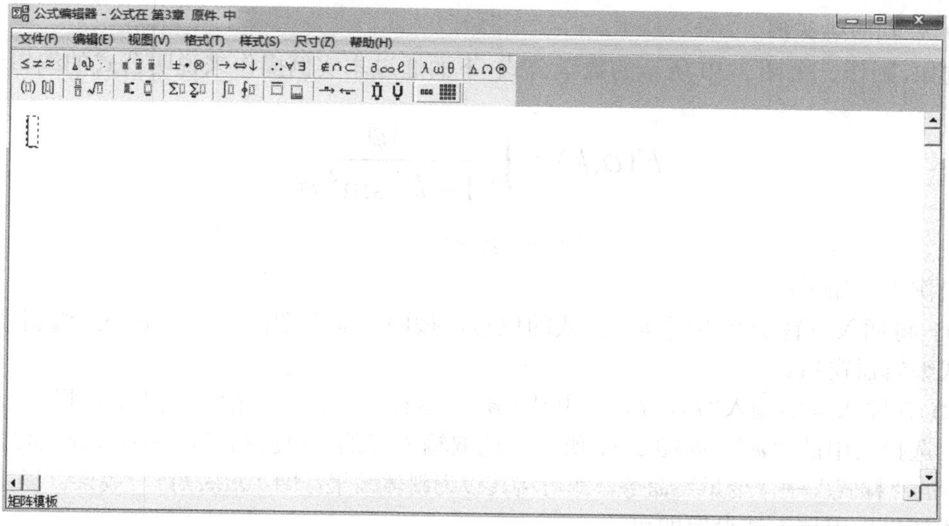

图 3-26　公式编辑器窗口

公式编辑器启动后，WPS 文字窗口中出现公式编辑器窗口。同时，公式编辑器窗口中除了菜单栏之外，还有“符号”和“模板”两个工具栏。

(1) “符号”工具栏。“符号”工具栏位于“模板”工具栏的上方，它为用户提供了各种数学符号。“符号”工具栏包含 10 个功能按钮，每一个按钮都可以提供一组同类型的符号。各按钮的名称如图 3-27 所示。

(2) “模板”工具栏。“模板”工具栏是制作数学公式的工具栏，提供了百余种基本的数学公式模板，如开方、求和、积分等，分别保存在九个模板子集中。如果单击某个子集按钮，各种模板就会以微缩图标的形式显示出来。各按钮的名称如图 3-28 所示。

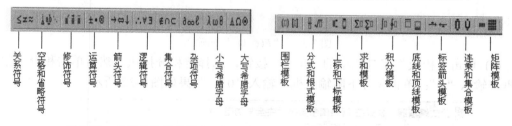

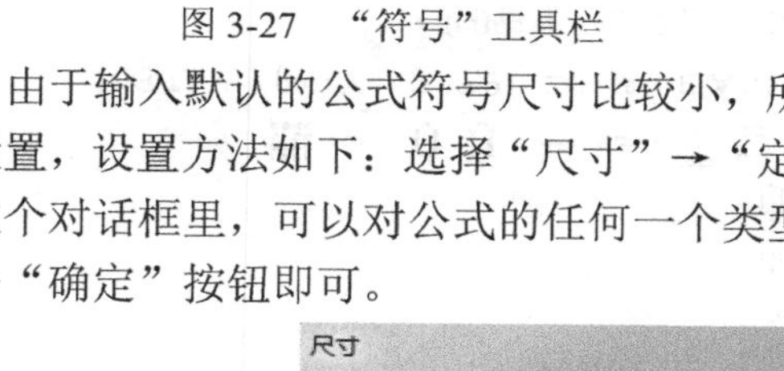

图 3-27　“符号”工具栏

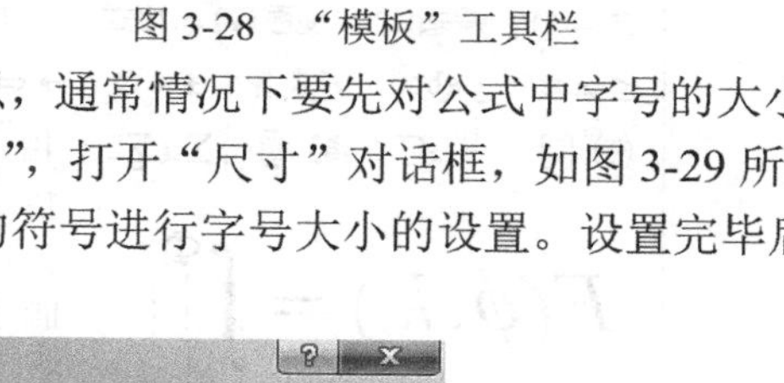

图 3-28　“模板”工具栏

由于输入默认的公式符号尺寸比较小，所以，通常情况下要先对公式中字号的大小进行设置，设置方法如下：选择“尺寸”→“定义”，打开“尺寸”对话框，如图 3-29 所示。在这个对话框里，可以对公式的任何一个类型的符号进行字号大小的设置。设置完毕后，单击“确定”按钮即可。

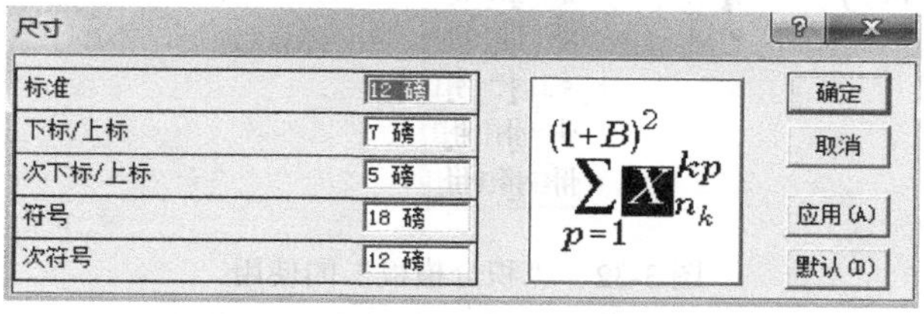

图 3-29　“尺寸”对话框

2) 公式编辑实例

例如，制作一个图 3-30 所示的数学公式，下面通过本实例操作来说明公式的编辑过程。

$$F(\phi,k)=\int_0^{\phi}\frac{\mathrm{d}\phi}{1-k^2\sin^2\phi}$$

图 3-30　数学公式效果

操作步骤如下：

(1) 将插入点置于文中要插入公式的位置，按照前面介绍的方法启动公式编辑器，出现公式编辑器窗口。

(2) 在输入框中输入“$F(\phi, k)$=”，其中“ϕ”是这样输入的：单击“符号”工具栏中 λωθ 按钮，选择其中的“ϕ”，如图 3-31 所示。选取输入好的“$F(\phi, k)$=”，然后选择此时窗口主菜单中的“样式”→“变量”命令，即可将其设为斜体效果，即“$F(\phi, k)$=”效果。以下变量的斜体效果均用该方法设置即可。

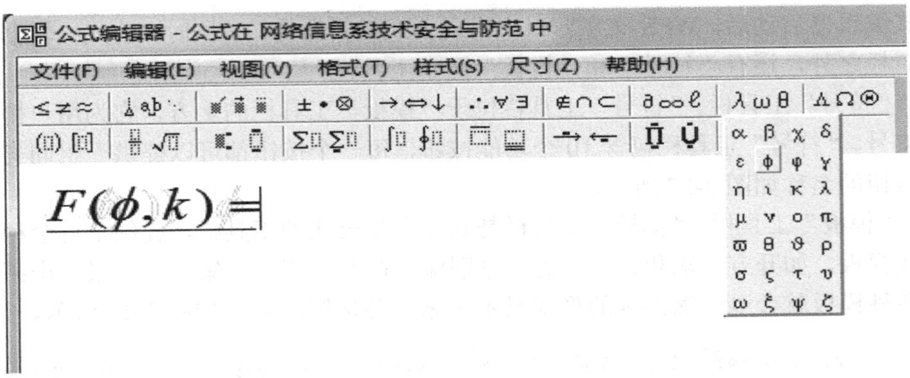

图 3-31　“$F(\phi, k)$=”的输入

(3) 单击“模板”工具栏中的 ∫□ ∮□ 按钮，选择定积分按钮。然后单击积分上限输入框，输入“ϕ”；单击积分下限输入框，输入“0”，效果如图 3-32 所示。

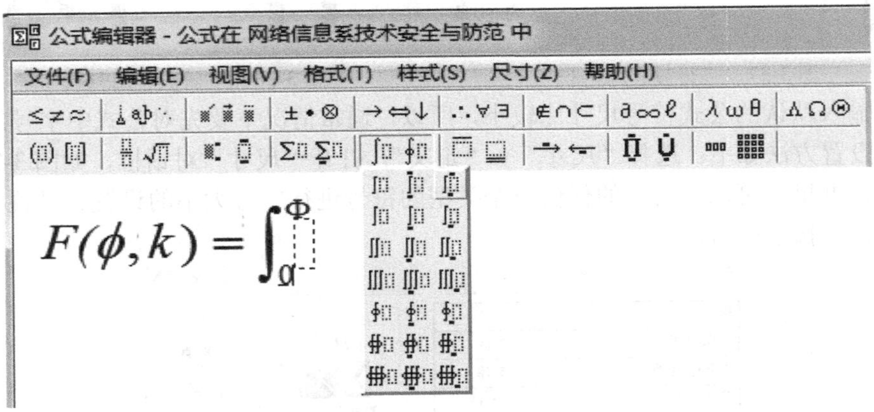

图 3-32　“积分模板”的使用

(4) 将光标定位在被积函数输入框，单击“模板”工具栏的 $\frac{□}{□}$ $\sqrt{□}$ 按钮，选择如图 3-33

所示的分式按钮。这时在输入框中出现一个由分子、分母和分数线构成的分式结构。单击分子输入框，输入“dϕ”。

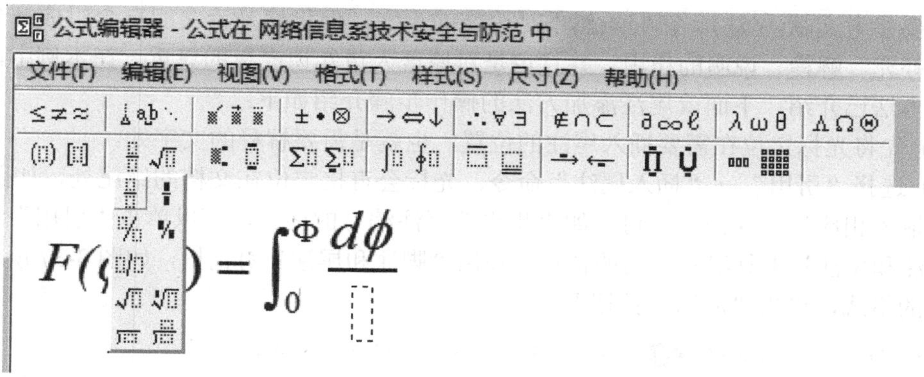

图 3-33　“分式模板”的使用

(5) 将光标定位在分母输入框内，单击“模板”工具栏的按钮，选择图 3-34 所示的根式按钮。单击根式下的输入框输入“1-$k^2\sin^2\varphi$”，其中 k 的平方是这样输入的：输完 k 后单击“模板”工具栏的按钮，选择图 3-35 所示的上标按钮。单击上标输入框输入 2；然后按下方向键→，使得光标位于 k^2 之后，用同样的方法输入 $\sin^2\varphi$ 即可。

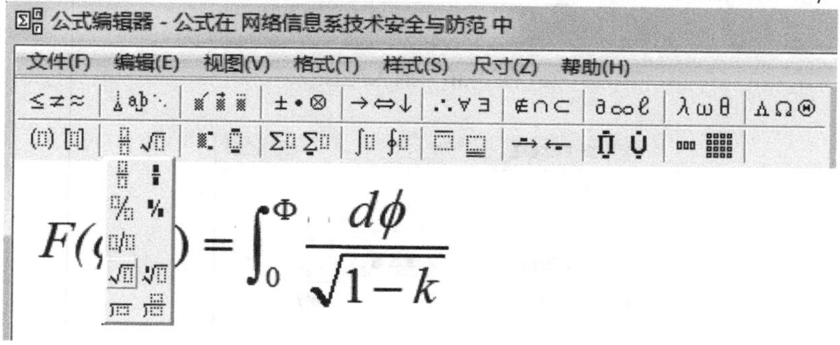

图 3-34“根式模板”的使用

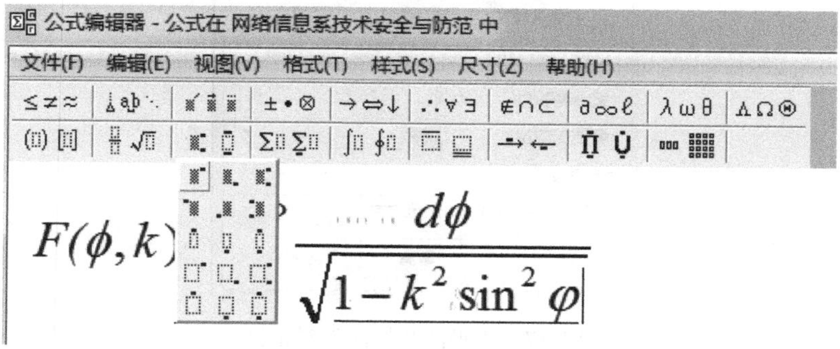

图 3-35　“分式模板”的使用

(6) 输入完毕后，关闭公式编辑器窗口即可退出公式编辑区。可以发现，单击文档中的公式时，周围有 8 个控制点，也就是公式本身也是一个图形对象。可使用调整图片大小的方法(调整四周的控制点)来调整公式的大小。

3. 脚注与尾注

论文页码下端经常需要说明文中有关引用资料的来源(脚注)，最后还要列出论文撰写时的主要参考文献(尾注)。它们虽然不是论文的正文，但仍然是论文的一个组成部分，主要是起补充、解释、说明的作用，并且也是对原著人员知识产权的尊重。在本例中，脚注的操作方法已介绍，下面就尾注添加方法的操作步骤介绍如下：

(1) 先将光标定位在需要插入尾注的位置，也就是需要解释的文字处。

(2) 选择“引用”→“插入尾注”命令，光标会直接定位在文档的结尾处，如图 3-36 所示，输入相应的尾注内容即可。如果想更改尾注编号的格式，可以单击“引用”选项卡中“脚注和尾注”工具组右下角的按钮，弹出“脚注和尾注”对话框，如图 3-37 所示，选择适当的格式，单击“应用”按钮即可。

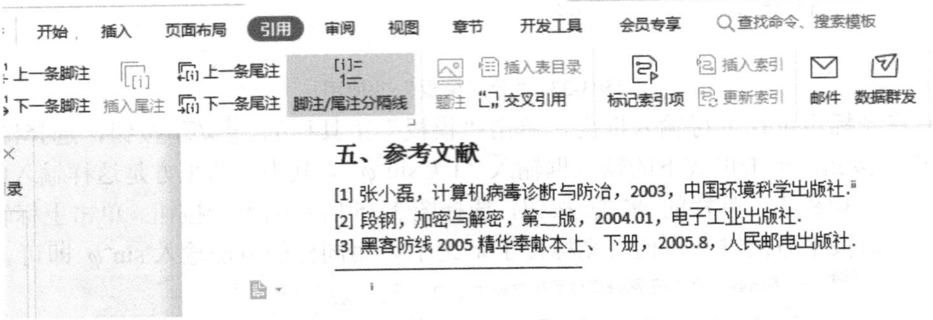

图 3-36　插入尾注

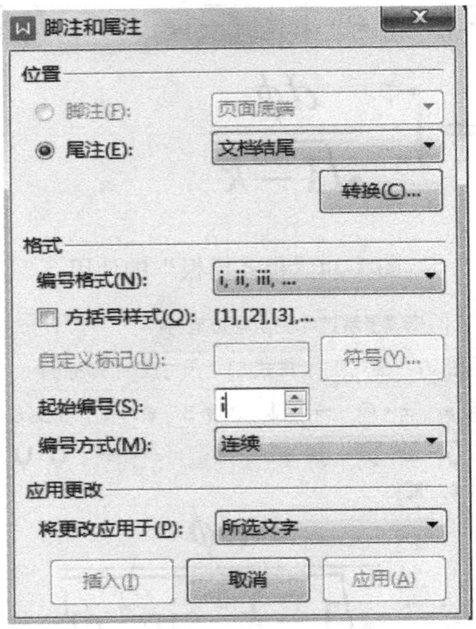

图 3-37　“脚注和尾注”对话框

4. 样式的使用

除了按照第 2 章中介绍的方法修改样式之外，还可以新建样式和直接套用样式。

1) 直接套用样式

选择“开始”选择卡，单击样式右下角的下拉箭头，在下拉列表中选择“显示更多样式”命令，此时打开“样式和格式”任务窗格，如图 3-38 所示，选定需要套用样式的文本内容，然后从“样式和格式”任务窗格中的列表中选择需要设置的样式，单击即可将选取内容设置为预先设置的样式效果。

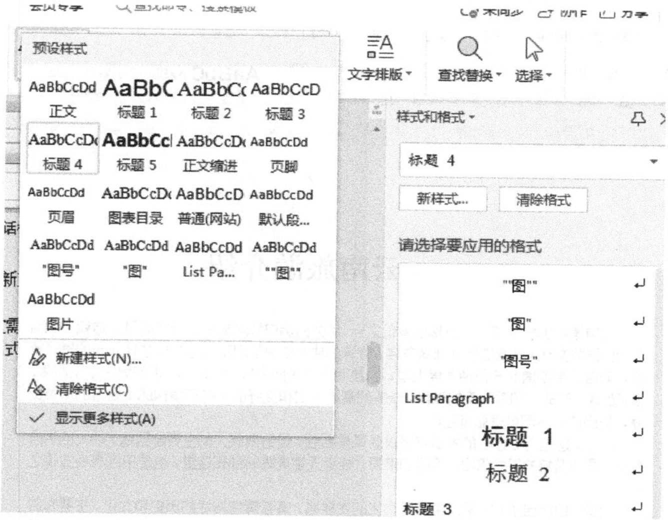

图 3-38　直接套用样式

2) 新建样式

如果直接套用系统的样式不能满足要求，可以建立新样式。操作方法如下：

(1) 在“样式和格式”任务窗格中，单击“新建样式”按钮，打开如图 3-39 所示的对话框，在其中可以自行设置样式。其中：在“名称”框里输入准备创建的样式名字，在“样式类型”中选择是段落样式还是字符样式。单击下面的“格式”组中的具体样式可以进行更详细的设置。例如可以设置“文章正文”样式格式为：宋体、五号字、首行缩进两个字符。单击“确定”按钮即可完成“文章正文”样式的设置。

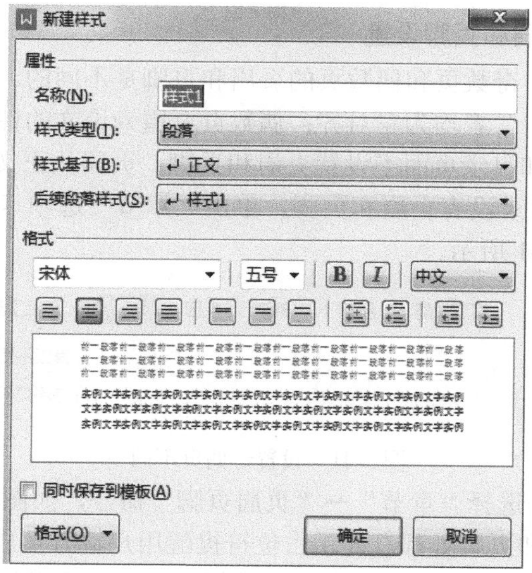

图 3-39　“新建样式”对话框

(2) 此时，制作好的样式会自动出现在样式列表框中，如果制作的样式类型是段落样式，把光标定位在要套用样式的段落里，单击即可使用；如果是字符样式，选择要套用样式的文本，然后单击即可使用。使用后的效果如图 3-40 所示。

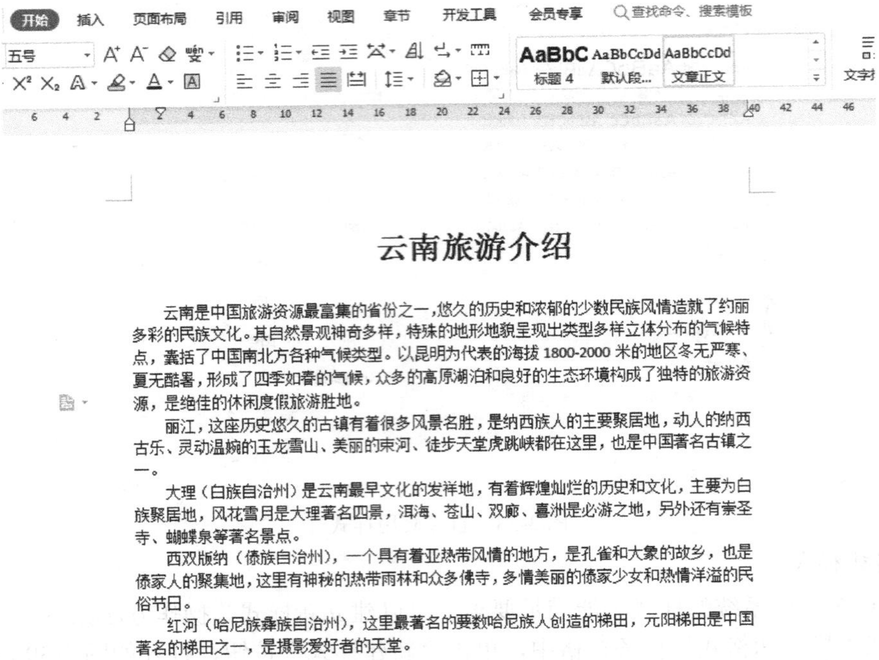
开始
插入
页面布局
引用
审阅
视图
章节
开发工具
会员专享
查找命令、搜索模板
五号
AaBbC
AaBbCcDd
AaBbCcDd
标题 4
默认段...
文章正文
文字
云南旅游介绍
云南是中国旅游资源最富集的省份之一，悠久的历史和浓郁的少数民族风情造就了绚丽多彩的民族文化。其自然景观神奇多样，特殊的地形地貌呈现出类型多样立体分布的气候特点，囊括了中国南北方各种气候类型。以昆明为代表的海拔 1800-2000 米的地区冬无严寒、夏无酷暑，形成了四季如春的气候，众多的高原湖泊和良好的生态环境构成了独特的旅游资源，是绝佳的休闲度假旅游胜地。
丽江，这座历史悠久的古镇有着很多风景名胜，是纳西族人的主要聚居地，动人的纳西古乐、灵动温婉的玉龙雪山、美丽的束河、徒步天堂虎跳峡都在这里，也是中国著名古镇之一。
大理（白族自治州）是云南最早文化的发祥地，有着辉煌灿烂的历史和文化，主要为白族聚居地，风花雪月是大理著名四景，洱海、苍山、双廊、喜洲是必游之地，另外还有崇圣寺、蝴蝶泉等著名景点。
西双版纳（傣族自治州），一个具有着亚热带风情的地方，是孔雀和大象的故乡，也是傣家人的聚集地，这里有神秘的热带雨林和众多佛寺，多情美丽的傣家少女和热情洋溢的民俗节日。
红河（哈尼族彝族自治州），这里最著名的要数哈尼族人创造的梯田，元阳梯田是中国著名的梯田之一，是摄影爱好者的天堂。

图 3-40　套用新建的样式

说明：使用样式的一个好处是，当样式修改以后，凡是套用该样式排版的内容都会自动随样式的变化而变化。所以，有人形象地把“样式”说成是“可以存储的格式刷”。但是当样式删除后，套用该样式的文本也会回到原来的状态。

5. 奇偶页不同的页眉和页脚设置

在很多科研论文中，奇数页和偶数页的页眉和页脚是不同的。如本例中奇数页页眉为论文题目，页脚为页码，二者均为左对齐；偶数页页眉为论文的性质，页脚为页码，二者均为右对齐。另外封面和目录页面不设置页眉和页脚，页码从正文开始。设置方法如下：

(1) 若想使封面和目录没有页眉和页脚，单击“章节”选项卡，选中“奇偶页不同”前面的复选框，如图 3-41 所示。

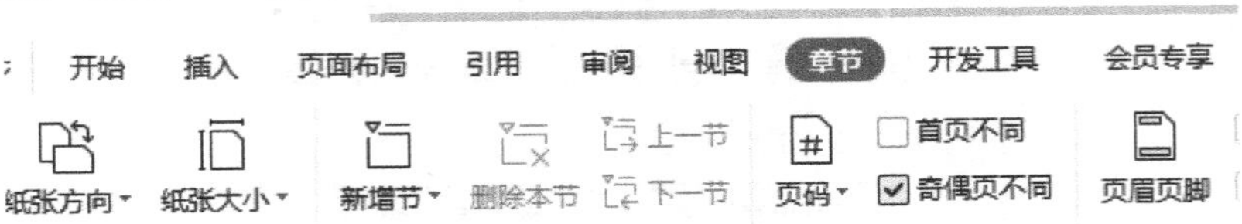

图 3-41　设置奇偶页不同

(2) 插入页眉页脚。选择“章节”→“页眉页脚”命令，如图 3-42 所示，即将光标插入到页眉区，此时页眉和页脚处都有提示占位符提醒用户输入页眉和页脚，在奇数页的页眉处输入“网络信息技术安全防范”，在页脚处插入页码，两者均为左对齐，字体为五号字；在偶数的页眉处输入“论文”，页脚处插入页码，两者均右对齐，字体为五号字，结果如图 3-43 所示。

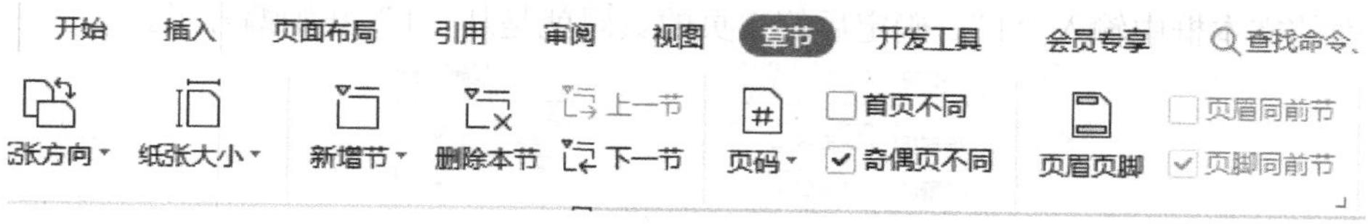

图 3-42　插入页眉

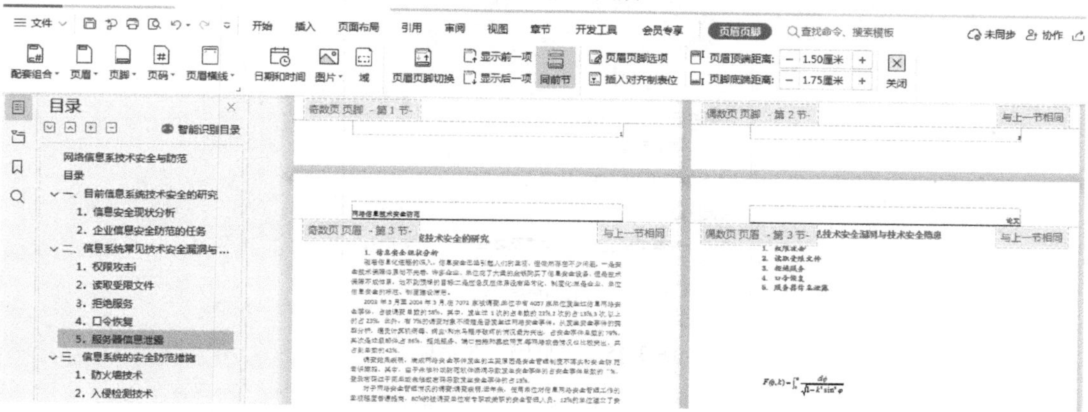

图 3-43　出现在奇数页和偶数页的不同页眉

(3) 删除第 1、2 页的页眉和页脚。从图 3-43 中可以看出，之前输入的页眉和页脚充满整个文档，若要直接删除第 1、2 页的页眉和页脚，则整个文档的页眉和页脚也会删除。若只想删除第 1、2 页的页眉和页脚，操作方法如下：

① 删除第 1、2 页的页眉和页脚。将光标定位在第 3 页的页眉处，单击“章节”→“页眉页脚”工具组，将“同前节”取消，如图 3-44 所示，用同样的方法将第 3 页的页脚和第 4 页的页眉和页脚的“同前节”按钮都取消，然后，将第 1、2 页中的页眉和页脚删除即可，这时后面的页眉和页脚内容仍然保留。

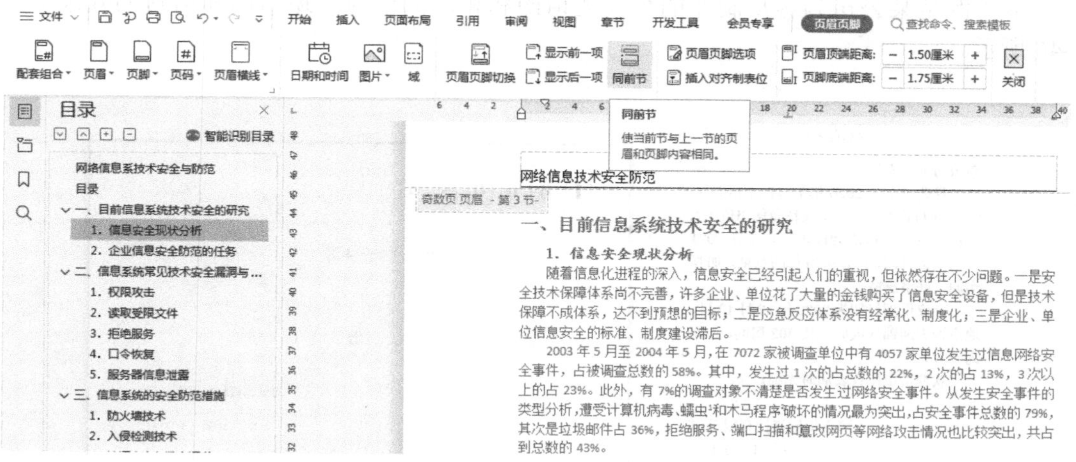

图 3-44　将第 3 页的页眉“同前节”取消

② 让页码从第 3 页开始重新编号。按上面的步骤已经将第 1、2 页的页眉和页脚删除了，

若想让第 3 页的页码从“1”开始编号，可选择“章节”→“页码”命令，在下拉列表中选择“页码”命令，弹出“页码”对话框，如图 3-45 所示。在“页码编号”处选择“起始页码”，在其后面的文本框中输入“1”，确定后第 3 页的页码就是从“1”开始编号了。

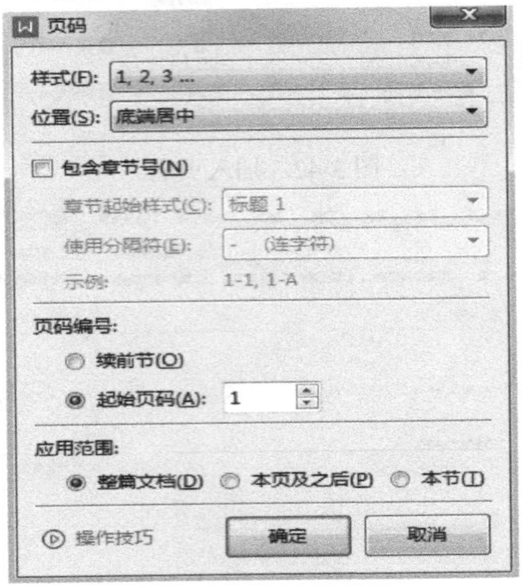
页码
样式(F): 1, 2, 3 ...
位置(S): 底端居中
包含章节号(N)
章节起始样式(C): 标题 1
使用分隔符(E): - (连字符)
示例: 1-1, 1-A
页码编号:
续前节(O)
起始页码(A): 1
应用范围:
整篇文档(D)
本页及之后(P)
本节(T)
操作技巧
确定
取消

图 3-45　“页码”对话框

3.2　邮件合并及域的使用实例

在办公过程中，办公人员有时要做大批量格式相同的信封或邀请函，如果逐个制作，既浪费时间又容易出错，可以利用 WPS 文字中的邮件合并功能制作多份格式相同的文件。下面通过实例来说明邮件合并的使用方法。

【实例描述】

本实例是某公司为客户制作的会议邀请函和相应的信封。邀请函和信封的效果如图 3-46 所示。

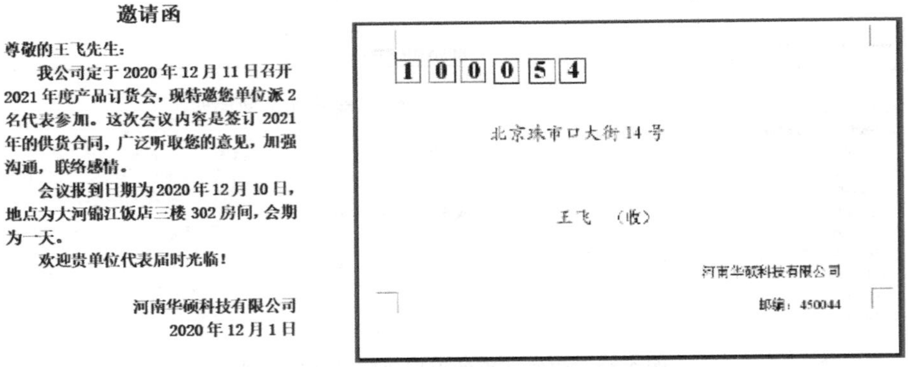
邀请函
尊敬的王飞先生：
我公司定于 2020 年 12 月 11 日召开 2021 年度产品订货会，现特邀您单位派 2 名代表参加。这次会议内容是签订 2021 年的供货合同，广泛听取您的意见，加强沟通，联络感情。
会议报到日期为 2020 年 12 月 10 日，地点为大河锦江饭店三楼 302 房间，会期为一天。
欢迎贵单位代表届时光临！
河南华硕科技有限公司
2020 年 12 月 1 日
1 0 0 0 5 4
北京珠市口大街 14 号
王飞 （收）
河南华硕科技有限公司
邮编：450044

图 3-46　其中一位客户的邀请函和信封的效果图

在本例中，将主要解决如下问题：

(1) 如何录入邀请函内容并设置其格式。

(2) 如何使用邮件合并工具栏制作称呼，最终生成多张信函。

(3) 如何使用中文信封向导制作信封模板，并生成多张信封。

【操作步骤】

1. 创建数据源

批量制作邀请函的前提是有一个客户信息表，也就是数据源。利用 WPS 表格制作数据源，并在保存时选择“文件类型”为“97-2003 文件(*.xls)”即可，本例中使用 WPS 表格制作了一份客户信息表，如图 3-47 所示。

姓名	性别	公司名称	通讯地址	邮政编码
王飞	男	北京立信有限公司	北京珠市口大街 14 号	100054
李丽	女	汇通公司	郑州市文化路 90 号	450000
刘涛宇	男	郑州长城公司	郑州市金水路 49 号	450002
冯艳	女	河南威立科技公司	郑州市英才街 2 号	450044
李易硕	男	河南铭宇通信公司	郑州市花园路 16 号	450003

图 3-47　客户信息表

2. 制作邀请函

(1) 新建一个 WPS 文档，输入邀请函的基本内容并做基本排版，如图 3-48 所示。和效果图相比，没有输入“姓名”和“先生/女士”。

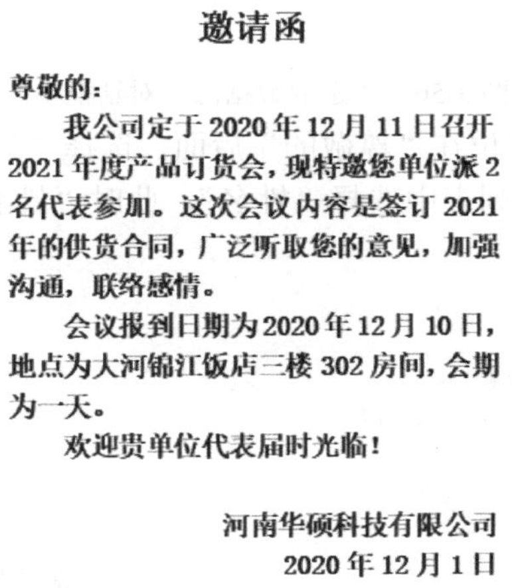

邀请函

尊敬的：

我公司定于 2020 年 12 月 11 日召开 2021 年度产品订货会，现特邀您单位派 2 名代表参加。这次会议内容是签订 2021 年的供货合同，广泛听取您的意见，加强沟通，联络感情。

会议报到日期为 2020 年 12 月 10 日，地点为大河锦江饭店三楼 302 房间，会期为一天。

欢迎贵单位代表届时光临！

河南华硕科技有限公司

2020 年 12 月 1 日

图 3-48　输入信函的文本内容

(2) 选择“引用”→“邮件”命令，菜单栏自动出现“邮件合并”选项卡，如图 3-49 所示，在“打开数据源”命令下拉列表中选择“打开数据源”命令，弹出“选取数据源”对话框，选中之前创建的数据源(客户信息表.xls)，如图 3-50 所示，单击“打开”按钮后返回页面视图。

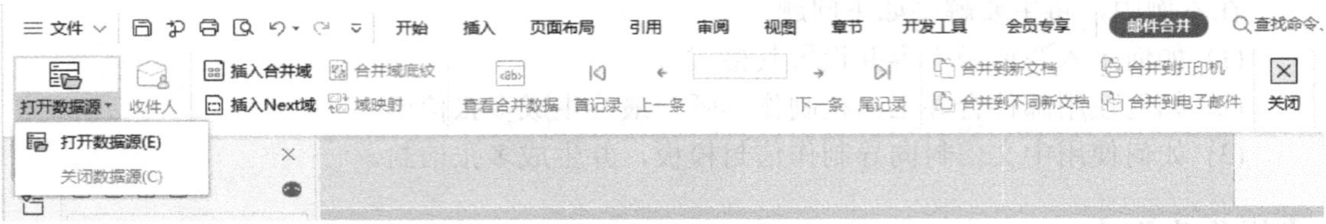

图 3-49　选择收件人列表

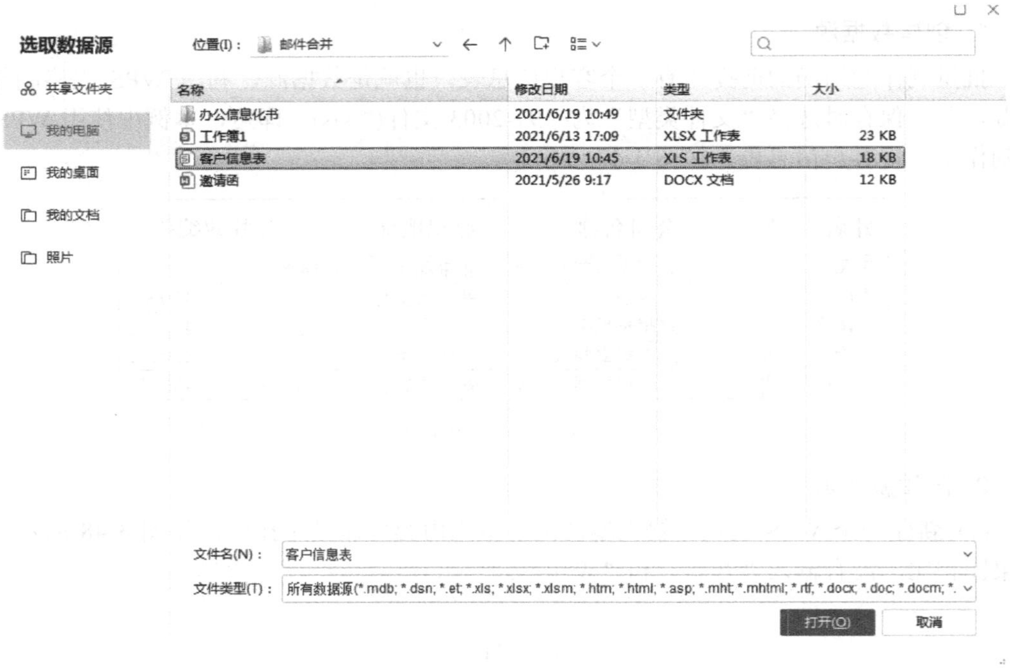

图 3-50　“选取数据源”对话框

(3) 插入合并域。将光标定位在“尊敬的”后面，选择“邮件合并”→“插入合并域”命令，如图 3-51 所示，在下拉列表中选择“姓名”，此时“姓名”域被插入到光标处。

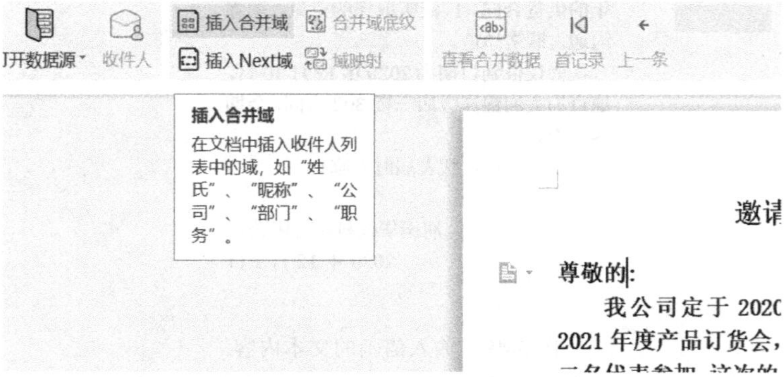

图 3-51　选择“插入合并域”命令

(4) 在姓名后插入称呼。先将光标定位在“尊敬的《姓名》”之后，如图 3-52 所示，操作步骤同插入姓名的方法，只需将表格中性别一栏的“男”换成“先生”、“女”换成“女士”。确定后，称呼会出现在邀请函的姓名后面，如图 3-53 所示。

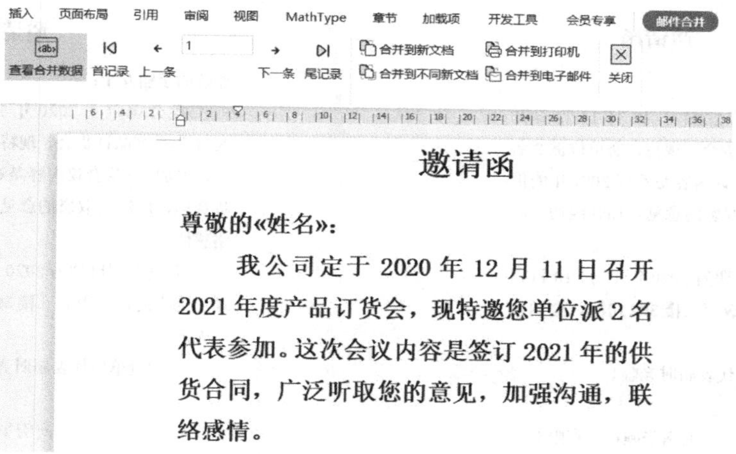

图 3-52　光标定位域的位置

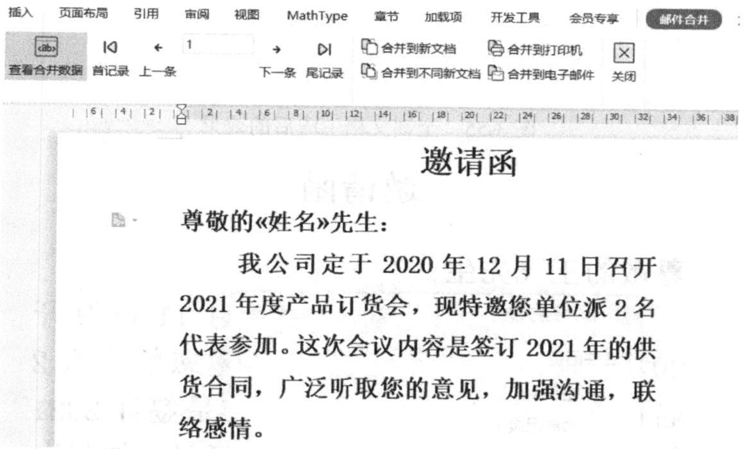

图 3-53　插入称呼

(5) 此时就可以生成具有多个邀请函的文档了，选择“邮件合并”→“合并到新文档”命令，弹出“合并到新文档”对话框，如图 3-54 所示。选择“全部”，单击“确定”按钮即生成具有全部记录的文档，如图 3-55 所示。或者直接单击“合并到打印机”按钮，弹出图 3-56 所示的对话框，将合并结果直接送到打印机进行打印。

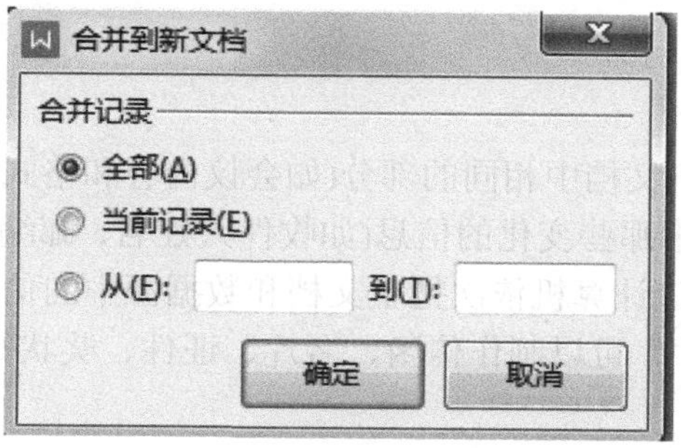

图 3-54　“合并到新文档”对话框

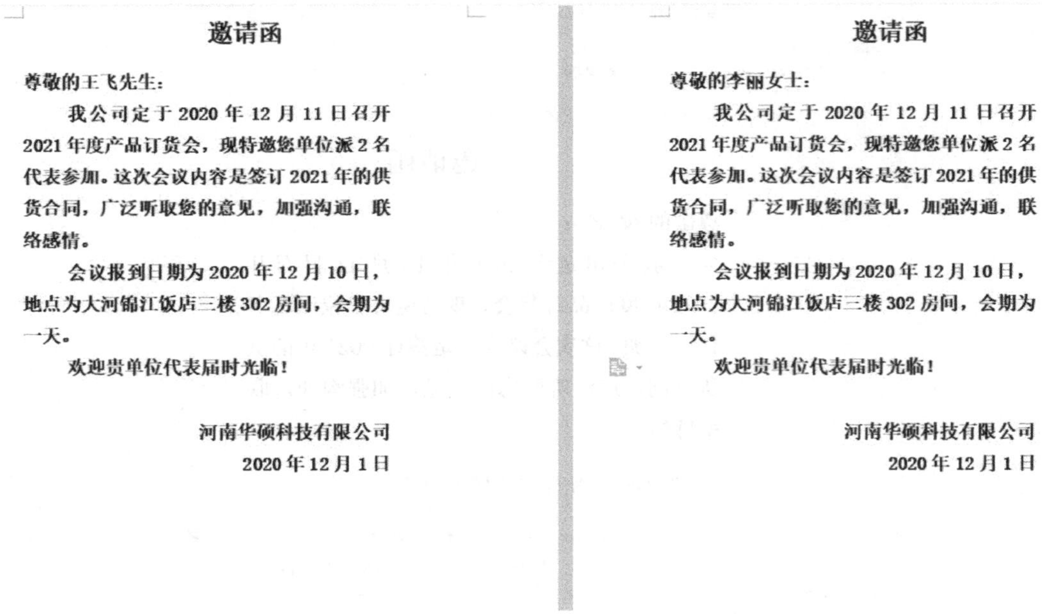
邀请函
尊敬的王飞先生：
我公司定于 2020 年 12 月 11 日召开 2021 年度产品订货会，现特邀您单位派 2 名代表参加。这次会议内容是签订 2021 年的供货合同，广泛听取您的意见，加强沟通，联络感情。
会议报到日期为 2020 年 12 月 10 日，地点为大河锦江饭店三楼 302 房间，会期为一天。
欢迎贵单位代表届时光临！
河南华硕科技有限公司
2020 年 12 月 1 日
邀请函
尊敬的李丽女士：
我公司定于 2020 年 12 月 11 日召开 2021 年度产品订货会，现特邀您单位派 2 名代表参加。这次会议内容是签订 2021 年的供货合同，广泛听取您的意见，加强沟通，联络感情。
会议报到日期为 2020 年 12 月 10 日，地点为大河锦江饭店三楼 302 房间，会期为一天。
欢迎贵单位代表届时光临！
河南华硕科技有限公司
2020 年 12 月 1 日

图 3-55　全部文档生成后的效果

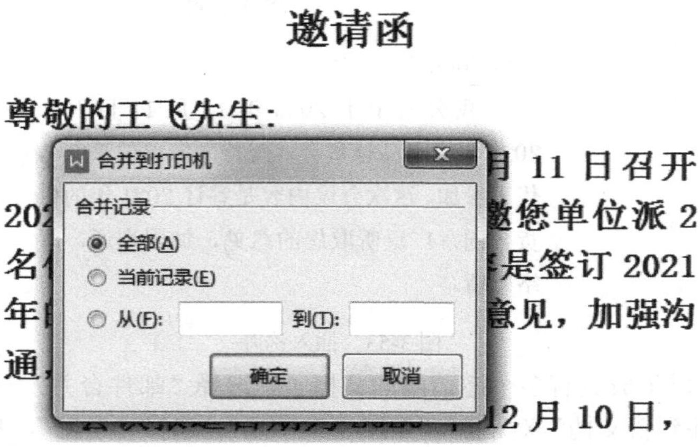
邀请函
尊敬的王飞先生：
合并到打印机
合并记录
全部(A)
当前记录(E)
从(F):
到(T):
确定
取消

图 3-56　“合并到打印机”对话框

【主要知识点】

1. 什么是“邮件合并”

通常情况下，把如上例文档中相同的部分(如会议内容和格式等)保存在一个 WPS 文档中，称为主文档。把文档中那些变化的信息(如收件人姓名、邮编等)保存在另一个文档中，称为数据源文件。然后，让计算机依次把主文档和数据源中的信息逐个合并，这就是“邮件合并”。利用“邮件合并”可以制作信函、名片、证件、奖状等。

2. 数据源文件

能作为主文档的数据源文件有很多种，如利用 WPS 创建的表格、数据库文件等。

3. 邮件合并的基本过程

邮件合并一般是按照“设置文档类型”→“打开数据源”→“插入合并域”→“合并到新文档”或“合并到打印机”的基本步骤进行的。其中在“插入合并域”后可以单击“查看合并数据”命令，单击“上一条”和“下一条”命令核对记录，如图 3-57 所示。正确无误后再合并到新文档或打印机。

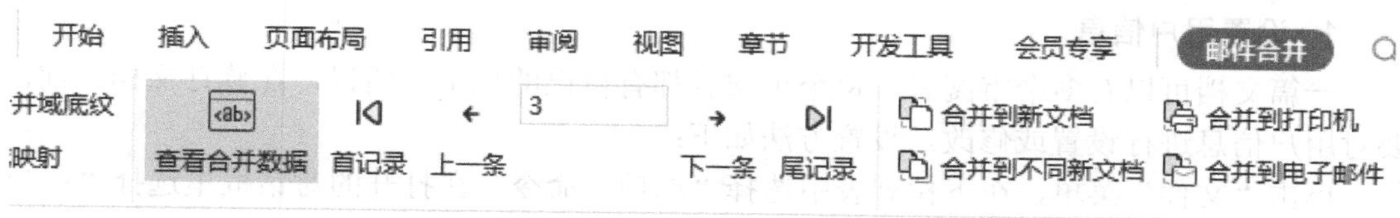

图 3-57　在“查看合并数据”状态下查看记录

3.3　文档审阅与修订实例

对于一些专业性较强或非常重要的文档，在由作者编辑完成后，一般还需要由审阅者进行审阅。在审阅文档时，通过修订和批注功能，可对原文档中需要修改的地方进行标注和批示。

修订内容包括正文、文本框、脚注和尾注以及页眉和页脚等的格式，可以添加新内容，也可以删除原有的内容。为了保留文档的版式，WPS 文字在文档的文本中只显示一些标记元素，其他元素则显示在页边距上的批注框中。

【实例描述】

本实例是两位审阅者对同一篇文档进行审阅和修订，通过这个实例可以掌握文档审阅和修订的方法，经过审阅和修订的文档如图 3-58 所示。

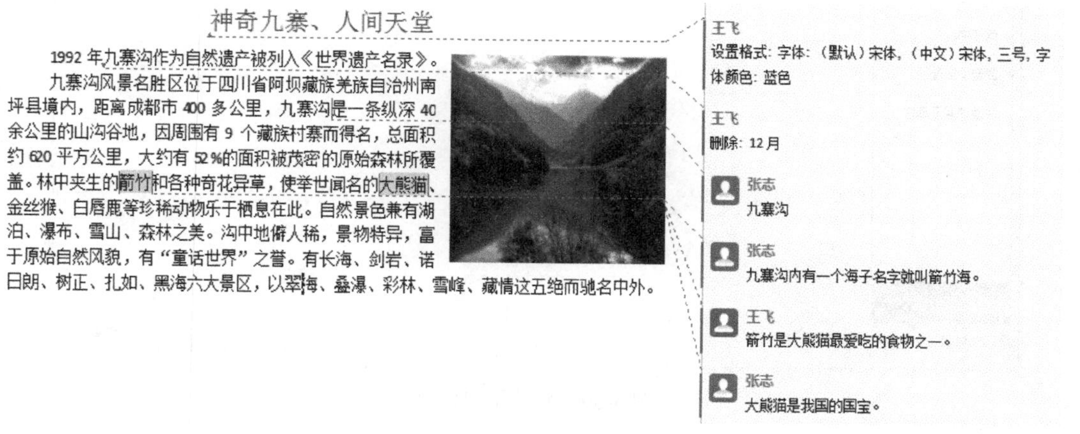

图 3-58　经过两位审阅者修订过的文档

在本例中将主要解决如下问题：

(1) 多个用户如何对同一文档进行审阅和修订。

(2) 如何查看指定用户所做的修订。
(3) 如何插入批注。
(4) 如何接受/拒绝修订。

【操作步骤】

1. 设置用户信息

一篇文档可以有多个审阅者，每个审阅者都有自己的标记，所以，在修订文档之前，要对用户信息进行设置或修改。设置方法如下：

单击“文件”菜单，在下拉列表中选择“选项”命令，在打开的对话框里选择“用户信息”，如图 3-59 所示，在“姓名”框内输入“王飞”，“缩写”为“WF”，单击“确定”按钮即可。也可以在“审阅”选项卡中单击“修订”右侧的下拉箭头，在下拉列表中选择“更改用户名”，也可弹出图 3-59 所示的对话框。在随后的修订过程中，姓名会显示在批注框内，详细信息也会随着鼠标移动到批注框上而显示出来。

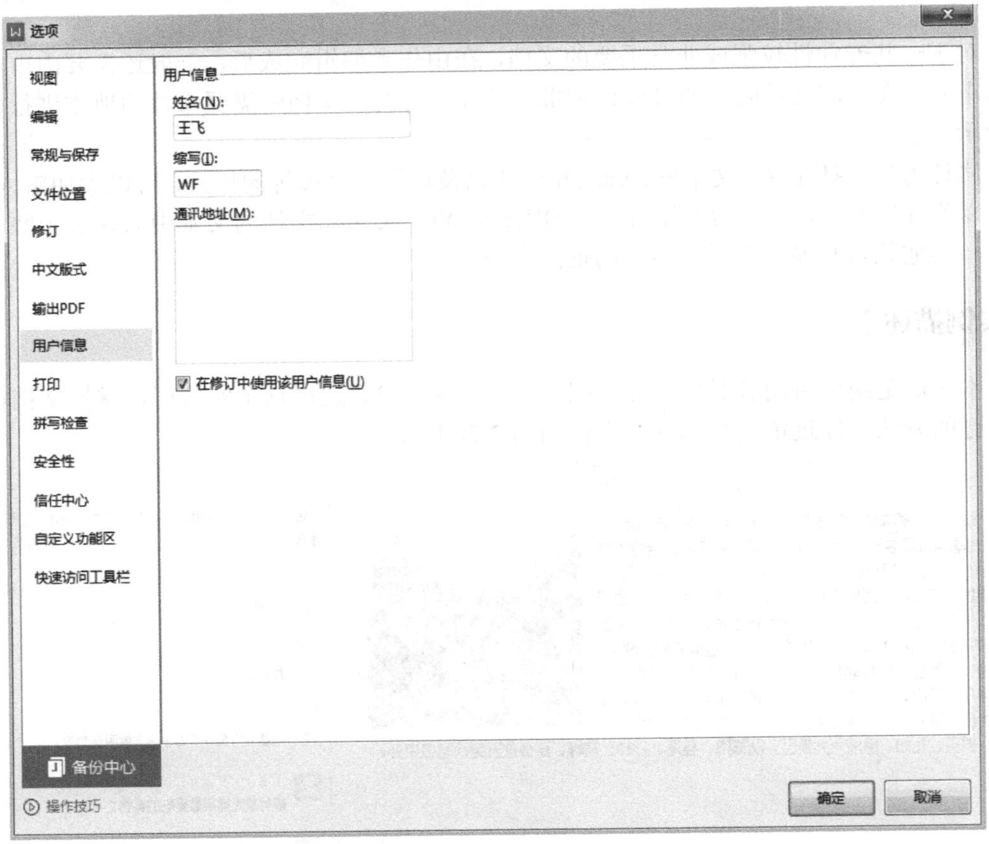

图 3-59　修改用户信息

2. 审阅与修订

1) 打开“审阅”选项卡

对文档进行修订，首先要使文章处于修订状态，否则就是普通修改，没有任何标记。

单击“审阅”→“修订”命令，使文档处于修订状态，此时状态栏的“修订”按钮处于被按下的状态，如图 3-60 所示。

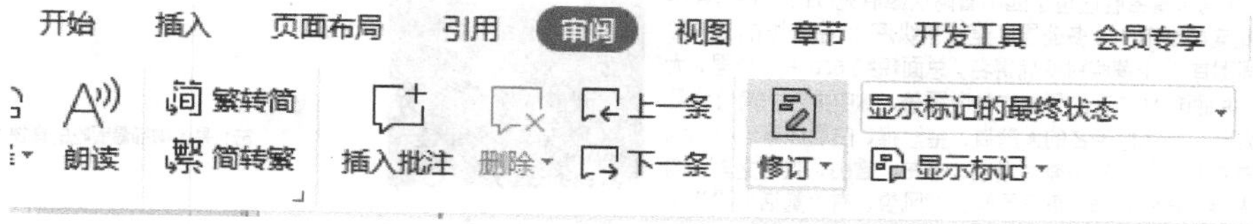

图 3-60　激活“修订”按钮

2) 对文章进行修订和插入批注

当 WPS 文字处于修订状态时，就可以直接对文档进行修改，修改的结果就是修订的内容。插入批注的方法为先选中需要插入批注的文本，然后单击“审阅”选项卡上的“插入批注”命令插入批注框，用户直接在批注框里输入批注内容即可。

本实例中用户“王飞”对文章按下面的要求进行修订：

(1) 标题修改为黑体、三号字、蓝色。

(2) 将第一段中“12 月”删除。

(3) 为第二段中的“箭竹”插入批注“箭竹是大熊猫最爱吃的食物之一”。

此时，修订结果如图 3-61 所示。

神奇九寨、人间天堂
1992 年九寨沟作为自然遗产被列入《世界遗产名录》
九寨沟风景名胜区位于四川省阿坝藏族羌族自治州南坪县境内，距离成都市 400 多公里，是一条纵深 40 余公里的山沟谷地，因周围有 9 个藏族村寨而得名，总面积约 620 平方公里，大约有 52%的面积被茂密的原始森林所覆盖。林中夹生的箭竹和各种奇花异草，使举世闻名的大熊猫、金丝猴、白唇鹿等珍稀动物乐于栖息在此。自然景色兼有湖泊、瀑布、雪山、森林之美。沟中地僻人稀，景物特异，富于原始自然风貌，有“童话世界”之誉。有长海、剑岩、诺日朗、树正、扎如、黑海六大景区，以翠海、叠瀑、彩林、雪峰、藏情这五绝而驰名中外。
王飞
设置格式: 字体: (默认) 黑体, (中文) 黑体, 三号, 字体颜色: 蓝色
王飞
删除: 12 月
王飞
箭竹是大熊猫最爱吃的食物之一

图 3-61　用户王飞修订过的文档

根据上面的方法，将“用户信息”修改为“姓名：张志、缩写：ZZ”，再对文章按照下面的要求进行修订：

(1) 在第三行的“是一条”前插入“九寨沟”。

(2) 为第二段的“箭竹”插入批注“九寨沟内有一个海子名字就叫箭竹海”。

(3) 为第二段的“大熊猫”插入批注“大熊猫是我国的国宝”。

3) 接受/拒绝修订

修订完毕后，作者要根据需要对修订进行接受或拒绝。本文中接受“王飞”的第一处和第三处修订，拒绝第二处修订。如果接受修订，将光标定位在需要接受的修订处，单击“审阅”选项卡中“接受”命令右侧的下拉箭头，在下拉列表中选择“接受修订”命令即可，或单击要接受修订的按钮，然后单击 ✓ 按钮；如果不接受修订，将光标定位在需要拒绝的修订处，单击 × 按钮，或在“审阅”选项卡中单击按钮“拒绝”。若接受修订，文档会保存为审阅者修改后的状态；若拒绝修订，则会恢复到修改前的状态。结果如图 3-62 所示。

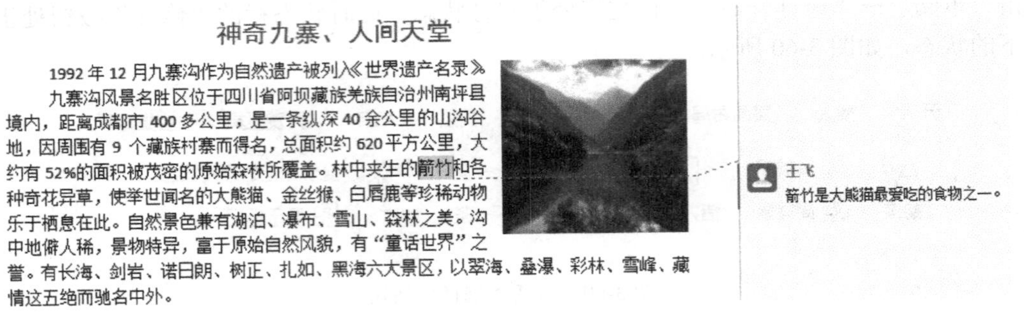
神奇九寨、人间天堂
1992 年 12 月九寨沟作为自然遗产被列入《世界遗产名录》
九寨沟风景名胜区位于四川省阿坝藏族羌族自治州南坪县境内，距离成都市 400 多公里，是一条纵深 40 余公里的山沟谷地，因周围有 9 个藏族村寨而得名，总面积约 620 平方公里，大约有 52%的面积被茂密的原始森林所覆盖。林中夹生的箭竹和各种奇花异草，使举世闻名的大熊猫、金丝猴、白唇鹿等珍稀动物乐于栖息在此。自然景色兼有湖泊、瀑布、雪山、森林之美。沟中地僻人稀，景物特异，富于原始自然风貌，有“童话世界”之誉。有长海、剑岩、诺日朗、树正、扎如、黑海六大景区，以翠海、叠瀑、彩林、雪峰、藏情这五绝而驰名中外。
王飞
箭竹是大熊猫最爱吃的食物之一。
图 3-62　接受过部分修订的文档

【主要知识点】

1. 按审阅者查看修订内容

这篇文章被两个人修订过，作者还可以按审阅者来查询和浏览修订的内容，比如：只显示用户“王飞”修订的内容，则选择“审阅”选项卡中的“审阅”命令，在下拉选项中选择“审阅人”命令，只需将“王飞”前的复选框选中，如图 3-63 所示，则文章中显示的就是王飞所做的所有修订内容。将光标放在批注框上，则显示详细的信息，如图 3-64 所示。

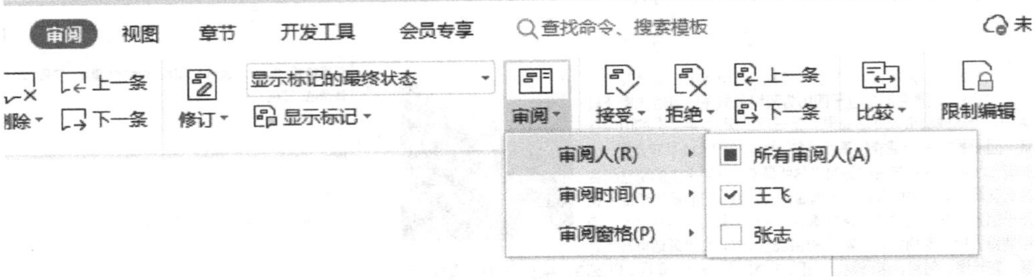

图 3-63　选择只显示审阅者“王飞”的修订内容

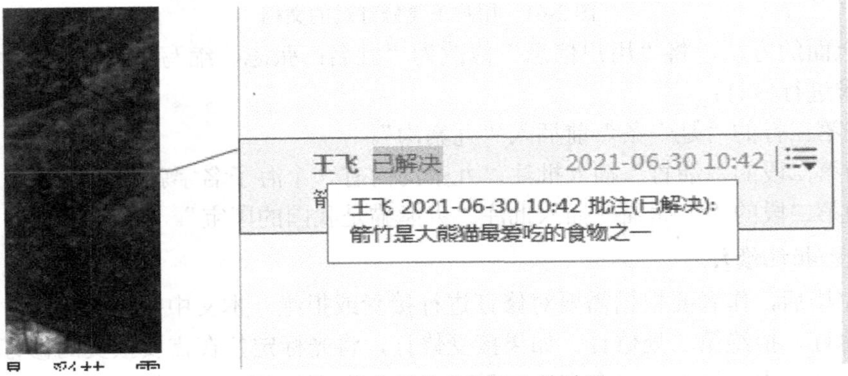

图 3-64　将光标放在批注上的效果

说明： 如果想显示全部审阅者修订的内容，则选择“所有审阅者”即可。

2. 审阅窗格

选择“审阅”选项卡中的“审阅”命令，在下拉列表中选择“审阅窗格”中的“垂直审阅窗格”，如图 3-65 所示，此时可以在文档右边打开“审阅”任务窗格，该窗格中显示了所有具体的修订信息，其中包括审阅人、审阅时间、修订的内容等。可以将文档中的修订进行定位，也可以删除批注。

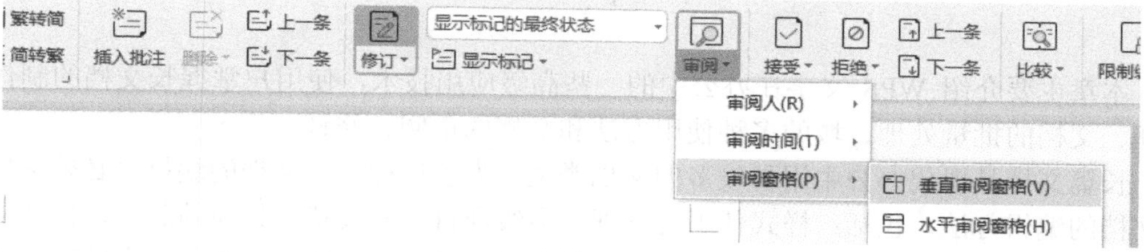

图 3-65　显示垂直审阅窗格的文档

3. 接受/拒绝修订

作者在查看完审阅者做的修订之后，要决定是否接受这些修订，可以使用“审阅”选项卡中的“上一条”和“下一条”命令进行查看，如果同意修改，则单击“接受”按钮，在下拉列表中进行选择，如图 3-66 所示。

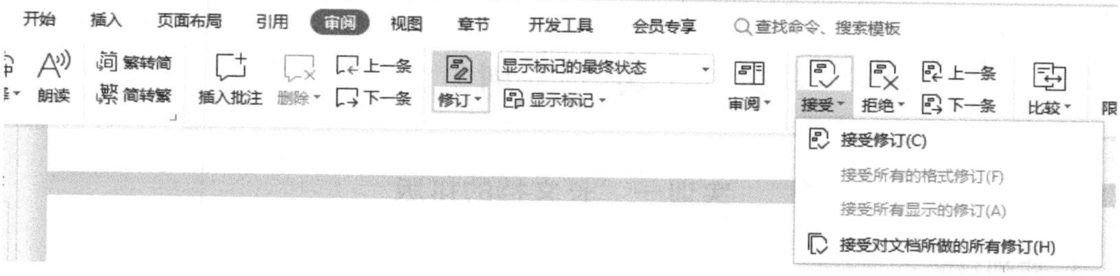

图 3-66　接受修订

如果不同意修订结果，则单击“拒绝”按钮，在下拉列表中进行选择，如图 3-67 所示。

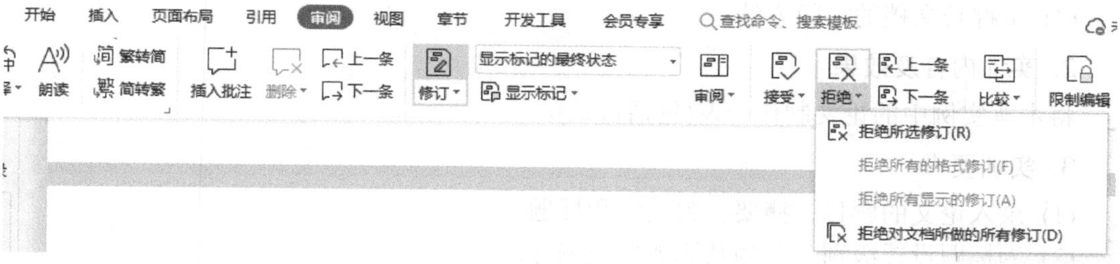

图 3-67　拒绝修订

4. 删除批注

批注不必接受，如果不需要只需将其删除即可。删除批注的方法有多种：

(1) 选择某一批注，选择“审阅”选项卡中“删除”命令右侧的下拉箭头，在下拉列表中选择“删除”即删除所选的某一条批注。如想删除所有批注，则选择“删除文档中的所有批注”命令。

(2) 选择某一批注，单击鼠标右键，在弹出的快捷菜单中选择“删除批注”命令即可。

(3) 打开“审阅窗格”，在需要删除的批注上单击鼠标右键，在弹出的快捷菜单中选择“删除批注”命令即可。

本 章 小 结

本章主要介绍 WPS 文字在办公中的一些高级应用技术，使用户掌握长文档的制作和处理、文档的批量处理、域的多种使用方法和文档的审阅、修订。

长篇文档是现代办公中用得较多的文档类型。为了进行长篇文档的编排，必须掌握长篇文档的编辑方法，包括：样式使用与管理，多级项目符号设置，封面的制作，自动提取目录，批注、脚注、尾注、题注的设置，以及页眉页脚、页码的综合设置，会熟练运用公式编辑器进行科研论文中各种公式的编辑制作。在现代办公中，批量处理文档也很常用，因此熟练掌握邮件合并技术就非常必要。用户之间相互审阅和修订在现代办公中也普遍应用，修改别人的文档又不改变原有的内容，是在直接修改内容的基础上的提高。

通过本章的学习，用户应该能够对长文档进行娴熟的输入、编辑、排版和打印操作，能够熟练对文档进行批量处理，同样也能够对文档进行审阅和修订。

实 训

实训一　长文档的排版

1. 实训目的

(1) 了解 WPS 文字中长文档的概念。

(2) 熟悉 WPS 文字中长文档排版的基本流程。

(3) 掌握长文档的排版方法。

2. 实训内容及效果

将本章实例中的论文制作一遍(包括目录)。

3. 实训要求

(1) 录入论文的题目、摘要、关键字和标题。

(2) 为标题设置级别，并为其添加多级编号。

(3) 在标题下录入正文内容并设置其格式。

(4) 为文本插入脚注。

实训二　制作复杂的公式

1. 实训目的

熟悉使用 WPS 文字中的公式编辑器。

2. 实训内容及效果

利用 WPS 文字中的公式编辑器制作图 3-68 所示的几个复杂公式。

$$x=\begin{bmatrix}1&0&0\\0&1&0\\0&0&1\end{bmatrix}\qquad E_{ke}=\frac{1}{2}\int_0^1\rho\left(\frac{\partial y}{\partial t}\right)\mathrm{d}x$$

图 3-68　两个复杂的公式的效果图

实训三　制作一份居民小区物业费催缴单

1. 实训目的

(1) 了解 WPS 文字中表格的制作方法。

(2) 熟悉 WPS 文字中邮件合并的基本流程。

(3) 掌握 WPS 文字中邮件合并工具栏的使用方法。

2. 实训内容及效果

本实训内容为制作物业费催缴单，因为催缴单可能是针对多位业主的，所以结果是生成多份物业费催缴单。最终效果如图 3-69 所示。

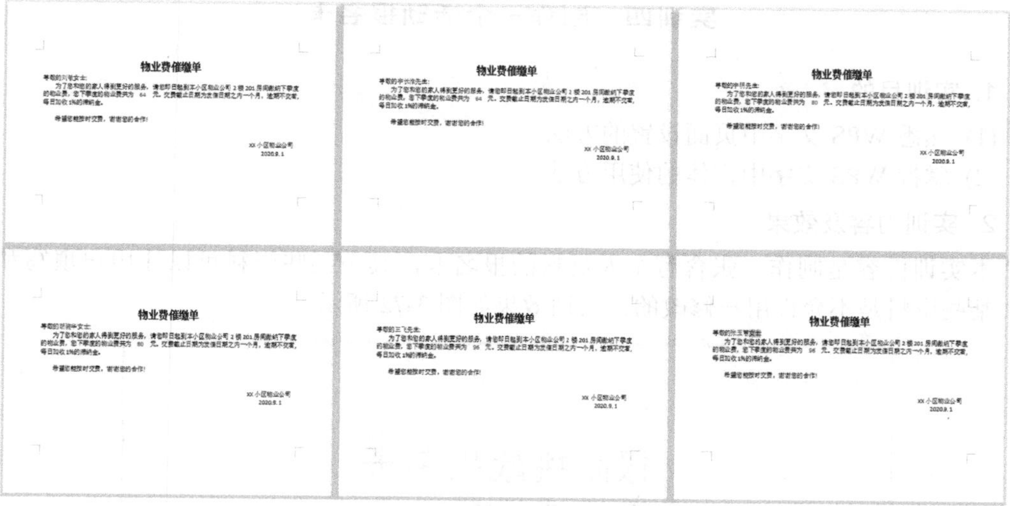

图 3-69　物业费催缴单效果

3. 实训要求

(1) 首先制作一份业主物业费管理表格，如图 3-70 所示。

姓名	性别	面积（平方米）	单价（元/平方米）	物业费（元/季度）
刘敏	女	80	0.8	64.0
李长浩	男	80	0.8	64.0
李明	男	100	0.8	80.0
胡晓华	女	100	0.8	80.0
王飞	男	120	0.8	96.0
张玉慧	女	120	0.8	96.0

图 3-70　物业费管理表格

(2) 然后制作图 3-71 所示的物业费催缴单，页面设置为 B5 纸，横向。

物业费催缴单

尊敬的：

为了您和您的家人得到更好的服务，请即日起到本小区物业公司 2 楼 201 房间缴纳下季度的物业费，您下季度的物业费共为元，缴费时间为本通知单送达之日起一个月内，逾期未缴纳者，每日加收 1%的滞纳金。

希望您能按时缴费，谢谢您的合作！

××小区物业公司

2020.9.1

图 3-71　物业费催缴单内容

(3) 利用“邮件合并”工具栏输入“姓名”“女士/先生”以及金额。

(4) 合并所有文档即生成全部记录的催交单，如图 3-69 所示。

实训四　制作一个活动报名卡

1. 实训目的

(1) 熟悉 WPS 文字中页面设置的方法。

(2) 掌握 WPS 文字中窗体的使用方法。

2. 实训内容及效果

本实训内容是制作一张含有个人资料的报名卡，其中某些资料可以让用户填写和选择，某些资料是不允许用户修改的。实训效果如图 3-72 所示。

极限挑战报名卡

欢庆世纪欢乐园周年庆，请填写好个人数据，即可获得超人气登山背包一个

§ 填写个人基本资料

姓名	李明	
性别	男	
年龄	10～20	
电子邮件		(确认信将寄至此，请填写真实电子邮件)
联络电话		
参加项目	疯狂过山车	
是否愿意收到世纪欢乐园相关活动信息电子邮件？ ☒是　☐否		

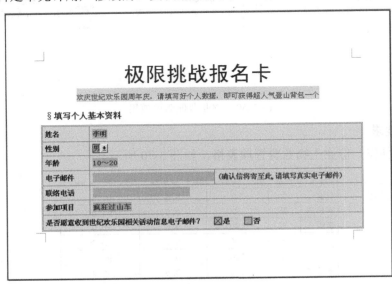

图 3-72　利用窗体制作的报名卡

3. 实训要求

(1) 将页面设置成 B5、横向。

(2) 在报名卡中，姓名、电子邮件、联络电话均为文字型窗体域。

(3) 性别的下拉项为男、女，年龄的下拉项为 10～20、21～30、31～40 和 41～50。

(4) 最后一行中的“是”和“否”文字前为复选框型窗体域，其中“是”前面的复选框的默认属性为“选中”状态。

实训五　对一篇文档进行审阅和修订

1. 实训目的

(1) 掌握 WPS 文字中修改用户信息的方法。

(2) 掌握按照不同的用户查看修订内容的方法。

(3) 熟练掌握使用审阅工具栏进行修订的方法。

(4) 熟练掌握接受或拒绝修订的方法。

2. 实训内容及效果

本实训内容是对一篇文档进行审阅和修订。修订前和修订后的文档分别如图 3-73 和图 3-74 所示。

丽江因美丽的金沙江而得名，它位于云南省的西北部、金沙江中游；正好处在青藏高原和云贵高原衔接地段，西和北与怒江州兰坪县和迪庆州维西、中甸接壤，东北面与四川省木里、盐源、盐边三县毗邻，南与大理州剑川、鹤庆、宾川三县及楚雄州大姚县连界。

丽江地区共 68 个乡(镇)，面积 20600 平方公里，总人口为 109 万人，有纳西、彝、傈僳、白、普米等 22 种少数民族。

丽江地处横断山脉，山体高差悬殊，立体气候突出，气候垂直差异和植物垂直分布明显。从南亚热带到高原山地气候四季变化不大，干湿季节分明。年平均气温 12.6℃~19.9℃，年平均降水量为 910 毫米~1040 毫米。由于丽江是寒、温、热兼有的立体气候，因此动植物种类繁多。据统计，丽江有种子植物 3000 多种，用材林木 400 种。这里还盛产贝母、麝香、虫草等 600 余种药用动植物，所以被称为“药材之乡”。丽江的杜鹃花品种多达 57 种，走兽类有 56 种，飞禽类 290 种。其中珍稀动物有滇金丝猴、小熊猫、红腹角雉、黑颈长尾雉、藏马鸡、山驴等。

图 3-73　审阅前的文档

丽江因美丽的金沙江而得名，它位于云南省的西北部、金沙江中游；正好处在青藏高原和云贵高原衔接地段，西和北与怒江州兰坪县和迪庆州维西、中甸接壤，东北面与四川省木里、盐源、盐边三县毗邻，南与大理州剑川、鹤庆、宾川三县及楚雄州大姚县连界。

丽江地区共 69 个乡(镇)，面积 20600 平方公里，总人口为 120 万人，有纳西、彝、傈僳、白、普米等 22 种少数民族。

丽江地处横断山脉，山体高差悬殊，立体气候突出，气候垂直差异和植物垂直分布明显。从南亚热带到高原山地气候四季变化不大，干湿季节分明。年平均气温 12.6℃~19.9℃，年平均降水量为 910 毫米~1040 毫米。由于丽江是寒、温、热兼有的立体气候，因此动植物种类繁多。据统计，丽江有种子植物 3000 多种，用材林木 400 种。这里还盛产贝母、麝香、虫草等 600 余种药用动植物，所以被称为“药材之乡”。丽江的杜鹃花品种多达 57 种，走兽类有 56 种，飞禽类 290 种。

王小明
云南省是我国的西南的一个省份

王小明
删除: 68

张玉
删除: 109

王小明
删除: 其中珍稀动物有滇金丝猴、小熊猫、红腹角雉、黑颈长尾雉、藏马鸡、山驴等。

图 3-74　审阅后的文档

3. 实训要求

(1) 共有两个审阅者对文章进行审阅，分别是王小明和张玉，其中，王小明做的修改如下：

① 为第一段中的“云南”插入一个批注“云南省是我国西南的一个省份”。

② 将第二段中的“69”修改为“68”。

③ 将第三段中的最后一句话“其中珍稀动物有滇金丝猴、小熊猫、红腹角雉、黑颈长尾雉、藏马鸡、山驴等”删除。

审阅者张玉做的修改是将第二段中的“109”修改为“120”。

(2) 分别浏览两个审阅者的修改内容(按审阅者浏览)。

(3) 用户接受张玉的所有修订。

第 4 章　办公中表格的基本应用

教学目标：

- 了解常用电子表格的类型和 WPS 表格宏的概念；
- 熟悉 WPS 表格中公式和函数的使用方法；
- 掌握利用 WPS 文字制作表格和利用 WPS 表格制作图表的方法；
- 熟练掌握利用 WPS 表格创建表格和格式化工作表的方法。

教学内容：

- 办公中的电子表格概述；
- 利用 WPS 文字制作个人求职简历表；
- 利用 WPS 表格制作员工档案管理表；
- 利用 WPS 表格制作公司产品销售图表；
- 利用 WPS 表格函数实现员工工资管理；
- 实训。

4.1　办公中的电子表格概述

在日常办公中，经常将各种复杂的信息以表格的形式进行简明、扼要、直观的表示，例如课程表、成绩表、简历表、工资表及各种报表等。

根据对办公业务中表格使用的调查分析，办公中的电子表格可分为两大类：内容以文字为主的文字表格和内容以数据信息为主的数字表格，如表 4-1 所示。

表 4-1　电子表格的常见类型

类 型	详细分类	举　例
文字表格	规则文字表格	课程表、日程安排表等
	复杂文字表格	个人简历表、项目申报表等
数字表格	数据不参与运算	出货单、发货单等
	数据参与运算	学生成绩表、公司销售表等
	数据统计报表	产品出入库统计表、损益表等
	数据关联表格	由各个月份数据表格组成的年度考勤表等

利用 WPS 文字或 WPS 表格可以完成以上各类电子表格的制作。但是，为了提高工作效率，根据不同的表格类型选择最合适的制作软件，可以起到事半功倍的效果。在选取制作软件时，有以下几点原则供参考：

(1) 规则的文字表格和数据不参与运算的数字表格用 WPS 文字中的“插入表格”工具完成，也可以直接利用 WPS 表格填表完成。

(2) 复杂的文字表格若单元格大小悬殊，可利用 WPS 文字的“绘制表格”工具制作。若大单元格由若干小单元格组成，也可选取 WPS 表格软件的“合并居中”来实现。

(3) 包含大量数字且需要进行公式、函数运算的数字表格最好使用 WPS 表格制作。

(4) 数据统计报表和数据关联表格适合使用 WPS 表格制作。

4.2　利用 WPS 文字制作个人求职简历表实例

在办公中有很多的复杂表格，比如个人简历表、申报表、考试报名表等，通常采用 WPS 文字中的插入表格和绘制表格两种方法配合实现。本节通过个人求职简历表的制作来了解复杂的文字表格的制作过程。

【实例描述】

简历是一个人的“活名片”，利用简明直观的框架、清新亮丽的色彩等有重点地表达个人简历有助于求职的成功。个人求职简历表效果如图 4-1 所示。

个人求职简历表

基本资料						
姓名		性别		民族		照片
出生年月		籍贯		身高		
毕业院校		所学专业				
邮箱		电话号码				
教育经历						
最高学历		毕业时间				
英语水平	□ CET—4	□ CET—6	□ 其他：			
教育及培训经历						
工作经历						
时间			工作单位			
能力及专长						
求职意向						
应聘职位	1.		2.			
待遇要求						
职业状态	○ 全职		○ 兼职			
个人自传						

图 4-1　个人求职简历表效果图

在本例中，将主要解决如下问题：

(1) 如何插入(绘制)表格并修改结构。

(2) 如何输入特殊符号。

(3) 如何设置不同的文字方向。

(4) 如何设置表格的边框和底纹。

推荐：个人简历模板网(http://www.gerenjianli.com/moban/)。这个网站提供了简历模板、校徽库、自荐信和求职信范文、简历和求职信书写技巧等大量内容。其中，简历模板针对不同岗位(如导游、国贸等)、不同工作经验类型(如应届毕业生、一年工作经验等)进行区分。

同类网站：我的简历网。

【操作步骤】

在制作个人求职简历表之前，首先要明确表格的行列布置，做到心中有数，然后再着手制作，以减少不必要的更改。本实例按创建表格框架→输入表格内容→修饰表格→设置表头的顺序进行操作，具体步骤如下：

1. 创建表格框架

(1) 启动 WPS 文字，新建一个名为“个人求职简历表”的文档。

(2) 从效果图中可以看出，该表格大致可以分为 20 行、1 列。因此，可以先使用插入表格的方法插入一个 1 × 20 的表格。然后再使用绘制表格的方法进一步细化。单击“插入”→“表格”命令，在下拉列表中选择“插入表格”命令，打开图 4-2 所示的“插入表格”对话框。在对话框中将列数设置为“1”，将行数设置为“20”，在“列宽选择”功能组中选择“自动列宽”，单击“确定”按钮，即可插入一个 1 × 20 的表格，如图 4-3 所示。

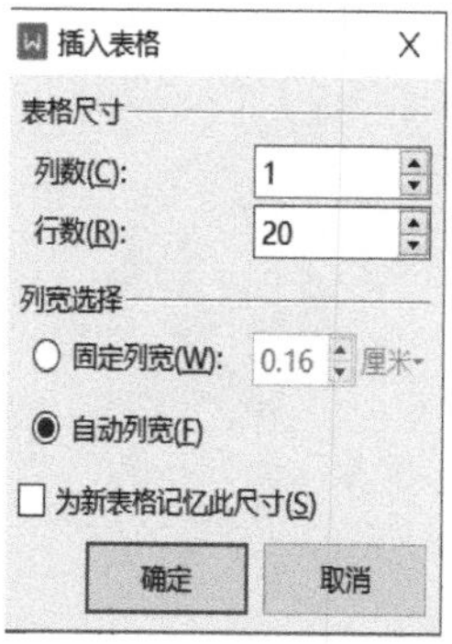

图 4-2　“插入表格”对话框

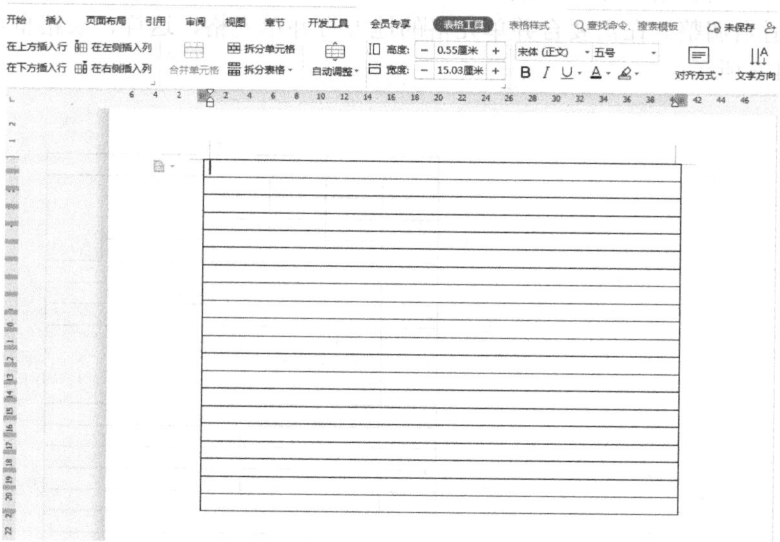

图 4-3　1 × 20 的表格

说明：在插入表格时，“列宽选择”功能组中“固定列宽”的意思是不管页面设置时纸张如何变化，列宽是固定不变的。本例中选择“自动列宽”，这样不管将来使用哪种纸张，表格的宽度都是充满整个页面的。

(3) 调整行高。插入一个 1 × 20 的表格以后，选中整个表格，右击，在打开的快捷菜单中选择“表格属性”，打开“表格属性”对话框，如图 4-4 所示，选择“行”选项卡，将行高指定为 0.8 厘米。然后多次单击“下一行”按钮，将第 9 行和第 20 行的行高设置为 3 厘米，单击“确定”按钮后，结果如图 4-5 所示。

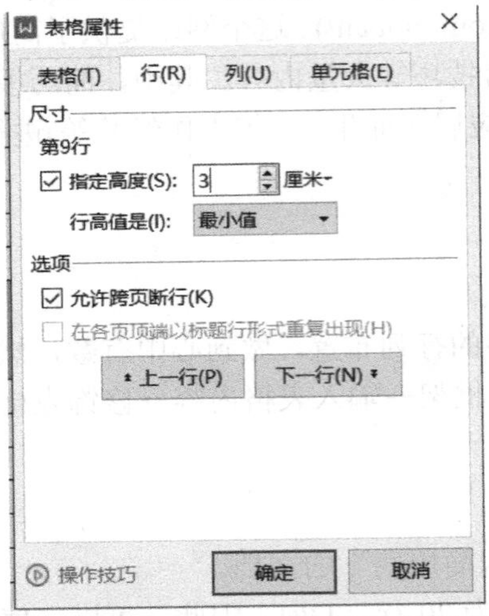

图 4-4　在“表格属性”对话框中设置行高

图 4-5　调整过行高的表格

(4) 调整页边距。在“页面布局”选项卡中将“页边距”中的“左”和“右”分别设置为 2.5 厘米。

(5) 绘制表格。单击“文件”选项卡右侧的下拉箭头，选择下拉列表中的“表格”→“绘制表格”命令，根据图 4-1 所示绘制出行、列数符合要求的表格，并对行高和列宽做适当调整。在需要合并单元格的地方合并单元格，这样，表格框架就制作好了，效果如图 4-6 所示。

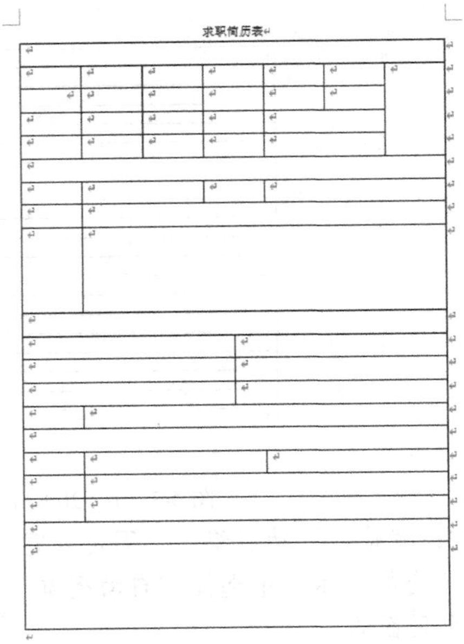

图 4-6　制作好的表格框架

2. 输入表格内容

(1) 完成表格框架的创建后，输入图 4-1 所示的文字及数字内容。

(2) 改变文字方向。“基本资料”栏中“照片”的文字方向是竖向的，设置的方法如下：选择该单元格，右击，在快捷菜单中选择“文字方向”，打开“文字方向”对话框，选择图 4-7 所示的样式，确定后输入“照片”二字即可。

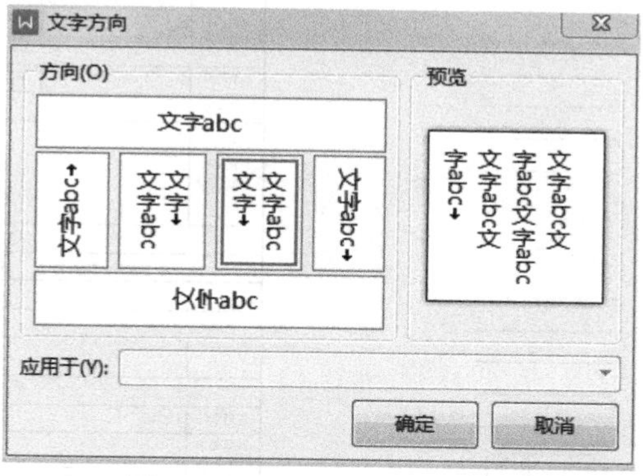

图 4-7　“文字方向”对话框

(3) 在表格内输入特殊符号。将光标置于“英语水平”一行中的“CET—4”之前，单击“插入”→“符号”命令，弹出“符号”对话框，如图 4-8 所示。选择“□”符号后，单击“确定”按钮，即可将“□”符号插入到“CET—4”之前。以同样的方法在“CET—6”“其他：”项之前添加“□”符号。

在“职业状态”一行中的“全职”“兼职”项之前添加“○”符号的方法同上。

图 4-8　插入特殊符号

3. 修饰表格

(1) 设置字体。将表格中所有文字的字体设置为宋体、小四号字，并将第 1、6、10、15、19 行的文字设置为粗体。

(2) 设置表格内文本对齐方式。先将所有的单元格设置为水平方向居中，垂直方向左对齐，单击表格左上角的小方块(“移动表格”控点)全选表格，右击，在弹出的快捷菜单中选择“单元格对齐方式”命令的下一级菜单按钮，如图 4-9 所示。然后再把个别需要垂直和水平都居中的单元格选中，用同样的方法，设置为“中部居中”。设置完毕的效果如

图 4-10 所示。

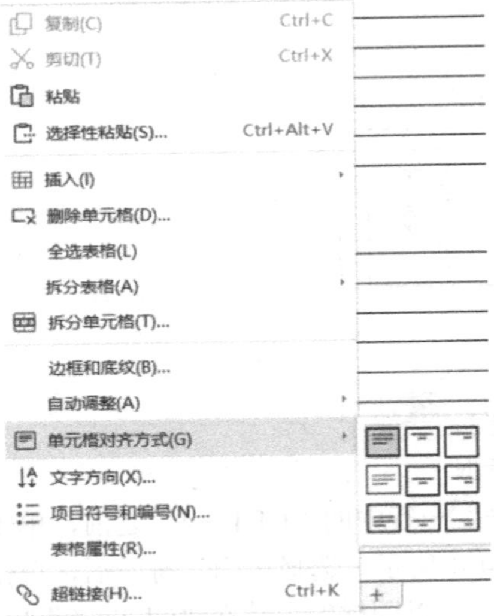

图 4-9　单元格对齐方式选择

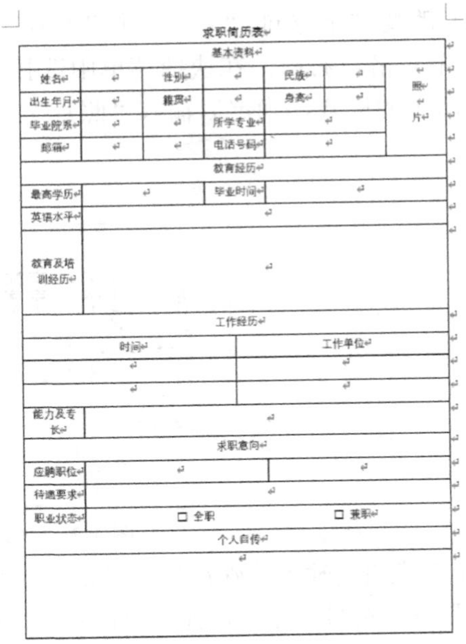

图 4-10　设置过单元格对齐方式的表格

(3) 设置边框和底纹。本例中，设置表格外边框为黑色双线、0.5 磅，“基本资料”行下边框为黑色实线、1.5 磅，“教育经历”“工作经历”“求职意向”“个人自传”行上下边框为黑色实线、1.5 磅，其余内边框为黑色实线、0.5 磅。具体方法为：选中整个表格，右击出现快捷菜单，选择“边框和底纹”命令，弹出“边框和底纹”对话框，在“边框”选项卡中单击“线型”列表框右侧的下拉按钮，选择双线线型；单击“宽度”下拉按钮，选择 0.5 磅；单击 “自定义”按钮，对“外侧框线”和“内侧框线”进行设置。

边框设置好后，可对本例中“基本资料”“教育经历”“工作经历”“求职意向”“个人自传”行进行底纹设置。右击选择需要设置底纹的单元格，在弹出的“边框和底纹”对话框中单击“底纹”选项卡，将底纹颜色设置为浅灰色。

4. 设置表头

将光标置于表中第一行的第一个字符之前，按回车键，即可在表格之前插入一个空行。输入“个人求职简历表”，再进行字体、字号的适当设置。

至此，效果如图 4-1 所示的一份个人简历已经制作好了，读者可根据不同专业需要、不同应聘职业要求制作各种各样的简历。个人简历也可以使用 WPS 文字提供的个人简历模板制作。

【主要知识点】

1. 表格框架的建立与编辑

在 WPS 文字中建立表格框架有两种方法：插入表格和绘制表格。

在本例复杂表格的制作中，综合使用了两种方法。首先利用插入表格方法制作总体框架，确定表格的行列数，然后再使用绘制表格方法进行复杂表格的制作。

如图 4-11 所示，修改表格框架可利用“表格工具”选项卡中的插入行或列功能以及“合并单元格”和“拆分单元格”命令，可以提高建立表格框架的效率。

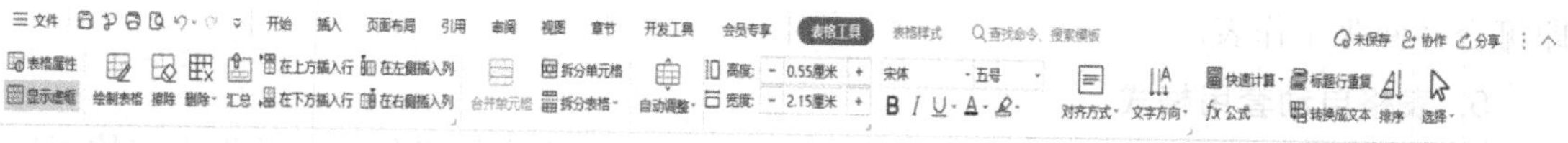

图 4-11　“表格工具”选项卡

说明：如果希望在表格中某位置快速插入新的一行，可将光标置于该行行结束标记处，按下 Enter 键。如果希望在表格末尾快速添加一行，将光标移动到最后一行的最后一个单元格内，按下 Tab 键，或在尾行行结束标记处按 Enter 键。

2. 表格内容的输入与编辑

表格框架建立好之后，除了按要求输入文字、数字等内容之外，还可以插入符号、编号、图片、日期和时间、超链接等对象。

移动和复制文本时，可以利用“开始”选项卡中的“剪切”“复制”“粘贴”命令实现，也可以通过鼠标拖动的方法实现。利用鼠标拖动的方法为：如果移动文本，可将选定内容直接拖动到目标单元格；如果复制文本，则在按住 Ctrl 键的同时将选定内容拖动到目标单元格。

3. 表格属性的设置

在对表格进行设置、修饰和美化时，可通过“表格属性”对话框完成各项操作。单击“表格工具”→“表格属性”命令，弹出“表格属性”对话框，如图 4-12 所示。

图 4-12　“表格属性”对话框

在“表格”选项卡中，可对表格进行对齐方式、文字环绕方式、边框和底纹等的设置。在“行”和“列”选项卡中，可进行行高、列宽、是否允许跨页断行、是否在各页顶端以标题行形式重复出现等的设置。在“单元格”选项卡中，可设置单元格的大小以及单元格中内容的垂直对齐方式。

4. 拆分、合并表格

若要将一个表格拆分成两个表格，可先选定作为第二个表格的首行，然后执行“表格工具”→“拆分表格”命令即可。

若将已拆分的两个工作表合并，则将光标置于两个表格中间回车符处，按下 Delete 键即可合并两张工作表。

5. 表格自动套用格式

如果用户想快速设置表格格式，可直接利用 WPS 文字中提供的多种预先设定的表格格式。单击表格中任意一个单元格，选择“表格样式”选项卡，在“预设样式”中选择符合要求的样式，如图 4-13 所示，直接套用即可。

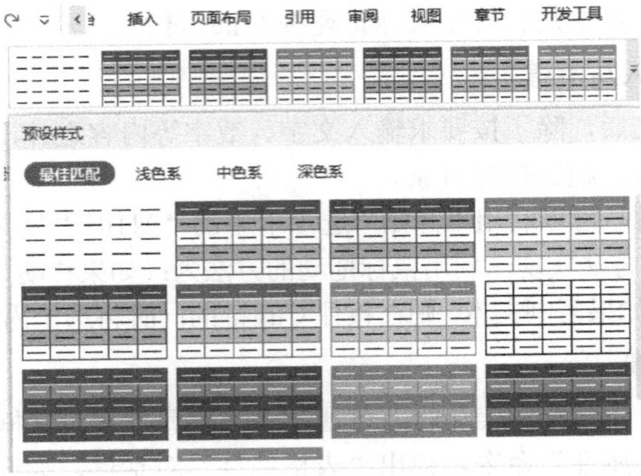

图 4-13　选择表格样式

6. 表格中的数据计算

表格中的数据可以进行简单的计算操作，如加、减、乘、除等。

(1) 将鼠标放置于存放计算结果的单元格中。

(2) 选择“表格工具”选项卡中的“公式”命令，弹出“公式”对话框，如图 4-14 所示。

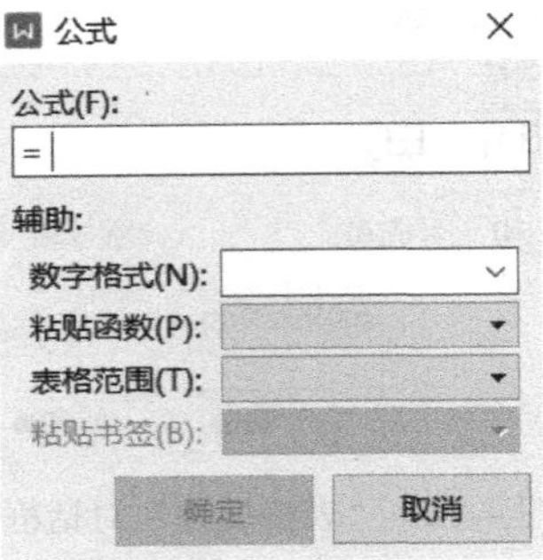

图 4-14　“公式”对话框

(3) 如果“公式”文本框中提示的公式不是计算所需要的公式，则将其删除。在“粘贴函数”下拉列表中选择所需要的公式，例如求平均值，应选择“AVERAGE()”函数。

(4) 在公式的括号中输入单元格地址，例如，求 A1 和 A4 单元格中数值的平均值，应建立公式“=AVERAGE(A1, A4)”。如果求 A1 到 A4 单元格中数值之和，公式为：“=SUM(A1:A4)”。

说明：WPS 表格中单元格的表示方法是：用字母表示单元格的列数，用数字表示单元格的行数，如 C4 表示第三列第四行对应的单元格。

(5) 在“数字格式”中选择输出结果的格式，单击“确定”按钮，计算结果就会显示在选定的单元格中。

7. 排序操作

在 WPS 文字中，可以对表格中的内容进行适当的排序。

(1) 选择要排序的列或单元格。

(2) 选择“表格工具”中的“排序”命令，弹出“排序”对话框，如图 4-15 所示，在对话框中选择排序依据和类型，若有多个排序依据和类型，要依次选定，单击“确定”按钮即可。

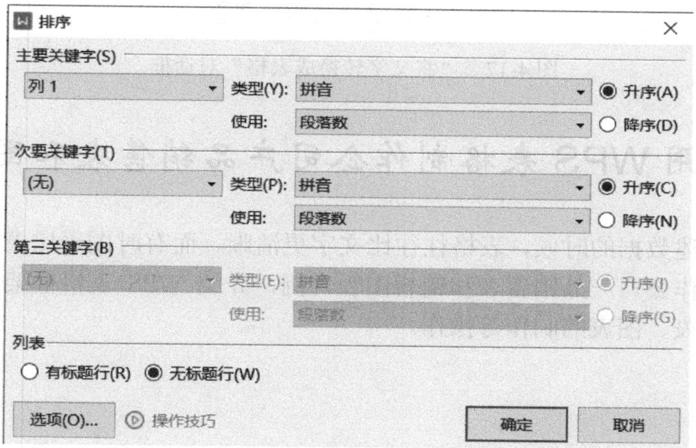

图 4-15　“排序”对话框

8. 表格与文本互转

(1) 将表格转换成文本。选定要转换的表格，单击“表格工具”→“转换成文本”命令，弹出“表格转换成文本”对话框，如图 4-16 所示，选择对话框中的一种字符作为替代列边框的分隔符后，单击“确定”按钮即可。

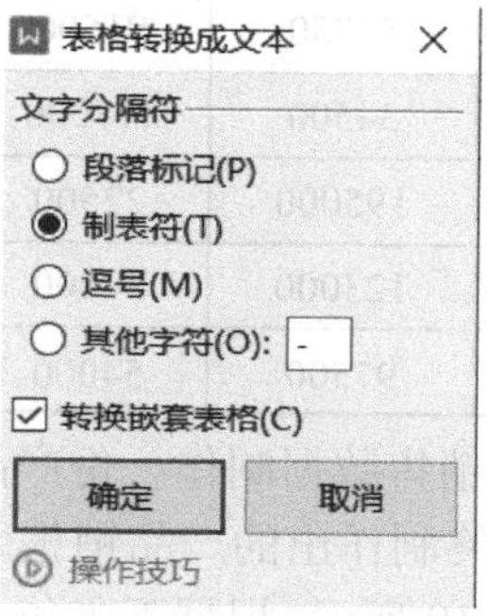

图 4-16　“表格转换成文本”对话框

(2) 将文本转换成表格。将已经输入的文字转换成表格时，需要使用分隔符标记列的开始位置，使用段落标记标明表格的换行。具体操作方法为：在要划分列的位置处插入所需分隔符，分隔符可以为逗号、空格等；在需要表格换行处，直接按回车键，然后选定要转换的表格，单击“插入”选项卡，选择“表格”下拉列表中的“文本转换成表格”命令，弹出“将文字转换成表格”对话框，如图 4-17 所示。在“文字分隔位置”功能组中，选择所使用的分隔符选项，单击“确定”按钮即可实现转换。

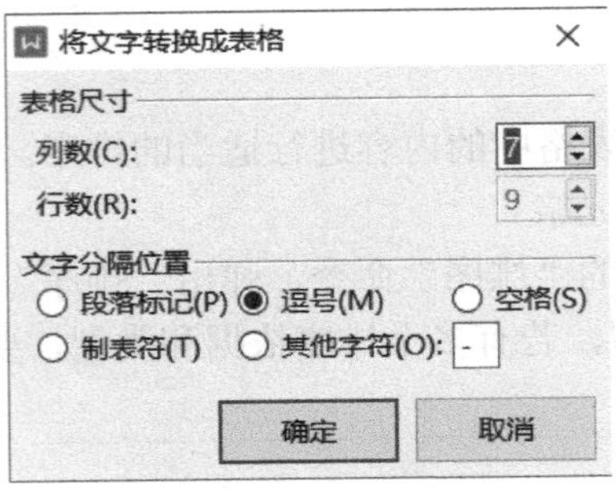

图 4-17　“将文字转换成表格”对话框

4.3　利用 WPS 表格制作公司产品销售表和图表实例

在办公中描述数据的时候，表格往往比文字更清晰，而有时图表比表格更直观。本实例以为某公司制作公司产品销售表和销售图表为例，介绍 WPS 表格框架的建立、数据录入、格式化工作表、图表的制作等操作。

【实例描述】

在本实例中，国贸电器销售有限公司主要经营 6 种产品，2020 年下半年各产品的销售情况如表 4-2 所示，现在要对这些销售数据进行统计，并且需要根据数据创建数据图表。

表 4-2　国贸电器销售有限公司下半年产品销售数据

	洗衣机	冰箱	电视机	空调	笔记本电脑	数码相机
七月	82500	81000	73500	72000	76500	81000
八月	51750	58500	51750	91500	90000	91500
九月	34500	31500	34500	117000	115500	10500
十月	142500	135000	195000	22500	18000	15000
十一月	120000	133500	123000	30000	25500	30000
十二月	90000	100500	97500	54000	51000	52500

在 WPS 表格中，根据上面的销售数据制作一份产品销售表，然后根据这份销售表再制作出各种各样的图表，本实例最终制作出的产品销售表如图 4-18 所示；根据下半年的销售数据制作出的销售柱状图如图 4-19 所示；根据下半年各产品的销售总额制作出的各产品销售总额比例图如图 4-20 所示。

国贸电器销售有限公司 2020年下半年产品销售表（单位：元）						
	洗衣机	冰箱	电视机	空调	笔记本电脑	数码相机
七月	82500	81000	73500	72000	76500	81000
八月	51750	58500	51750	91500	90000	91500
九月	34500	31500	34500	117000	115500	10500
十月	142500	135000	195000	22500	18000	15000
十一月	120000	133500	123000	30000	25500	30000
十二月	90000	100500	97500	54000	51000	52500
合计	￥521,250.00	￥540,000.00	￥575,250.00	￥387,000.00	￥376,500.00	￥280,500.00
平均	￥86,875.00	￥90,000.00	￥95,875.00	￥64,500.00	￥62,750.00	￥46,750.00

图 4-18　产品销售表

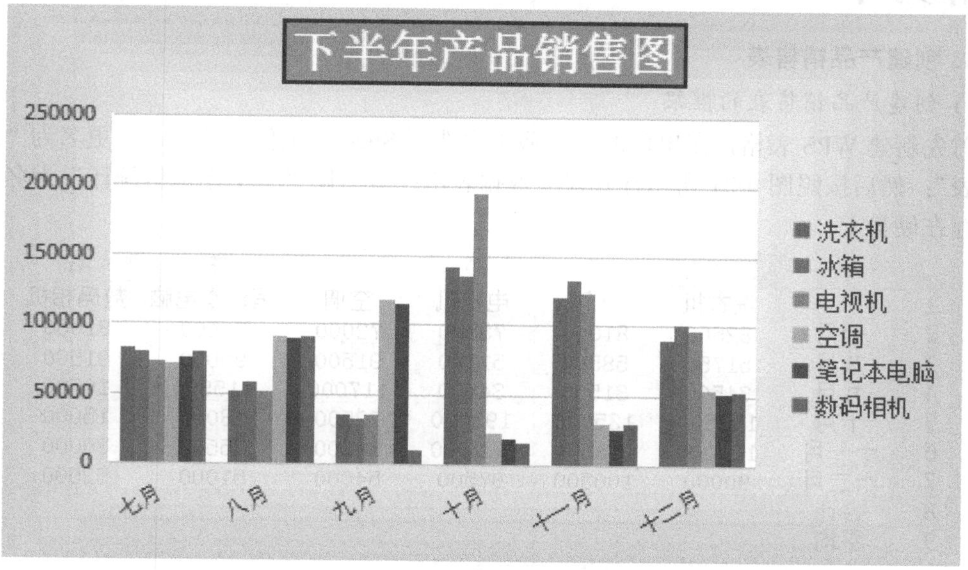

图 4-19　下半年产品的销售柱状图

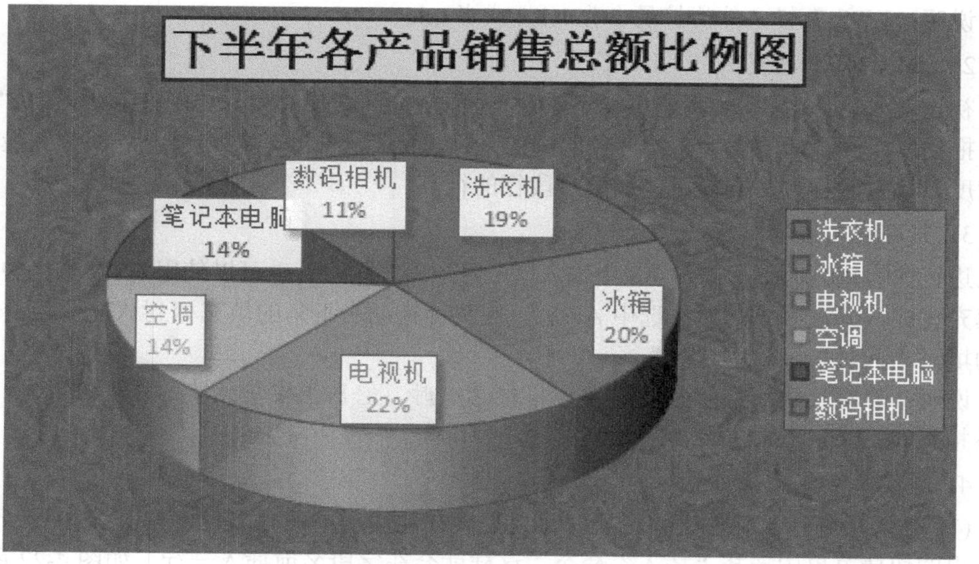

图 4-20　各产品销售总额比例图

本实例中主要解决如下问题：

(1) 如何创建表格框架。

(2) 如何利用输入技巧快捷地录入数据。

(3) 如何对工作表进行格式化设置。

(4) 如何使用函数求和、求平均数。

(5) 如何制作图表。

(6) 如何格式化图表。

【操作步骤】

1. 创建产品销售表

1) 创建产品销售表的框架

首先新建 WPS 表格，在出现的工作簿 1 中选择 Sheet 1 工作表并双击，更名为“产品销售表”；然后按照图 4-21 所示样式建立数据表格；最后以“下半年销售统计”为名将工作簿存在硬盘上。

	A	B	C	D	E	F	G
1		洗衣机	冰箱	电视机	空调	笔记本电脑	数码相机
2	七月	82500	81000	73500	72000	76500	81000
3	八月	51750	58500	51750	91500	90000	91500
4	九月	34500	31500	34500	117000	115500	10500
5	十月	142500	135000	195000	22500	18000	15000
6	十一月	120000	133500	123000	30000	25500	30000
7	十二月	90000	100500	97500	54000	51000	52500
8	合计						
9	平均						

图 4-21　初步创建好的表格

说明： WPS 表格文件的扩展名为 .xlsx 或者 .xls。

2) 调整行高和列宽

初次输入后，有些列的列宽可能不够，将光标定位到两列的列标中间，当光标变成“✛”后，拖动鼠标到合适的宽度。或者在两列的列标之间双击，也可以将前一列调整到最合适的宽度。以上两种方法同样可以调整字段行的行高。

3) 利用填充柄输入月份

进行内容输入时，只需在 A2 中输入“七月”，其他的月份可以使用 WPS 表格中的序列填充完成，方法如下：单击选中 A2 后，用鼠标拖动右下角的填充柄到 A7，则 A3～A7 自动填充“八月”～“十二月”。

说明： 填充柄也叫拖动柄，在单元格被选中时，它出现在单元格的右下方，是 WPS 表格特有的工具，它的主要功能是复制和序列填充。

4) 制作表格标题

(1) 插入标题行。制作表格标题时，首先要在字段名前插入一行，右击第 1 行行号，在弹出的快捷菜单中选择“插入”命令，这样就会在字段名前插入一行，如图 4-22 所示。

	A	B	C	D	E	F	G
1							
2		洗衣机	冰箱	电视机	空调	笔记本电脑	数码相机
3	七月	82500	81000	73500	72000	76500	81000
4	八月	51750	58500	51750	91500	90000	91500
5	九月	34500	31500	34500	117000	115500	10500
6	十月	142500	135000	195000	22500	18000	15000
7	十一月	120000	133500	123000	30000	25500	30000
8	十二月	90000	100500	97500	54000	51000	52500
9	合计						
10	平均						

图 4-22　在字段名前插入一行

(2) 合并单元格。选中 A1～G1，单击“开始”选项卡中的“合并居中”命令，这样，A1～G1 就合并成了一个单元格 A1。

(3) 输入标题内容。将光标定位在 A1 中，先输入“国贸电器销售有限公司”，然后按下 Alt + Enter 键，在单元格中换行，再输入“2020 年下半年产品销售表(单位：元)”即可，如图 4-23 所示。

	A	B	C	D	E	F	G
1	国贸电器销售有限公司 2020年下半年产品销售表（单位：元）						
2		洗衣机	冰箱	电视机	空调	笔记本电脑	数码相机
3	七月	82500	81000	73500	72000	76500	81000
4	八月	51750	58500	51750	91500	90000	91500
5	九月	34500	31500	34500	117000	115500	10500
6	十月	142500	135000	195000	22500	18000	15000
7	十一月	120000	133500	123000	30000	25500	30000
8	十二月	90000	100500	97500	54000	51000	52500
9	合计						
10	平均						

图 4-23　输入标题后的销售表格

5) 利用自动求和按钮输入合计和平均数

在图 4-23 的表格中，B9～G9 和 B10～G10 的单元格中需要分别计算各种产品在下半年销售额的总数和平均值，具体操作步骤如下：

(1) 先将光标放在单元格 B9 上，单击“开始”→“求和”按钮 Σ ▾，屏幕上出现求和函数 SUM 以及求和数据区域，如图 4-24 所示。观察数据区域是否正确，若不正确请重新输入数据。

SUM　×　✓　fx　=SUM(B3:B8)

	A	B	C	D	E	F	G
1	国贸电器销售有限公司 2020年下半年产品销售表（单位：元）						
2		洗衣机	冰箱	电视机	空调	笔记本电脑	数码相机
3	七月	82500	81000	73500	72000	76500	81000
4	八月	51750	58500	51750	91500	90000	91500
5	九月	34500	31500	34500	117000	115500	10500
6	十月	142500	135000	195000	22500	18000	15000
7	十一月	120000	133500	123000	30000	25500	30000
8	十二月	90000	100500	97500	54000	51000	52500
9		=SUM(B3:B8)					
10	平均	SUM（数值1, ...）					
11							

图 4-24　求和后等待确定参数区域的函数

(2) 单击编辑栏上的“√”按钮或按下 Enter 键，即确定公式，则 B9 中很快显示对应结果。

(3) 选中单元格 B9，利用鼠标左键拖动其填充柄一直到 G9，则可以将 B9 中的公式快速复制到 C9:G9 区域，也就是 B9:G9 区域中每一个单元格就会自动计算出对应结果。

(4) 求平均值的方法和上面类似，先选中 B10，单击“开始”→“求和”按钮 Σ▾ 下拉列表中的“平均值”命令，如图 4-25 所示。结果就会在该单元格中显示求平均值函数 AVERAGE 以及求平均值的数据区域。

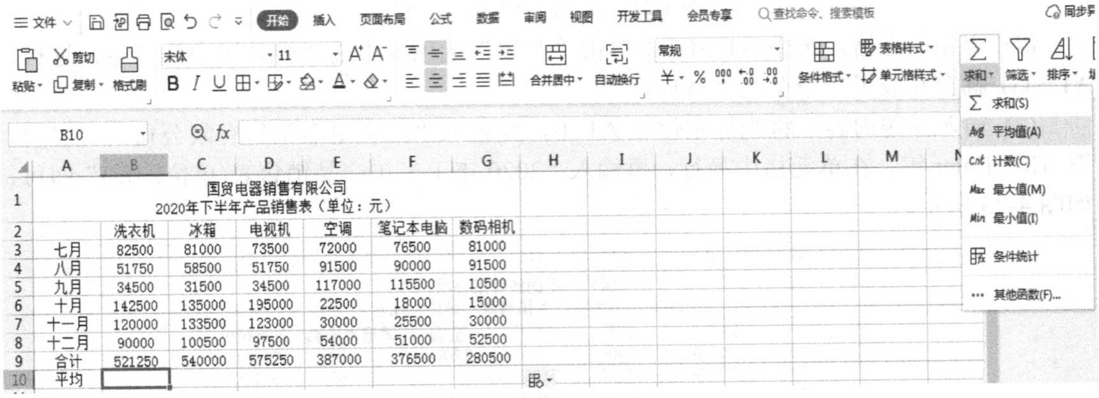

图 4-25　选择“平均值”

(5) 单击编辑栏上的“√”按钮或按下 Enter 键即可计算出结果。同样，利用填充柄复制公式至 G10 即可。结果如图 4-26 所示。

	A	B	C	D	E	F	G
1	国贸电器销售有限公司 2020年下半年产品销售表（单位：元）						
2		洗衣机	冰箱	电视机	空调	笔记本电脑	数码相机
3	七月	82500	81000	73500	72000	76500	81000
4	八月	51750	58500	51750	91500	90000	91500
5	九月	34500	31500	34500	117000	115500	10500
6	十月	142500	135000	195000	22500	18000	15000
7	十一月	120000	133500	123000	30000	25500	30000
8	十二月	90000	100500	97500	54000	51000	52500
9	合计	521250	540000	575250	387000	376500	280500
10	平均	86875	90000	95875	64500	62750	46750

图 4-26　计算出合计和平均值后的结果

6) 设置表格格式

表格中所有的数据输入完毕后，还需要对表格进行格式的设置，比如设置字体、数字格式、文字对齐方式以及表格的底纹和边框等。本例中的具体格式设置如下：

(1) 设置数字格式。选中单元格 B9～G10 区域，右击，在弹出的快捷菜单中选择“设置单元格格式”，打开“单元格格式”对话框，选择“数字”选项卡，如图 4-27 所示，在“分类”中选择“货币”，“小数位数”为“1”，单击“确定”按钮后就将“合计”和“平均”中的数据设置成了保留一位小数的货币格式。

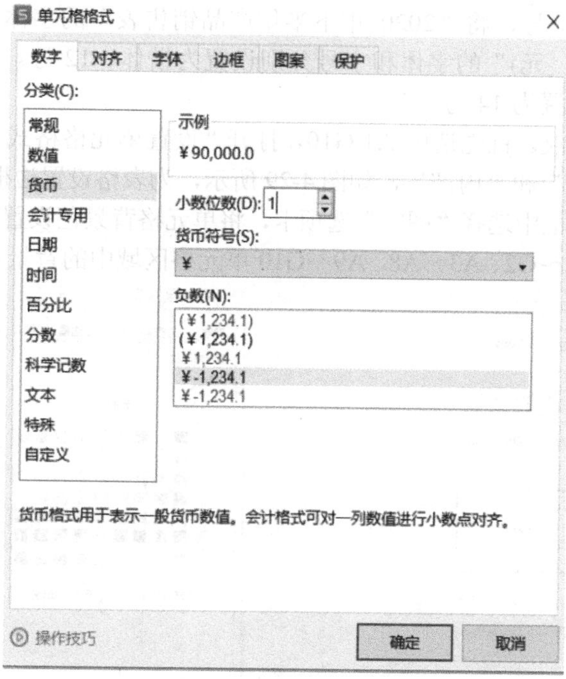

图 4-27　设置单元格的类型

(2) 设置对齐方式。选中整个数据区域 A2:G10，打开“单元格格式”对话框，选择“对齐”选项卡，如图 4-28 所示，将“水平对齐”和“垂直对齐”均设置为“居中”。

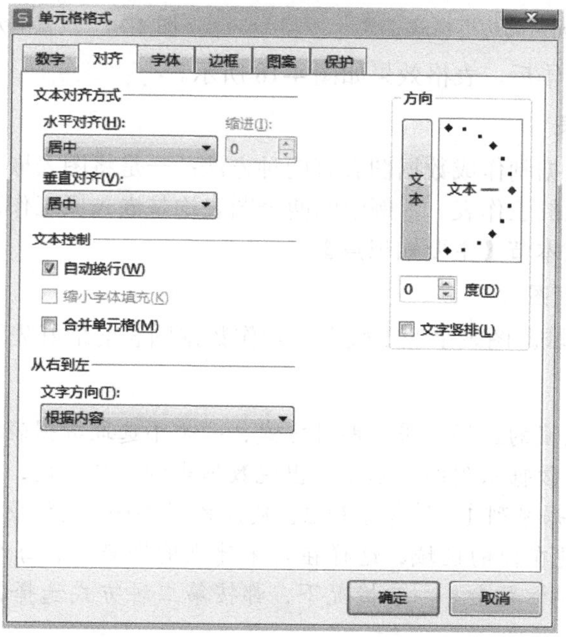

图 4-28　设置单元格的对齐格式

(3) 设置字体格式。首先选中标题单元格 A1，打开“单元格格式”对话框，选择“字体”选项卡，将颜色设置为“蓝色”，将标题中的“国贸电器销售有限公司”的字体和字号分别设置为黑体、16 号，将“2020 年下半年产品销售表”的字体和字号分别设置为楷体、20 号，将“(单位：元)”的字体和字号分别设置为楷体、12 号。按此方法，将数据区域 A2:G10 中的字号设置为 14 号。

(4) 设置边框和底纹。首先选中 A1:G10，打开“设置单元格格式”对话框，在“边框”选项卡中单击“外边框”和“内部”，如图 4-29 所示，为表格设置边框。选中 A1 单元格，在“单元格格式”对话框中选择“图案”选项卡，将单元格背景色设置为黄色，如图 4-30 所示。按照此方法，将 B2～G2、A3～A8、A9～G10 单元格区域中的背景设置为不同颜色即可。

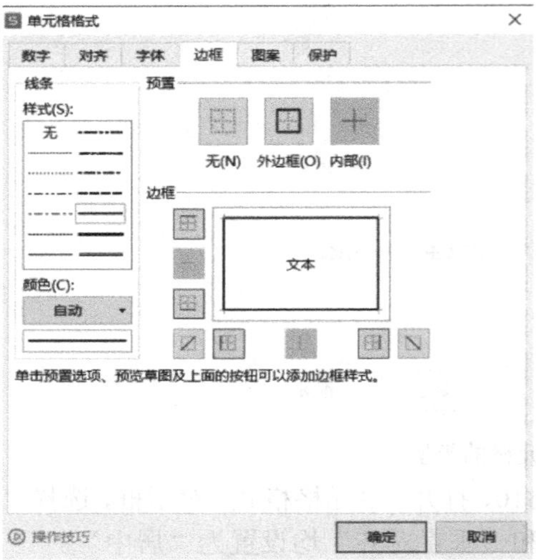

图 4-29　设置单元格的边框格式

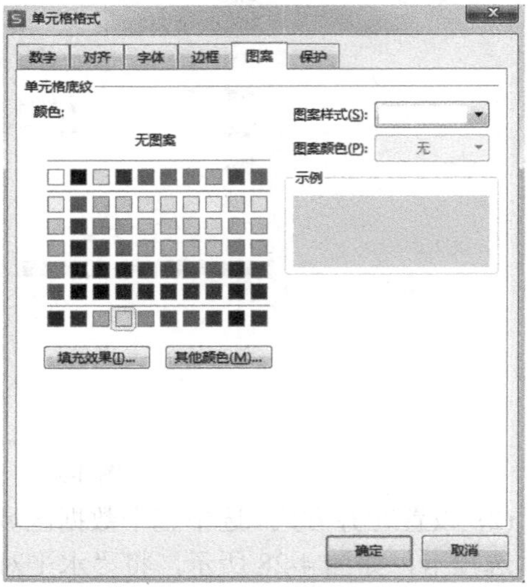

图 4-30　设置单元格的底纹格式

以上全部设置完毕后，表格效果如图 4-18 所示。

2. 制作销售图表

将工作表中的数据制作成数据图表有两种方法：一是将图表嵌入到原工作表中，二是将图表生成一个单独的工作表。本例中的两个图表均是嵌入原工作表中的，单独工作表上的图表的制作方法见本节【主要知识点】。

1) 制作销售柱形图

(1) 选择数据区域。图表来源于数据，制作数据图表前最好先选择数据区域，本例选取 A2:G8。

说明：单元格区域的选择可采用两种方式，一是不选取数据表的行列标题，这样将来建立的图表中，每个数据系列的图示不会出现数据表的行列标题，而是用系统隐含定义的数字 1、2、3…和数据系列 1、数据系列 2、数据系列 3……代替数据和系列；二是选择包括数据表的行列标题在内的区域，这样在将来建立的图表中，每个数据系列的图示将会出现在数据表的行列标题上。一般情况下，都按第二种方式选择，本步骤我们就采用第二种方式。

(2) 插入图表。单击“插入”→“柱形图”下拉按钮，在图 4-31 所示的“二维柱形图”对话框中选择“簇状柱形图”，即可初步插入一个柱形图，如图 4-32 所示。

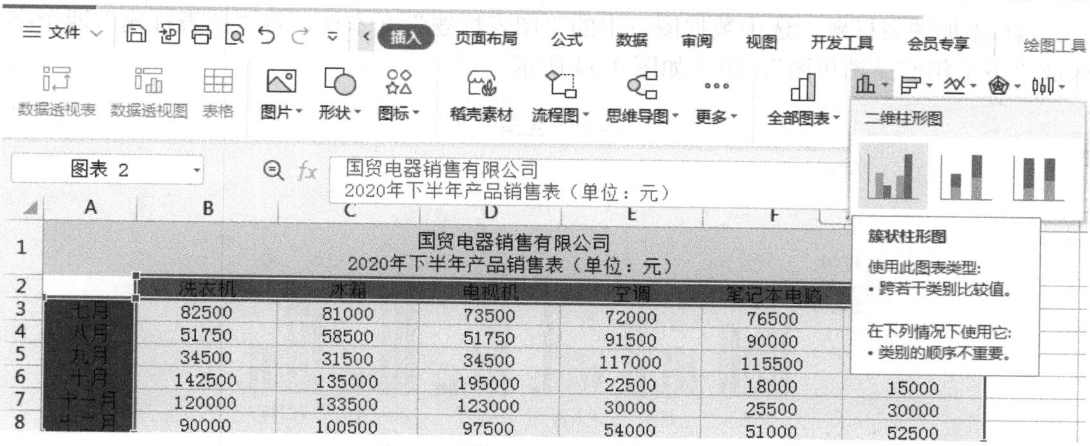

图 4-31　选择簇状柱形图

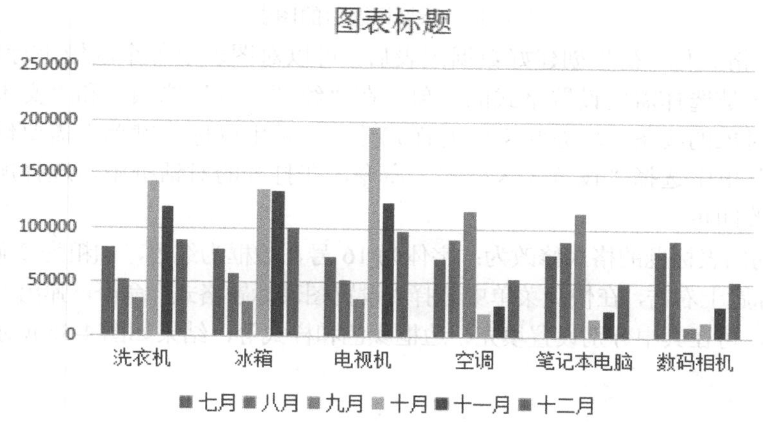

图 4-32　初步生成的图表

(3) 切换行/列。因为要在图例中显示产品的名称，所以要交换行和列的位置，方法如下：单击“图表工具”→“切换行列”命令，即可交换图例和坐标轴中的系列名称，如图 4-33 所示。

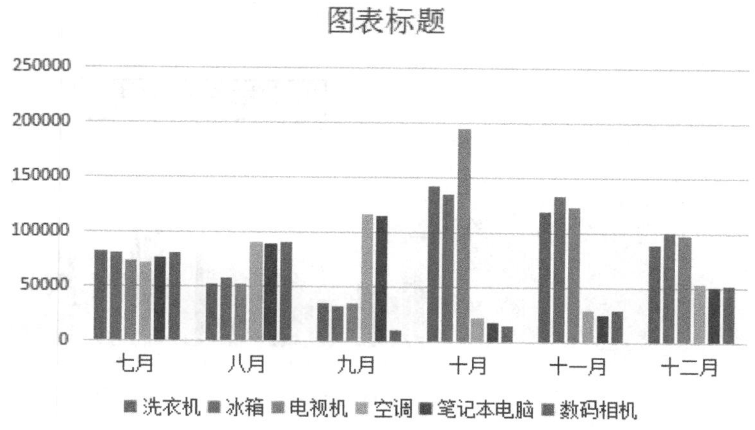

图 4-33　切换行/列后的图表

(4) 添加图表标题。选中数据图表中的“图表标题”文本框，将“图表标题”四个字改成“下半年产品销售图”，结果如图 4-34 所示。

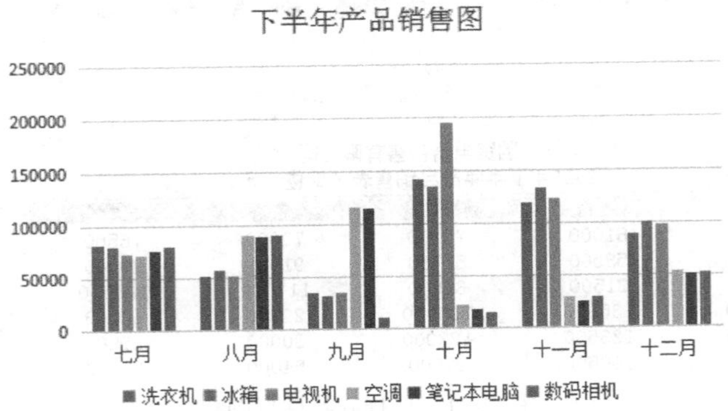

图 4-34 添加标题后的图表

(5) 图表的格式化。初步创建好数据图表后，可以对图表上各个区域进行格式化设置，方法有两种：一是选择需要设置格式的对象，在“绘图工具”选项卡和“文本工具”选项卡中分别设置对象的线条、填充和文字的样式等；二是用鼠标右键单击需要修改格式的对象，从弹出的菜单中选择“设置××格式”命令，在打开的对话框中，选择所需修改的项目进行相应修改即可。

如本例中的图表标题的格式修改为：字体为 16 号，边框为红色，加粗为 2 磅，底纹为浅绿色。在图表标题上右击，在快捷菜单中选择“设置图表标题格式”命令，弹出“属性”窗格，如图 4-35 所示，可在其中分别设置填充、边框颜色和样式等，结果如图 4-36 所示。

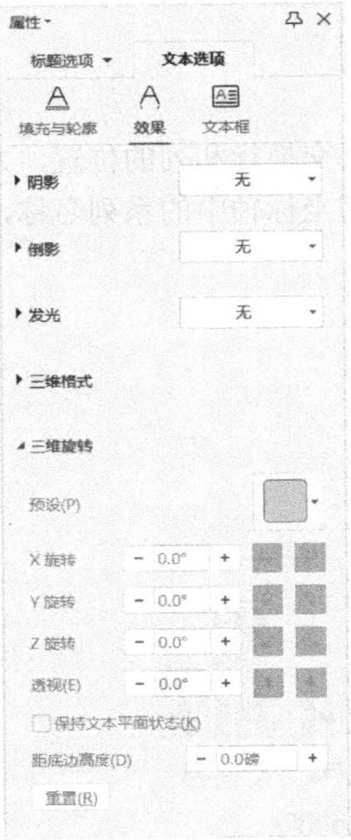

图 4-35 “属性”窗格

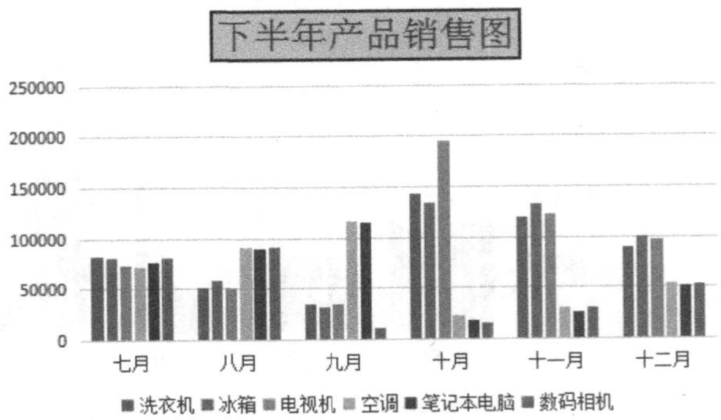

图 4-36 为图表标题设置格式

采用和上面类似的方法，对本例中其他地方进行如下设置：

① 图例：底纹为黄色，并将图例显示在右侧。

② 图表区：底纹填充为浅蓝色渐变填充，填充的样式为“矩形渐变”。

③ 横向坐标轴：字体颜色为红色，对齐的方式为倾斜 -30°。

④ 图表元素：布局 1。

按以上要求修改完图表的格式后，效果如图 4-19 所示。

说明：图表初步制作完毕后，可以重新选择数据，也可以重新选择图表的位置，还可以添加和设置某些标签。在办公实践中主要用到“标题”“图例”两个标签，前者用来设置图表的标题、坐标轴标题等；后者需要确定图表是否带图例以及图例的位置。

2) 制作销售饼图

按本例要求，要根据下半年各产品的销售总额制作出销售饼图，这类图表一般要求的数据区域是不连续的，具体操作步骤如下：

(1) 插入三维饼图。在销售数据表中，选择产品名称一行所在的连续区域 B2:G2，按下 Ctrl 键的同时，再选“合计”一行所在的连续区域 B9:G9。单击“插入”→“饼图”下拉按钮，在图 4-37 所示的下拉列表中选择“三维饼图”，即可初步插入一个三维饼图，如图 4-38 所示。

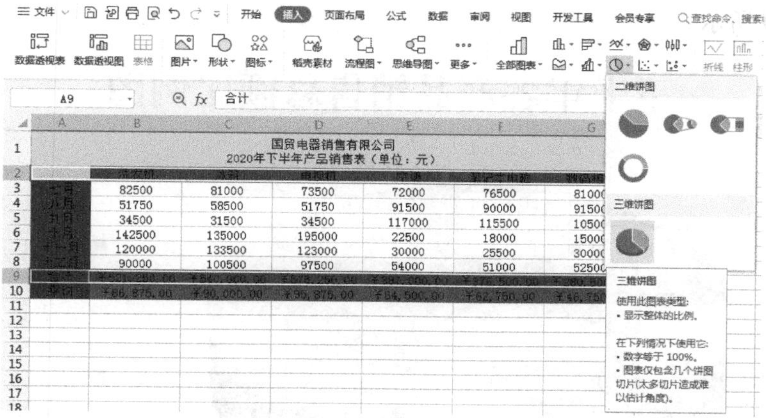

图 4-37　选择插入三维饼图

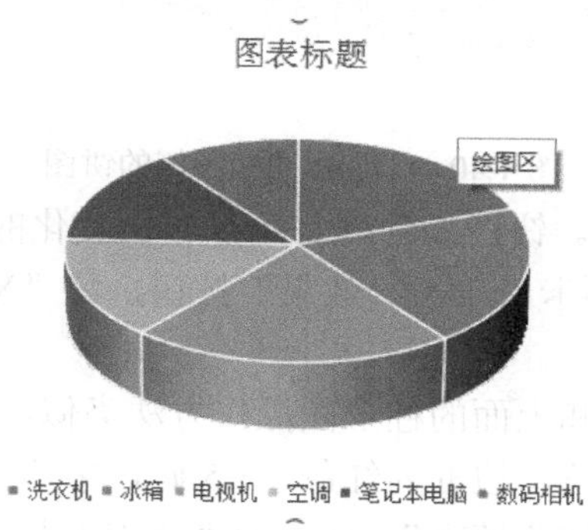

图 4-38　初步制作的三维饼图

(2) 改变饼图布局。选择“图表工具”选项卡中的“预设样式”，单击“样式 1”命令，结果如图 4-39 所示。

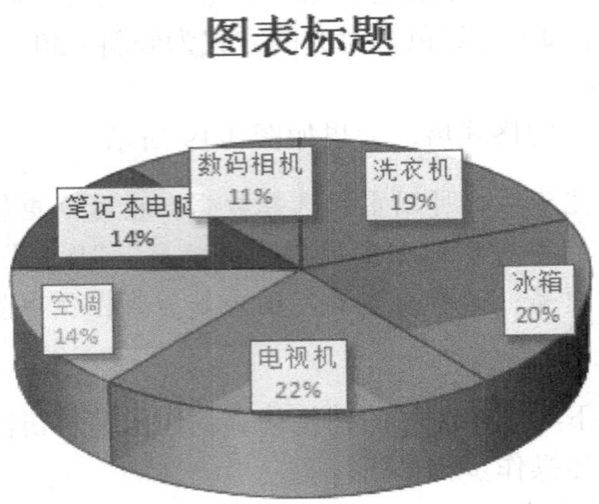

图 4-39　改变过布局的饼图

(3) 添加标题和图例标签。在“图表标题”中输入“下半年各产品销售总额比例图”；选择“图表工具”选项卡中的“添加元素”命令，单击“图例”下拉列表中的“右侧”，结果如图 4-40 所示。

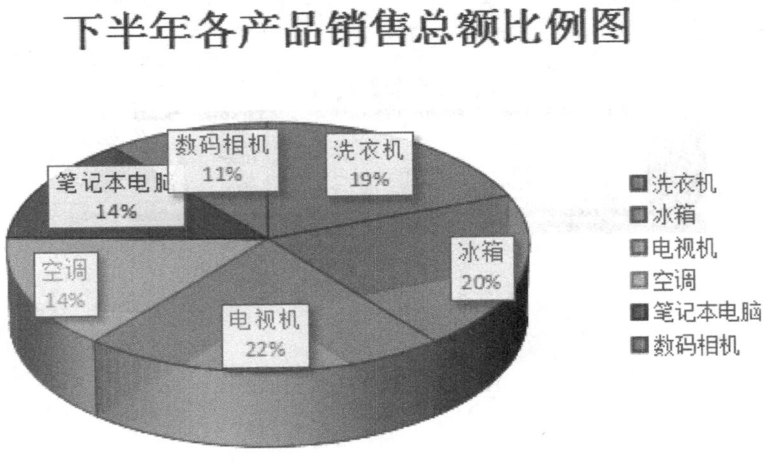

图 4-40　添加标题和图例的饼图

(4) 对饼图进行三维旋转。饼图的角度是可以自由变化的，双击图表，弹出“属性”窗格，选择“图表选项”选项卡，单击“效果”按钮，将“X 旋转”设为 150°，“透视”设置为 20°，如图 4-41 所示。

(5) 饼图的格式化设置。和上面的柱形图操作方法类似，对图表的格式做如下的设置：

① 图表标题：填充为黄色，边框为红色、1.5 磅，字体为红色、16 号字。

② 图例：填充样式为“纯色填充”，颜色为“巧克力黄，强调颜色 2”。

③ 图表区：填充为图案“有色纸 1”。

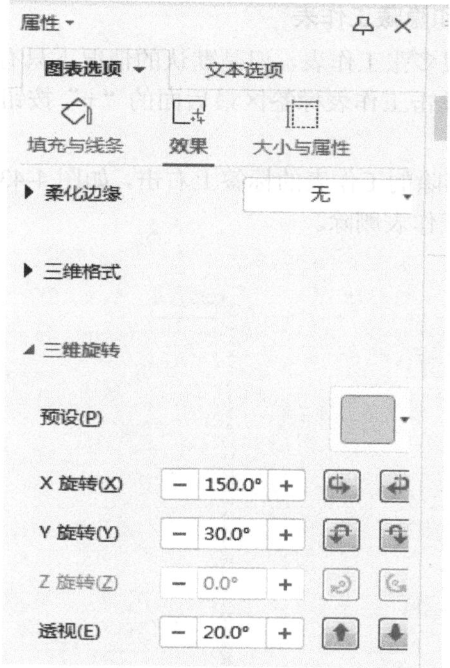

图 4-41　设置饼图的三维旋转

按以上要求设置完后，效果如图 4-20 所示。

【主要知识点】

1. 工作簿、工作表与单元格

工作簿是 WPS 表格中计算和存储数据的文件，通常所说的 WPS 表格文件就是工作簿文件，在 WPS 表格中保存的扩展名为 .xls 或 .xlsx。

默认情况下，工作簿以“工作簿 1”命名，工作表以“Sheet1”“Sheet2”“Sheet3”的命名方式加以区分。WPS 表格中处理的各种数据是以工作表的形式存储在工作簿文件中的。一般情况下，每个工作簿文件默认有 1 张工作表，也可通过单击“文件”→“选项”命令，在弹出的“选项”对话框中单击“常规与保存”命令，对“新工作簿内的工作表数”进行增加或减少。

工作表是一个二维表格，最多可以包含 1 048 576 行和 16 348 列，其中行是自上而下从 1 到 1 048 576 进行编号，列号则由左到右设为 A、B、C、…、Z，Z 列之后，使用两个字母表示，即用 AA、AB、AC、…、AZ、BA、BB、…、ZZ 来表示。每一格称为一个单元格，它是存储数据的基本单位。每个单元格均由其所处的行和列来命名其单元格地址(名字)，例如：C 列第 5 行的单元格地址为 C5。

单元格是工作表的最小单位，也是 WPS 表格保存数据的最小单位。在工作表中单击某个单元格，该单元格边框加粗显示，表明该单元格为“活动单元格”，活动单元格的行号和列号会突出显示。如果向工作表输入数据，这些数据将会被填写在活动单元格中。向单元格中输入的各种数据可以是数字、字符串、公式，也可以是图片或声音等。

2. 插入、删除、移动和隐藏工作表

一个工作簿中可以有很多张工作表，但是默认的情况下只有 1 张，如果需要插入一张新的工作表，方法如下：单击工作表标签区最后面的“+”按钮，即可插入一张新的工作表，如图 4-42 所示。

删除工作表：在需要删除的工作表的标签上右击，如图 4-43 所示，在弹出的菜单中选择“删除工作表”即可将工作表删除。

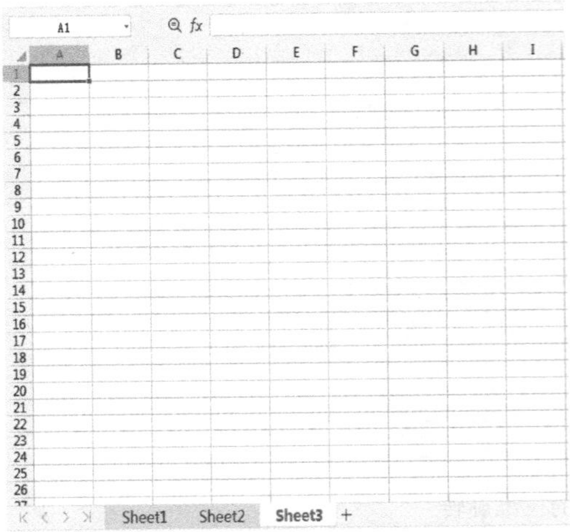

图 4-42　插入新的工作表

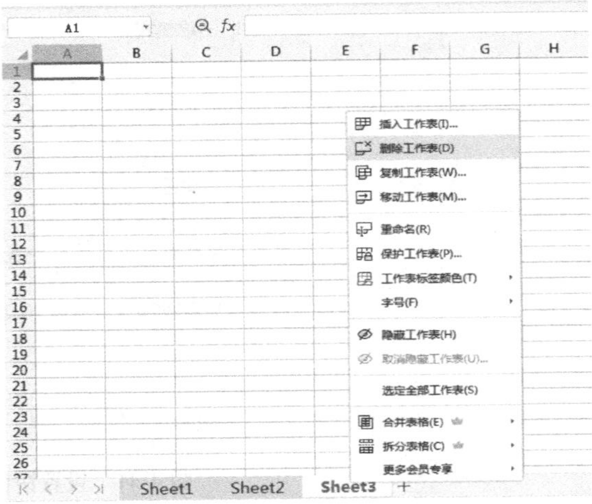

图 4-43　删除工作表

移动工作表：工作表的标签位置决定工作表的层次关系，如果需要移动工作表，将鼠标指针放在需要移动的工作表标签上，拖动鼠标到合适的位置即可移动工作表。

隐藏工作表：若要隐藏某个工作表，在该工作表标签上右击，在弹出的菜单中选择“隐藏工作表”命令即可将工作表隐藏，也可以在任一工作表上右击，在弹出的菜单中选择“取消隐藏工作表”命令来显示出隐藏的工作表。

3. 工作簿与工作表的保护

对于一些重要的工作簿，为了避免其他用户恶意修改或删除源数据，可以使用 WPS 表格中自带的工作簿保护功能来进行保护。

1) 保护工作簿

WPS 表格允许对整个工作簿进行保护，这种保护分为两种方式：一种是保护工作簿的结构和窗口，另一种则是加密工作簿。

(1) 保护工作簿的结构和窗口。首先打开将要保护的工作簿，单击“审阅”→“保护工作簿”命令，打开“保护工作簿”对话框，在“密码(可选)”文本框中输入保护密码，如图 4-44 所示。设置完成后，单击“确定”按钮，弹出“确认密码”对话框，在“重新输入密码”文本框中再次输入工作簿保护密码，单击“确定”按钮即设定好保护该工作簿的结构和窗口。

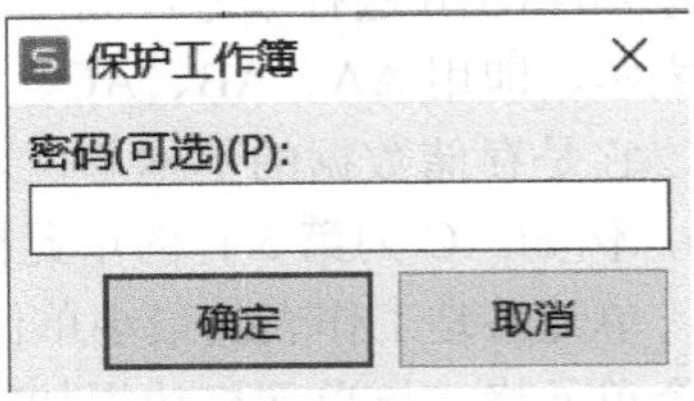

图 4-44　“保护工作簿”对话框

再次打开工作簿后，不能对工作簿的结构和窗口进行修改，即不能添加、删除工作表

和改变工作表的窗口大小。

(2) 加密工作簿。在当前工作簿中，单击“文件”菜单中的“文档加密”命令，如图 4-45 所示，在下拉列表中选择“密码加密”命令，弹出如图 4-46 所示的“密码加密”对话框。在“打开文件密码”文本框中输入保护密码，再次输入相同的密码，在输入“密码提示”后，单击“应用”按钮保存工作簿即可完成设置。当关闭工作簿再次打开时，会弹出“密码”提示框，在输入正确的密码后，才能打开工作簿。

图 4-45　密码加密

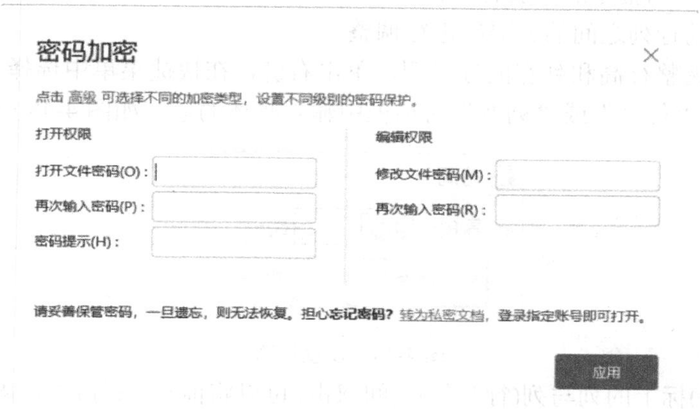

图 4-46　“密码加密”对话框

2) 保护工作表

保护工作表功能可以实现对单元格、单元格格式、插入行/列等操作的锁定，防止其他用户随意修改。打开工作表，单击“审阅”→“保护工作表”命令，出现图 4-47 所示的“保护工作表”对话框。

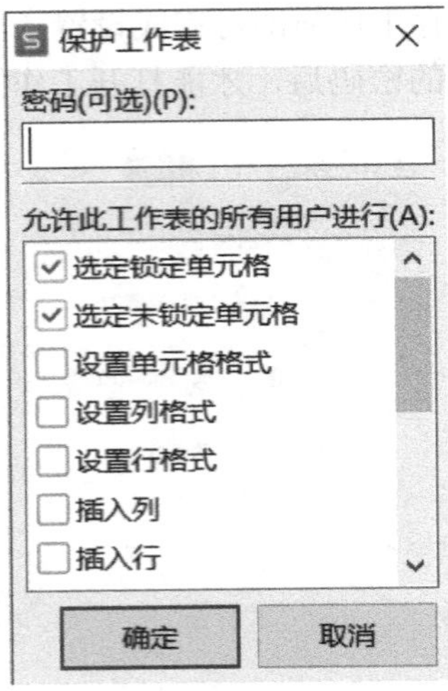

图 4-47　“保护工作表”对话框

在“密码(可选)”文本框中输入工作表保护密码，在“允许此工作表的所有用户进行：”列表框中根据需要勾选或取消复选框选项，单击“确定”按钮，在弹出的“确认密码”对话框中再次输入密码，单击“确定”按钮即可。

当需要撤销工作表保护时，单击“审阅”→“撤销工作表保护”命令，在打开的“撤销工作表保护”对话框中输入当初设定的保护密码，单击“确定”按钮即可。

说明：只有选择“保护工作表”后，才会显示“撤销工作表保护”按钮。在“保护工作表”对话框中，可以根据自己的需要选择保护的内容和类型，确定保存后再次打开，受保护的项就会被保护，不能进行编辑。

4. 行高和列宽的调整

行高和列宽的调整方法一般有三种：

(1) 直接拖动行列之间的分隔线进行调整。

(2) 选中要调整行高和列宽的行或列，单击右键，在快捷菜单中选择“行高”或“列宽”，在打开的“行高”或“列宽”对话框中输入具体的值，如图 4-48 所示。

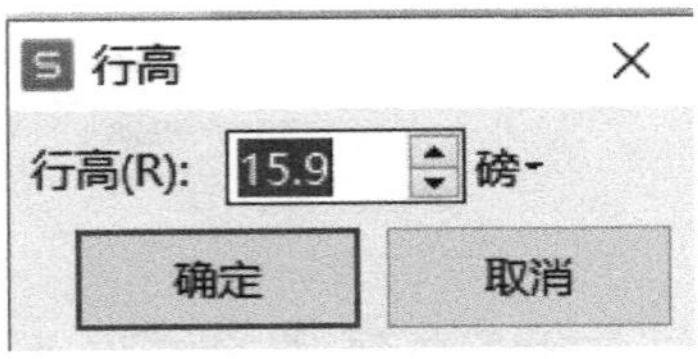

图 4-48　设置行高

(3) 在列(行)标上的列与列(行与行)之间双击，可以将前一列(行)的列宽(行高)调整到合适的尺寸。

5. 设置单元格格式

WPS 表格的单元格格式包括很多项，有数字、对齐、字体、边框、图案、保护等。在单元格中右击，在快捷菜单中选择“设置单元格格式”命令，即弹出“单元格格式”对话框，如图 4-49 所示。

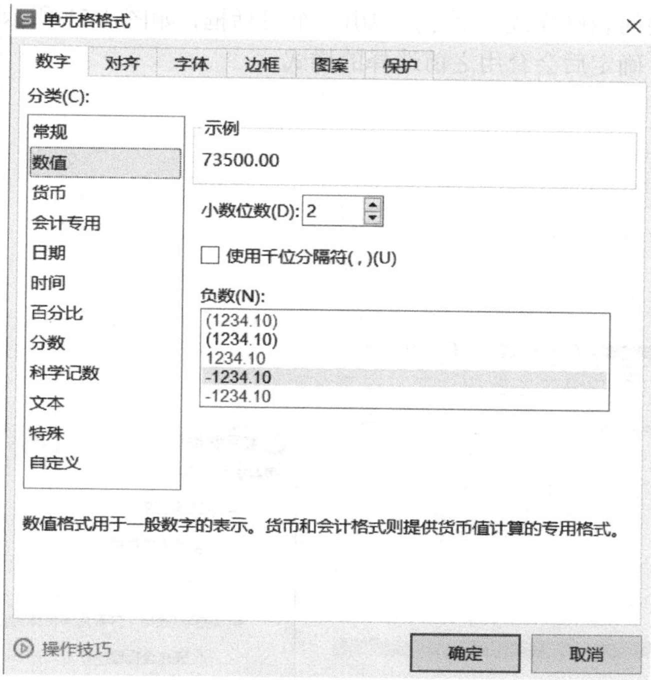

图 4-49　“单元格格式”对话框

(1) “数字”选项卡：该选项卡的“分类”中提供了包括常规、数值、货币、会计专用、日期、时间、百分比、分数、科学记数、文本和特殊等很多数字类型。此外，用户还可以自定义数据格式。其中，“数值”格式可以选择小数的位数、是否使用千位分隔符和负数的表示方法；“货币”格式可以选择货币符号；“会计专用”格式可对一列数值设置所用的货币符号和小数点对齐方式； “日期”和“时间”可以设置不同的日期或时间格式；“百分比”可以将数值设置成百分比的样式，还可以设置保留的小数倍数；“分数”可以选择分母的位数；“自定义”则提供了多种数据格式。

(2) “对齐”选项卡：为单元格提供了水平对齐和垂直对齐两种常用对齐方式；还可以在“方向”中用鼠标调整任意角度的倾斜；也可以在“文本控制”中设置“自动换行”“缩小字体填充”以及“合并单元格”选项。

(3) “字体”选项卡：设置单元格内字体的格式，有字体、字号、大小、颜色、特殊效果等。

(4) “边框”选项卡：设置单元格的边框样式、颜色等。

(5) “图案”选项卡：设置单元格的填充颜色、效果及图案等。

6. 自动套用格式和样式

利用 WPS 表格提供的套用表格格式或样式功能可以快速设置表格的格式，为用户节省大量的时间，制作出优美的报表。WPS 表格共提供了几十种不同的工作表格式，其使用步骤如下：

(1) 在工作表中选择需要设置样式的单元格区域。

(2) 单击“开始”→“表格样式”命令，在弹出的图 4-50 所示的“预设样式”下拉列表中选择一种需要的表格样式，此时会弹出一个对话框，如图 4-51 所示，让用户选择数据区域以及标题行，确定后会套用之前选择的样式。

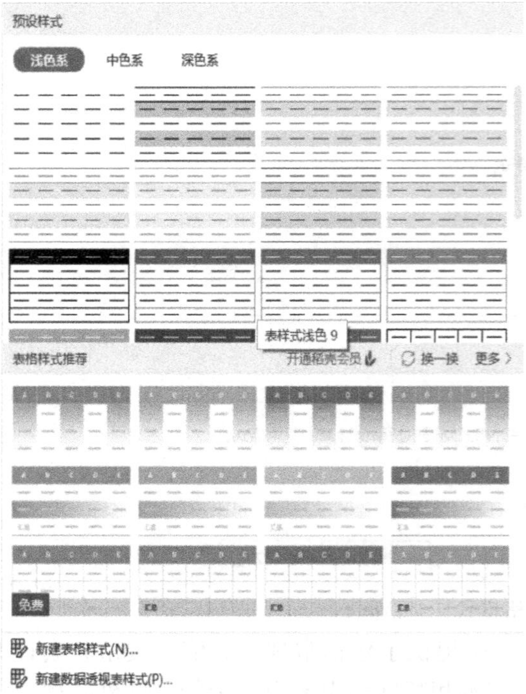

图 4-50　预设样式

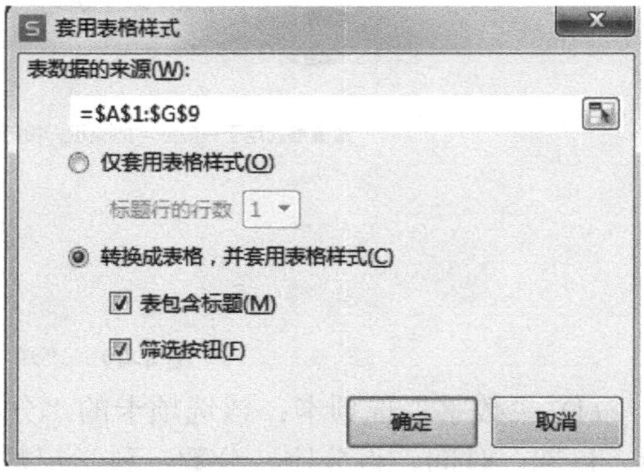

图 4-51　表数据来源

7. 图表

1) 图表类型

WPS 表格提供了丰富的图表功能，标准类型有柱形图、条形图、饼图等 14 种，每一种还有二维、三维、簇状、百分比图等供选择。自定义类型则有“彩色折线图”“悬浮条形图”等 20 种。对于不同的数据表，应选择最适合的图表类型，才能使表现的数据更生动、形象。在办公实践中，使用较多的图表有柱形图、条形图、折线图、饼图、散点图 5 种。制作时，图表类型的选取最好与源数据表内容相关。比如：要制作某公司上半年各月份之间销售变化趋势，最好使用柱形图、条形图或折线图；用来表现某公司人员职称结构、年龄结构等，最好采用饼图；用来表现居民收入与上网时间关系等，最好采用 XY 散点图。主要的图表类型及特点如下。

(1) 柱形图：用于描述数据随时间变化的趋势或各项数据之间的差异。

(2) 条形图：与柱形图相比，它强调数据的变化。

(3) 折线图：显示在相等时间间隔内数据的变化趋势，它强调数据的时间性和变动率。

(4) 面积图：强调各部分与整体间的相对大小关系。

(5) 饼图：显示数据系列中每项占该系列数值总和的比例关系，只能显示一个数据系列。

(6) XY 散点图：一般用于科学计算，显示间隔不等的数据的变化情况。

(7) 气泡图：是 XY 散点图的一种特殊类型，它在散点的基础上附加了数据系列。

(8) 圆环图：类似于饼图，也可以显示部分与整体的关系，但能表示多个数据系列。

(9) 股市图：用来分析说明股市的行情变化。

(10) 雷达图：用于显示数据系列相对于中心点以及相对于彼此数据类间的变化情况。

(11) 曲面图：用来寻找两组数据间的最佳组合。

WPS 表格可以将工作表中的数据以图表的形式表示出来，可以使数据更加直观、生动，还可以帮助用户分析和比较数据。

2) 创建图表

创建图表有两种方法，一是在“插入”选项卡的“图表”工具组中选择不同图表的类型；二是利用 F11 或 Alt + F1 功能键快速制作单独的柱形图表。

3) 图表的存在形式

WPS 表格的图表有嵌入式图表和工作表图表两种类型。嵌入式图表与创建图表的数据源在同一张工作表中，打印时也同时打印；工作表图表是只包含图表的工作表，打印时与数据表分开打印。无论哪种图表都与创建它们的工作表数据相连接，当修改工作表数据时，图表会随之更新。

4) 图表的编辑与格式化

图表创建好之后，可根据需要对图表进行修改或对其某一部分进行格式设置。图 4-52 显示的是数据图表中各个部分的区域划分及其名称表示。在数据图表区域，将鼠标置于任一个区域停留一段时间，会出现区域名称的自动提示。

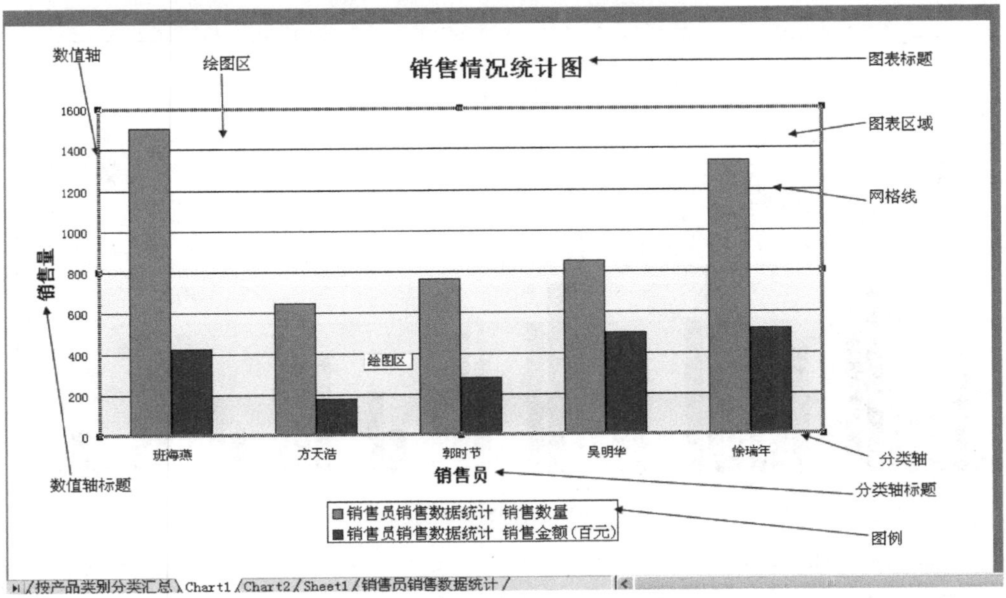

图 4-52　数据图表各个部分名称

当创建完一个图表后，功能区会增加“绘图工具”“文本工具”和“图表工具”3 个选项卡，可以进行以下几个方面的设置：

(1) “绘图工具”：可以设置图表的坐标轴、背景，可以插入图片、文本框和形状等。针对图表中的某一个区域可以详细设置该区域的格式，如边框、填充的颜色和样式等。

(2) “文本工具”：可以设置文本的效果、文本的填充与轮廓等。

(3) “图表工具”功能区：可以设置图表的布局、样式、数据的行/列切换以及图表的位置等。如本例中可以将柱状图表移动到一个单独的工作表中，方法如下：单击需要移动的图表后，单击“图表工具”→“移动图表”命令，如图 4-53 所示，在弹出的对话框中选择“新工作表”，在文本框中输入“单独的柱状图”，单击“确定”按钮后就会将该图表移动到一个新的工作表中，如图 4-54 所示。

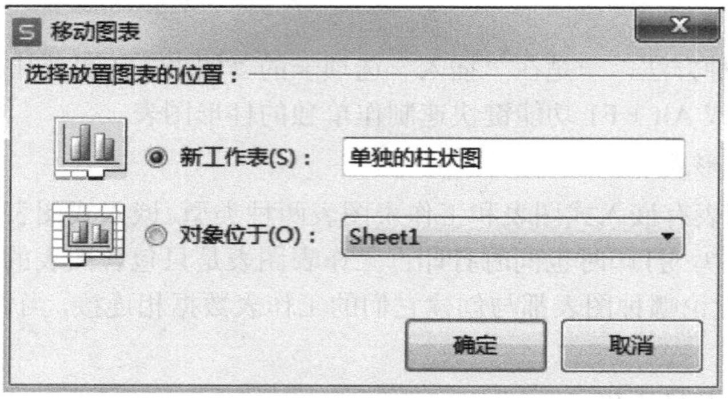

图 4-53　“移动图表”对话框

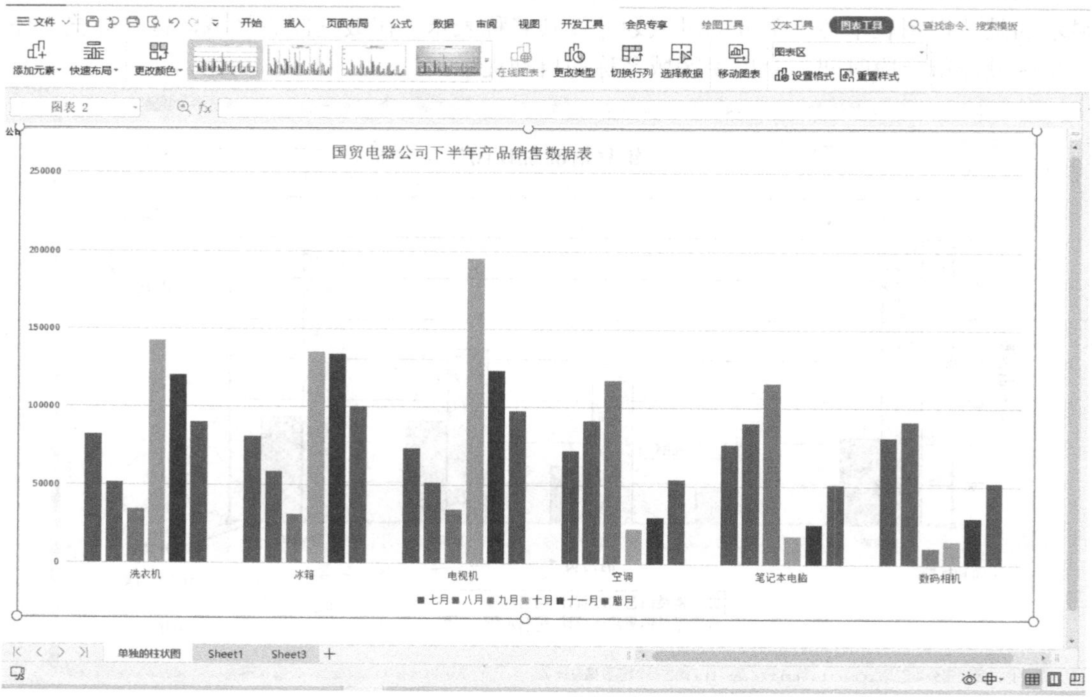

图 4-54　单独的柱状图

如果对图表的某个区域设置格式，还可以在区域上右击，选择“设置××格式”命令，在弹出的“设置××格式”对话框中进行详细设计。例如，可以在图表中设置绘图区背景，方法是：在绘图区位置单击右键，从弹出的菜单中选择“设置绘图区格式”，在弹出的“绘图区选项”对话框中单击“填充”按钮，根据需求设置颜色即可。

5) 图表的更新

随着数据图表的数据源表格中数据的变化，有时需要对数据图表进行更新，主要包括以下几项内容。

(1) 自动更新。当数据源的数据发生变化时，图表会自动更新。

(2) 向图表添加数据。复制需要添加的数据，粘贴到图表中即可。

(3) 从图表中删除数据系列。从图表中选择数据系列，按 Delete 键即可。

4.4　利用 WPS 表格的函数制作

员工档案工资管理表实例

员工档案管理和员工工资管理是单位人力资源管理中的两大重要工作，是管理人才、吸引稳定人才、激励员工的重要条件。本例中，将这两项重要工作合并成一套表格系统，在管理员工的同时，又能制作工资表和打印员工个人工资条。利用 WPS 表格公式和函数建立单位员工档案管理表和工资表，并利用宏代码制作出员工工资条，最后将工资条打印出来，发放给每一位员工。

【实例描述】

为了实现员工档案管理和工资管理的完整性，在此，建立“员工档案工资管理”工作簿。在该工作簿中，包含“主界面”“员工档案信息”“计算比率及标准”“员工工资表”“员工工资条”等 5 张工作表。

“主界面”用于在“员工档案工资管理”工作簿中实现各工作表之间的切换和链接，效果如图 4-55 所示。

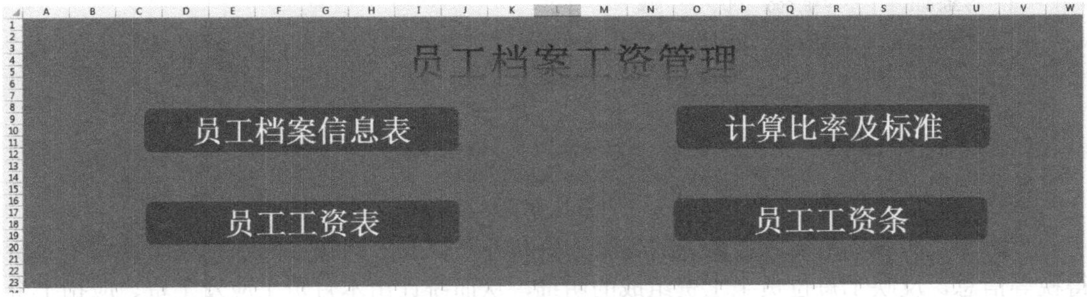

图 4-55　主界面效果图

“员工档案信息”包括员工编号、姓名、性别、学历、身份证号、出生日期、年龄、工作时间、工龄、部门、职位、家庭住址、联系电话等主要个人信息，效果如图 4-56 所示。

员工档案信息表

编号	姓名	性别	学历	身份证号	出生日期	年龄	工作时间	工龄	部门	职位	家庭住址	联系电话
0001	方洁	男	中学	342604197204160537	1972年04月16日	42	1995年06月02日	19	办公室	职工	社区1栋401室	13903832010
0002	邓子健	男	小学	342802197305060354	1973年05月06日	41	1996年03月12日	18	后勤部	临时工	社区1栋406室	13920145678
0003	陈华伟	男	中学	342104197204260213	1972年04月26日	42	1996年02月03日	18	制造部	部门经理	社区2栋402室	13025478582
0004	杨明	男	本科	342501197509050551	1975年09月05日	39	1997年12月01日	17	销售部	职工	社区11栋308室	13654657825
0005	张铁明	男	研究生	342607197803170540	1978年03月17日	36	2006年03月01日	8	销售部	部门经理	社区8栋405室	13123568545
0006	谢桂芳	女	中学	342205197610160527	1976年10月16日	38	1996年08月01日	18	后勤部	职工	社区7栋302室	13562456245
0007	刘济东	男	研究生	342604197506100224	1975年06月10日	39	2004年10月01日	10	后勤部	部门经理	东方园2栋407室	13456258785
0008	廖时静	女	中学	342401197912120210	1979年12月12日	35	1997年06月01日	17	后勤部	临时工	华夏社区1栋503室	13125647851
0009	陈果	男	本科	342707198008160517	1980年08月16日	34	2001年03月01日	13	销售部	职工	社区4栋406室	13745621254
0010	赵丹	女	中学	343002197907250139	1979年07月25日	35	1999年04月01日	15	销售部	职工	社区2栋208室	15024586526
0011	赵小麦	男	本科	382101198011080112	1980年11月08日	34	2001年03月02日	13	销售部	职工	梨花园3栋801室	15235647589
0012	高丽莉	女	中学	342104198110220126	1981年10月22日	33	2002年02月03日	12	办公室	职工	大华村88号	15635865487
0013	刘小东	男	中学	342402197902180750	1979年02月04日	35	1999年01月04日	15	制造部	部门经理	社区1栋208室	18623568745

图 4-56　员工档案信息表

根据国家计算标准发布的社会保险、住房公积金、个人所得税等计算标准，创建在工资管理中相关的计算比率表和企业内部制度规定的其他计算标准表。在“计算比率及标准”工作表中包含“社会保险及住房公积金比率表”“单位工资标准表”“个人应税薪金税率表”和“员工补贴标准表”等，效果如图 4-57 所示。

单位工资标准表

职位	基本工资	岗位工资
总经理	6000	1000
部门经理	4000	600
职工	2600	400
临时工	1600	200

员工补贴标准表

部门名称	住房补贴	交通补贴	医疗补贴
办公室	400	150	180
后勤部	400	100	150
制造部	360	100	120
销售部	500	300	200

个人应税薪金税率表

应税薪金		税率
下限	上限	
	¥1,500	3%
¥1,501	¥4,500	10%
¥4,501	¥9,000	20%
¥9,001	¥35,000	25%
¥35,001	¥55,000	30%
¥55,001	¥80,000	35%
¥80,001		45%

社会保险及住房公积金比率表

	负担比例分配	
保险种类	单位	个人
养老保险	20%	8%
医疗保险	10%	2%
住房公积金	8%	8%

主界面　员工档案信息　计算比率及标准　员工工资表　员工工资条

就绪　100%

图 4-57　“计算比率及标准”工作表

“员工工资表”主要包含员工的各类工资和补贴以及应该扣除的各种保险金和个人所得税等信息，反映了每位员工工资组成的明细，从而统计出本月员工应发工资、应扣工资和实发工资信息，效果如图 4-58 所示。

员工工资表

月份	编号	姓名	部门	职位	基本工资	岗位工资	工龄工资	住房补贴	交通补贴	医疗补贴	应发小计	应税额	养老保险	医疗保险	住房公积金	个人所得税	应扣金额	实发小计
3月	0001	方　浩	办公室	职工	2600	400	380	400	150	180	4110	610	208	52	208	18.3	486.3	3624
3月	0002	邓子建	后勤部	临时工	1600	200	360	400	100	150	2810	0	128	32	128	0	288	2522
3月	0003	陈华伟	制造部	部门经理	4000	600	360	360	100	120	5540	2040	320	80	320	99	819	4721
3月	0004	杨　明	销售部	职工	2600	400	340	500	300	200	4340	840	208	52	208	25.2	493.2	3847
3月	0005	张铁明	销售部	部门经理	4000	600	160	500	300	200	5760	2260	320	80	320	121	841	4919
3月	0006	谢桂芳	后勤部	职工	2600	400	360	400	100	150	4010	510	208	52	208	15.3	483.3	3527
3月	0007	刘济东	后勤部	部门经理	4000	600	200	400	100	150	5450	1950	320	80	320	90	810	4640
3月	0008	廖时静	后勤部	临时工	1600	200	340	400	100	150	2790	0	128	32	128	0	288	2502
3月	0009	陈　果	销售部	职工	2600	400	260	500	300	200	4260	760	208	52	208	22.8	490.8	3769
3月	0010	赵　丹	销售部	职工	2600	400	300	500	300	200	4300	800	208	52	208	24	492	3808
3月	0011	赵小麦	销售部	职工	2600	400	260	500	300	200	4260	760	208	52	208	22.8	490.8	3769
3月	0012	高丽莉	办公室	职工	2600	400	240	400	150	180	3970	470	208	52	208	14.1	482.1	3488

主界面　员工档案信息　计算比率及标准　员工工资表　员工工资条

图 4-58　员工工资表

“员工工资条”是根据“员工工资表”制作出的每位员工的个人工资条，效果如图 4-59 所示。

员工个人工资条

月份	编号	姓名	部门	职位	基本工资	岗位工资	工龄工资	住房补贴	交通补贴	医疗补贴	应发小计	应税额	养老保险	医疗保险	住房公积金	个人所得税	应扣金额	实发小计
3月	1	方　浩	办公室	职工	2600	400	380	400	150	180	4110	610	208	52	208	18.3	486.3	3623.7
月份	编号	姓名	部门	职位	基本工资	岗位工资	工龄工资	住房补贴	交通补贴	医疗补贴	应发小计	应税额	养老保险	医疗保险	住房公积金	个人所得税	应扣金额	实发小计
3月	2	邓子建	后勤部	临时工	1600	200	360	400	100	150	2810	0	128	32	128	0	288	2522
月份	编号	姓名	部门	职位	基本工资	岗位工资	工龄工资	住房补贴	交通补贴	医疗补贴	应发小计	应税额	养老保险	医疗保险	住房公积金	个人所得税	应扣金额	实发小计
3月	3	陈华伟	制造部	部门经理	4000	600	360	360	100	120	5540	2040	320	80	320	99	819	4721
月份	编号	姓名	部门	职位	基本工资	岗位工资	工龄工资	住房补贴	交通补贴	医疗补贴	应发小计	应税额	养老保险	医疗保险	住房公积金	个人所得税	应扣金额	实发小计
3月	4	杨　明	销售部	职工	2600	400	340	500	300	200	4340	840	208	52	208	25.2	493.2	3846.8
月份	编号	姓名	部门	职位	基本工资	岗位工资	工龄工资	住房补贴	交通补贴	医疗补贴	应发小计	应税额	养老保险	医疗保险	住房公积金	个人所得税	应扣金额	实发小计
3月	5	张铁明	销售部	部门经理	4000	600	160	500	300	200	5760	2260	320	80	320	121	841	4919
月份	编号	姓名	部门	职位	基本工资	岗位工资	工龄工资	住房补贴	交通补贴	医疗补贴	应发小计	应税额	养老保险	医疗保险	住房公积金	个人所得税	应扣金额	实发小计
3月	6	谢桂芳	后勤部	职工	2600	400	360	400	100	150	4010	510	208	52	208	15.3	483.3	3526.7
月份	编号	姓名	部门	职位	基本工资	岗位工资	工龄工资	住房补贴	交通补贴	医疗补贴	应发小计	应税额	养老保险	医疗保险	住房公积金	个人所得税	应扣金额	实发小计
3月	7	刘济东	后勤部	部门经理	4000	600	200	400	100	150	5450	1950	320	80	320	90	810	4640
月份	编号	姓名	部门	职位	基本工资	岗位工资	工龄工资	住房补贴	交通补贴	医疗补贴	应发小计	应税额	养老保险	医疗保险	住房公积金	个人所得税	应扣金额	实发小计
3月	8	廖时静	后勤部	临时工	1600	200	340	400	100	150	2790	0	128	32	128	0	288	2502

主界面　员工档案信息　计算比率及标准　员工工资条

图 4-59　员工工资条

在本实例中，主要解决以下问题：

(1) 如何利用输入技巧快捷地录入数据。

(2) 如何设置数据的有效性。

(3) 如何使用函数。

(4) 如何使用关联表格。

(5) 如何使用宏。

(6) 如何打印工作表。

【操作步骤】

1. 新建“员工档案工资管理”工作簿

(1) 新建 WPS 表格，屏幕上有默认的一个 Sheet1 工作表。添加 4 个新工作表 Sheet2、

Sheet3、Sheet4、Sheet5。

(2) 将五张工作表的名称依次更改为“主界面”“员工档案信息”“计算比率及标准”“员工工资表”“员工工资条”。

(3) 更改工作表的标签。分别在五个工作表标签上右击，选择“工作表标签颜色”，在打开的颜色设置面板中分别设置 5 个工作表标签为 5 种不同的颜色。

(4) 保存工作簿，并以“员工档案工资管理”为名存盘。

说明：也可以一次添加多个工作表，方法为：利用 Shift 键或 Ctrl 键选取多个工作表，再右击，选择“插入”命令，则会快速添加与选取个数一样多的工作表。

2. 创建“主界面”工作表

(1) 选取“主界面”工作表。单击“视图”选项卡，取消“网格线”复选框，从而取消了工作表中的网格线。

(2) 选择整个工作表，利用“开始”选项卡中的“填充”按钮，设置工作表填充颜色为浅青绿色。

(3) 利用插入艺术字的方法，插入艺术字标题“员工档案工资管理”，并进行适当的格式设置。

(4) 利用插入形状在艺术字下方绘制圆角矩形，并进行填充效果、线条颜色以及图形大小设置。将绘制好的圆角矩形复制 3 个，并将它们按效果图位置放置好。操作时，可以借助“页面布局”选项卡中的“对齐”命令辅助完成。

在圆角矩形上右击，在弹出的快捷菜单中选择“编辑文字”，输入相应文字，“开始”选项卡中可以直接找到对齐方式，将文字设为水平居中和垂直居中，效果如图 4-55 所示。

(5) 设置圆角矩形图与对应工作表的超级链接。例如：选择“员工档案信息”矩形，右击，在弹出的快捷菜单中选择“超链接”命令，打开“超链接”对话框，如图 4-60 所示，在“链接到”中选择“本文档中的位置”，在右面的选择框中选择“员工档案信息”工作表即可。

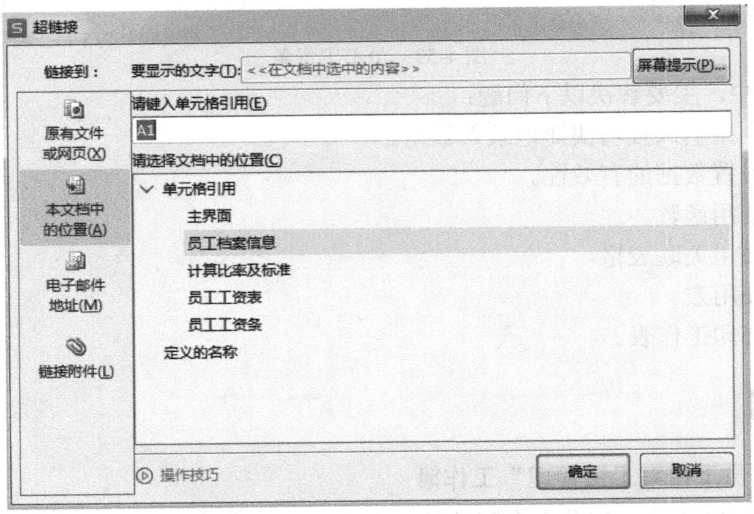

图 4-60　“超链接”对话框

3. 创建“员工档案信息”工作表

(1) 制作标题和字段名。

首先选取“员工档案信息”工作表，在第二行中分别输入员工档案信息表中的字段名，字段名如下：编号、姓名、性别、学历、身份证号、出生日期、年龄、工作时间、工龄、部门、职位、家庭住址、联系电话等共 13 个。然后，合并单元格区域 A1:M1，在其中输入“员工档案信息”。

(2) 设置字体和对齐方式。

选中合并后的 A1 单元格，设置标题文字字体格式为：宋体、24 号、红色、加粗，底纹颜色为浅青绿。选中从 A2 到 M2 的单元格，设置其字体格式为：新宋体、14 号、黑色、加粗，底纹颜色为浅黄。选中从 A 列到 K 列，将文本对齐方式的水平对齐和垂直对齐都设置为“居中”。

(3) 设置特殊单元格格式。

在“员工档案信息”工作表中，有些特定的数据需要事先设置好格式，才能正确输入，例如编号、身份证号、出生日期、工作时间等。

① 设置编号、身份证号、家庭住址列单元格格式为“文本”型。

按下 Ctrl 键，同时选择“编号”“身份证号”“家庭住址”列，打开“设置单元格格式”对话框，选择“数字”选项卡，在“分类”列表框中选择“文本”，单击“确定”按钮。

② 将“出生日期”列设置为“日期”型，“工作时间”列设置为“自定义”类型中的日期型。

在“单元格格式”对话框中，将工作表中的“出生日期”列设置为“日期”型中的“××年×月×日”类型，如图 4-61 所示。

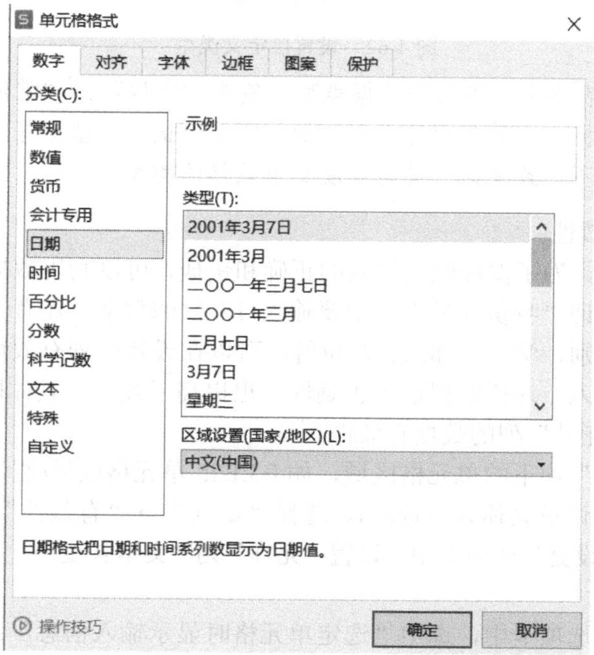

图 4-61　设置日期类型

将工作表中的“工作时间”列设置为“××××年××月××日”的日期类型，在“日期”型中找不到这种类型，这时在“分类”中选择“自定义”，在右面的类型中选择相近的“yyyy "年" m "月" d "日" ”，在这个类型中插入一个“m”和一个“d”，这时类型就变成了“yyyy "年" mm "月" dd "日" ”，如图 4-62 所示。

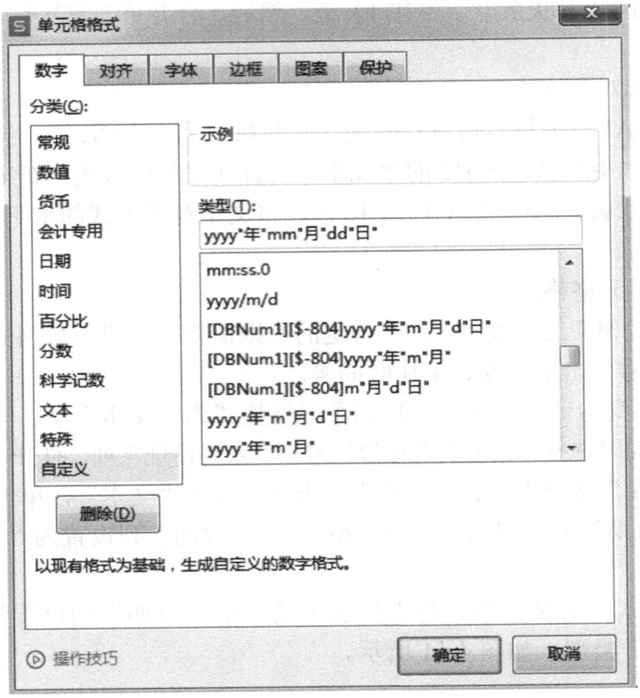

图 4-62　设置自定义类型

说明：在 WPS 表格中，输入的数据类型一般为“常规”，“常规”类型的意思是系统根据用户输入的数据来判断是哪种类型，如数字就默认为数值型等，因此，如果输入的数据和想得到的结果不一致的话，就需要改变单元格的类型。

(4) 设置数据有效性。

在信息输入之前，为了保证数据输入的正确和快捷，可以利用数据有效性来对单元格进行设置，如需要保证“身份证号”列中要输入 18 位的数字。还有一些字段的数据来源于一定的序列，如性别、学历、部门、职位等，可以在设置序列有效性后选择序列中的某一项，而不用一一输入，这样既保证了正确性，也提高了效率。具体操作步骤如下：

① 设置“身份证号”列的数据有效性。

选择“身份证号”项下的单元格区域，如 E3:E25 单元格区域(假设表中有 23 条记录，实际操作时需要根据记录具体人数选取)。选择“数据”→“有效性”命令，弹出图 4-63 所示的对话框。在“设置”选项卡中，设置“允许”为“文本长度”，“数据”为“等于”，“数值”为“18”。

在“输入信息”选项卡中，选中“选定单元格时显示输入信息”；在“标题”文本框中输入“提示：”；在“输入信息”文本框中输入“请输入 18 位身份证号码！”，如图

4-64 所示。

单元格或单元格区域设置输入提示信息后，如用户选择对应单元格，系统就会出现提示信息，输入人员可以根据输入信息的提示向其中输入数据，避免数据超出范围。

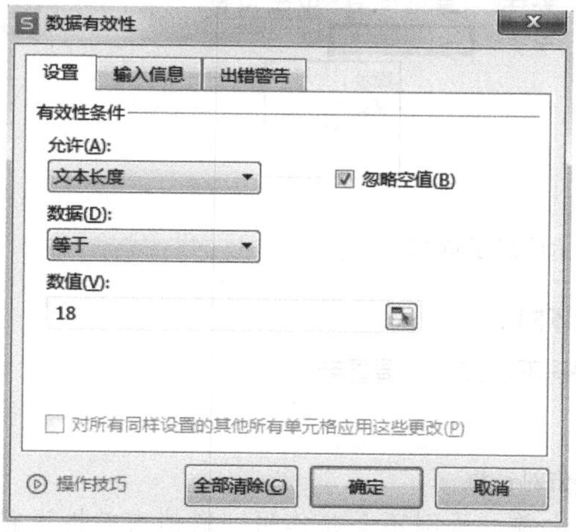

图 4-63　“数据有效性”对话框

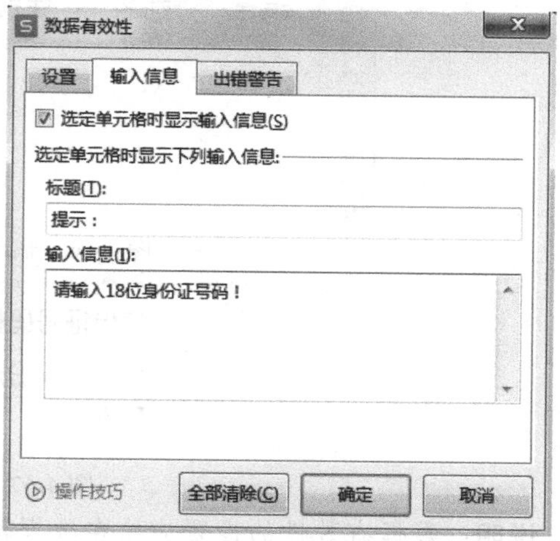

图 4-64　“输入信息”选项卡

如图 4-65 所示，在“出错警告”选项卡中，选中“输入无效数据时显示出错警告”；将“标题”设置为“身份证号码位数不对！”；将“错误信息”设置为“输入的身份证号码不是 18 位，请重新输入！”。“样式”中共有 3 个选项：停止、警告、信息，一般设置为“停止”。

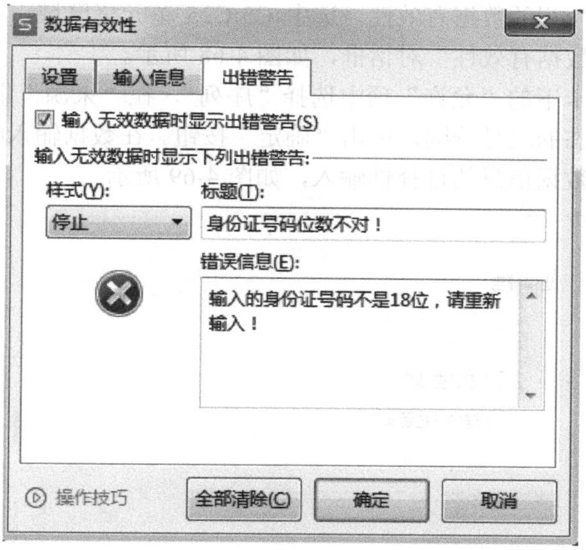

图 4-65　“出错警告”选项卡

在单元格或单元格区域设置出错警告信息后，如果用户在对应单元格输入超出范围的数据，系统将会发出警告声音，同时自动出现警告信息。

这样，当输入身份证号码时，在鼠标右下角会出现相应的提示信息，如图 4-66 所示。当输入的号码位数不正确时会出现出错警告对话框，如图 4-67 所示。

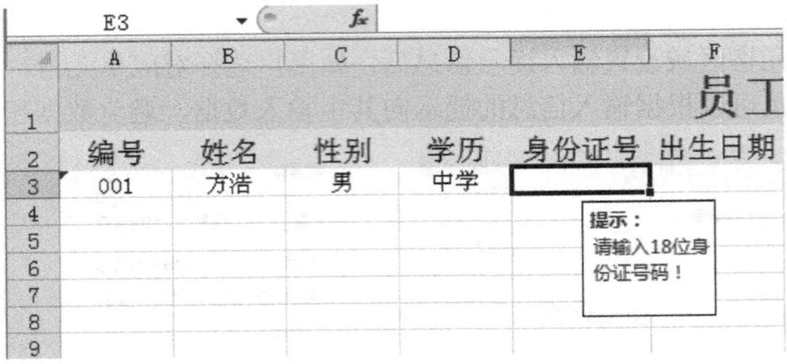

图 4-66　输入提示信息示意图

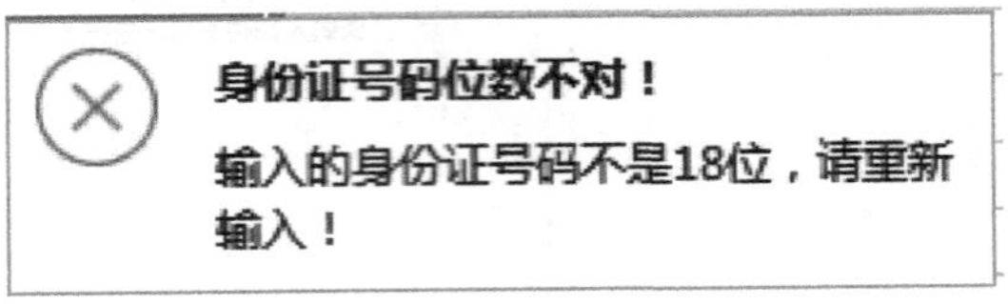

图 4-67　警告对话框

说明：数据有效性的设置应该在数据输入之前，否则不会起作用。取消有效性设置的方法为：先选定相应单元格，然后打开“数据有效性”对话框，单击“全部清除”按钮，最后单击“确定”按钮即可。

② 设置性别、学历、部门、职位等序列的数据有效性。

在输入员工信息前，可以先设置性别、学历、部门、职位等序列的数据有效性，以备在输入信息时可以选择录入。

首先设置“性别”列的数据有效性。选中 C3:C25 单元格区域，选择“数据”→“有效性”命令，打开“数据有效性”对话框，如图 4-68 所示。

在“设置”选项卡下的“允许”项中选择“序列”，在“来源”框中输入“男，女”，其中的各项以英文状态的逗号分隔，单击“确定”按钮。在数据输入时，其单元格右侧会出现下拉按钮，提供数据信息的选择性输入，如图 4-69 所示。

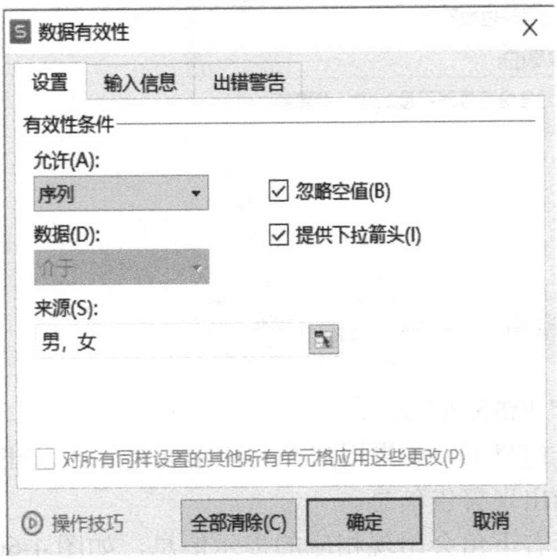

图 4-68　“性别”项数据有效性设置

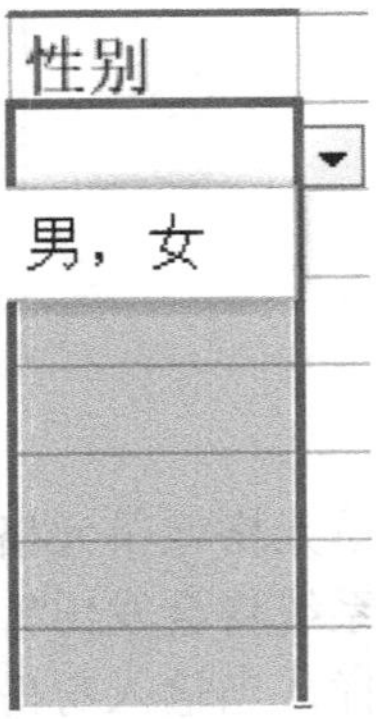

图 4-69　选择性输入示意图

利用上述方法，可设置学历(研究生、本科、中学、小学)、部门(办公室、后勤部、销售部、制造部)、职位(董事长、总经理、部门经理、职工、临时工)的数据有效性信息，进行选择性输入。

(5) 输入员工档案基本信息。在完成以上设置后，可以将员工信息输入到制作的表格中。在输入信息时，为了提高工作效率可以利用表格输入技巧快捷地录入数据。

① 编号字段可以按序列填充方式输入。在 A3 单元格中输入第 1 位员工的编号，如“0001”。将光标移到 A3 单元格右下角，向下拖动填充柄，即可完成员工编号的快速输入。

② 姓名、身份证号、工作时间、家庭住址需要管理员自行录入；性别、学历、部门、职位可以通过数据有效性设置进行选择录入。

③ 利用函数从身份证号中自动提取出生日期。

身份证号与一个人的性别、出生年月、籍贯等信息是紧密相连的。按照规定，18 位身份证号码的第 7、8、9、10 位为出生年份(四位数)，第 11、第 12 位为出生月份，第 13、14 位代表出生日期。在 F3 单元格中输入：

=CONCATENATE(MID(E3, 7, 4), "年", MID(E3, 11, 2), "月", MID(E3, 13, 2), "日")

按回车键后，即可从身份证号码中提取员工出生日期。将光标移到 F3 单元格右下角，拖动填充柄复制公式，即可从员工的身份证号码中提取员工的出生日期。

说明：CONCATENATE(text1, text2…)函数的作用是将多个文本字符串合并为一个文本字符串。MID(text, d1, d2)函数的作用是从文本字符串 text 的第 d1 位开始提取 d2 个特定的字符。例如：MID(E3，7，4)表示从身份证号码的第 7 位号码开始提取 4 位号码，表示出生的“年”。最后，利用 CONCATENATE 函数对提取的号码进行组合，得到员工的出生日期。

④ 利用公式和日期函数计算员工年龄和工龄。

当员工档案信息表中员工的工作时间和出生日期确定后，可通过编辑公式直接计算出员工的工龄和年龄。

将光标置于 G3 单元格中，输入“=YEAR(TODAY())-YEAR(F3)”，按下 Enter 键，即可计算出第一位员工的年龄。复制公式计算出所有员工的年龄。

利用同样方法，在 I3 单元格中输入“=YEAR(TODAY())-YEAR(H3)”，进行员工工龄的计算。

⑤ 工作表的格式化。

工作表数据输入完成后，要对工作表进行必要的格式化。利用前面介绍的知识进行工作表的设置。选中 A3:M25 区域，右击，打开“单元格格式”对话框，在“字体”选项卡中设置字体为宋体、黑色、12 号；在“对齐”选项卡中的“文本对齐方式”区域中选择水平和垂直对齐方式均为“居中”，在“文本控制”区域中选择“缩小字体填充”。

设置表格边框的方法如下：选择 A1:M25，右击，打开“单元格格式”对话框，在“边框”选项卡中设置表格的内边框和外边框，如图 4-70 所示，设置内部框线为细线，外边框线为粗线，还可对边框线条的具体样式和颜色做进一步选择。设置完毕后单击“确定”按钮返回工作表，此时整个表格已添加上边框。

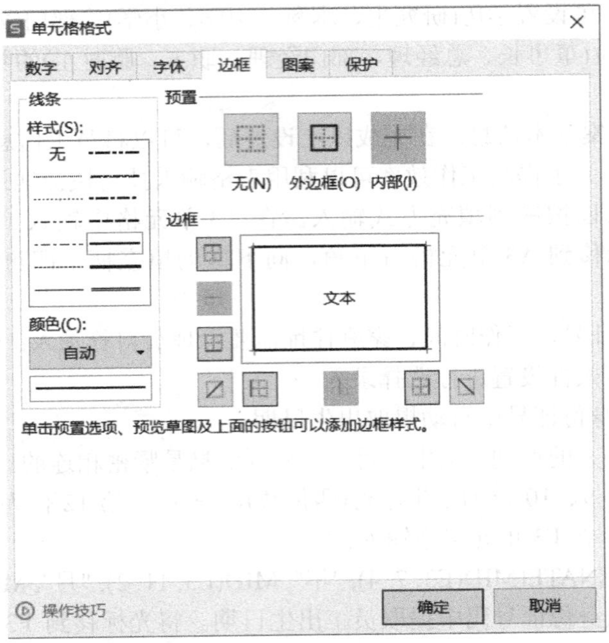

图 4-70　“边框”选项卡

说明：WPS 表格中的工作表默认的网格线并不是真正意义的表格线，仅是编辑时的参考依据，在预览与打印时均不显示出来，只有设置了边框的表格才能在打印时有表格线。如果在编辑过程中不想看到网格线，可以在“视图”功能区中取消勾选“网格线”复选框。

4. 创建“计算比率及标准”工作表

(1) 选择“计算比率及标准”工作表，在该表中建立单位工资标准表、员工补贴标准表、社会保险及住房公积金比率表、个人应税薪金税率表等多个表，并分别输入表 4-3 至表 4-6 所示的数据信息。

表 4-3　单位工资标准表

职位	基本工资	岗位工资
总经理	6000	1000
部门经理	4000	600
职工	2600	400
临时工	1600	200

表 4-4　员工补贴标准表

部门名称	住房补贴	交通补贴	医疗补贴
办公室	400	150	180
后勤部	400	100	150
制造部	360	100	120
销售部	500	300	200

表 4-5　社会保险及住房公积金比率表

保险种类	负担比例分配	
	单位	个人
养老保险	20%	8%
医疗保险	10%	2%
住房公积金	8%	8%

表 4-6　个人应税薪金税率表

应税薪金		税率
下 限	上 限	
	￥1,500	3%
￥1,501	￥4,500	10%
￥4,501	￥9,000	20%
￥9,001	￥35,000	25%
￥35,001	￥55,000	30%
￥55,001	￥80,000	35%
￥80,001		45%

(2) 相关数据输入完成后，可以对单元格进行字体、对齐方式、填充、边框等设置，效果如图 4-57 所示。

5. 创建“员工工资表”工作表

(1) 选择“员工工资表”，按照前面的方法分别输入标题和各字段名，其中标题为：员工工资表，字段名分别为：月份、编号、姓名、部门、职位、基本工资、岗位工资、工龄工资、住房补贴、交通补贴、医疗补贴、应发小计、应税额、养老保险、医疗保险、住房公积金、个人所得税、应扣金额、实发小计，对标题及字段行进行格式设置，包括合并单元格、字体、对齐方式、边框和填充设置等，设置效果如图 4-58 所示。

(2) 利用公式自动获取“编号”“姓名”“部门”“职位”信息。选中 B3 单元格，在公式编辑栏中输入公式“=员工档案信息!A3”，按回车键即可从“员工档案信息”表中自动提取员工的编号。拖动填充柄复制公式即可从“员工档案信息”表中自动提取其他员工的编号。

按同样方法，在 C3 单元格中输入公式“=员工档案信息!B3”，在 D3 单元格中输入公式“=员工档案信息!J3”，在 E3 单元格中输入公式“=员工基本信息!K3”，完成“姓名”“部门”“职位”字段信息的自动获取。

(3) 根据“计算比率及标准”表中“单位工资标准表”中的工资发放标准，确定员工“基本工资”和“岗位工资”。

在 F3 单元格中输入公式“=VLOOKUP(E3, 计算比率及标准!$B$3:$D$6, 2, FALSE)”，

按回车键，获取员工基本工资。同样，在 G3 单元格中输入公式“=VLOOKUP(E3, 计算比率及标准!$B$3:$D$6, 3, FALSE)”以获取员工的岗位工资。

说明： VLOOKUP 是垂直查找函数，它能根据一个查找值在一个区域中查找到匹配的记录，然后返回某一列的值。

(4) 计算员工的工龄工资。员工的工龄工资是根据员工在单位工作时间的长短而设立的工资项。员工在单位的工龄越长，所得的工龄工资就越高。例如，每增加一年工龄，其工龄工资将增加 20 元。

在 H3 单元格中输入公式“=员工档案信息!I3*20”，按下回车键即可根据员工的工龄计算出员工的工龄工资。利用公式填充功能计算出所有员工的工龄工资。

(5) 根据“计算比率及标准”表中“员工补贴标准表”中的员工补贴标准，确定员工“住房补贴”“交通补贴”和“医疗补贴”。

在 I3 单元格中输入公式“=VLOOKUP(D3, 计算比率及标准!$F$3:$I$6, 2, FALSE)”获取员工住房补贴。同样，在 J3 单元格中输入公式“=VLOOKUP(D3, 计算比率及标准!$F$3:$I$6, 3, FALSE)”获取员工的交通补贴；在 K3 单元格中输入公式“=VLOOKUP(D3, 计算比率及标准!$F$3:$I$6, 4, FALSE)”获取员工的医疗补贴。

(6) 计算员工的应发小计。

在员工工资表中，应发小计为所有工资和补贴的总和，因此，在 L3 单元格中输入“=SUM(F3:K3)”即可，复制公式，获得其他员工的应发小计。

(7) 计算每位员工应扣的养老保险、医疗保险、住房公积金保险金额。

应扣各项保险金额是根据员工的基本工资，乘上国家规定的计算系数，从而得到应扣金额。在此，根据“计算比率及标准”表中“社会保险及住房公积金比率表”所列系数进行计算。

在 N3 单元格中输入公式“=ROUND(F3*计算比率及标准!$H$12, 2)”，按回车键，即可计算出该员工养老保险金额。利用公式填充功能可计算出其他员工的养老保险金额。

按照上述方法，在 O3 单元格中输入公式“=ROUND(F3*计算比率及标准!$H$13, 2)”，可计算员工医疗保险金额；在 P3 单元格中输入公式“=ROUND(F3*计算比率及标准!$H$14, 2)”，可计算员工住房公积金保险金额。

(8) 计算个人所得税。

个人所得税金额 = 应税额 × 应税薪金税率。应税额 = 应发工资 − 起征点(在“员工工资表”中“应发小计”即为应发工资，根据国家规定，目前个人所得税起点征为 5000 元)，应税薪金税率按“计算比率及标准”表中“个人应税薪金税率表”所对应比率进行计算。因此，首先计算出“应税额”，在单元格 M3 中输入“=IF(L3<=5000, 0, L3-5000)”。然后在个人所得税单元格 Q3 中输入：

```
=IF(M3<=1500, M3*0.03, IF(M3<=4500, 45+(M3-1500)*0.1,
    IF(M3<=9000, 345+(M3-4500)*0.2,
    IF(M3<=35000, 1245+(M3-9000)*0.25,
    IF(M3<=55000, 7745+(M3-35000)*0.3,
    IF(M3<=80000, 13745+(M3-55000)*0.35, 22495+(M3-80000)*0.45))))))
```

说明：在使用 IF 函数时要注意，IF 函数多层嵌套时括号必须成对出现，公式中的符号必须使用英文输入法下的符号。

(9) 计算“应扣金额”和“实发小计”。

应扣金额为养老保险、医疗保险、住房公积金保险和个人所得税的总和，因此，在 R3 单元格中输入“=SUM(N3:Q3)”即可。

实发小计 = 应发小计 − 应扣金额，在 S3 单元格中输入“=L3-R3”。复制公式可获得其他员工的实发小计。

6. 制作“员工工资条”工作表

单位在发放工资的同时，还需要制作个人工资条，打印发给每个人。制作工资条的方法很多，在本例中使用编辑宏的方法实现由工资表到工资条的转换。

在 WPS 表格中想要编辑和使用宏，首先要安装 VBA 支持库，安装完成之后再次打开 WPS 表格，完成下列宏操作步骤：

(1) 创建宏。

选择“员工工资”工作表，选择“开发工具”→“VB 宏”命令，弹出“VB 宏”对话框，在“宏名”文本框中输入“salary”，如图 4-71 所示，单击“创建”按钮，弹出 Visual Basic 编辑器窗口。

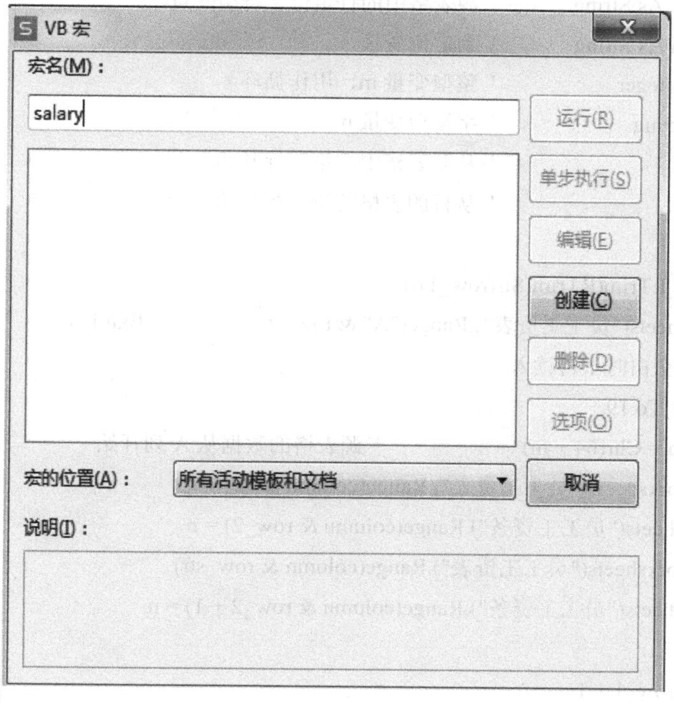

图 4-71　创建“VB 宏”

(2) 编辑宏。

在 Visual Basic 编辑器窗口中选择“视图”→“JS 宏”命令。选择“salary”宏，单击“编辑”按钮，打开图 4-72 所示的 Visual Basic 编辑器。

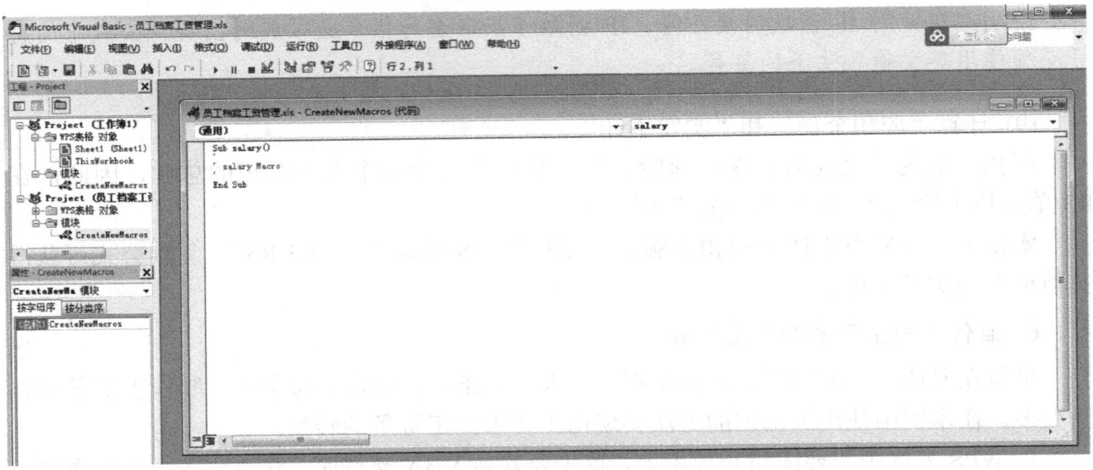

图 4-72　Visual Basic 编辑器窗口

在编辑器中输入如下命令代码：

```
Sub salary()
Dim row_1 As Integer            ' 源表格中的行定位变量
Dim row_2 As Integer            ' 目的表格中的行定位变量
Dim row_str As String           ' 源表格中的行定位字符型变量
Dim column As String            ' 列定位变量
Dim m As Integer                ' 整型变量 m，用作循环
Dim n As String                 ' 字符型变量 n
row_1 = 3                       ' 从源表格中的第三行开始
row_2 = 2                       ' 从目的表格的第三行开始
Do
  row_str = LTrim(RTrim(Str(row_1)))
  If Worksheets("员工工资表").Range("A" & row_str) = "" Then Exit Do
  ' 编号为空白时不再读入
  For m = 1 To 19
    column = Chr(64 + m)                ' 源表格的数据从 A 列开始
    n = Worksheets("员工工资表").Range(column & "2")
    Worksheets("员工工资条").Range(column & row_2) = n
    n = Worksheets("员工工资表").Range(column & row_str)
    Worksheets("员工工资条").Range(column & row_2 + 1) = n
Next
  row_1 = row_1 + 1
  row_2 = row_2 + 3
Loop
End Sub
```

输入完成后，单击编辑器工具栏中的运行按钮，完成宏的编辑。

(3) 运行宏。

在“员工工资条”工作表中，单击“开发工具”→“VB 宏”命令，弹出图 4-73 所示的“VB 宏”对话框，选择“salary”宏后，单击“运行”按钮，即可生成工资条，如图 4-74 所示。

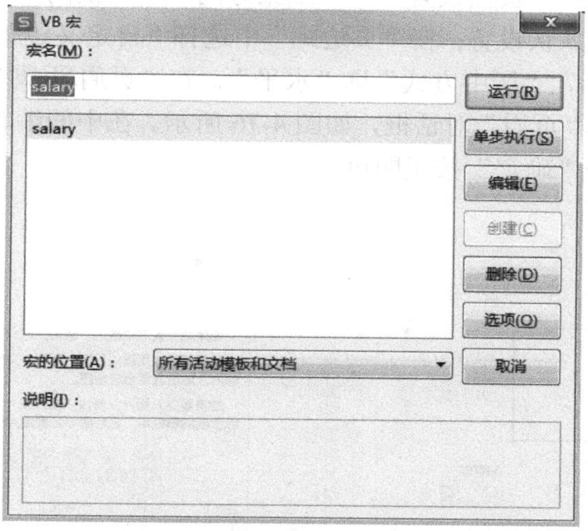

图 4-73　运行“salary”

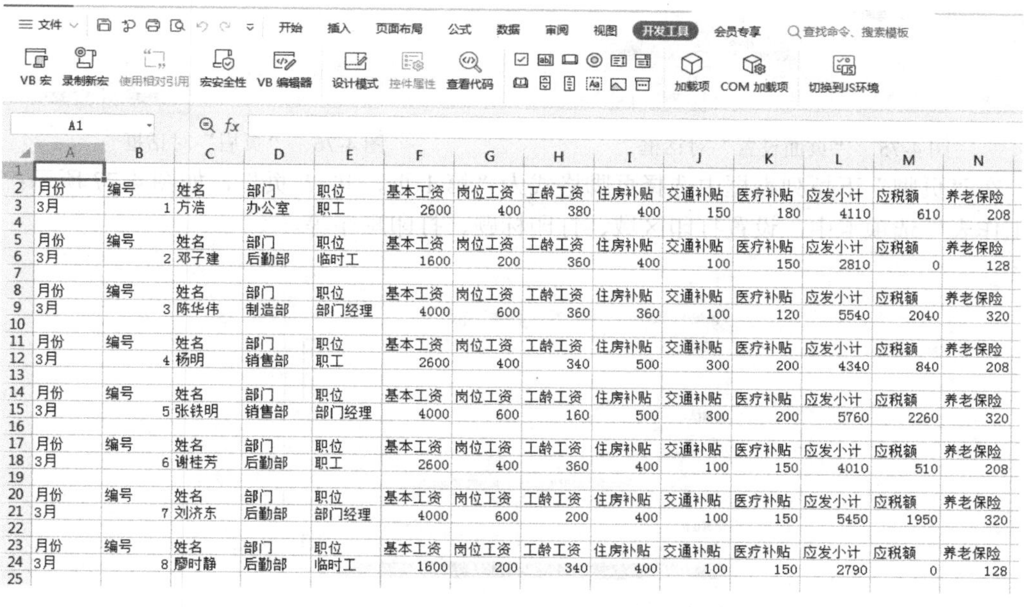

	A	B	C	D	E	F	G	H	I	J	K	L	M	N
1														
2	月份	编号	姓名	部门	职位	基本工资	岗位工资	工龄工资	住房补贴	交通补贴	医疗补贴	应发小计	应税额	养老保险
3	3月	1	方浩	办公室	职工	2600	400	380	400	150	180	4110	610	208
4														
5	月份	编号	姓名	部门	职位	基本工资	岗位工资	工龄工资	住房补贴	交通补贴	医疗补贴	应发小计	应税额	养老保险
6	3月	2	邓子建	后勤部	临时工	1600	200	360	400	100	150	2810	0	128
7														
8	月份	编号	姓名	部门	职位	基本工资	岗位工资	工龄工资	住房补贴	交通补贴	医疗补贴	应发小计	应税额	养老保险
9	3月	3	陈华伟	制造部	部门经理	4000	600	360	360	100	120	5540	2040	320
10														
11	月份	编号	姓名	部门	职位	基本工资	岗位工资	工龄工资	住房补贴	交通补贴	医疗补贴	应发小计	应税额	养老保险
12	3月	4	杨明	销售部	职工	2600	400	340	500	300	200	4340	840	208
13														
14	月份	编号	姓名	部门	职位	基本工资	岗位工资	工龄工资	住房补贴	交通补贴	医疗补贴	应发小计	应税额	养老保险
15	3月	5	张铁明	销售部	部门经理	4000	600	160	500	300	200	5760	2260	320
16														
17	月份	编号	姓名	部门	职位	基本工资	岗位工资	工龄工资	住房补贴	交通补贴	医疗补贴	应发小计	应税额	养老保险
18	3月	6	谢桂芳	后勤部	职工	2600	400	360	400	100	150	4010	510	208
19														
20	月份	编号	姓名	部门	职位	基本工资	岗位工资	工龄工资	住房补贴	交通补贴	医疗补贴	应发小计	应税额	养老保险
21	3月	7	刘济东	后勤部	部门经理	4000	600	200	400	100	150	5450	1950	320
22														
23	月份	编号	姓名	部门	职位	基本工资	岗位工资	工龄工资	住房补贴	交通补贴	医疗补贴	应发小计	应税额	养老保险
24	3月	8	廖时静	后勤部	临时工	1600	200	340	400	100	150	2790	0	128
25														

图 4-74　在工作表上运行宏

(4) 格式化“员工工资条”工作表。

工资条生成后，某些格式并不符合要求，根据需要按照以前的方法调整单元格的格式，如“编号”列的数据类型、标题的颜色和底纹、对齐方式、表格的边框、列宽等。进行适当的调整后，效果如图 4-59 所示。

至此，员工工资条制作完成，以后每月打印工资条时，只需运行一次已制作好的“salary”宏即可。

7. 打印“员工工资条”工作表

在制作好员工工资条之后，可以将该工作表打印出来。在打印前需要对工作表进行必要的页面设置和打印预览。

选择“页面布局”→“页面设置”→“纸张方向”→“横向”命令，“纸张大小”设置为“A4”，其他保留默认设置；在“页边距”中选择“自定义边距”，打开“页面设置”对话框，如图4-75所示，“居中方式”选“水平”。在“页眉/页脚”选项卡下，单击“自定义页眉”按钮，打开“页眉”对话框，如图4-76所示。在中间编辑框中输入自定义页眉“员工工资条”，单击“确定”按钮即可。

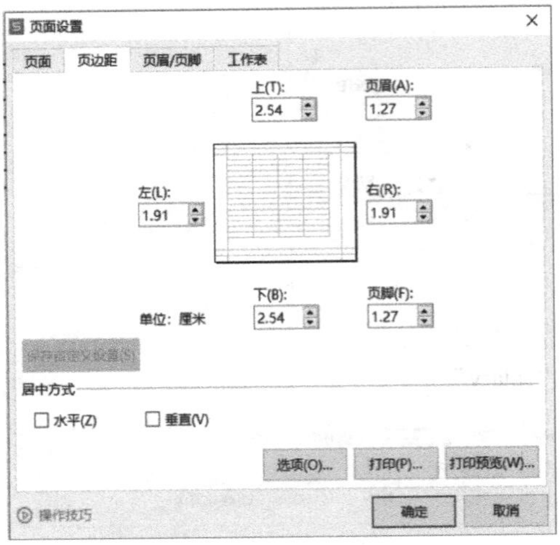

图4-75　“页面设置”对话框

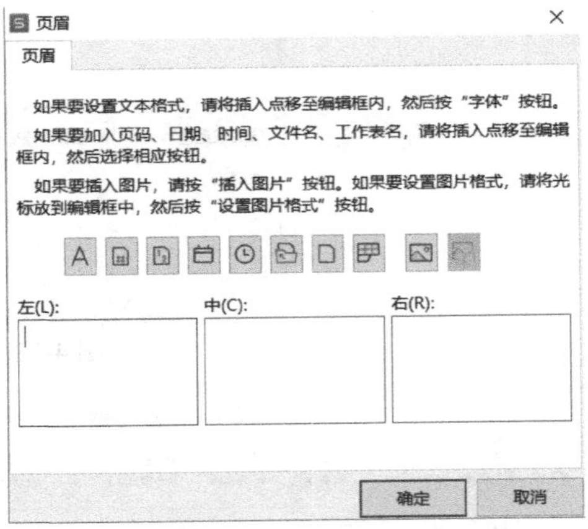

图4-76　“页眉”对话框

在“页脚”下拉列表框中选择页脚格式为“第1页，共？页”，如图4-77所示；在“工作表”选项卡中，设置打印区域、打印标题、打印顺序等。

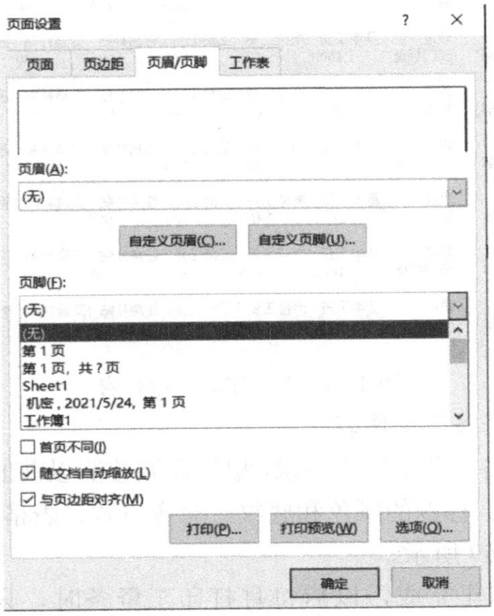

图4-77　“页眉/页脚”选项卡

选择“文件”→“打印”命令，在打印预览窗口中可以看到表格的页面设置效果，如果不太满意，可以在“页面布局”中的“页面设置”功能组中重新进行设置，也可在打印窗口中单击“页面设置”按钮，直接进行相关设置，直至满意为止。

【主要知识点】

1. 公式与函数

使用公式与函数是 WPS 表格区别于 WPS 文字的主要特点之一。在数据报表中，计算与统计工作是必不可少的，WPS 表格在这方面体现了强大的功能。在单元格中输入了正确的公式或函数后，计算结果会立即在单元格中显示。如果修改了公式与函数，或修改了工作表中与公式、函数有关的单元格数据，WPS 表格会自动更新计算结果，这是手工计算无法比拟的。

在 WPS 表格中，公式的建立由用户根据需要自行编辑输入，方法是首先选中存放公式计算结果的单元格，在编辑栏输入“=”号，再输入公式的运算符和运算对象，然后按回车键，或单击编辑栏中的“√”按钮，即在选中单元格中显示计算结果。

函数是 WPS 表格预定义的内置公式，使用时可由用户直接调用。函数形式如下：

函数名([参数 1][, 参数 2]……)

函数是由函数名和括号内的参数组成的，括号内可以有一个或多个参数，参数间用逗号分隔。参数可以是数据、单元格或单元格区域。

函数也可以没有参数(如 today()、now())，但函数名后面的圆括号是必需的。

WPS 表格中常用的函数调用方法有 4 种：

(1) 单击“公式”→“插入函数”命令，弹出“插入函数”对话框，在对话框中选择所需函数，单击“确定”按钮后打开“函数参数”对话框，在对话框中确定函数参数。

(2) 单击“公式”→“自动求和”命令右侧的下拉按钮，可进行“求和”“平均值”“计数”“最大值”“最小值”等快速运算选择。如果还需调用其他函数，则点击下拉按钮中的“其他函数”，打开“插入函数”对话框，其他操作同上。

(3) 在编辑区中输入“=”号，在编辑栏左侧名称框内出现函数列表，从中选择相应的函数后，打开“函数参数”对话框，做进一步设置。

(4) 选择“开始”→“自动求和”命令，其他操作同(2)。

对于一些简单函数，可以像编辑公式一样，直接在单元格内输入。

2. 常用函数介绍

在 WPS 表格中，常用的函数有 200 多个，为方便使用，在函数向导中将它们分为常用函数、日期时间函数、财务函数、信息函数、逻辑函数、查找和引用函数、数学和三角函数、统计函数、文本函数以及数据库函数共 11 类。

下面在表 4-7 中列举几个常用函数和本教材中所使用的函数，当用到其他函数时，可利用函数向导来了解和学习它们的用法。

表 4-7　WPS 表格中常用函数

函数名	功　能
SUM(A1, A2, …)	求各参数的和。A1、A2 等可以是数值或含有数值的单元格引用，至多 30 个
AVERAGE(A1, A2, …)	求各参数的平均值。A1、A2 等可以是数值或含有数值的单元格引用
MAX(A1, A2, …)	求各参数中的最大值
MIN(A1, A2, …)	求各参数中的最小值
COUNT(A1, A2, …)	求各参数中数值型参数和包含数值的单元格个数
COUNTA(A1, A2, …)	求各参数中非空单元格的个数
COUNTBLANK(A1, A2, …)	求各参数中空白单元格的个数
COUNTIF(A, B)	求参数 A 中满足指定条件 B 的单元格个数，A 可以为一个或者多个连续数据区域，B 为指定的满足条件的表达式
ROUND(A1, A2)	对数值项 A1 进行四舍五入。其中： A2 > 0 表示对数值 A1 保留 A2 位小数； A2 = 0 表示对数值 A1 保留整数； A2 < 0 表示对数值 A1 从个位向左对第 | A2 | 位进行四舍五入
IF(P, T, F)	其中 P 为逻辑表达式，结果为真(TRUE)或假(FALSE)。T 和 F 是表达式。若 P 为真(TRUE)，则取 T 表达式的值；否则，取 F 表达式的值。IF 函数可以嵌套使用，最多可嵌套 7 层
TODAY()	返回当前的系统日期(以电脑自身时钟日期显示)，为一个无参数函数。显示出来的日期格式，可以通过单元格格式进行设置
YEAR(A)、MONTH(A)、DAY(A)	返回日期型参数 A 中所对应的年、月、日。返回值为数值型数据
NOW()	返回当前系统的时间，为一个无参数函数
MID(S, A, B)	取子串函数，从文本字符串 S 的第 A 位开始提取 B 个特定的字符
CANCATENATE(A1, A2, A3…)	字符串合并函数，将 A1、A2、A3 等多个文本字符串合并为一个文本字符串
RANK(number, ref, order)	排序函数指数字 number 在一组数 Ref 中进行排序。其中 number 为需要排位的数字；Ref 为包含一组数字的数组或引用，Ref 中的非数值型参数将被忽略；Order 为一数字，指明排位的方式，order 为 0 或省略时将 ref 按降序排列，order 不为零时将 ref 按升序排列
FREQUENCY(A, B)	频率分布函数是一个数组函数，A 为要进行数据统计的区域，B 为统计依据所在的区域，指在数据区域 A 中按 B 区域所列条件进行频度统计分析。 具体操作步骤见本教材第 5 章实训一

3. 相对引用与绝对引用

在使用公式或函数时，可以引用本工作表、本工作簿中单元格的数据，还可以引用其他工作表、工作簿中单元格的数据。此时，应该输入的是单元格的地址，而不是单元格中具体的值，这就是单元格的引用。引用后，公式或函数的运算值随着被引用单元格的值的变化而变化。为了提高数据计算的速度和效率，可以对单元格中的公式或函数进行复制。复制的结果与单元格的引用方式有关，常用的单元格引用有三种。

1) 相对引用

在公式或函数的复制过程中，所引用的单元格地址随着目标单元格的变化而变化。变化的规律是：在复制公式时，如果目标单元格的行(列)号增加 1，则公式中引用的单元格地址的行(列)也对应地增加 1。

例如，在员工工资表中，在 L3 单元格中输入公式“=SUM(F3:K3)”，按回车键，计算出该员工的工资合计额。当将该单元格中公式复制到 L4 单元格时，L4 中显示公式为：=SUM(F4:K4)。公式在复制时，列号不变，行号增加 1。

2) 绝对引用

在公式或函数的复制过程中，所引用的单元格地址不随目标单元格的变化而变化。绝对引用时，需要将被引用单元格的行号和列号前加上“$”符号，如$A$2，$B$4:$D$6 等。

例如，在员工基本工资表中，若将 L3 单元格中公式变为“=SUM($F$3:$K$3)”，当将该公式复制到 L4 时，L4 中显示结果与 L3 一致。

本实例员工“社会保险及住房公积金比率表”工作表中，在计算员工“养老保险”金额时，计算比率及标准值是一个固定值，因此，在引用时要采用绝对引用。

3) 混合引用

在公式引用时，根据需要单元格的行号和列号有一个为相对引用，而另外一个为绝对引用。复制公式后，相对引用的行号或列号随着目标单元格的变化而变化，而绝对引用的行号或列号不随着目标单元格的变化而变化。例如，若在员工基本工资表中，将 L3 单元格中的公式改为“=SUM($F3:$K3)”，则当将公式复制到 L4 单元格时，公式变为“=SUM($F4:$K4)”；当将公式复制到 M3 单元格时，公式为“=SUM($F3:$K3)”。

在同一个工作表中的引用称为内部引用，而对工作表以外的单元格(包括本工作簿和其他工作簿)的引用称为外部引用。

引用同一个工作簿内不同工作表中的单元格，其格式为“工作表名！单元格地址”。例如，“员工工资表”中 A3 单元格内的公式“=员工档案信息!A3”。

引用不同工作簿的工作表中的单元格，其格式为“[工作簿名]工作表名！单元格地址”。

说明： 利用 F4 功能键能够实现三种引用方式的表达方法之间的快速切换。

4. 函数中跨工作表以及跨工作簿的单元格引用

在办公实践的许多情况下，公式中都可能要用到另一工作表单元格中的数据，引用同一个工作簿内不同工作表中的单元格，其格式为[工作表名! 单元格地址]。如 Sheet1 工作表 F4 单元格中的公式为：“=(C4+D4+E4) * Sheet2！B1”，其中“Sheet2! B1”表示工作表 Sheet2 中的 B1 单元格地址。这个公式表示计算当前工作表 Sheet1 中的 C4、D4 和 E4 单元格数据之和与 Sheet2 工作表的 B1 单元格数据的乘积，结果存入当前工作表 Sheet1

中的 F4 单元格。

函数中还可以进行跨工作簿的单元格引用，此时地址的一般形式为

[工作簿名] 工作表名! 单元格地址

综上所述，跨工作簿、工作表的单元格地址引用的方法分别如下：

(1) 在当前工作表中引用本工作表中单元格时，只需输入单元格的地址即可。

(2) 在当前工作表中引用本工作簿中其他工作表中单元格时，需首先输入被引用的工作表名和一个感叹号“!”，然后再输入那个工作表中的单元格地址。

(3) 在当前工作表中引用另外工作簿中工作表的单元格时，需要首先输入由中括号“[ ]”包围的引用的工作簿名称，然后输入被引用的工作表名称和一个感叹号“!”，最后再输入那个工作表中的单元格的地址。

5. WPS 表格中公式出错的处理

在 WPS 表格中输入计算公式或函数后，经常会因为某些错误，在单元格中显示错误信息。现将最常见的一些错误信息以及可能发生的原因和解决方法列于表 4-8，供读者参考。

表 4-8　Excel 中错误提示信息的含义及解决办法

序号	错误类型	错误原因	解决办法
1	#####	输入到单元格中的数值太长或公式产生的结果太长，单元格容纳不下	适当增加列的宽度
2	#DIV/0!	当公式被零除时产生的错误信息	修改单元格引用，或在用作除数的单元格中输入不为零的值
3	#N/A	当函数或公式中没有可用的数值时产生的错误信息	如果工作表中某些单元格暂时没有数值，在其中输入 #N/A，公式在引用这些单元格时将不进行数值计算，而是返回 #N/A
4	#NAME?	在公式中使用了 Excel 不能识别的文本	如所需的名称没有列出，则添加相应的名称。如名称存在拼写错误，则修改错误
5	#NULL!	当试图为两个并不相交的区域指定交叉点时，将产生该错误信息	如果要引用两个不相交的区域，应使用合并运算符
6	#NUM!	当公式或函数中某些数字有问题时，将产生该错误信息	检查数字是否超出限定区域，确认函数中使用的参数类型是否正确
7	#REF!	当单元格引用无效时，将产生该错误信息	更改公式，或在删除或粘贴单元格之后立即单击“撤销”按钮以恢复单元格
8	#VALUE!	使用错误参数或运算对象类型，或者自动更改公式功能不能更正公式	确认公式或函数所需的参数或运算符是否正确，并确认公式引用的单元格均有效

6. 分页和分页预览

1) 分页预览

在 WPS 表格中的普通视图中，整张工作表没有明显的分页标记，这时可以使用分页预览。选择“视图”→“分页预览”命令，出现分页预览视图，如图 4-78 所示，视图中蓝色粗实线表示分页情况，不同的页上显示有半透明文字“第×页”，将鼠标指针移到打印区域的边界，当指针变为双向箭头时，拖曳鼠标就可以改变打印区域的大小；将鼠标指针移到分页线上，当指针变为双向箭头时，拖曳鼠标可以改变分页符的位置。

	A	B	C	D	E	F	G	H	I	J	K	L	M
1	员工档案信息表												
2	编号	姓名	性别	学历	身份证号	出生日期	年龄	工作时间	工龄	部门	职位	家庭住址	联系电话
3	0001	方　浩	男	中学	342604197204160537	1972年04月16日	42	1995年05月02日	19	办公室	职工	社区1栋401室	13803832010
4	0002	邓子建	男	小学	342802197305060354	1973年05月06日	41	1996年03月12日	18	后勤部	临时工	社区1栋406室	13920145678
5	0003	陈华伟	男	中学	342104197204260213	1972年04月26日	42	1996年02月03日	18	制造部	部门经理	社区2栋402室	13025478562
6	0004	杨　明	男	本科	342501197509050551	1975年09月05日	39	1997年12月01日	17	销售部	职工	社区11栋308室	13654657825
7	0005	张铁明	男	研究生	342607197803170540	1978年03月17日	36	2006年03月01日	8	销售部	部门经理	社区8栋405室	13123568545
8	0006	谢桂芳	女	中学	342205197610160527	1976年10月16日	38	1996年08月01日	18	后勤部	职工	社区7栋302室	13562456245
9	0007	刘济东	男	研究生	342604197506100224	1975年06月10日	39	2004年10月01日	10	后勤部	部门经理	东方园2栋407室	13456258785
10	0008	廖时静	女	中学	342401197912120210	1979年12月12日	35	1997年06月01日	17	后勤部	临时工	华夏社区1栋503室	13125647851
11	0009	陈　果	男	本科	342707198008160517	1980年08月16日	34	2001年03月01日	13	销售部	职工	社区4栋406室	13745621254
12	0010	赵　丹	女	中学	343002197907250139	1979年07月25日	35	1999年04月01日	15	销售部	职工	社区2栋208室	15024586526
13	0011	赵小麦	男	本科	382101198011080112	1980年11月08日	34	2001年03月02日	13	销售部	职工	利花园3栋801室	15235647589
14	0012	高丽莉	女	中学	342104198110220126	1981年10月22日	33	2002年02月03日	12	办公室	职工	大华村88号	15635865487
15	0013	刘小东	男	中学	342402197902180750	1979年02月18日	35	1999年01月04日	15	制造部	部门经理	社区1栋208室	18623568745

第 1 页　第 2 页

图 4-78　分页预览视图

2) 插入分页符

对于超过一页的工作表，系统能够自动设置分页，但有时用户希望按自己的需要对工作表进行人工分页。人工分页的方法就是在工作表中插入分页符，分页符包括垂直人工分页符和水平人工分页符。选定要开始新的一页的单元格，选择“页面布局”→“插入分页符”命令，如图 4-79 所示。分页结果如图 4-80 所示。

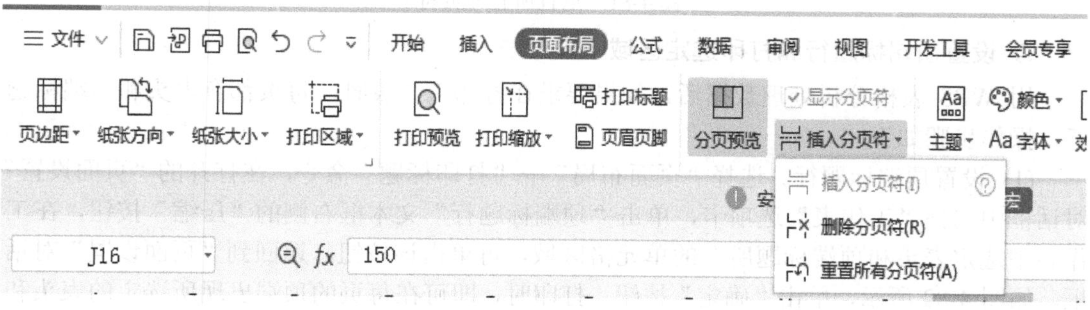

图 4-79　插入分页符

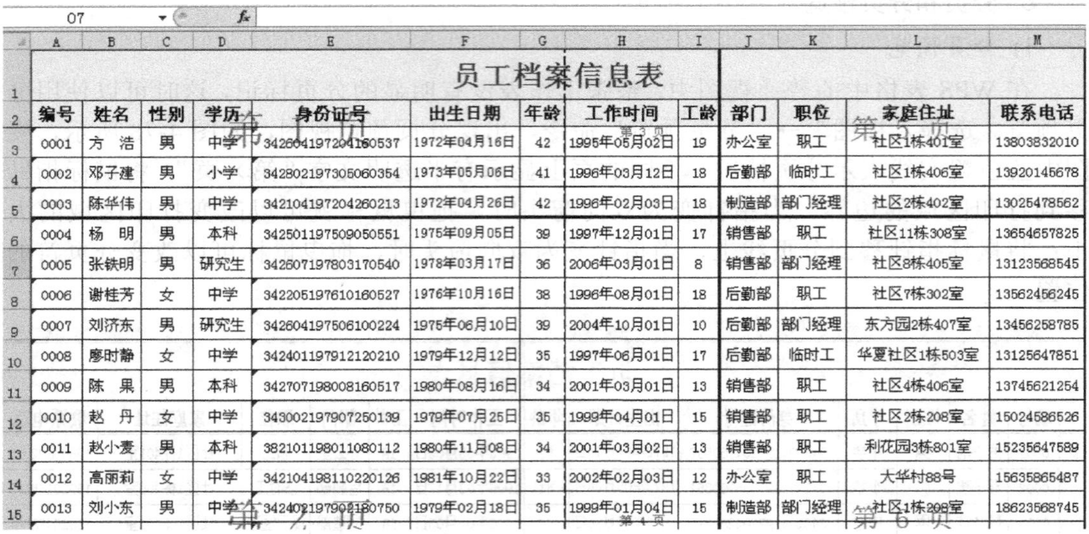

编号	姓名	性别	学历	身份证号	出生日期	年龄	工作时间	工龄	部门	职位	家庭住址	联系电话
0001	方　浩	男	中学	342604197204160537	1972年04月16日	42	1995年05月02日	19	办公室	职工	社区1栋401室	13803832010
0002	邓子建	男	小学	342802197305060354	1973年05月06日	41	1996年03月12日	18	后勤部	临时工	社区1栋406室	13920145678
0003	陈华伟	男	中学	342104197204260213	1972年04月26日	42	1996年02月03日	18	制造部	部门经理	社区2栋402室	13025478562
0004	杨　明	男	本科	342501197509050551	1975年09月05日	39	1997年12月01日	17	销售部	职工	社区11栋308室	13654657825
0005	张铁明	男	研究生	342607197803170540	1978年03月17日	36	2006年03月01日	8	销售部	部门经理	社区8栋405室	13123568545
0006	谢桂芳	女	中学	342205197610160527	1976年10月16日	38	1996年08月01日	18	后勤部	职工	社区7栋302室	13562456245
0007	刘济东	男	研究生	342604197506100224	1975年06月10日	39	2004年10月01日	10	后勤部	部门经理	东方园2栋407室	13456258785
0008	廖时静	女	中学	342401197912120210	1979年12月12日	35	1997年06月01日	17	后勤部	临时工	华夏社区1栋503室	13125647851
0009	陈　果	男	本科	342707198008160517	1980年08月16日	34	2001年03月01日	13	销售部	职工	社区4栋406室	13745621254
0010	赵　丹	女	中学	343002197907250139	1979年07月25日	35	1999年04月01日	15	销售部	职工	社区2栋208室	15024586526
0011	赵小麦	男	本科	382101198011080112	1980年11月08日	34	2001年03月02日	13	销售部	职工	利花园3栋801室	15235647589
0012	高丽莉	女	中学	342104198110220126	1981年10月22日	33	2002年02月03日	12	办公室	职工	大华村88号	15635865487
0013	刘小东	男	中学	342402197902180750	1979年02月18日	35	1999年01月04日	15	制造部	部门经理	社区1栋208室	18623568745

图 4-80　在分页预览视图中查看分页符

(3) 删除分页符。要删除人工分页符时，应选定分页虚线下一行或右一列的任一单元格，点击“页面布局”→“插入分页符”命令的下拉按钮，在下拉列表中选择“删除分页符”命令即可。如果要删除全部分页符，应选中整个工作表，然后在“插入分页符”下拉列表中选择“重置所有分页符”命令即可，如图 4-81 所示。

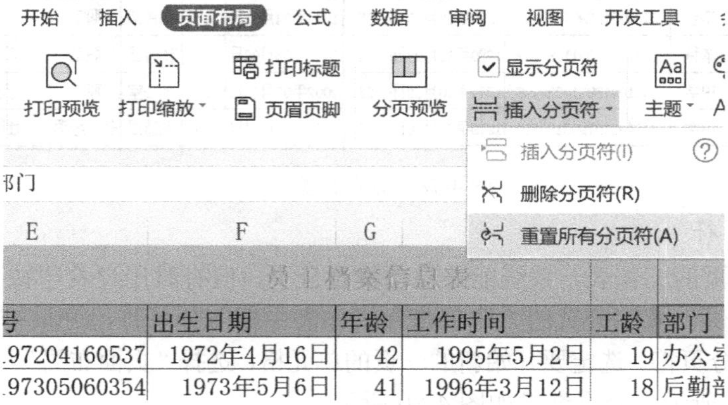

图 4-81　重置所有分页符

7. 设置顶端标题行和打印选定区域

用 WPS 表格分析处理数据后，如果要求在打印工作表时，每页都有表头和顶端标题行，操作步骤如下：

(1) 设置顶端标题行。选择“页面布局”→“打印标题”命令，在打开的“页面设置”对话框中选择“工作表”选项卡，单击“顶端标题行”文本框右侧的“压缩”按钮，在工作表中选定表头和顶端标题所在的单元格区域，再单击该按钮，返回到“页面设置”对话框，如图 4-82 所示，单击“确定”按钮。打印时，即可在每页的顶端出现所选定的表头和标题行。

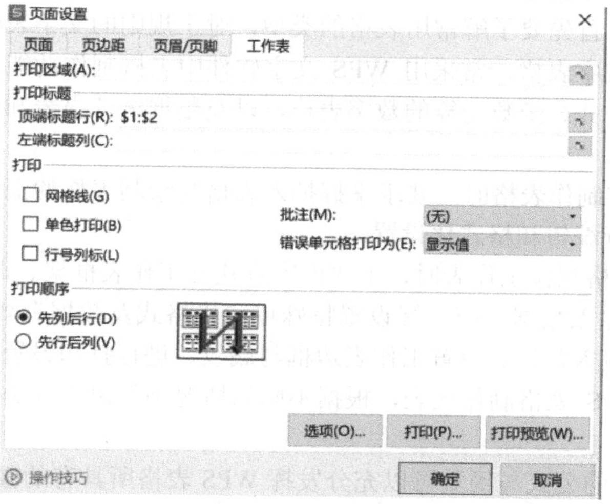

图 4-82　设置顶端标题行

(2) 选择打印区域。打印区域的选择有两种方法：一是在工作表中选定要打印的单元格区域，选择“页面布局”，单击“打印区域”命令即可；二是打开“页面设置”对话框，在“工作表”选项卡中的“打印区域”中选择需要打印的区域，单击“确定”按钮即可。

8. 冻结窗格

在数据库表格中，由于数据记录的行数很多，向下滚动翻看时上面的标题行会显示不出来，这样会给用户造成很大的困扰，可以使用冻结窗格法使前面的标题行在记录滚动时固定不动，以本例中的员工档案信息工作表为例，若想使前两行保持不动，方法如下：

将光标定位在第三行，选择“视图”选项卡，单击“冻结窗格”命令下拉列表中的“冻结至第 3 行 L 列”命令，如图 4-83 所示，结果就会将前两行的框架冻结，这时向下滚动时前两行的标题和字段名就会固定。

如果想取消冻结窗格，则在下拉列表中选择“取消冻结窗格”，如图 4-84 所示，就可将工作表恢复成冻结窗格以前的状态。

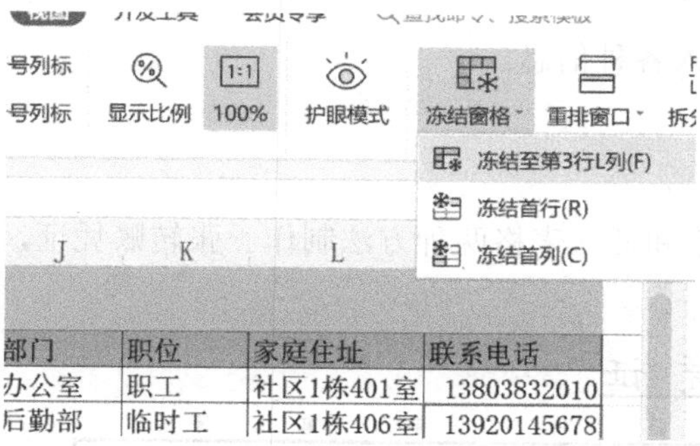

图 4-83　设置冻结窗格

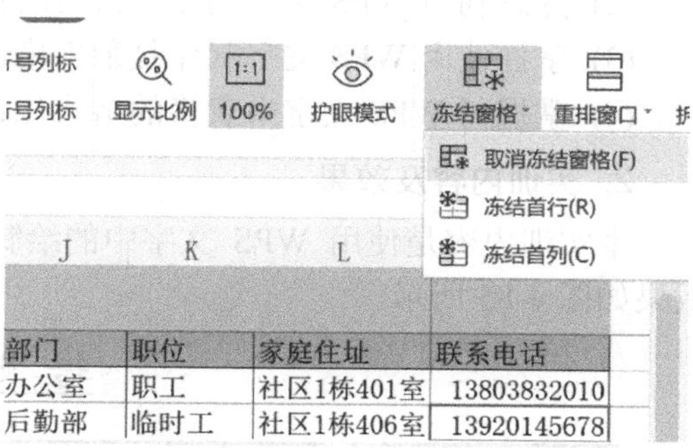

图 4-84　取消冻结窗格

本 章 小 结

本章介绍了用 WPS 文字和 WPS 表格软件实现办公中常用表格的制作。

在制作表格时，首先要了解常用表格的类型，对于规则的文字表格、不参与运算的数字表格以及复杂的文字表格，常采用 WPS 文字软件中表格制作功能来实现。对于包含大量数字且需要进行公式、函数运算的数字表格，以及数据统计报表和数据关联表格，最好使用 WPS 表格制作。

利用 WPS 文字制作表格时，要求掌握插入表格与绘制表格的混合使用，及在已制作好的表格中能够进行编辑和格式化设置。

在利用 WPS 表格制作工作表时，主要内容有建立工作表框架、调整行高、调整列宽，为了有效地显示及输入数据，应掌握设置特殊单元格格式及数据有效性规则、利用 WPS 表格功能技巧性地输入数据、设置工作表边框与底纹、进行打印设置等。在制作工作表的同时还可以利用 WPS 表格制作图表，根据不同的情况制作出不同类型的图表，有利于数据更直观地显示。

利用 WPS 表格的公式与函数可以充分发挥 WPS 表格所具有的强大的数据处理功能，在工作表中进行快速计算来获取数据。正确地编制和使用公式，可以简化工作，大大提高工作效率。在利用公式与函数进行计算时，要充分理解并能够正确使用单元格地址的相对引用、绝对引用和混合引用。

此外，在本章中介绍了编辑宏制作工资条的方法。掌握一些宏知识也是必要的，通过编写 Visual Basic 命令代码，可以开发出一些小工具，拓展 WPS 表格的功能，方便工作。

实　训

实训一　制作一张转账凭证

1. 实训目的

(1) 熟悉 WPS 文字中表格的编辑操作。

(2) 熟悉利用 WPS 文字制作表格的两种方法。

(3) 掌握使用 WPS 文字制作复杂表格，输入各种信息。

(4) 掌握对 WPS 文字中表格的格式化设置。

2. 实训内容及效果

本实训内容是使用 WPS 文字中的绘制表格和插入表格两种方法制作一张转账凭证，效果如图 4-85 所示。

转账凭证

年　月　日　字　第　号

摘要	总账科目	明细科目	借方金额									贷方金额								
			百	十	万	千	百	十	元	角	分	百	十	万	千	百	十	元	角	分
合计																				
账务主管		记账				出纳						审核						制单		

图 4-85　转账凭证表格的效果图

3. 实训要求

(1) 在页面设置中设置纸张为 A4、横向。

(2) 输入表格标题内容。

(3) 先插入一个五行四列的表格，然后使用“绘制表格”模拟效果图进行详细绘制。

(4) 在表格中输入文字内容，输入图 4-85 中的文字，并适当设置其单元格对齐方式。

(5) 为边框加粗。按照效果图的效果对表格中的某些边框线进行加粗设置。

实训二　制作学生成绩统计表和图表

1. 实训目的

(1) 熟悉利用 WPS 表格创建工作表框架。

(2) 掌握在 WPS 表格中利用输入技巧输入数据。

(3) 熟练掌握对工作表进行格式化设置。

(4) 熟练掌握图表的制作。

(5) 熟练掌握格式化图表。

2. 实训内容及效果

本实训中首先制作一个学生成绩统计表，再根据表格中的数据制作一个柱状图。

3. 实训要求

(1) 制作一个学生成绩统计表并输入相应的数据，其中“总分”列使用自动求和功能计算。

(2) 合并第一行输入标题，并将标题格式化为 16 号字、宋体、红色，底纹为浅青绿。

(3) 将字段名一行格式化为蓝色，字体为粗体，将整个表格的单元格对齐方式设置为水平和垂直方向均为“居中”。

(4) 根据学生成绩统计表中的 B3:F7 制作一个柱状图，图表的格式化要求如下：

① 绘图区的填充颜色为渐变色：天蓝色向白色的渐变。

② 图表标题区的格式为：底纹为浅黄色，边框为单实线、红色、加粗。

③ 坐标轴标题格式为：底纹为浅青绿，边框为黑色、单实线。

④ 坐标轴格式为：字体为蓝色，加粗。

实训三　制作员工档案工资管理表

1. 实训目的

(1) 掌握 WPS 表格的输入技巧以及数据有效性的设置。

(2) 掌握工作表之间的关联操作。

(3) 熟悉工作表中公式和函数的使用。

(4) 了解宏在 WPS 表格中的使用。

2. 实训内容及效果

(1) 主界面效果如图 4-55 所示。

(2) 员工档案工资管理表中各表框架效果如图 4-56～图 4-59 所示。

3. 实训要求

(1) 按照本书 4.4 节的操作步骤新建员工档案工资管理工作簿。

(2) 制作各工作表的框架。按下列要求进行格式设置：

① 标题行合并单元格使标题文字居中，字体为宋体、24 号，行高 40，浅青绿色底纹。

② 字段名行文字居中，字体为仿宋、12 号，浅黄色底纹。

③ 设置除标题行外其余单元格外边框为黑实线、1.5 磅，内边框为细实线、0.5 磅，行高为“最适合的行高”。

(3) 利用公式和函数完成“员工档案信息”表中出生日期、年龄、工龄等字段的信息输入以及工资表中的各字段的计算。

(4) 按表 4-3 到表 4-6 中数据，制作并填充“计算比率及标准”表及数据信息。

(5) 利用“员工工资表”制作“员工工资条”。

第 5 章　办公中的数据处理

教学目标：

➢ 熟悉 WPS 表格中数据的输入方法；
➢ 掌握 WPS 表格中图表、数据透视表的制作方法；
➢ 熟练掌握工作表中数据的排序、筛选和分类汇总操作。

教学内容：

➢ 利用 WPS 表格中的数据库处理学生成绩；
➢ 利用 WPS 表格分析企业产品销售；
➢ 实训。

5.1　利用 WPS 表格中的数据库处理学生成绩实例

WPS 表格具有强大的数据库功能，所谓数据库，是指以一定的方式组织存储在一起的相关数据的集合。在 WPS 表格中，可以在工作表中建立一个数据库表格，对数据库表中的数据进行排序、筛选、分类汇总等各种管理和统计分析。数据库表中每一行数据被称为一条记录，每一列被称为一个字段，每一列的标题为该字段的字段名。使用 WPS 表格的数据库管理功能在创建工作表时，必须遵循以下准则：

(1) 避免在一张工作表中建立多个数据库表，如果工作表中还有其他数据，数据库表应与其他数据间至少留出一个空白列和一个空白行。

(2) 数据库表的第一行应有字段名，字段名使用的格式应与数据表中其他数据有所区别。

(3) 字段名必须唯一，且数据库表中的同一列数据类型必须相同。

(4) 任意两行的内容不能完全相同，单元格内容不要以空格开头。

本节介绍利用 WPS 表格中的数据库管理功能实现对学生成绩的管理。

【实例描述】

在学校的教学工作中，对学生的成绩进行统计分析是一项非常重要的工作。利用 WPS 表格强大的数据处理功能，可以迅速完成对学生成绩的处理。本实例要求对学生的期末成绩作如下处理：

(1) 制作本学期成绩综合评定表。在综合评定表中包含学生的各科成绩、综合评定分、综合名次、奖学金等，效果如图 5-1 所示。

(2) 筛选出优秀学生名单和不及格学生名单，效果如图 5-2 和图 5-3 所示。

2020级××××班学生期末成绩综合评定表													
学号	姓名	性别	写作	英语	逻辑	计算机	体育	法律	哲学	操行分	综合评定分	综合名次	奖学金
2020020101	张新欣	女	90	85	88	98	86	89	82	23	93.55	2	二等奖
2020020102	王晓彤	女	85	47	80	78	85	80	87	23	88.85	9	
2020020103	张少彬	男	78	99	54	75	85	75	78	16	74.95	34	
2020020104	陈宝强	男	78	98	75	98	65	98	70	21	85.40	17	
2020020105	宁渊博	男	96	85	85	86	87	89	60	28	92.05	4	三等奖
2020020106	杨伟	男	87	80	68	58	65	85	75	21	77.40	33	
2020020107	张玲玲	女	80	86	80	80	82	81	83	21	86.05	16	
2020020108	黄迎春	女	56	87	75	82	94	68	65	24	84.85	18	
2020020110	赵晓晓	女	75	76	87	87	82	86	86	28	96.50	1	一等奖
2020020111	吕玲玲	女	85	76	85	91	85	87	82	18	86.60	14	
2020020112	李丽	女	68	78	69	97	86	76	68	26	88.80	10	
2020020113	叶兰	女	75	68	84	86	82	65	82	24	87.95	12	
2020020114	赵鑫丹	女	80	84	82	83	87	80	82	27	93.20	3	二等奖
2020020115	张静远	女	98	62	93	91	67	98	67	23	88.75	11	
2020020116	梁靓	女	87	86	84	90	85	83	81	19	86.50	15	
2020020117	王科	男	85	86	75	86	28	86	78	18	74.85	35	
2020020118	杨延雷	男	69	68	76	87	81	80	78	27	91.2	6	三等奖

图 5-1　成绩综合评定表

写作	英语	逻辑	计算机	体育	法律	哲学	综合名次
>=80	>=80	>=80	>=80	>=80	>=80	>=80	
							<=3

学号	姓名	性别	写作	英语	逻辑	计算机	体育	法律	哲学	操行分	综合评定分	综合名次	奖学金
2020020101	张新欣	女	90	85	88	98	86	89	82	23	93.55	2	二等奖
2020020107	张玲玲	女	80	86	80	80	82	81	83	21	86.05	16	
2020020110	赵晓晓	女	75	76	87	87	82	86	86	28	96.50	1	一等奖
2020020114	赵鑫丹	女	80	84	82	83	87	80	82	27	93.20	3	二等奖
2020020116	梁靓	女	87	86	84	90	85	83	81	19	86.50	15	

图 5-2　优秀学生筛选表

写作	英语	逻辑	计算机	体育	法律	哲学
<60						
	<60					
		<60				
			<60			
				<60		
					<60	
						<60

学号	姓名	性别	写作	英语	逻辑	计算机	体育	法律	哲学	操行分	综合评定分	综合名次	奖学金
2020020102	王晓彤	女	85	47	80	78	85	80	87	23	88.85	9	
2020020103	张少彬	男	78	99	54	75	85	75	78	16	74.95	34	
2020020106	杨伟	男	87	80	68	58	65	85	75	21	77.40	33	
2020020108	黄迎春	女	56	87	75	82	94	68	65	24	84.85	18	
2020020117	王科	男	85	86	75	86	28	86	78	18	74.85	35	
2020020102	王晓彤	女	85	47	80	78	85	80	87	23	88.85	9	
2020020115	张静远	女	98	62	93	91	67	98	67	23	88.75	11	
2020020116	梁靓	女	87	86	84	90	85	83	81	19	86.50	15	
2020020106	杨伟	男	87	80	68	58	65	85	75	21	77.40	33	
2020020107	张玲玲	女	80	86	80	80	82	81	83	21	86.05	16	
2020020115	张静远	女	98	62	93	91	67	98	67	23	88.75	11	
2020020116	梁靓	女	87	86	84	90	85	83	81	19	86.50	15	

图 5-3　不及格学生筛选表

(3) 单科成绩统计分析。统计单科成绩的最高分、最低分、各分数段人数与比例等，效果如图 5-4 所示。

	A	B	C	D	E	F	G	H	I	J
1	单科成绩统计分析									
2		写作	英语	逻辑	计算机	体育	法律	哲学		
3	应考人数	36	36	36	36	36	36	36		
4	最高分	98	99	98	98	94	98	92		
5	最低分	56	28	54	46	28	61	59		
6	90分以上人数	6	2	3	7	3	7	2		
7	比例	16.67%	5.56%	8.33%	19.44%	8.33%	19.44%	5.56%		
8	80~90分人数	12	18	11	12	23	16	9		
9	比例	33.33%	50.00%	30.56%	33.33%	63.89%	44.44%	25.00%		
10	70~80分人数	15	7	13	8	3	2	15		
11	比例	41.67%	19.44%	36.11%	22.22%	8.33%	5.56%	41.67%		
12	60~70分人数	2	7	8	6	4	11	8		
13	比例	5.56%	19.44%	22.22%	16.67%	11.11%	30.56%	22.22%		
14	60分以下人数	1	2	1	3	3	0	2		
15	比例	2.78%	5.56%	2.78%	8.33%	8.33%	0.00%	5.56%		
16										

图 5-4　单科成绩统计分析表

(4) 单科成绩统计图。以饼图的形式直观地显示各门课程 90 分以上人数的比例，效果如图 5-5 所示。

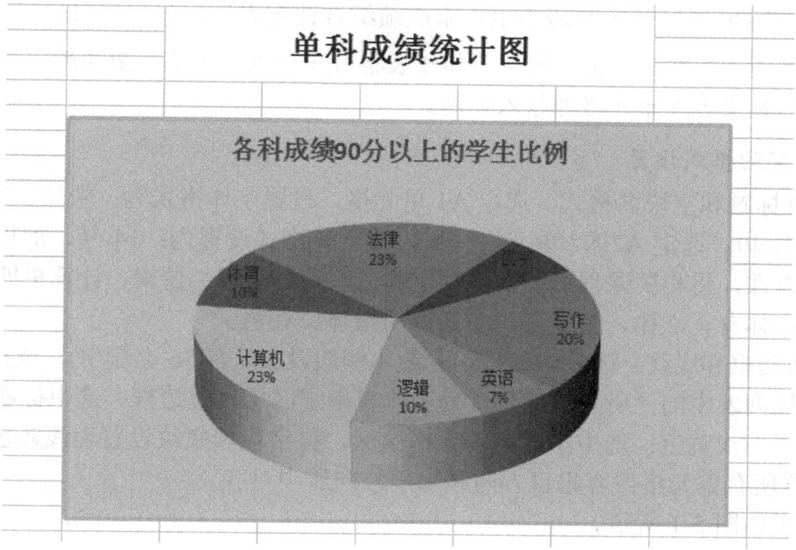

图 5-5　单科成绩统计图

实例制作要求：

(1) 为了便于在屏幕上查看，需要对数据表格中单元格文字、数字的格式(字体、边框、底纹等)进行适当处理。

(2) 为了保障数据准确，各类原始成绩数据输入前要进行数据有效性设置。

(3) 为了直观显示优秀和不及格学生的考试成绩，利用数据的条件格式化对高于 90 分和低于 60 分的成绩采用不同字体颜色显示。

(4) 名次和奖学金以及单科成绩统计分析中的数据需要使用公式和函数计算得出。

(5) 为了输入优秀学生和不及学生的名单，使用高级筛选将符合条件的名单显示出来。

在本实例中，将主要解决如下问题：

(1) 如何利用数据的有效性输入数据。

(2) 如何利用公式和函数对数据进行计算、统计和分析。

(3) 如何实现数据的自动筛选和高级筛选。

【操作步骤】

1. 新建“学生成绩处理”工作簿

新建 WPS 表格，增加四张新的工作表，将五个工作表的名称依次更改为“成绩综合评定”“优秀学生筛选”“不及格学生筛选”“单科成绩统计分析”“单科成绩统计图”。工作表命名结束后，以“学生成绩处理”为名保存工作簿。

2. 制作“成绩综合评定”表

1) 制作标题和字段名

在“学生成绩处理”工作簿中选择“成绩综合评定”表，在 A2:N2 单元格区域中依次输入各个字段标题(分别为学号、姓名、性别、写作、英语、逻辑、计算机、体育、法律、哲学、操行分、综合评定分、综合名次、奖学金等共 14 个)，然后，合并单元格区域 A1:N1 并输入标题“2020 级××××班学生期末成绩综合评定表”。

说明：在输入标题时，由于开始不知道表格有多少列，因此一般先输入字段名，再根据字段名的列数来合并单元格并输入标题。

2) 表框架的格式设置

(1) 设置标题和字段名格式。选定 A1 单元格，设置字体格式为：宋体、20 号、加粗、红色，行高为 40。选定 A2:N2 单元格区域，将字体格式设置为：14 号、加粗。为了区分考试课与考查课，将相关课程设置为不同字体：写作、英语、逻辑、计算机四门考试课用黑体、蓝色；体育、法律、哲学三门考查课用楷体、红色。

(2) 设置边框和底纹。选中 A2:N38 区域(本例假设班里有 36 名学生)，选择“开始”→“边框”下拉列表中的“所有框线”，为工作表指定区域设置边框。选中标题单元格，将标题底纹设置为浅黄色；选中字段名单元格区域，将字段项底纹设置为浅蓝色。

(3) 设置所有单元格内容垂直方向和水平方向居中对齐。

制作效果如图 5-1 所示。

3) 为“学号”设置特殊单元格格式

“成绩综合评定”表中的“学号”字段需要设置特殊的数字类型，选择该列，右击，在弹出的快捷菜单中选择“设置单元格格式”命令，弹出“单元格格式”对话框，如图 5-6 所示，选择“数字”选项卡，在“分类”列表框中选择“文本”，单击“确定”按钮。此时就可以顺利输入学号了。

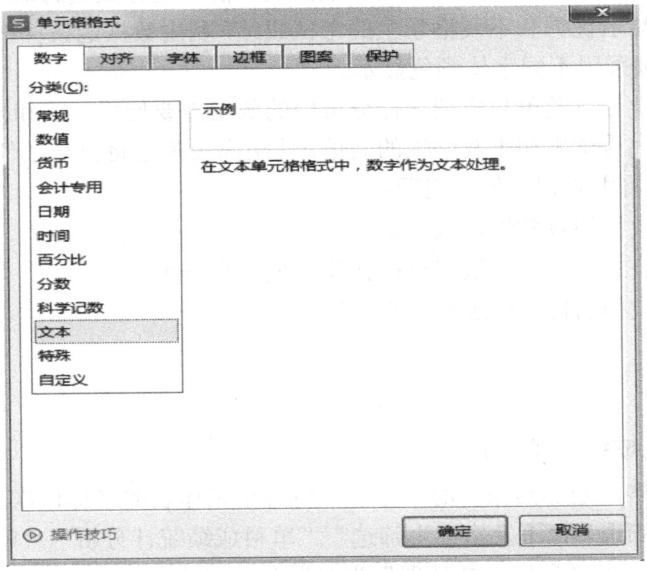

图 5-6　“单元格格式”对话框

说明：在 WPS 表格中，输入的数据类型一般为常规，常规类型的意思是系统根据用户输入的数据来判断是哪种类型，如数字默认为数值型等。因此，如果输入的数据和想得到的结果不一致，就需要改变单元格的类型。

4) 设置数据有效性

在信息输入之前，为了保证数据输入的正确和快捷，可以利用数据的有效性来对单元格进行设置，如需要保证七门成绩中能输入 0～100 之间的数字。还有一些字段的数据来源于一定的序列，如性别，可以在设置序列有效性后选择序列中的某一项，而不用一一输入，这样既保证了正确性，又提高了效率。本例中，各门课程对应的成绩范围应在数字 0～100 之间，性别设置范围为“男，女”。具体操作步骤如下：

(1) 设置各科成绩的数据有效性。选择单元格区域 D3:J38，选择“数据”→“有效性”命令，打开“数据有效性”对话框。如图 5-7 所示。在“设置”选项卡中设置“允许”为“小数”、“数据”为“介于”、“最小值”为“0”、“最大值”为“100”。

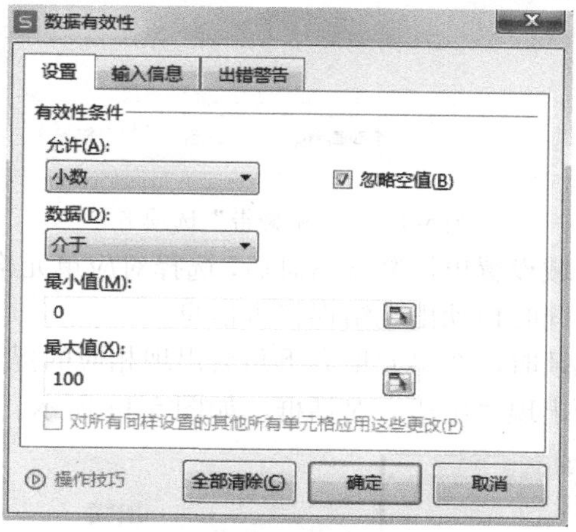

图 5-7　“数据有效性”对话框

在“输入信息”选项卡中，勾选“选定单元格时显示输入信息”；在“标题”文本框中输入“输入成绩”；在“输入信息”文本框中输入“请输入对应成绩(0～100 之间)”，如图 5-8 所示。

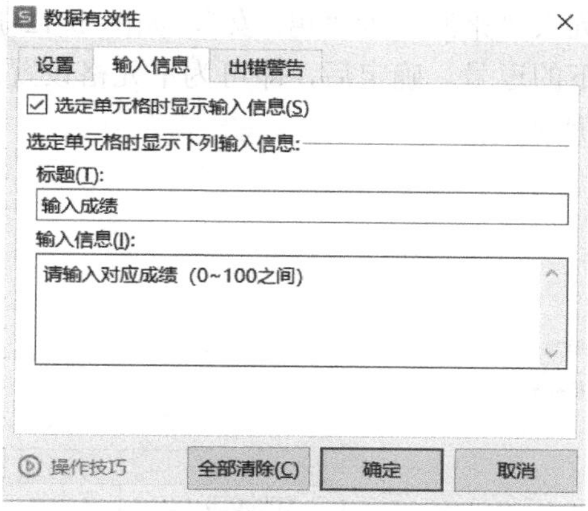

图 5-8　“输入信息”选项卡

单元格或单元格区域设置输入提示信息后，选择对应单元格，系统就会出现提示信息，输入人员可以根据输入信息的提示向其中输入数据，避免数据超出范围。

在图 5-9 所示的“出错警告”选项卡中，勾选“输入无效数据时显示出错警告”，将“标题”设置为“出错”，将“错误信息”设置为“输入的数据超出合理范围”，“样式”

中共有 3 个选项：停止、警告、信息，通常设置为“停止”。

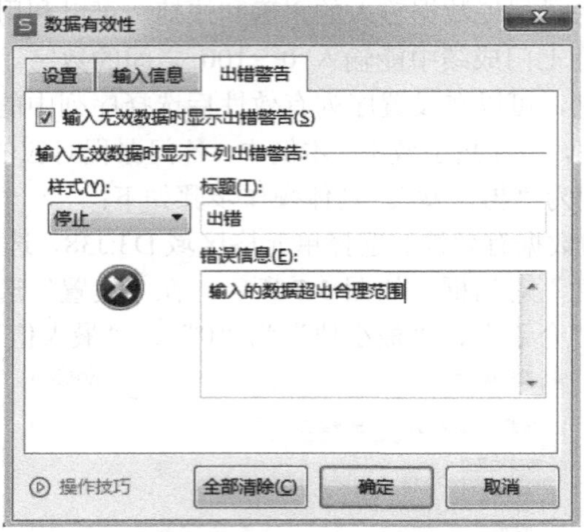

图 5-9　“出错警告”选项卡

在单元格或单元格区域设置出错警告信息后，选择对应单元格，输入超出范围的数据，系统将会发出警告声音，同时自动出现错误警告信息。

这样，当输入各科成绩时，在单元格右下角会出现相应的提示信息，如图 5-10 所示。当输入的数据不正确时会出现“出错”对话框，如图 5-11 所示。

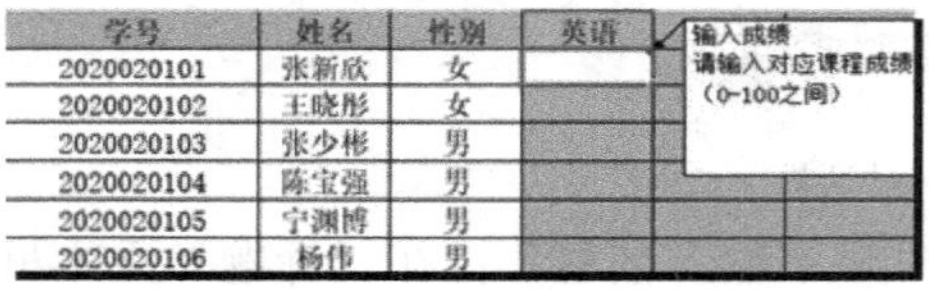

学号	姓名	性别	英语
2020020101	张新欣	女	
2020020102	王晓彤	女	
2020020103	张少彬	男	
2020020104	陈宝强	男	
2020020105	宁渊博	男	
2020020106	杨伟	男	

图 5-10　输入提示信息示意图

图 5-11　“出错”对话框

(2) 设置性别的序列有效性。方法同上，在“数据有效性”对话框中的“设置”选项卡中设置“允许”为“序列”、“来源”为“男，女”，如图 5-12 所示。注意此时的序列项之间的逗号为英文输入法下的逗号。确定后，即可为单元格设置为序列有效性，输入时就可以直接选择，如图 5-13 所示。

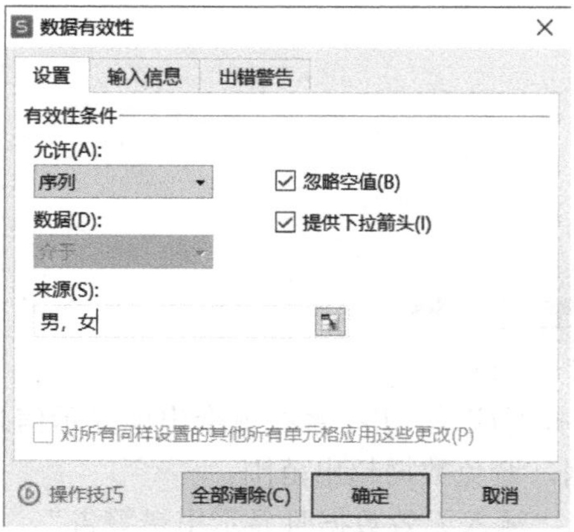

图 5-12　设置序列的有效性

学号	姓名	性别	英语	数学
2020020101	张新欣		90	85
2020020102	王晓彤		85	47
2020020103	张少彬		78	99
2020020104	陈宝强		78	98
2020020105	宁渊博		96	85
2020020106	杨伟		87	87

图 5-13　选择序列项

5) 利用条件格式化设置单元格内容显示格式

设置输入成绩显示格式，为了突出显示满足一定条件的数据，本例中将 95 分以上(优秀成绩)单元格数字设置为蓝色、粗体效果，低于 60 分(不及格)单元格数字设置为红色效果。操作步骤如下：

(1) 设置 60 分以下的条件格式。选中 D3:J38 单元格区域，单击 “开始”→“条件格式”命令，在下拉列表中选择“突出显示单元格规则”中的“其他规则”命令，如图 5-14 所示，弹出“新建格式规则”对话框，如图 5-15 所示，将“单元格值”设置为“小于”“60”，单击“格式”按钮，在弹出的对话框中将字体格式设置为“红色”“加粗”“倾斜”，确定后选中区域中符合条件的数据就会更改为设置过的格式。

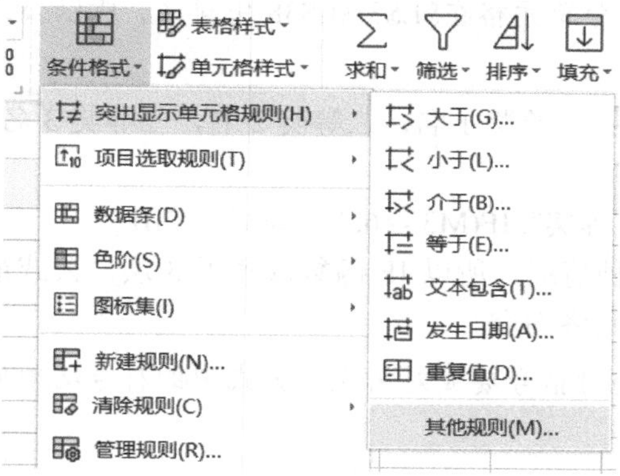

图 5-14　设置条件格式

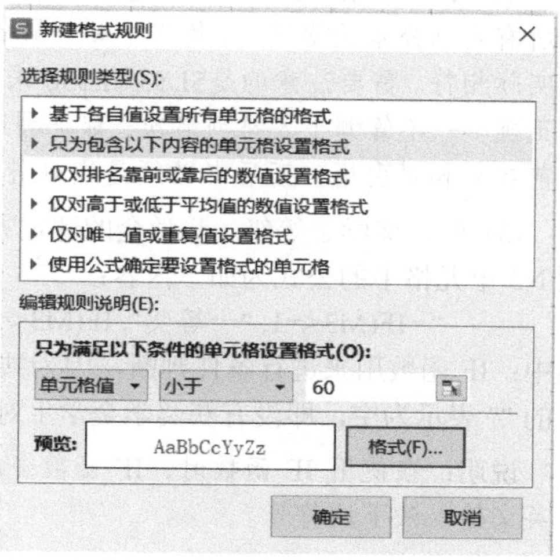

图 5-15　“新建格式规则”对话框

(2) 设置 95 分以上的条件格式。方法同上步，不同的是设置条件为“大于或等于”“95”，格式为“蓝色”“加粗”，确定后成绩区域就有两种数据的条件格式。

(3) 删除条件格式。选择“开始”→“条件格式”下拉列表中的“清除规则”命令，此时可以根据需要选择“清除所选单元格的规则”或“清除整个工作表的规则”来删除条件格式。

说明：同一区域可多次设置条件格式，对于设置好条件格式的单元格，在数据输入之前，表面上没有任何变化，但当输入数据后，数字的字体格式会自动按照设定样式进行改变，并且会随着内容的变化自动调整格式。

6) 数据输入

完成各项设置后，即可进行数据信息的输入。本例中数据输入是指学生基本信息(学号、姓名、性别)和原始数据(七门考试、考查课成绩以及操行分)的录入，其他列的内容都需要使用公式和函数计算。在本例中，数据可以直接输入，即逐个字段输入数据。此时，单元格的有效性设置、条件格式等都将发挥作用。同时，可以充分利用序列填充等技巧加快数据输入速度，但要注意输入时必须与课程列对应。

7) 利用公式计算综合评定分、综合名次、奖学金等字段值

(1) 计算综合评定分。综合评定分计算方法是：四门考试课平均分 × 60% + 三门考查

课成绩平均分 × 20% + 操行分。此处需要使用 AVERAGE 函数。操作方法为：先选择 L3，在编辑栏中输入公式“=AVERAGE(D3:G3)*0.6+AVERAGE(H3:J3)*0.2+K3”。拖动填充柄复制得到每个学生的综合评定分数。

计算出综合评定分后还要设置其数值保留两位小数，方法如下：选择 L3:L38，打开“单元格格式”对话框，在“数字”选项卡中将“分类”设为“数值”，“小数位数”设为“2位”，单击“确定”按钮即可将该区域中的数字全部设置为保留 2 位小数。

(2) 排列综合名次。排列综合名次需要使用 Rank 函数。先选择 M3 单元格，在编辑栏中输入公式“=RANK(L3, $L$3:$L$38)”。拖动填充柄复制得到每个学生的综合名次。

说明：RANK 函数是专门进行排名次的函数，L3 为评定分所在单元格，$L$3:$L$38 为所有人总分单元格区域，第三个参数缺省则排名按降序排列，也就是分数高者名次靠前，与实际相符。需要注意的是$L$3:$L$38 采用绝对引用，主要是为了保证将来公式复制的结果正确——不管哪个人排列名次，都是利用其总分单元格在$L$3:$L$38 中排名，所以公式中前者为相对引用，而后者必须是绝对引用。

(3) 确定奖学金等级。奖学金的评定方法为：一等奖 1 名，二等奖 2 名，三等奖 3 名，则 N3 单元格中的公式为如下内容：

“=IF(M3<=1, "一等奖", IF(M3<=3, "二等奖", IF(M3<=6, "三等奖", "")))”

其中：IF 函数用来进行条件判断，因为共有 4 种情况，所以 IF 函数嵌套了 3 层。公式最后的 "" 表示为空，即没有获奖学金学生对应单元格为空。

说明：在使用 IF 函数时，IF 函数多层嵌套时括号要成对出现；公式中的符号必须使用英文输入法下的符号。

8) 排列名次

将鼠标置于“综合名次”列中任意一个单元格，单击“数据”→“排序”下拉列表中的升序按钮，即可实现在学生成绩评定表中按名次升序排列。

有关表格中排序的知识参见本小节的【主要知识点】。

3. 利用高级筛选制作“优秀学生筛选”表和“不及格学生筛选”表

下面以筛选优秀学生为例，说明高级筛选的操作。优秀学生的评定标准为：考试课和考查课各科成绩均在 80 分以上，或者综合名次在前 3 名以内。

操作时首先需要设置筛选条件，为此最好新建一个空白表格，在其中单独设置筛选条件，以便在此表放置筛选出的结果。操作步骤如下：

(1) 打开“优秀学生筛选”工作表，然后按照图 5-16 所示在 A1:H3 区域内设置筛选条件。

写作	英语	逻辑	计算机	体育	法律	哲学	综合名次
>=80	>=80	>=80	>=80	>=80	>=80	>=80	
							<=3

图 5-16　设置条件区域

在设置筛选条件时，字段行最好能够从原表中复制得到。每个字段的条件若处于同一行中，则各条件间是逻辑“与”的关系，即必须同时满足条件的记录才被筛选出来；若处于不同行中，属于逻辑“或”关系，即只要一个条件成立就符合筛选要求。

(2) 单击“优秀学生筛选”工作表中的任一单元格。单击“数据”→“高级筛选”功能组右下角的按钮，弹出“高级筛选”对话框。

在“方式”选项区域选中“将筛选结果复制到其它位置”，单击“列表区域”文本框，选择数据区域“sheet!$A$2:$P$38”；单击“条件区域”文本框，选择筛选条件的区域“sheet!$A$1:$H$3”；单击“复制到”文本框，选择将结果复制到的区域的左上角单元格，本例选择“sheet!$A$6”，如图 5-17 所示。单击“确定”按钮即可实现高级筛选。

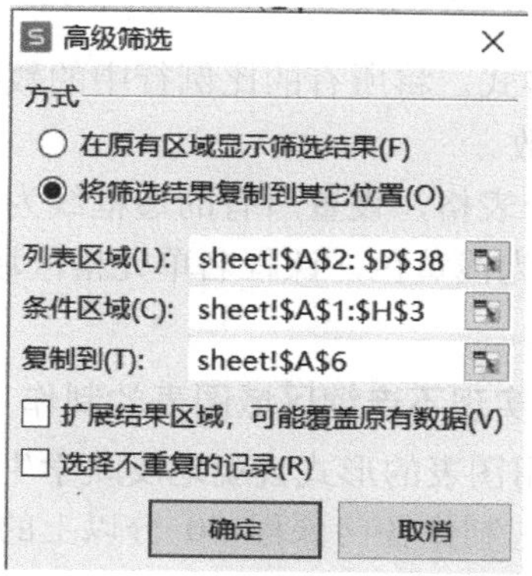

图 5-17　“高级筛选”对话框

(3) 对于不及格学生筛选表的制作来讲，主要是不及格学生筛选条件的建立。图 5-18 所示为筛选不及格学生时条件区域的设置，读者可自行分析各条件之间的逻辑关系。不及格学生筛选结果如图 5-3 所示。

写作	英语	逻辑	计算机	体育	法律	哲学
<60						
	<60					
		<60				
			<60			
				<60		
					<60	
						<60

图 5-18　不及格学生筛选条件

4. 建立“单科成绩统计分析”表

在“单科成绩统计分析”表中按效果图 5-4 创建表框架。利用公式和函数进行各项计算。

(1) 在 B 列分别输入下列公式：

B3 中公式为“=COUNTA(成绩综合评定!$A$3:$A$38)”；

B4 中公式为“=MAX(成绩综合评定!D3:D38)”；

B5 中公式为“=MIN(成绩综合评定!D3:D38)”；

B6 中公式为“=COUNTIF(成绩综合评定!D3:D38, ">=90")”；

B7 中公式为“=B6/B3”；

B8 中公式为“=COUNTIF(成绩综合评定!D3:D38, ">=80")-B6”；

B9 中公式为“=B8/B3”；

B10 中公式为“=COUNTIF(成绩综合评定!D3:D38, ">=70")-B6-B8”;

B11 中公式为“=B10/B3”;

B12 中公式为“=COUNTIF(成绩综合评定!D3:D38, ">=60")-B10-B8-B6”;

B13 中公式为“=B12/B3”;

B14 中公式为“=COUNTIF(成绩综合评定!D3:D38, "<60")”;

B15 中公式为“=B14/B3”。

(2) 公式输入以后，将 B3:H3 单元格区域合并，选中 B4:B15 单元格，拖动填充柄向右填充至 H4:H15 即可。

(3) 设置比例行的单元格格式。将所有的比例行中的数据选中，在单元格格式中将类型设置为百分比，保留两位小数。

(4) 格式化表格。选中整个表格，设置所有的边框线为黑色、单实线，将标题行设置为宋体、18 号字、加粗，底纹为浅黄色，课程名单元格区域的字体加粗，底纹为浅红色，A3:A15 区域的底纹为浅青绿色。

5. 创建单科成绩统计图，实现不连续区域图表的制作

在 WPS 表格中，可以利用图表的形式直观地反映学生成绩分布情况。例如：利用学生单科成绩统计分析表中数据，制作各门课程 90 分以上的学生人数比例的饼图，并且这张图表和原数据不在一张工作表上。

(1) 打开“单科成绩统计分析 1”工作表，合并单元格区域 D3:H4，输入文本“单科成绩统计图”，将其格式设置为宋体、18 号字、粗体。

(2) 选择“插入”→“饼图”命令，如图 5-19 所示，在下拉列表中选择“三维饼图”，此时会插入一个空白的图表，如图 5-20 所示。

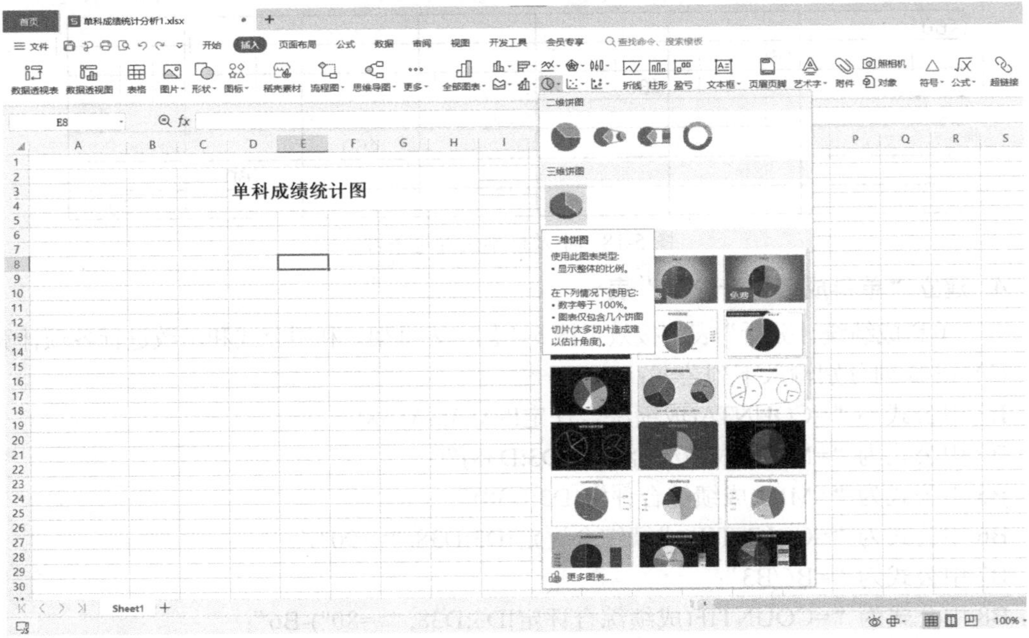

图 5-19　插入三维饼图

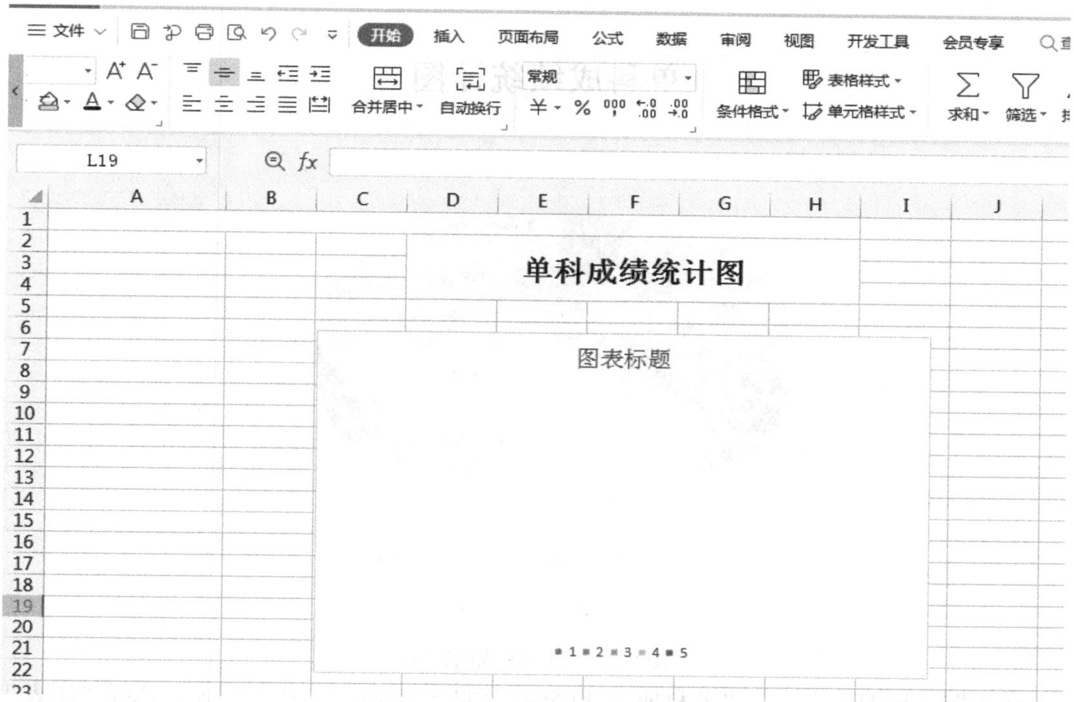

图 5-20　空白图表

选择“图表工具”→“选择数据”命令，弹出“编辑数据源”对话框，如图 5-21 所示。将光标定位在图表数据区域中，选择“单科成绩统计分析”工作表中的 B2:H2 和 B6:H6 区域，确定后出现图 5-22 所示的图表样式。

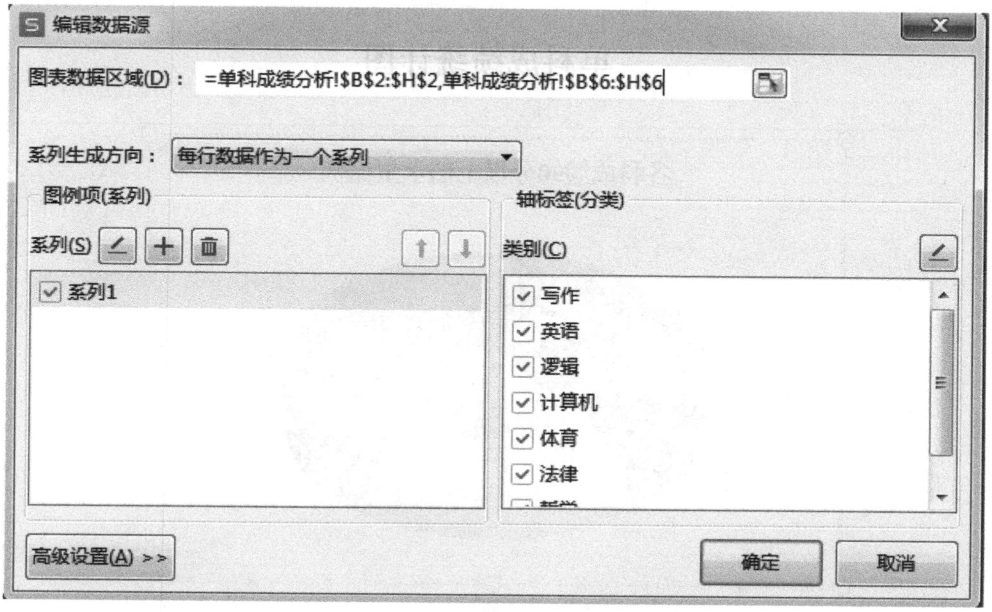

图 5-21　“编辑数据源”对话框

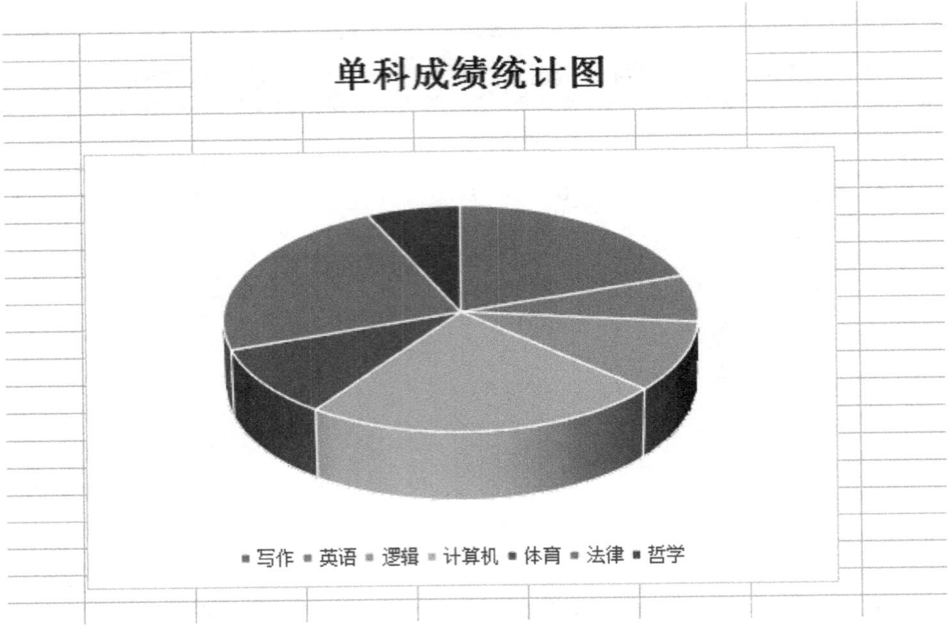

图 5-22　初步生成的饼图

在“图表标题”中输入“各科成绩 90 分以上的学生比例”，选中图表，选择“图表工具”→“快速布局”命令，在下拉列表中选择“布局 1”命令，结果如图 5-23 所示；选择“图表工具”→“设置格式”命令，此时页面右侧出现“属性”对话框，单击“效果”→“三维旋转”命令，设置其 X 的旋转角度为 60°，结果如图 5-24 所示。最后设置图表的边框和填充颜色，结果如图 5-5 所示。

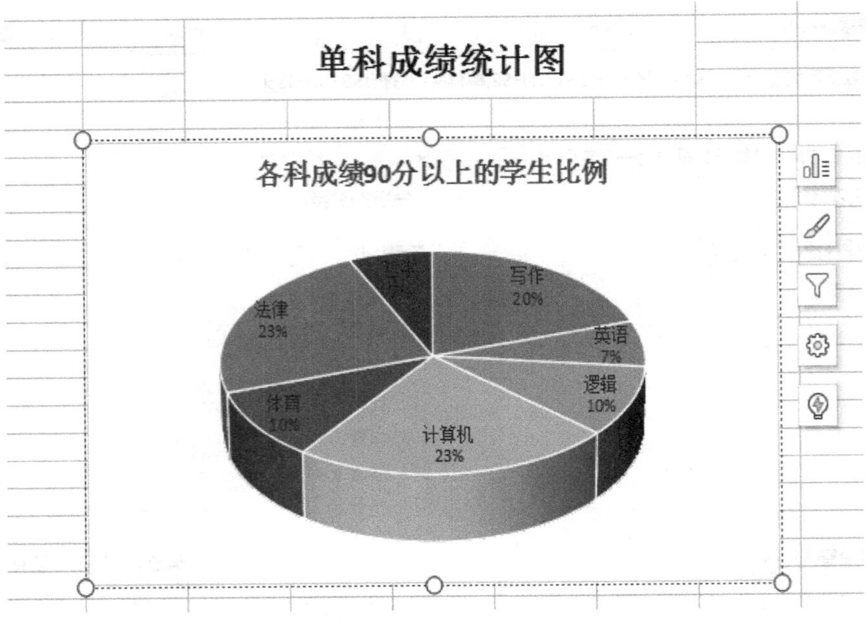

图 5-23　改变布局样式

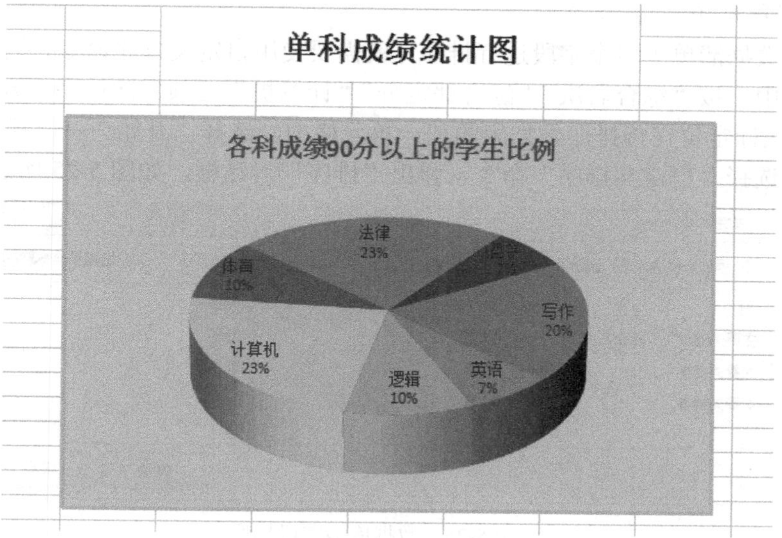

图 5-24　对图表进行三维旋转

【主要知识点】

1. 数据库中的排序操作

为了观察数据或便于查找，需要对数据进行排序。

1) 排序的依据

WPS 表格根据单元格中的内容排列顺序。对于数据库而言，排序操作将以当前单元格所在的列作为排序依据。

在按升序排序时，WPS 表格使用如下顺序(按降序排序时，除了空格总是在最后外，其他的顺序反转)：

(1) 数字从最小的负数到最大的正数排序；

(2) 文本以及包含数字的文本，按下列顺序排序：

0 1 2 3 4 5 6 7 8 9 ' - (空格) ! " # $ % & ( ) * , . / : ; ? @ [\ ] ^ _ ` { | } ~ + < = > A B C D E F G H I J K L M N O P Q R S T U V W X Y Z

(3) 逻辑值中的 FALSE 排在 TRUE 之前。

(4) 所有错误值的优先级相同。

(5) 汉字可以按笔画排序，也可按字典顺序(默认)排序，这可以通过有关操作由用户设置。按字典顺序排序时是依照拼音字母由 A～Z 排序，如“王”排到“张”前面，而“赵”排在“张”后面。

(6) 空格排在最后。

2) 简单排序

如果只对数据清单中的某一列数据进行排序，可以利用“开始”选项卡中的排序按钮简化排序过程。操作方法为：将光标置于待排序列中的任一单元格，单击“开始”选项卡中的“排序”命令，在下拉列表中选择“升序”或“降序”按钮即可。

3) 多字段排序

如果对数据清单中多个字段进行排序，就需要使用自定义排序命令。例如在学生成绩综合评定表中，按“综合名次”“综合评定分”“计算机”三项依次排序。方法是：

(1) 将光标定位在待排序数据库的任一单元格中，选择“开始”→“排序”命令，在下拉列表中选择“自定义排序”命令，弹出“排序”对话框，如图 5-25 所示。

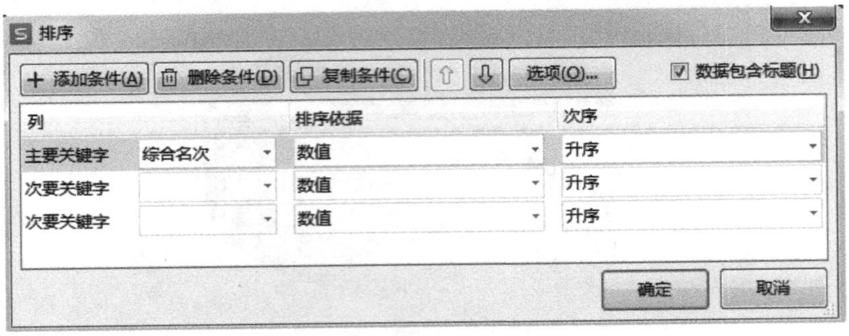

图 5-25　数据库多字段排序

(2) 先在“主要关键字”中选择“综合名次”，“次序”中选择“升序”，连续单击“添加条件”按钮两次，增加两个次要关键字，分别选择“综合评定分”和“计算机”，次序均选择“降序”。

(3) 选定所需的其他排序选项，然后单击“确定”按钮。

说明： 按数据库多列数据排序时，只需单击数据库中任一单元格而不用全选表格，否则会引起数据的混乱。在“选项”对话框中，若不选择“方向”和“方法”，系统默认的排序方向为“按列排序”，默认的排序方式为“字母排序”。如选择“笔画排序”方法，就可实现在开会代表名单、教材编写人员名单中经常看到的按姓氏笔画排序的效果。

4) 自定义排序

用户可以根据特殊需要进行自定义排序。在图 5-26 所示的表格中，如果按照职称对“职称”列排序，用上述三种排序的方法都是无法完成的，这时只能用自定义排序法。

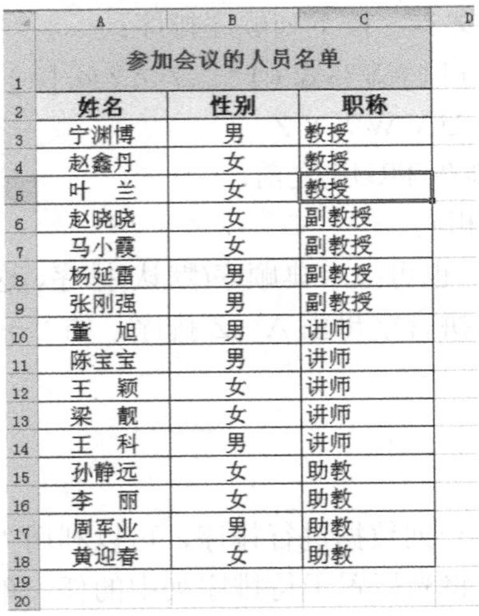

	A	B	C
1	参加会议的人员名单		
2	姓名	性别	职称
3	宁渊博	男	教授
4	赵鑫丹	女	教授
5	叶　兰	女	教授
6	赵晓晓	女	副教授
7	马小霞	女	副教授
8	杨延雷	男	副教授
9	张刚强	男	副教授
10	董　旭	男	讲师
11	陈宝宝	男	讲师
12	王　颖	女	讲师
13	梁　靓	女	讲师
14	王　科	男	讲师
15	孙静远	女	助教
16	李　丽	女	助教
17	周军业	男	助教
18	黄迎春	女	助教
19			
20			

图 5-26　需要自定义排序的表格

自定义排序方法如下：

(1) 定义自定义列表。打开“文件”下拉列表，如图 5-27 所示，单击“选项”命令，弹出“选项”对话框，选择“自定义序列”，在“输入序列”中输入“教授，副教授，讲师，助教”，如图 5-28 所示。单击“添加”按钮，即可将新的序列添加到“自定义序列”列表框中，如图 5-29 所示。

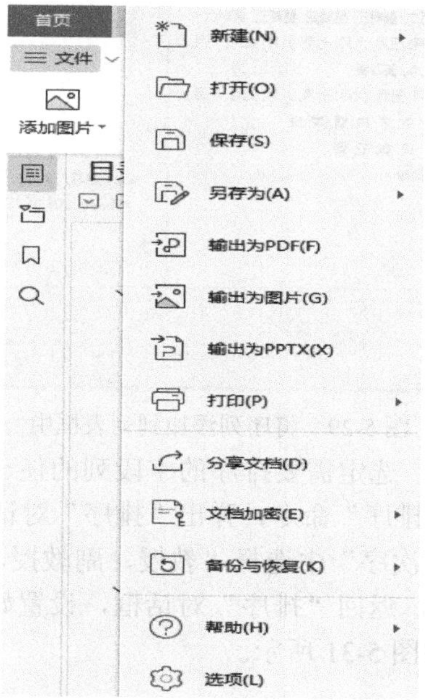

图 5-27　“选项”命令

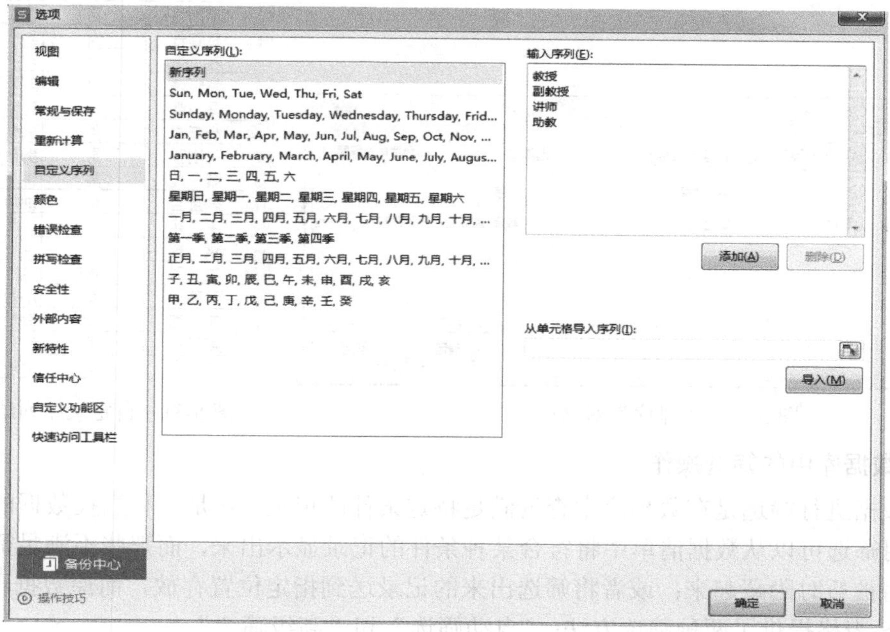

图 5-28　输入序列

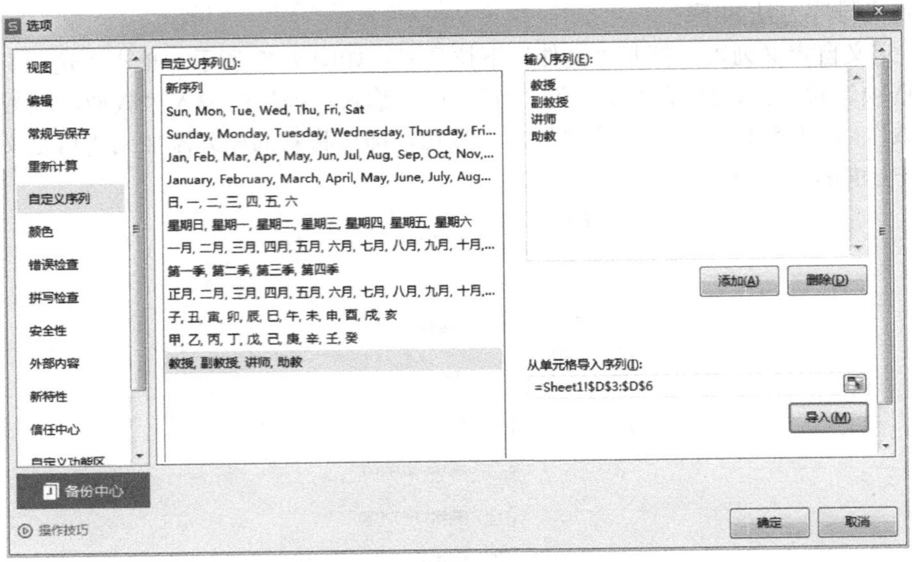

图 5-29　将序列添加到列表框中

(2) 按照自定义列表排序。选定需要排序的字段列的任一单元格，在“开始”→“排序”下拉列表中选择“自定义排序”命令，弹出“排序”对话框，如图 5-30 所示，在“主要关键字”中选择“职称”，“次序”中选择“教授，副教授，讲师，助教”。

(3) 单击“确定”按钮后，返回“排序”对话框，设置好关键字，然后单击“确定”按钮完成自定义排序，结果如图 5-31 所示。

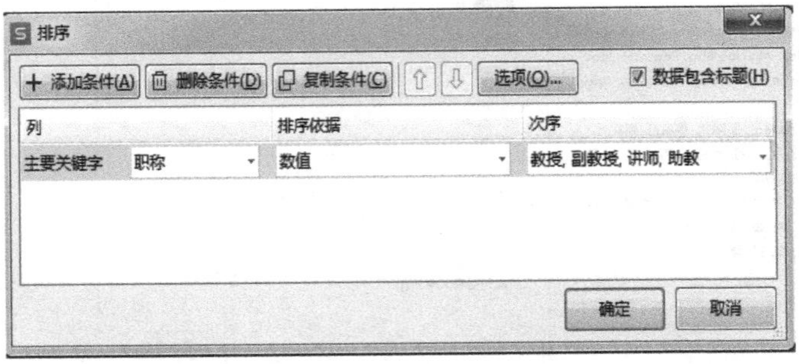

图 5-30　“排序”对话框

	A	B	C
1	参加会议的人员名单		
2	姓名	性别	职称
3	宁渊博	男	教授
4	赵鑫丹	女	教授
5	叶　兰	女	教授
6	赵晓晓	女	副教授
7	马小霞	女	副教授
8	杨延雷	男	副教授
9	张刚强	男	副教授
10	董　旭	男	讲师
11	陈宝宝	男	讲师
12	王　颖	女	讲师
13	梁　靓	女	讲师
14	王　科	男	讲师
15	孙静远	女	助教
16	李　丽	女	助教
17	周军业	男	助教
18	黄迎春	女	助教

图 5-31　自定义序列结果

2. 数据库中的筛选操作

对数据进行筛选是在数据库中查询满足特定条件的记录，它是一种查找数据的快速方法。使用筛选可以从数据清单中将符合某种条件的记录显示出来，而那些不满足筛选条件的记录将被暂时隐藏起来；或者将筛选出来的记录送到指定位置存放，而原数据不动。

WPS 表格提供了两种筛选方法：“自动筛选”和“高级筛选”。

1) 自动筛选

利用自动筛选可以筛选指定学生成绩、单科成绩的分数段、单科成绩前 10 名、各科之间的“与”运算、获奖学金学生情况等。

下面以筛选“英语成绩在 80 到 90 之间(包括 80，而不包括 90)的记录”为例，说明自动筛选的操作。操作步骤如下：

将鼠标定位到需要筛选的数据库中任一单元格。选择“开始”→“筛选”命令，这时在每个字段名旁出现筛选器箭头，如图 5-32 所示。单击“英语”字段名旁的筛选器箭头，在图 5-32 的对话框中选择“数字筛选”→“自定义筛选”命令，弹出图 5-33 所示的“自定义自动筛选方式”对话框，按照图中样式设置筛选条件。

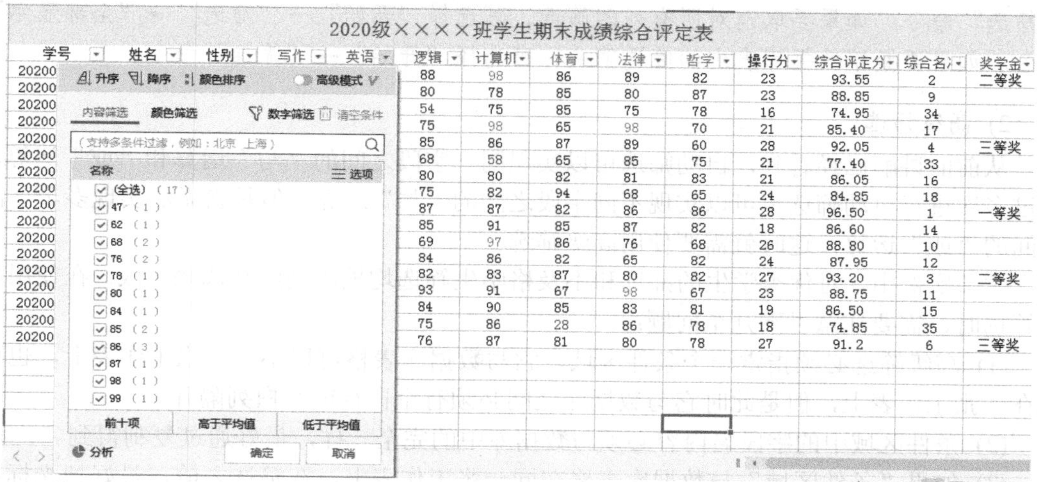

图 5-32 使用自动筛选器筛选记录

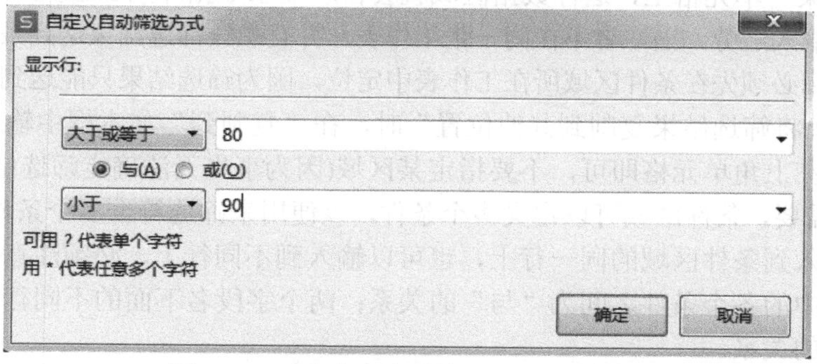

图 5-33 “自定义自动筛选方式”对话框

在图 5-32 所示的筛选器中选择具体数字，将只显示对应数字的记录；单击“全选”显示所有记录；单击“前十项”(默认 10 个，可以自行设置)可以显示最高或最低的一些记录。

在图 5-33 中，除了图中所示的运算符，还包括各种其他的数学关系运算，以及“始于”“止于”“包含”“开头是”“开头不是”“不包含”等字符关系运算。利用它们可以筛选姓“张”的学生、名字中带“丽”字的学生、最后一个字是“杰”的学生等记录。图中“或”表示两个条件只要有一个成立即可，而“与”要求两个条件每件同时成立。单击“确定”按钮，完成操作。图 5-34 为筛选出来的写作成绩在 80～90 分之间的学生记录。

2020级××××班学生期末成绩综合评定表													
学号	姓名	性别	写作	英语	逻辑	计算机	体育	法律	哲学	操行分	综合评定分	综合名次	奖学金
2020020102	王晓彤	女	85	47	80	78	85	80	87	23	88.85	9	
2020020106	杨伟	男	87	80	68	58	65	85	75	21	77.40	33	
2020020107	张玲玲	女	80	86	80	80	82	81	83	21	86.05	16	
2020020111	吕玲玲	女	85	76	85	91	85	87	82	18	86.60	14	
2020020114	赵鑫丹	女	80	84	82	83	87	80	82	27	93.20	3	二等奖
2020020116	梁靓	女	87	86	84	90	85	83	81	19	86.50	15	
2020020117	王科	男	85	86	75	86	28	86	78	18	74.85	35	
2020020119	马小霞	女	84	82	74	87	79	67	79	25	86.85	13	
2020020120	孟倩	女	82	69	72	46	60	86	68	19	72.20	36	
2020020122	马亮	男	84	86	69	57	76	61	76	26	82.15	22	
2020020130	李阳阳	男	86	81	65	74	81	81	78	19	79.75	26	
2020020136	孟小菲	女	86	81	65	74	81	81	78	19	79.75	26	

图 5-34　筛选出来的写作成绩在 80～90 之间的学生记录

说明：如果要取消对某一列的筛选，单击该列筛选器箭头，然后再单击“全选”→“清除筛选”命令。如果要取消对所有列的筛选，可选择“开始”→“筛选”→“全部显示”命令。如果要撤销数据库表中的筛选箭头，可选择“开始”→“筛选”命令。

2) 高级筛选

从前面讲解已经看到，自动筛选可以实现同一字段之间的“与”运算和“或”运算，通过多次进行自动筛选也可以实现不同字段之间的“与”运算，但是它无法实现多个字段之间的“或”运算，这时就需要使用高级筛选。

本节实例中，对优秀学生的筛选和不及格学生筛选均采用高级筛选来完成。在使用高级筛选时，需要注意以下几个问题：

(1) 高级筛选必须指定一个条件区域，它与数据库表格可以不在一张工作表上，也可以在一张工作表上，但是此时它与数据库之间必须有空白行或空白列隔开。

(2) 条件区域中的字段名内容必须与数据库中的完全一样，最好通过复制得到。

(3) 如果“条件区域”与数据库表格在同一张工作表上，在筛选之前，最好把光标放置到数据库中某一单元格上，这样数据区域就会自动显示数据库所在位置，省去鼠标再次选择或者重新输入之劳。当二者不在同一张工作表，并且想让筛选结果送到条件区域所在工作表中时，鼠标必须先在条件区域所在工作表中定位，因为筛选结果只能送到活动工作表。

(4) 执行“将筛选结果复制到其他位置”时，在“复制到”文本框中输入或选取将来要放置位置的左上角单元格即可，不要指定某区域(因为事先无法确定筛选结果)。

(5) 根据需要，条件区域可以定义多个条件，以便用来筛选符合多个条件的记录。这些条件可以输入到条件区域的同一行上，也可以输入到不同行上。必须注意：两个字段名下面的同一行中的各个条件之间为“与”的关系；两个字段名下面的不同行中的各个条件之间为“或”的关系。

5.2　利用 WPS 表格分析企业产品销售情况实例

产品销售情况是每一个企业所关注的，是企业发展的根本。按季度或按月对产品销售数据进行统计、分析和处理，可以对企业后期的产品生产、销售及市场推广起到重要的作用。本节利用 WPS 表格处理功能统计原始销售数据，使用 WPS 表格的分类汇总、图表、数据透视等分析工具对销售数据进行统计分析，从而为企业决策者提供各类有用的数据信息，协助其作出正确决策。

【实例描述】

本实例包括以下内容：

(1) 制作企业产品销售统计表。该表中包含产品销售的基础数据，主要字段有编号、产品类别、产品名称、型号、数量、单位、单价、金额、销售员等，效果如图 5-35 所示。

××公司产品销售统计表

编号	产品类别	产品名称	型 号	数 量	单 位	单 价	金 额
AN001	开关类	空气开关	NZM7-250A	56	个	6.5	364
AN002	开关类	空气开关	NZM7-200A	46	个	6.2	285.2
AN003	开关类	空气开关	L7-40/3/D	43	个	7.5	322.5
AN004	开关类	空气开关	L7-4/3/D	48	个	7.8	374.4
AN005	开关类	空气开关	L7-6/3/D	53	个	8.2	434.6
AN006	开关类	空气开关	L7-20/3/D	44	个	8.5	374
AN007	开关类	空气开关	L7-15/3/D	50	个	6.8	340
AN008	开关类	空气开关	罗光穆勒L7-2/3/D	63	个	7	441
AN009	开关类	空气开关	L7-25/3/D	58	个	9.5	551
AN010	开关类	空气开关	L7-2/2/D	47	个	8.8	413.6
AN011	开关类	空气开关	L7-25/1/D	65	个	9.6	624
AN012	开关类	空气开关	L7-20/1/D	40	个	10.1	404
AN013	开关类	空气开关	L7-15/1/D	55	个	9.8	539
AN014	开关类	空气开关	L7-6/1/D	46	个	10.5	483
AN015	开关类	空气开关	L7-4/1/D	47	个	10.3	484.1
BY001	变压类	三相变压器	380/200V	34	台	258	8772
BY002	变压类	变压器	单相 220V/220V 每相4	36	台	198	7128
BY003	变压类	开关电源	24V	49	个	17	833
BY004	变压类	开关电源	10V	51	个	12.8	652.8
BY006	变压类	离合器电源	DGPS-403B	47	个	46.8	2199.6
DX001	电缆类	耐高温电线	6mm²	36	卷	140	5040
DX002	电缆类	电线	0.75mm²	35	卷	92.5	3237.5
DX003	电缆类	电线	2.5mm²	39	卷	98.5	3841.5
DX004	电缆类	电线	4mm²	43	卷	105	4515

按销售员对销售数量和金额求和　产品销售统计　按销售员分类汇总　按产品类别分类汇总　销售员销售数据

图 5-35　产品销售统计表

(2) 利用分类汇总功能对销售数据进行分析。通过分类汇总功能可以对数据作进一步的总结和统计，从而增强表格的可读性，方便、快捷地获取重要数据。按销售员分类汇总和按产品类别分类汇总的操作效果分别如图 5-36、图 5-37 所示。

××公司产品销售统计表

编号	产品类别	产品名称	型 号	数 量	单 位	单 价	金 额	销售员
AN001	开关类	空气开关	NZM7-250A	56	个	6.5	364	海燕
AN003	开关类	空气开关	L7-40/3/D	43	个	7.5	322.5	海燕
AN011	开关类	空气开关	L7-25/1/D	65	个	9.6	624	海燕
DX002	电缆类	电线	0.75mm²	35	卷	92.5	3237.5	海燕
DX010	电缆类	护套线	8*0.3mm²	38	卷	129.5	4921	海燕
AN007	开关类	空气开关	L7-15/3/D	50	个	6.8	340	海燕
DX006	电缆类	屏蔽线	2*0.3mm²	38	卷	115.5	4389	海燕
DX009	电缆类	屏蔽线	6*0.3mm²	41	卷	125.5	5145.5	海燕
DY004	电流表类	电流互感器	200/5A	43	个	75.5	3246.5	海燕
DY007	电流表类	电流表	50*50 10A	46	个	46.5	2139	海燕
JC006	接插件类	单相电源插头	橡皮 10A	600	个	0.4	240	海燕
JS006	金属软管类	电缆防水接头	PG9	51	个	62.6	3192.6	海燕
KZ012	控制类	研华模块	ADAM4018	41	块	59	2419	海燕
KZ013	控制类	研华模块	ADAM4080	41	块	43	1763	海燕
PD001	配电类	塑料线槽	50*80mm	120	根	6.8	816	海燕
PD002	配电类	塑料线槽	80*80mm	120	根	7.3	876	海燕
JS012	金属软管类	金属软管	3/4"	36	卷	67.5	2430	海燕
KZ006	控制类	触摸屏	TP270-10	41	个	138	5658	海燕
							42123.6	**海燕 汇总**
AN002	开关类	空气开关	NZM7-200A	46	个	6.2	285.2	方小浩
AN010	开关类	空气开关	L7-2/2/D	47	个	8.8	413.6	方小浩
JD003	接触器类	固态继电器	单相40A/400V	61	个	37.5	2287.5	方小浩
JD004	接触器类	固态继电器	三相40A/400V	61	个	43.8	2671.8	方小浩
AN004	开关类	空气开关	L7-4/3/D	48	个	7.8	374.4	方小浩
AN014	开关类	空气开关	L7-6/1/D	46	个	10.5	483	方小浩
BY003	变压类	开关电源	24V	49	个	17	833	方小浩
JS003	金属软管类	电缆防水接头	PG16	41	个	83.7	3431.7	方小浩
BY004	变压类	开关电源	10V	51	个	12.8	652.8	方小浩
KZ009	控制类	研华模块	ADAN-5017	41	块	48	1968	方小浩

按销售员对销售数量和金额求和　产品销售统计　按销售员分类汇总　按产品类别分类汇总　销售员销售数据

图 5-36　按销售员分类汇总

××公司产品销售统计表								
编号	产品类别	产品名称	型 号	数 量	单 位	单 价	金 额	销售员
BY003	变压类	开关电源	24V	49	个	17	833	方小浩
BY004	变压类	开关电源	10V	51	个	12.8	652.8	方小浩
BY001	变压类	三相变压器	380/200V	34	台	258	8772	郭时节
BY006	变压类	离合器电源	DGPS-403B	47	个	46.8	2199.6	吴明华
BY002	变压类	变压器	220V/220V 每	36	台	198	7128	徐瑞年
	变压类 汇总						19585.4	
DX002	电缆类	电线	0.75mm²	35	卷	92.5	3237.5	海燕
DX010	电缆类	护套线	8*0.3mm²	38	卷	129.5	4921	海燕
DX006	电缆类	屏蔽线	2*0.3mm²	38	卷	115.5	4389	海燕
DX009	电缆类	屏蔽线	6*0.3mm²	41	卷	125.5	5145.5	海燕
DX004	电缆类	电线	4mm²	43	卷	105	4515	张新亮
DX005	电缆类	屏蔽线	3*0.3mm²	38	卷	122.8	4666.4	吴明华
DX007	电缆类	橡皮电线	*4mm²+1*2.5mm	37	卷	135	4995	吴明华
DX001	电缆类	耐高温电线	6mm²	36	卷	140	5040	吴明华
DX003	电缆类	电线	2.5mm²	39	卷	98.5	3841.5	徐瑞年
	电缆类 汇总						40750.9	
DY004	电流表类	电流互感器	200/5A	43	个	75.5	3246.5	海燕
DY007	电流表类	电流表	50*50 10A	46	个	46.5	2139	海燕
DY002	电流表类	电压表	96*96 450V AC	51	个	21.8	1111.8	张新亮
DY001	电流表类	电压表	0～25V	56	个	16.5	924	张新亮
DY008	电流表类	电流表	50*50 5A	51	个	42.8	2182.8	徐瑞年
DY003	电流表类	电流表	96*96 200A AC	53	个	18.5	980.5	徐瑞年
DY005	电流表类	电流表	香港 50*50 30A	46	个	54	2484	徐瑞年
DY006	电流表类	电流表	香港 50*50 20A	46	个	50	2300	徐瑞年
	电流表类 汇总						15368.6	
DX008	电线类	电线	35mm²	33	卷	176.5	5824.5	徐瑞年
	电线类 汇总						5824.5	
JC006	接插件类	单相电源插头	橡皮 10A	600	个	0.4	240	海燕
JC002	接插件类	接线端子	4mm²	180	只	1.2	216	郭时节

按销售员对销售数量和金额求和　产品销售统计　按销售员分类汇总　按产品类别分类汇总　销售员销售数据

就绪　100%

图 5-37　按产品类别分类汇总

(3) 利用函数得到不同销售员的销售汇总情况，如图 5-38 所示。

销售员销售数据统计		
销售员	销售数量	销售金额(百元)
海燕	1505	421.236
方小浩	491	134.01
郭时节	578	128.8375
吴明华	819	386.416
徐瑞年	1342	518.5875

图 5-38　销售员销售数据统计

(4) 建立数据透视表。利用数据透视表对数据的交互分析能力，可以全面灵活地对数据进行分析和汇总，通过改变字段信息的相对位置，可得到多种分析结果，效果分别如图 5-39、图 5-40 所示。

求和项:数 量	销售员						
产品类别	郭时节	吴明华	徐瑞年	海燕	方小浩	张新亮	总计
接插件类	261		454	600			1315
金属软管类		295	208	87	41	70	701
控制类	43	162	164	123	41	37	570
配电类	100		102	240		51	493
开关类	140	157	63	214	187		761
电缆类		111	39	152		43	345
电流表类			196	89		107	392
接触器类		47	47		122		216
变压类	34	47	36		100		217
电线类			33				33
总计	578	819	1342	1505	491	308	5043

图 5-39　按产品类别统计销售员的销售数量

	A	B	C	D	E	F	G	H	I	J	K	L	M
1													
2													
3			产品类别										
4	销售员	数据	接插件类	金属软管类	控制类	配电类	开关类	电缆类	电流表类	接触器类	变压类	电线类	总计
5	郭时节	计数项:数 量	2		1	1	3				1		8
6		求和项:金 额	341.55		1827.5	620	1322.7				8772		12883.75
7	吴明华	计数项:数 量		5	4		3	3		1	1		17
8		求和项:金 额		7596.5	10673.2		1464	14701.4		2006.9	2199.6		38641.6
9	徐瑞年	计数项:数 量	3	4	4	2	1	1	4	1	1	1	22
10		求和项:金 额	792.55	10340.3	11268.1	2677.5	441	3841.5	7947.3	1598	7128	5824.5	51858.75
11	海燕	计数项:数 量	1	2	3	2	4	4	2				18
12		求和项:金 额	240	5622.6	9840	1692	1650.5	17693	5385.5				42123.6
13	方小浩	计数项:数 量		1	1		4			2	2		10
14		求和项:金 额		3431.7	1968		1556.2			4959.3	1485.8		13401
15	张新亮	计数项:数 量		1	1	1		1	2				6
16		求和项:金 额		437.5	2146	1810.5		4515	2035.8				10944.8
17	计数项:数 量汇总		6	13	14	6	15	9	8	4	5	1	81
18	求和项:金 额汇总		1374.1	27428.6	37722.8	6800	6434.4	40750.9	15368.6	8564.2	19585.4	5824.5	169853.5

图 5-40 按销售员统计商品的销售数量和销售金额

在本例中，将主要解决如下问题：

(1) 如何利用 WPS 实现对数据的分类汇总。

(2) 如何制作数据透视表和数据透视图。

(3) 如何利用公式获取图表数据源制作图表。

【操作步骤】

1. 创建工作表框架

新建一个工作簿，命名为“企业产品销售统计”，在原有的 3 张工作表上再插入一张工作表，将 4 张工作表的名称依次更改为：“产品销售统计”“按销售员分类汇总”“按产品类别分类汇总”“销售员销售数据统计”。

2. 创建产品销售统计工作表

(1) 打开“产品销售统计”。在该工作表中输入标题“××公司产品销售统计表”和各字段。设置标题、字段格式、行高和列宽、单元格对齐方式、边框与底纹等，创建好工作表框架。

(2) 输入产品销售数据到对应的字段列，并计算出各产品的销售金额。在 H3 单元格输入公式“=E3*G3”，复制公式完成其他产品销售金额计算。

(3) 冻结窗格。当销售数据记录太多时，使用鼠标向下滚动翻看数据时，标题行就不会显示。如果想让标题行始终可见，可以使用 WPS 表格提供的“冻结窗格”功能来实现。将光标定位到 A3 单元格(即所要冻结行的下一行中任一单元格)，选择“视图”→“冻结窗格”命令，即可实现标题与字段行的冻结。在翻滚数据时，标题行始终可见。

(4) 为使数据显示清晰，浏览记录方便，可将数据表中相邻行之间设置成阴影间隔效果，如图 5-35 所示。设置方法有两种：

① 复制格式法。操作步骤如下：

a. 在图中选择 A4:I4 区域，将该区域设置为浅绿色底纹效果。

b. 复制区域 A3:I4，选择数据库中记录区域 A3:I53(假定有 50 条记录)。

c. 选择“开始”→“粘贴”下拉列表中的“选择性粘贴”命令，在打开的“选择性粘贴”对话框中选中“格式”，如图 5-41 所示，确定后即可实现 5-35 图中的效果。

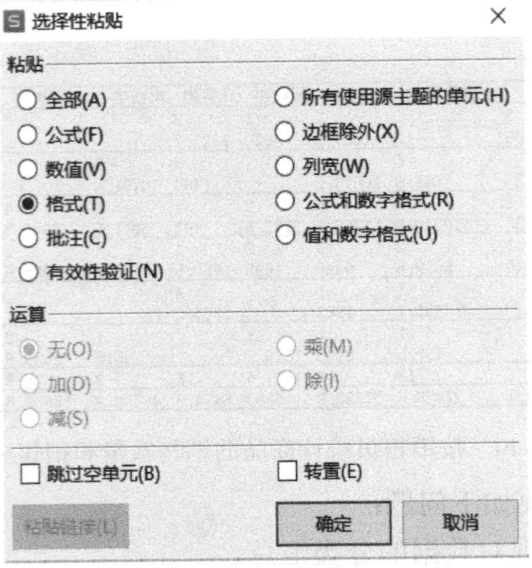

图 5-41　“选择性粘贴”对话框

② 条件格式化方法。操作步骤如下：

a. 选定整个数据库区域。

b. 选择“开始”→“条件格式”下拉列表中的“突出显示单元格规则”→“其他规则”命令，打开“新建格式规则”对话框，如图 5-42 所示。

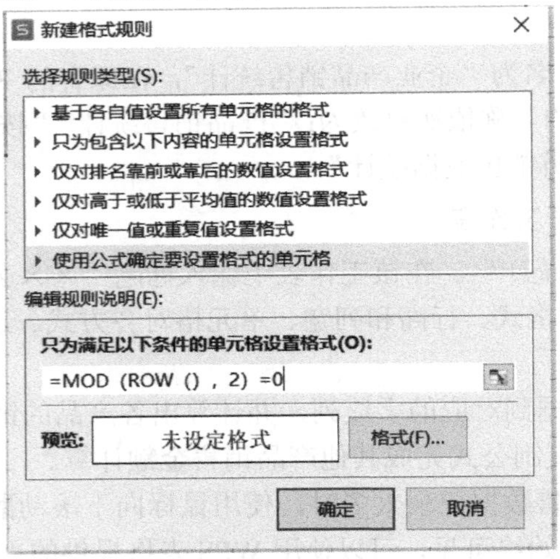

图 5-42　“新建格式规则”对话框

c. 在“选择规则类型”中选择“使用公式确定要设置格式的单元格”，在“只为满足以下条件的单元格设置格式”下面的文本框中设置公式为“=MOD(ROW(), 2)=0”。

单击“格式”按钮，弹出“单元格格式”对话框，选择“图案”标签，设置颜色为浅青绿，单击“确定”按钮关闭。返回“条件格式”对话框，单击“确定”按钮，即可得到图 5-35 所示效果。

说明：第一种方法当数据移动时，效果会变得很不规则。而后一种方法具有智能化特征，不管数据记录如何变动总能保持效果。第二种中公式“=MOD(ROW(), 2)=0”中的 MOD 为求余数函数，ROW()测试当前行号，公式含义为“当行号除以 2 的余数为 0”就执行设置的条件格式。

3. 利用分类汇总功能汇总销售数据

本例中，数据汇总可以按销售员分类，也可以按产品类别分类，还可以按其他需要的字段进行。在执行分类汇总之前，首先应该对数据库进行排序，将数据库中关键字相同的一些记录集中到一起，然后再进行分类汇总。

下面以按销售员分类汇总为例来汇总每位销售员的总销售金额，操作步骤如下：

(1) 打开“按销售员分类汇总”工作表。将“产品销售统计”表复制到“按销售员分类汇总”表中，并将标题更改为：“××公司产品销售按销售员分类汇总”。

(2) 将光标置于“销售员”列下任一单元格，对销售员列进行升序或降序排列。

(3) 选择“数据”→“分类汇总”命令，打开“分类汇总”对话框，在“分类字段”列表框中选择“销售员”，在“汇总方式”列表中选择“求和”，在“选定汇总项”列表中选中“金额”，如图 5-43 所示。单击“确定”按钮，结果如图 5-36 所示。

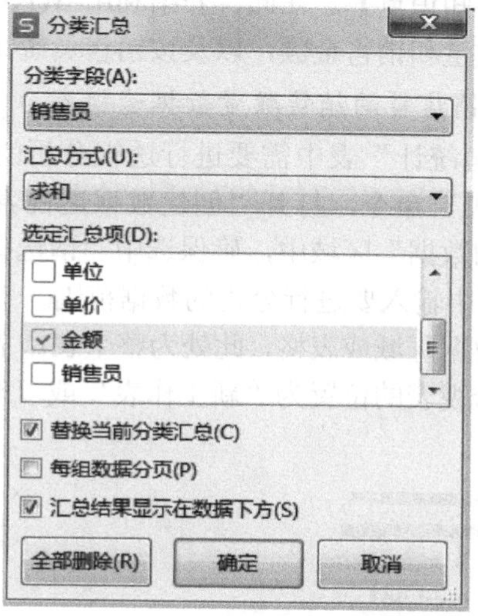

图 5-43　“分类汇总”对话框

(4) 打开“按产品类别分类汇总”工作表，按产品类别分类汇总时，“分类字段”为“产品类别”，“汇总方式”和“选定汇总项”同上。结果如图 5-37 所示。

4. 使用函数显示每位销售员的销售数量和销售金额

对数据分类汇总除上面的方法之外，还可以利用函数来实现。操作步骤如下：

(1) 打开“销售员销售数据统计”工作表。输入标题、字段名，效果如图 5-44 所示。

	A	B	C
1	销售员销售数据统计		
2	销售员	销售数量	销售金额(百元)
3	海燕	1505	421.236
4	方小浩		
5	郭时节		
6	吴明华		
7	徐瑞年		

图 5-44　销售员销售数据统计表

(2) 在 B3 单元格中输入公式：“=SUMIF(产品销售统计!$I$3:$I$83, A3, 产品销售统计! $E$3:$E$83)”，按回车键可统计出销售员“海燕”的产品销售数量。

(3) 在 C3 单元格中输入公式：“=SUMIF(产品销售统计!$I$3:$I$83, A3, 产品销售统计! $H$3:$H$83)/100”，按回车键统计出该销售员的产品销售总金额。

(4) 利用公式复制功能得出其他销售员的销售数量和销售金额。

说明：SUMIF(range, criteria, [sum_range])为在 range 指定的范围内对满足条件 criteria 的单元格求和函数。若存在 sum_range 项，则指在 sum_range 所指定范围内求和；否则，在 range 指定范围内求和。

5. 销售数据的透视分析

数据透视可以对大量数据进行快速汇总和建立交叉列表来重新组织和显示数据。有关数据透视的详细介绍参见【主要知识点】。在此，介绍利用 WPS 表格的数据透视功能建立按产品类别统计销售员的销售数量和销售金额，以及按销售员统计其销售数量和销售金额。

1) 建立按产品类别统计销售员的销售数量数据透视表

将光标定位在“产品销售统计”表中需要进行透视分析的数据区域中的任一单元格，选择“插入”→“数据透视表”命令，打开“创建数据透视表”对话框，如图 5-45 所示。在对话框的“请选择要分析的数据”区域中，确保选中“请选择单元格区域”单选按钮，在“请选择单元格区域”文本框中输入要进行分析的数据范围(一般情况下，系统会自动选择与当前光标所在单元格连续的数据区域或表格，此处为整个表)；在“请选择放置数据透视表的位置”区域中确定放置数据透视表的位置为“新工作表”或“现有工作表”，本例选择“新工作表”。

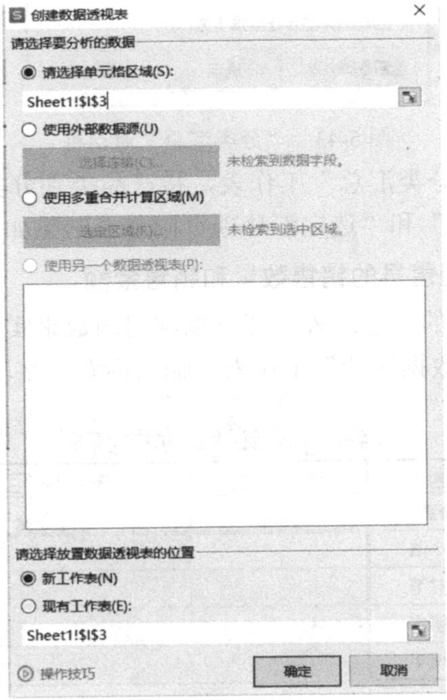

图 5-45　“创建数据透视表”对话框

单击“确定”按钮，系统便会在一个新工作表中插入空白的数据透视表，如图 5-46 所示，同时还显示数据透视表的“字段列表”。

图 5-46　“数据透视表”框架

将数据透视表“字段列表”中的“产品类别”字段拖放到“行”处，将“销售员”字段拖放到“列”处，将“数量”拖放到“值”处。在行列字段交叉单元格内(即左上角“求和项：数量”所在的 A3 单元格)双击，弹出“值字段设置”对话框，如图 5-47 所示。

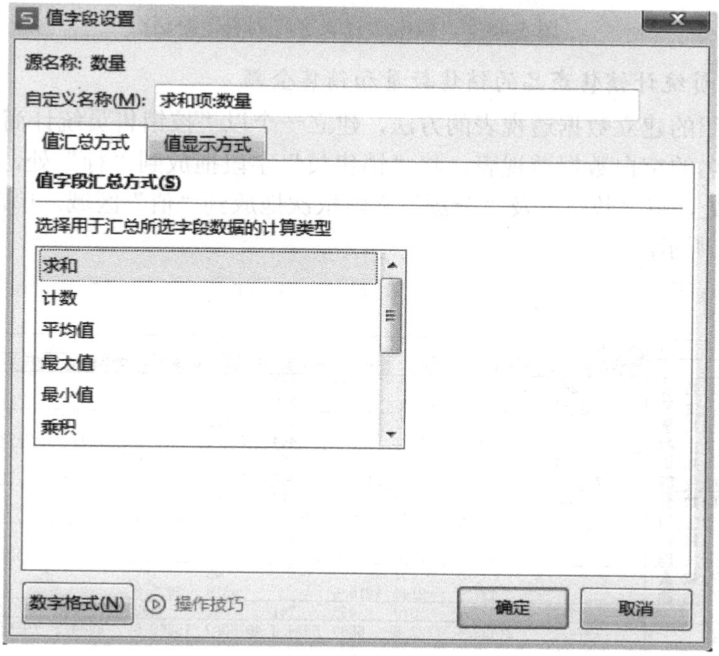

图 5-47　“值字段设置”对话框

选择汇总方式为“求和”后单击“确定”按钮，则在数据透视表“字段列表”中的行标签和列标签分别显示“销售员”和“产品类别”，在“值”中显示“求和项：数量”，如图 5-48 所示。最后将工作表更名为“按产品类别统计销售员的销售数量”，如图 5-39 所示。

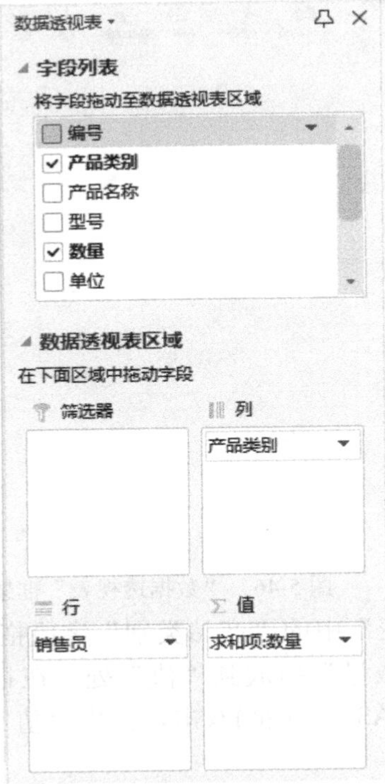

图 5-48　“数据透视表字段列表”对话框

2) 按销售员统计销售商品的销售数量和销售金额

按前面介绍的建立数据透视表的方法，建立一个以“按销售员统计商品的销售数量和销售金额”命名的空白数据透视表，将“销售员”字段拖放到“行”处，将“产品类别”拖放到“列”处，将“数量”及“金额”字段依次拖放到“值”区域。单击“确定”按钮，结果如图 5-49 所示。

		产品类别										
销售员	数据	接插件类	金属软管类	控制类	配电类	开关类	电缆类	电流表类	接触器类	变压类	电线类	总计
郭时节	求和项:数 量	261		43	100	140				34		578
	求和项:金 额	341.55		1827.5	620	1322.7				8772		12883.75
吴明华	求和项:数 量		295	162		157	111		47	47		819
	求和项:金 额		7596.5	10673.2		1464	14701.4		2006.9	2199.6		38641.6
徐瑞年	求和项:数 量	454	208	164	102	63	39	196	47	36	33	1342
	求和项:金 额	792.55	10340.3	11268.1	2677.5	441	3841.5	7947.3	1598	7128	5824.5	51858.75
海燕	求和项:数 量	600	87	123	240	214	152	89				1505
	求和项:金 额	240	5622.6	9840	1692	1650.5	17693	5385.5				42123.6
方小浩	求和项:数 量		41	41		187			122	100		491
	求和项:金 额		3431.7	1968		1556.2			4959.3	1485.8		13401
张新亮	求和项:数 量		70	37	51		43	107				308
	求和项:金 额		437.5	2146	1810.5		4515	2035.8				10944.8
求和项:数 量汇总		1315	701	570	493	761	345	392	216	217	33	5043
求和项:金 额汇总		1374.1	27428.6	37722.8	6800	6434.4	40750.9	15368.6	8564.2	19585.4	5824.5	169853.5

图 5-49　按销售员统计商品的销售数量和销售金额

在 B5 单元格右击，在弹出的快捷菜单上选择“字段设置”，在打开的“值字段设置”对话框中，选择“汇总方式”为“计数”，则将“数量”的汇总方式更改为“计数”。单击“确定”按钮，效果如图 5-40 所示。

本例也可以直接在“按产品类别统计其销售数量”透视表中制作。制作时，将列字段项“产品类别”和汇总项“数量”从透视表中脱离，还原到透视表框架样式后再进行操作。

【主要知识点】

1. 分类汇总

实际应用中，经常要用到分类汇总，其特点是首先要进行分类，即将同一类别的数据放在一起，然后再进行统计计算。WPS 表格中的分类汇总功能可以进行分类求和、计数、求平均值等。

1) 分类汇总数据的分级显示

进行分类汇总后，WPS 表格会自动对列表中的数据分级显示。从图 5-36 可以看出，在显示分类汇总结果的同时，分类汇总的左侧自动显示一些分级显示按钮。单击左侧的“+”和“-”按钮分别可以展开和隐藏细节数据；“1”“2”“3”按钮表示显示数据的层次，“1”只显示总计数据，“2”显示部分数据以及汇总结果，“3”显示所有数据；“ | ”形状为级别条，用来指示属于某一级别的细节行或列的范围。

2) 嵌套汇总

如果要对同一数据进行不同方式的分类汇总，可以再重复分类汇总的操作。例如，在图 5-36 所示的结果中还希望得到汇总的平均值，操作方法是：选择“数据”→“分类汇总”命令，在打开的“分类汇总”对话框“汇总方式”下拉列表中选择汇总方式为“平均值”，在“选定汇总项”窗口中选择要求平均值的数据项，并取消选中“替换当前分类汇总”选项，即可叠加多种分类汇总。

3) 取消分类汇总

分类汇总效果可以清除，打开图 5-43 所示的“分类汇总”对话框，然后单击“全部删除”按钮即可；但是为了保险，在汇总之前最好进行数据库备份。

2. 数据透视表

分类汇总适用于按一个字段进行分类汇总，如果需要按多个字段进行分类汇总时就会用到数据透视表。数据透视表是一种让用户可以根据不同的分类、不同的汇总方式快速查看各种形式的数据汇总报表。简单来说，就是快速分类汇总数据，能够对数据表中的行与列进行交换，以查看源数据的不同汇总结果。它是一种动态工作表，通过对数据的重新组织与显示，提供了一种以不同角度观察数据清单的方法。

1) 数据透视表结构

数据透视表一般由筛选器字段、行字段、列字段、值字段和数据区域 5 部分组成。

(1) 筛选器字段：数据透视表中指定为报表筛选的源数据清单中的字段。

(2) 行字段：数据透视表中指定为行方向的源数据清单中的字段。

(3) 列字段：数据透视表中指定为列方向的源数据清单中的字段。

(4) 值字段：含有数据的源数据清单中的字段

(5) 数据区域：数据透视表中含有汇总数据的区域。

2) 创建数据透视图

建立数据透视表以后，菜单栏就会增加“分析”和“设计”两个选项卡，如图 5-50 所示，在“分析”选项卡中，用户可以增减不同的内容设置，如可以在透视表的基础上添加一个数据透视图或数据源发生变化时更新数据。

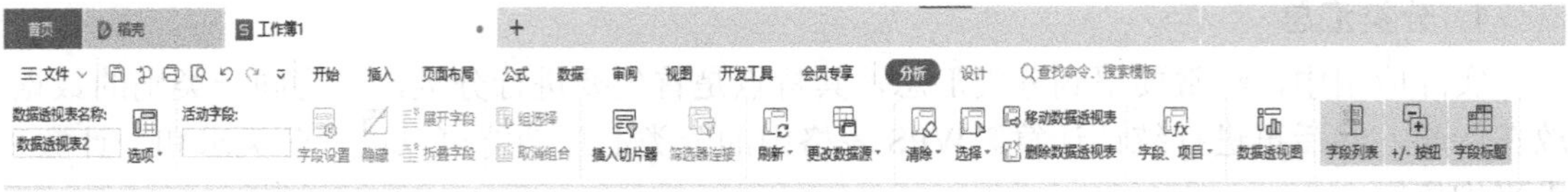

图 5-50　数据透视表工具

在创建数据透视图前一般会创建一个数据透视表，或者同时创建数据透视表和数据透视图。本例中使用前一种方法，操作步骤如下：

将光标定位在“按产品类别统计销售员的销售数量”工作表的数据透视表中，选择“分析”→“数据透视图”命令，弹出“图表”对话框，选择一种图表的类型，确定后即插入一张图表，如图 5-51 所示。此时，数据透视图的数据更新和数据透视表是同步的，即数据透视表中的数据有变化，数据透视图中的数据也随之发生变化。

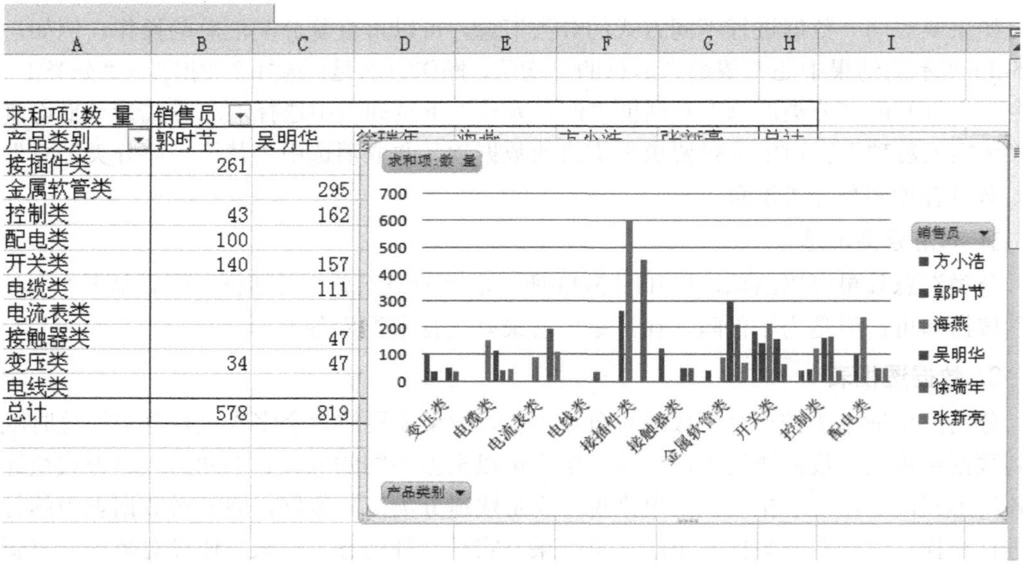

图 5-51　数据透视图

3) 数据透视表的编辑与修改

对于制作好的数据透视表，有时还需要进行编辑操作。编辑操作包括设置数据透视表的格式、修改布局、添加/删除字段等。

数据透视表的许多编辑操作都可以通过“分析”和“设计”选项卡来实现。例如，可以利用“设计”选项卡中的“数据透视表样式”来设置，如图 5-52 所示，选择其中一种样式，应用后如图 5-53 所示。此外，还可以利用“分析”选项卡中的“更改数据源”命令来重新选择数据源。

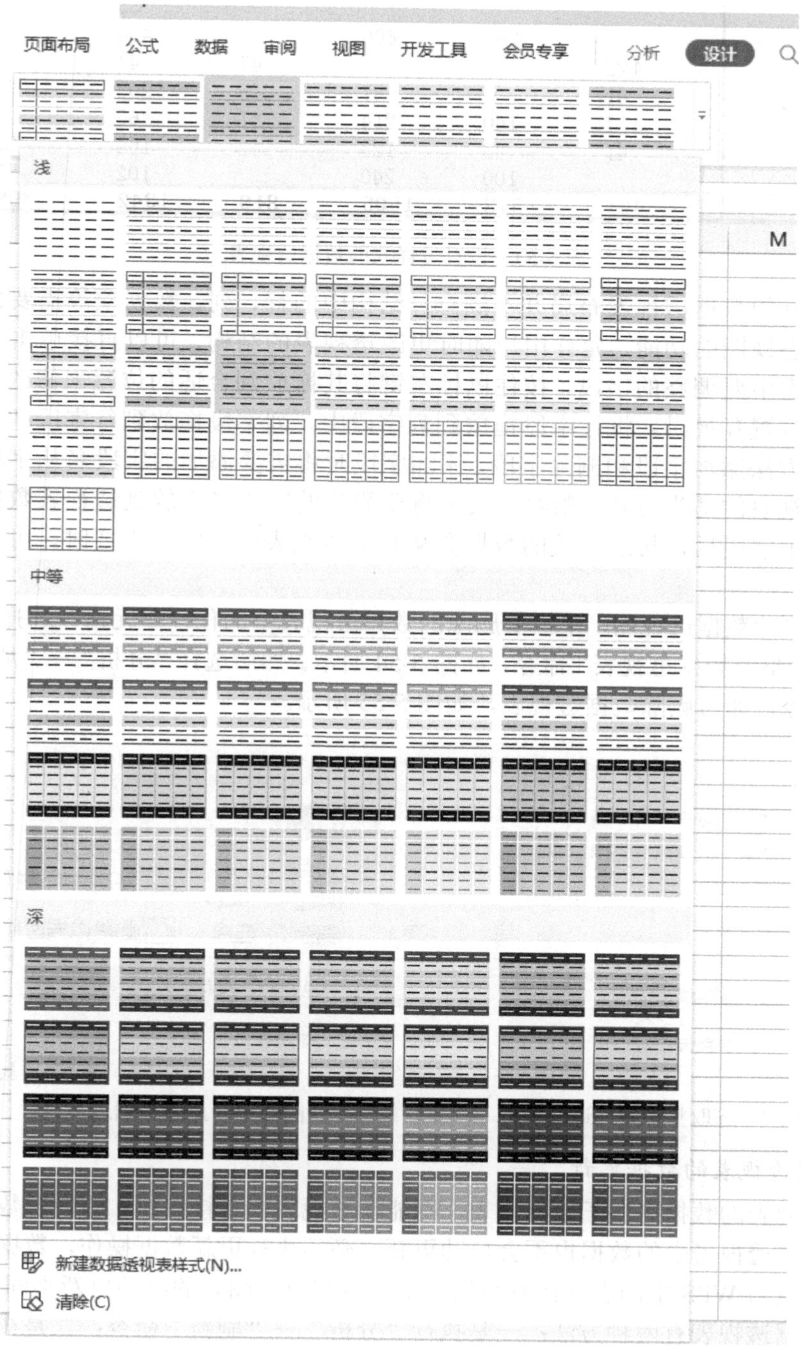

图 5-52　设置数据透视表样式

求和项:数 量	销售员						
产品类别	方小浩	郭时节	海燕	吴明华	徐瑞年	张新亮	总计
变压类	100	34		47	36		217
电缆类			152	111	39	43	345
电流表类			89		196	107	392
电线类					33		33
接插件类		261	600		454		1315
接触器类	122			47	47		216
金属软管类	41		87	295	208	70	701
开关类	187	140	214	157	63		761
控制类	41	43	123	162	164	37	570
配电类		100	240		102	51	493
总计	**491**	**578**	**1505**	**819**	**1342**	**308**	**5043**

图 5-53　设置过样式的数据透视表

有时建立的数据透视表布局并不满意，结构中的行、列、数据项等需要修改，WPS表格具有动态视图的功能，允许用户随时更改透视表的结构，可以直接单击右侧导航窗口数据透视表中要调整的字段，按住鼠标左键将其拖放到合适的位置来修改透视表。例如行列字段位置互换时，将行字段拖放到列字段中，列字段拖放到行字段即可。还可以通过拖动的方法添加字段和删除字段，添加字段时将需要添加的字段名从字段列表中拖放到数据透视表的适当位置；删除字段时将要删除的字段名拖放到透视表数据区以外即可。删除某个字段后，与之相关的数据会从数据透视表中删除。需要时，可再次添加已删除的字段。

如果要删除数据透视图，单击要删除的数据透视表中的任一单元格，选择“分析”→“选择”→“整个数据透视表”命令，如图 5-54 所示。然后选择“分析”→“清除”→“全部清除”命令，即可删除数据透视表，如图 5-55 所示。

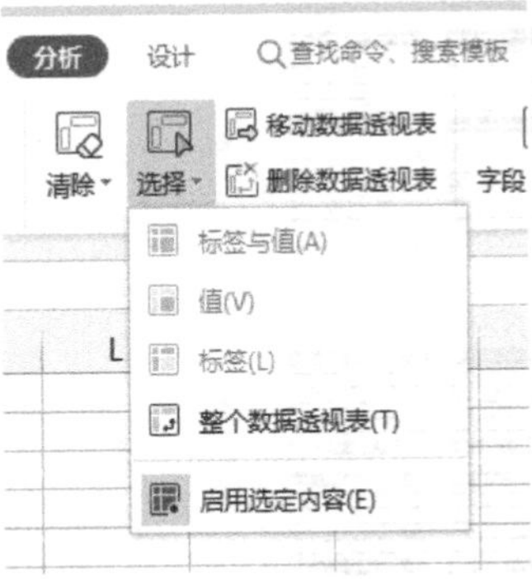

图 5-54　选取整个数据透视表

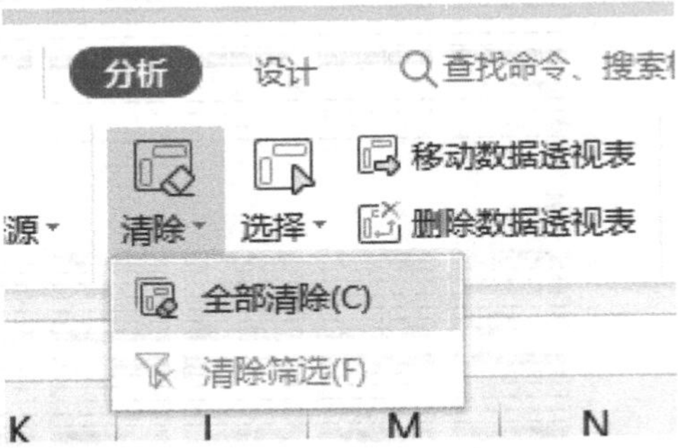

图 5-55　删除数据透视表

4) *数据透视表的数据更新*

数据透视表的数据来源于数据库表，不能在透视表中直接修改；即使源数据库中的数据被修改了，透视表中的数据也不会自动更新，必须执行更新数据操作，数据透视图也是这样。这一点与 WPS 中图表制作时数据变动会引起对应图表的自动更新不同。

更新数据透视表有两种方法：一是执行“分析”→“刷新”命令；二是在数据区域中右击，在弹出的快捷菜单中选择“刷新”命令。

本 章 小 结

所谓数据库，就是与特定主题和目标相联系的信息集合，它是一种二维的数据表格，并且在结构上遵循一定的基本原则。在向 WPS 数据库表格中输入数据时，需要一些录入技巧，对于某些列还需要进行数据有效性设置；对于制作好的数据表格，为了数据显示效果清晰、醒目，有时需要进行条件格式化以及底纹、阴影间隔效果的设置。

对数据库的操作主要包括数据计算、数据排序、数据筛选、分类汇总以及数据透视分析等。数据计算主要通过使用 WPS 的公式和函数进行，操作时需要注意几个方面：函数多层嵌套时的括号匹配；公式中的符号必须使用英文状态下的符号；各个函数的正确使用；单元格引用方式(可用 F4 键在绝对、相对、混合方式间切换)。

在对数据排序时，可以依据单个字段或多个字段进行排序。数据筛选分为自动筛选和高级筛选两种，自动筛选可以对单个字段或多个字段之间的“与”条件进行筛选，而高级筛选可实现对多个字段的多个条件的“与”或“或”关系进行筛选。在进行高级筛选时，要注意正确设置筛选的条件区域。

数据分类汇总可以将数据库中的数值按照某一项内容进行分类核算，使得汇总结果清晰明了，操作时注意必须首先按照汇总字段排序。数据透视表是一种对大量数据快速汇总和建立交叉列表的动态工作表，而数据透视图是形象生动的图表，还可以根据数据透视表制作不同格式的数据透视报告。

对于本章的学生成绩数据处理和公司产品销售数据处理实例，要求读者掌握操作的方法、步骤、注意事项，应该能利用 WPS 快速创建数据库表格、进行特殊格式设置，并能够熟练掌握数据排序、筛选、统计、分析、汇总等操作。

实　　训

实训一　学生成绩表的数据处理

1. 实训目的

(1) 掌握在数据库表中条件格式化和数据有效性的设置方法。

(2) 掌握在数据库表中公式和函数的使用。

(3) 熟练掌握 WPS 表格中的排序和筛选操作方法。

(4) 熟练掌握 WPS 表格中图表的制作。

2. 实训内容及效果

(1) 制作学生成绩表，并练习学生成绩表中各项数据处理。

(2) 各工作表效果如图 5-1～图 5-5 所示。

3. 实训要求

(1) 按照本书 5.1 节所述实例及操作步骤，制作学生成绩综合评定表、优秀学生筛选表及不及格学生筛选表、单科成绩统计表和单科成绩统计图。

(2) 在学生成绩综合评定表数据处理完成后，练习以下操作。

① 按照学习成绩总分降序排序；

② 同时按照计算机、英语、写作成绩升序排序；

③ 按照班级学生名单姓氏笔画排序。

(3) 利用 FREQUENCY()频率分布函数求出各科成绩段分布表。操作步骤如下：

① 在学生成绩综合评定表的空白处构建各科成绩分布表结构，如图 5-56 所示。输入考试成绩的统计分段点，如本例中采用的统计分段点为 60、69、79、89，即统计 60 分以下、61～69、70～79、80～89、90 分以上五个学生考试成绩区段的人数分布情况，当然也可以根据自己的实际需要在不同位置进行设置。

	A	B	C	D	E	F	G	H	I	J	K	L	M
25	5E+06	程守庆		27	429	**95**	**90**	39	63	39	75	28	
26	5E+06	樊美克		23	451	**86**	68	48	67	48	76	58	
27	5E+06	周军业		4	570	75	63	**92**	**95**	**92**	74	79	
28	5E+06	常艳粉		16	498	73	67	48	**92**	78	72	68	
29	5E+06	毛鹏飞		11	516	78	81	**86**	**90**	75	78	28	
30	5E+06	张　飞		21	467	69	73	82	29	59	79	76	
31	5E+06	宋　辉		17	496	68	75	84	67	68	**95**	39	
32	5E+06	李阳阳		18	488	65	74	81	56	78	**86**	48	
33	5E+06	黄海靓		3	572	79	**91**	80	**86**	69	75	**92**	
34													
35													
36													
37													
38													
39						写作	英语	逻辑	计算机	体育	法律	哲学	
40			小于60		60	5	6	9	7	12	6	12	
41			大于60小于70		69	6	3	4	9	9	4	8	
42			大于70小于80		79	10	3	2	3	5	8	2	
43			大于80小于90		89	7	11	12	7	4	9	5	
44			大于90			3	7	3	5	1	4	3	
45													
46													

图 5-56　各科成绩分布表结构

② 选中单元格区域 F40 至 F44，输入公式“=FREQUENCY(F3:F33, $E$40:$E$44)”，由于该公式为数组公式，在输入完上述内容后，必须同时按下 Ctrl + Shift + Enter 键，为公式内容自动加上数组公式标志即大括号“{}”。

说明：“{}”不能手工键入，必须按下 Ctrl + Shift + Enter 组合键由系统自动产生。

③ 在 F40:F44 单元格内显示不同成绩段学生人数。选中 F40:F44 连续单元格，可利用公式复制的方法获得其他课程成绩段学生人数分布情况。

实训二　产品销售表的数据处理

1. 实训目的

(1) 熟悉数据透视表与数据透视图的制作。

(2) 掌握 WPS 表格中数据库表的数据分类汇总操作。

2. 实训内容及效果

(1) 按照本书 5.2 节所述实例及操作步骤制作产品销售表，并进行各项操作。

(2) 各工作表效果如图 5-35～图 5-40 所示。

3. 实训要求

在产品销售统计表中进行如下操作。

(1) 利用排序功能实现按产品销售数量进行降序排序。

(2) 利用筛选功能筛选出产品类别为“电线”的数据记录。

(3) 筛选出销售数量≥40，销售金额≥3000，销售员为“海燕”的销售记录。

(4) 筛选出销售数量≥40 或者销售金额≥3000 或者销售员为“海燕”的销售记录。

(5) 利用分类汇总统计出不同产品类别的销售数量和销售金额。

第 6 章　办公中的演示文稿制作

教学目标：

- 了解演示文稿的基础知识；
- 熟悉 WPS 演示中建立演示文稿的方法；
- 掌握幻灯片的编辑与修饰方法；
- 熟练掌握演示文稿的放映设置方法。

教学内容：

- 制作公司简介演示文稿；
- 制作音画同步的音乐幻灯片；
- 实训。

6.1　制作公司简介演示文稿实例

在企业交流和对外宣传中，为了让合作伙伴和客户更好地了解自己，经常要用 WPS 演示来制作图文并茂、生动美观的演示文稿，直观地展示企业风采。

【实例描述】

本实例以制作某公司简介来介绍简单的演示文稿的制作方法，效果如图 6-1 所示。

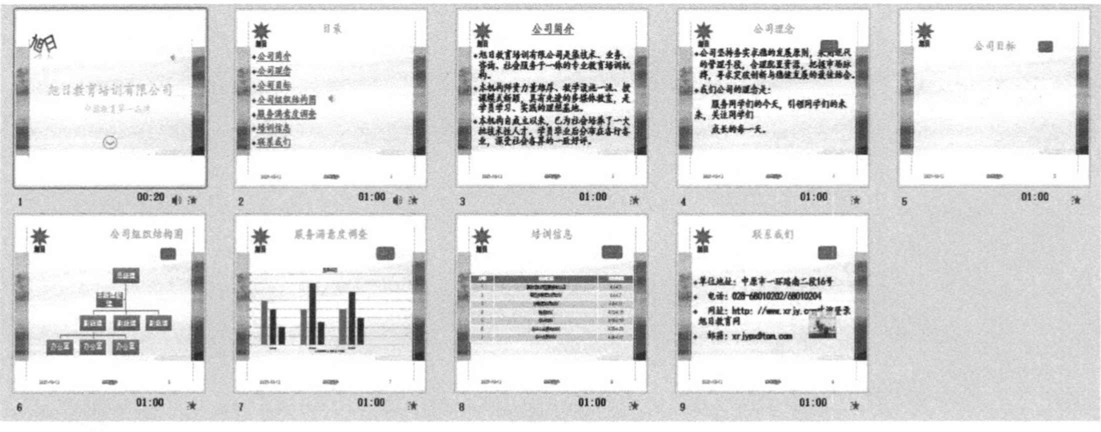

图 6-1　公司简介效果图

本实例中将主要解决如下问题：

(1) 如何创建演示文稿。

(2) 如何在幻灯片中插入和编辑文字、图片、组织结构图、图表等对象。

(3) 如何选取幻灯片版式和模板。

(4) 如何利用母版。

(5) 如何设置幻灯片的动画方案。

(6) 如何利用幻灯片切换与超链接功能进行设置。

(7) 如何设置幻灯片的放映方式。

【操作步骤】

在制作公司简介演示文稿之前，准备好相关的文本资料和图片素材。

1. 创建公司简介演示文稿

启动 WPS 演示，创建一个空白演示文稿，以“旭日教育培训有限公司简介”为名保存该演示文稿。默认生成的空白演示文稿背景是白色的，文本是黑色的，可以选择演示文稿模板改变主题。

(1) 设置幻灯片设计模板。选择“设计”→“更多设计”下拉列表中的主题，如图 6-2 所示。

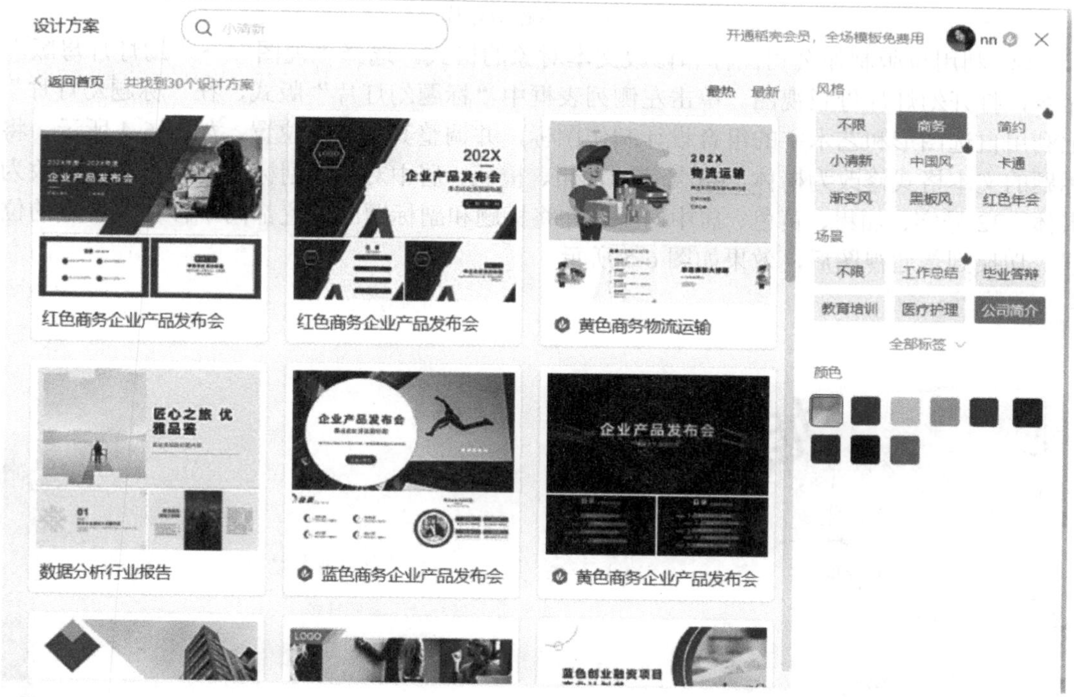

图 6-2　选择设计模板

(2) 制作标题幻灯片。通常，演示文稿是由多页幻灯片组成的，而默认生成的第一页幻灯片称为“标题幻灯片”。“标题幻灯片”具有显示主题、突出重点的作用。在此，我们在“标题幻灯片”中添加标题，并利用母版插入公司图标。

① 添加标题。单击“空白演示”占位符，输入标题“旭日教育培训有限公司”。在“单击输入您的封面副标题”占位符中输入“中国教育第一品牌”，效果如图 6-3 所示。

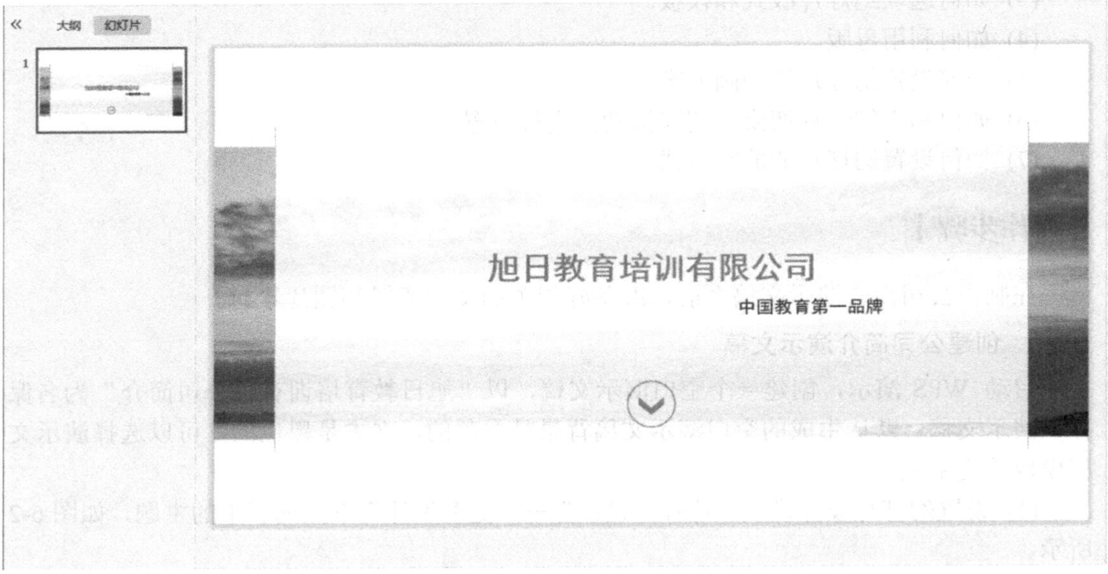

图 6-3　标题幻灯片

② 利用母版制作公司图标和修改文本对象的格式。选择“视图”→“幻灯片母版”命令，打开幻灯片母版视图。单击左侧列表框中“标题幻灯片”版式，在“标题幻灯片”上利用自选图形和艺术字的组合设计制作图标，并调整其大小及位置，如图 6-4 所示，将标题的文本格式修改为楷体、48 号字、加粗、橙色、居中对齐，副标题的文本格式修改为楷体、32 号字、加粗、黄色、居中对齐，并将标题和副标题的位置都向下移动到合适的位置，切换到普通视图后，效果如图 6-5 所示。

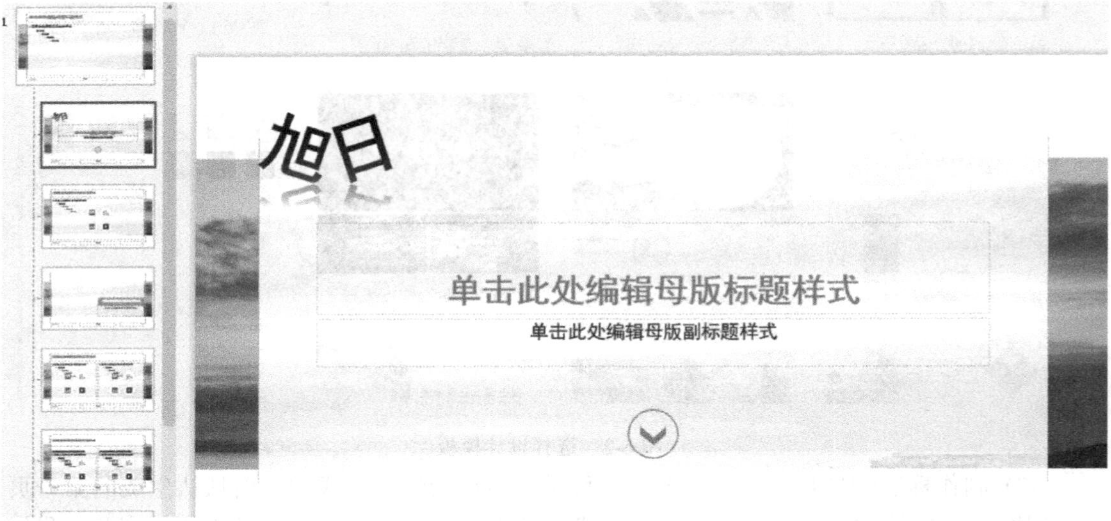

图 6-4　设置标题幻灯片母版

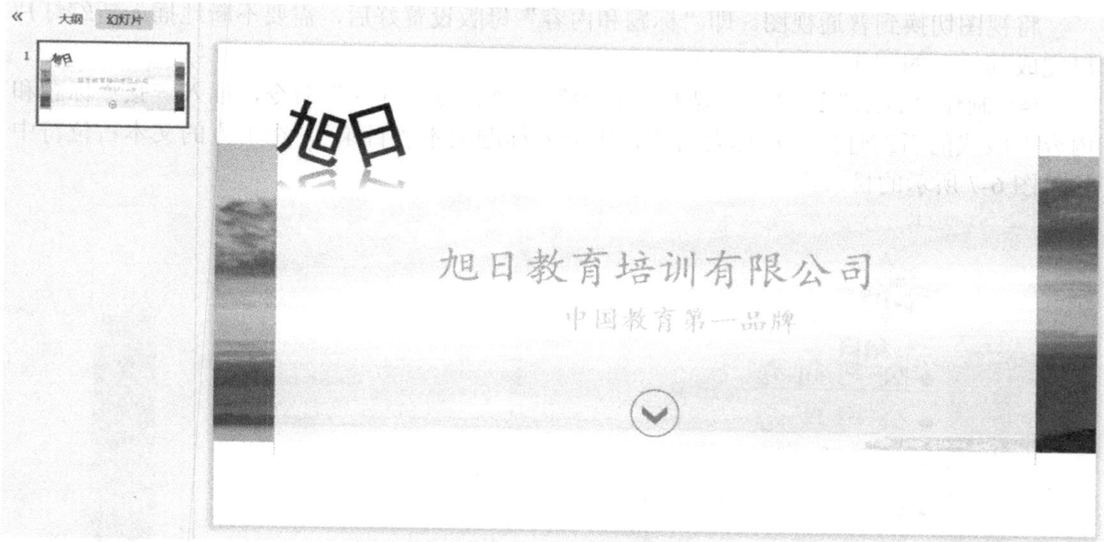

图 6-5　设置过格式的标题幻灯片

(3) 设置标题和内容的幻灯片母版。在“幻灯片母版”下单击左侧母版缩略图中“标题和内容”版式，将在“标题母版”中制作好的公司图标复制到“幻灯片母版”中，并调整大小和位置，则当插入新幻灯片时，该图标将同时出现在各个新幻灯片中。还要修改幻灯片的标题和正文内容的格式，如图 6-6 所示，本例中将标题格式改为楷体、40 号字、黄色，将正文中的第一级文本改为楷体、32 号字、蓝色、加粗，第二级文本改为宋体、28 号字、绿色、加粗，第三级文本改为宋体、24 号字、浅绿色、加粗，项目符号改为效果图中的样式。

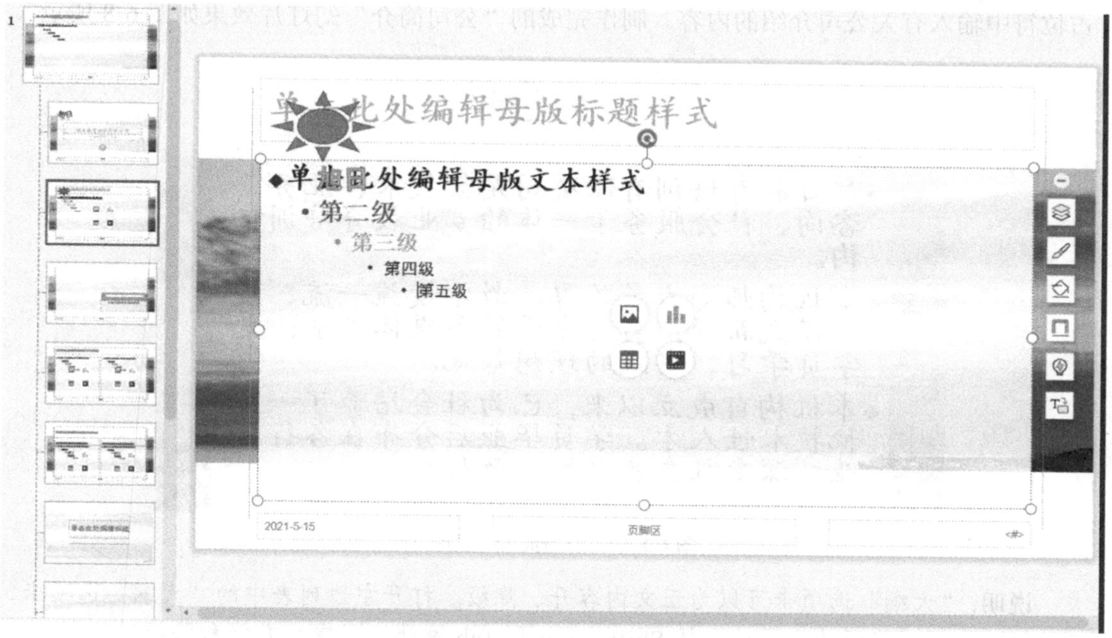

图 6-6　设置普通幻灯片母版

将视图切换到普通视图，即“标题和内容”母版设置好后，需要不断地插入新幻灯片以完成其他页的制作。

(4) 制作“目录”幻灯片。选择“开始”→“新建幻灯片”命令，插入一张“标题和内容”版式的新幻灯片，在标题占位符中输入标题文本“目录”，在下方的文本占位符中输入图 6-7 所示的目录内容。

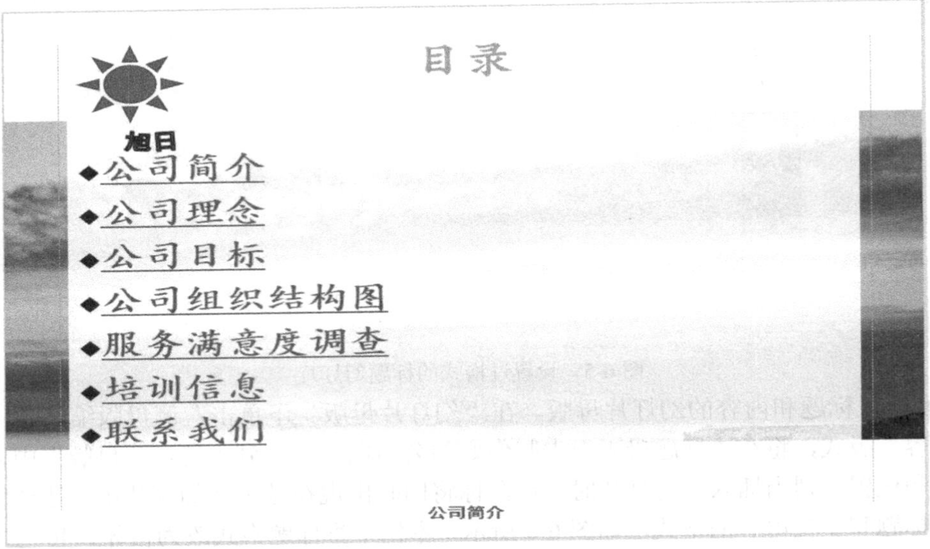

图 6-7　“目录”幻灯片

(5) 制作“公司简介”幻灯片。选择“开始”→“新建幻灯片”命令，插入一张“标题和内容”版式的新幻灯片，在标题占位符中输入标题文本“公司简介”，在下方的文本占位符中输入有关公司介绍的内容。制作完成的“公司简介”幻灯片效果如图 6-8 所示。

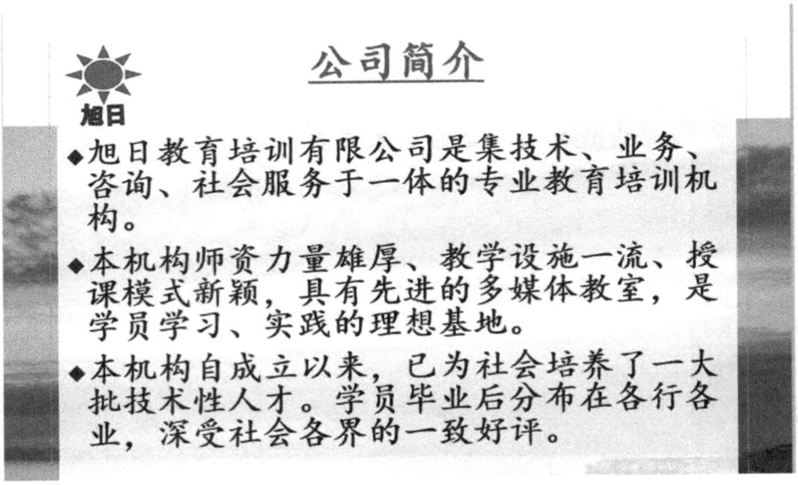

图 6-8　“公司简介”幻灯片

说明：“大纲”选项卡可以为正文内容升、降级。打开左边列表中的“大纲”选项卡，将光标放在需要降级的文本处，按 Shift + Tab 和 Tab 键就可以完成升级和降级了。

(6) 制作“公司理念”幻灯片。利用上面的方法再插入一张新的幻灯片，标题为“公司理念”，文本为公司理念相关内容，效果如图 6-9 所示。

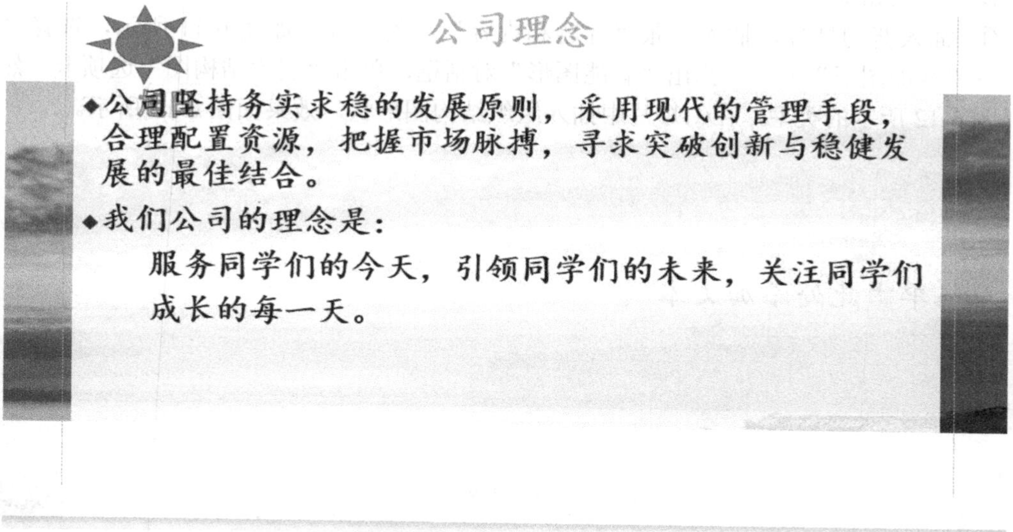

公司理念
◆公司坚持务实求稳的发展原则，采用现代的管理手段，合理配置资源，把握市场脉搏，寻求突破创新与稳健发展的最佳结合。
◆我们公司的理念是：
服务同学们的今天，引领同学们的未来，关注同学们成长的每一天。

图 6-9　“公司理念”幻灯片

(7) 制作“公司目标”幻灯片。该幻灯片中包含标题和艺术字对象。当插入一张新的“仅标题”幻灯片后，在标题占位符中输入标题“公司目标”。选择“插入”→“艺术字”命令，在下拉列表中选择一种艺术字样式，在占位符中输入“教育是永恒的事业，我们的目标是：打造中国第一教育培训品牌！”，并进行字体、字号等格式设置后，单击“确定”按钮即可。对新添加的艺术字进行位置、大小及方向等的调整，如图 6-10 所示。

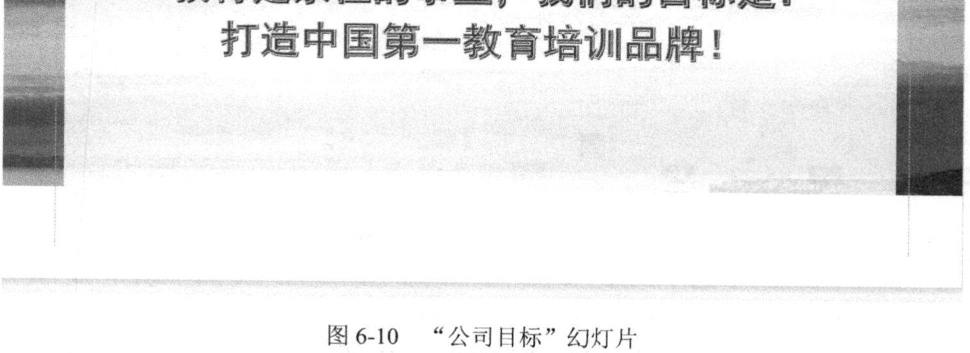

图 6-10　“公司目标”幻灯片

(8) 制作“公司组织结构图”幻灯片。组织结构图是用来反映组织内部人员结构和组织层次的图示，利用组织结构图可以清晰地描述组织内部的各种关系，使复杂的信息简单化。操作步骤如下：

① 插入新幻灯片，插入一张“标题和内容”的幻灯片，如图 6-11 所示，选择“插入”→“智能图形”命令，弹出“智能图形”对话框，单击“层次结构图”选项卡，然后选择图 6-12 所示的类型，在幻灯片中插入组织结构图形状，效果如图 6-13 所示。

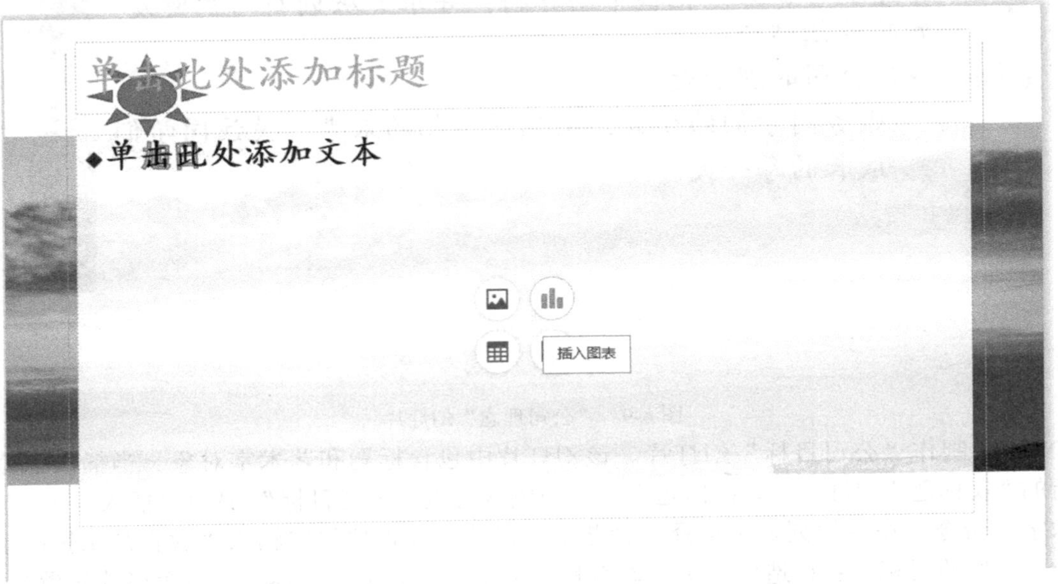

图 6-11　插入智能图形

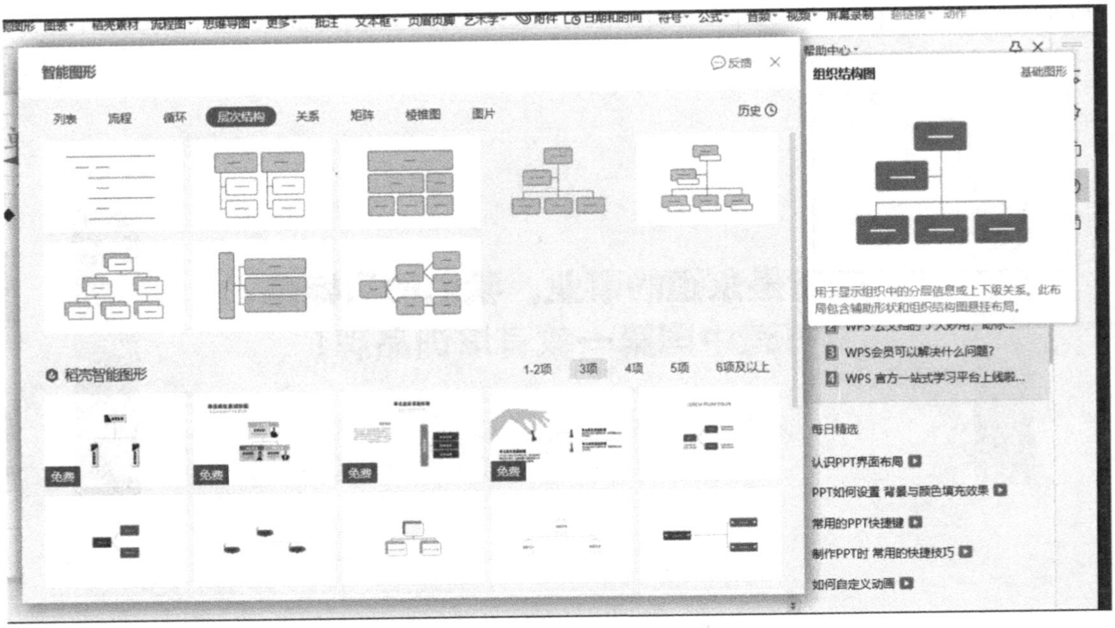

图 6-12　“智能图形”对话框

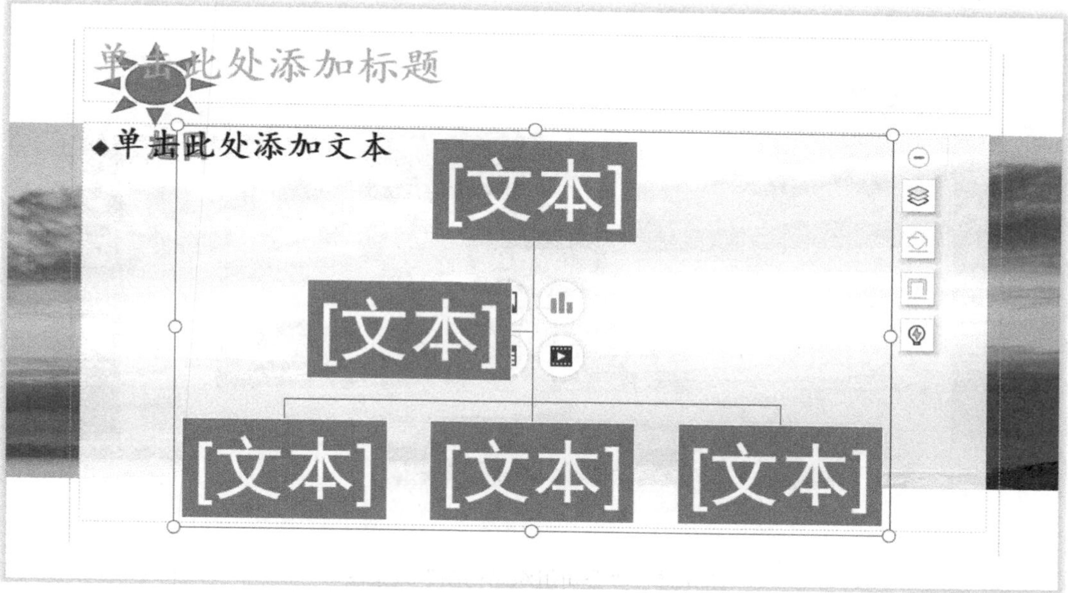

图 6-13　创建组织结构图框架

② 在组织结构图框架中也可以单击并选中文本框，如图 6-14 所示，可以在右键快捷菜单的辅助下为指定的框在前面、后面、上方、下方等位置插入对象，设置好组织结构图框架后，单击“设计”→“布局”命令，在下拉列表中选择“标准”。

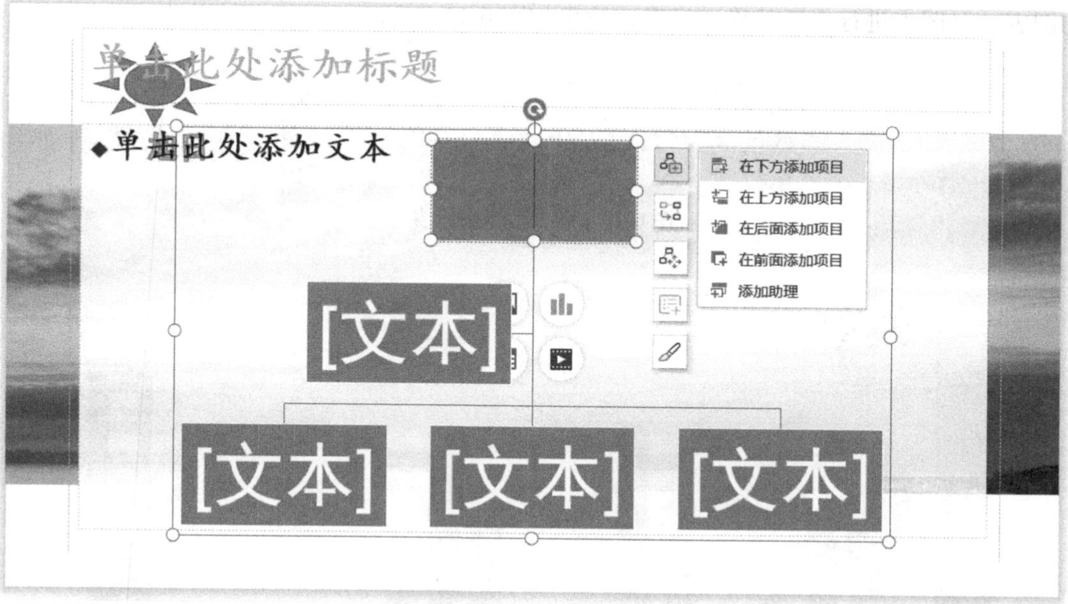

图 6-14　插入不同的对象

③ 输入内容。为各文本框输入内容的方法是直接单击文本框在其中输入文字。选择整个组织结构图，将文本设为宋体、24 号字，在“格式”选项卡中将样式设置为“白色轮廓”并更改其颜色为“彩色”，效果如图 6-15 所示。

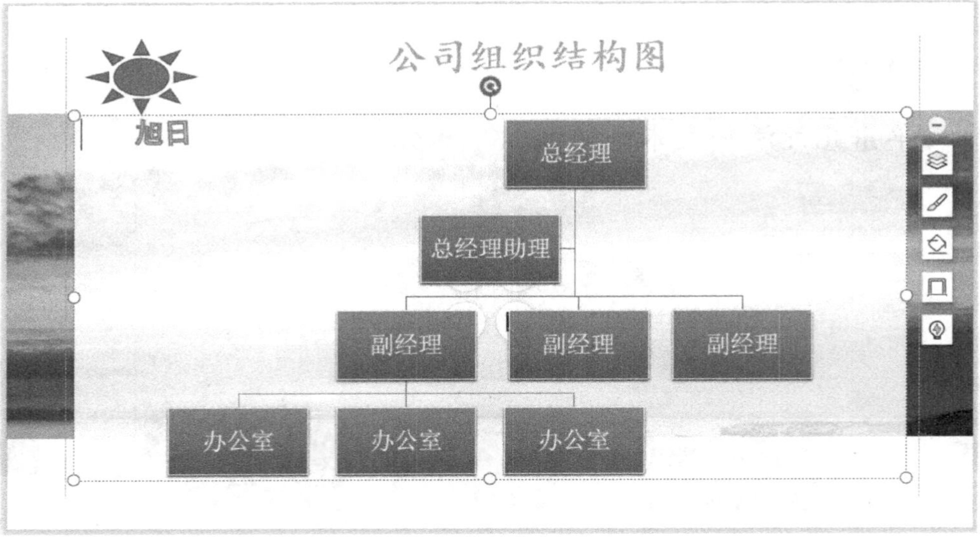

图 6-15　“公司组织结构图”效果图

(9) 制作“服务满意度调查”图表幻灯片。

插入一张新的“标题和内容”幻灯片，在标题占位符处输入标题“服务满意度调查”。单击“插入图表”占位符，在打开的“插入图表”对话框中选择“簇状柱状图”，单击“图表工具”→“编辑数据”命令，在打开的 WPS 表格中输入图 6-16 所示的数据，生成相应的图表。对图表进行合适的格式设置，效果如图 6-17 所示。

	非常满意	满意	不满意
北校区	50	40	20
西校区	40	70	25
东校区	40	60	30

图 6-16　图表数据表内容

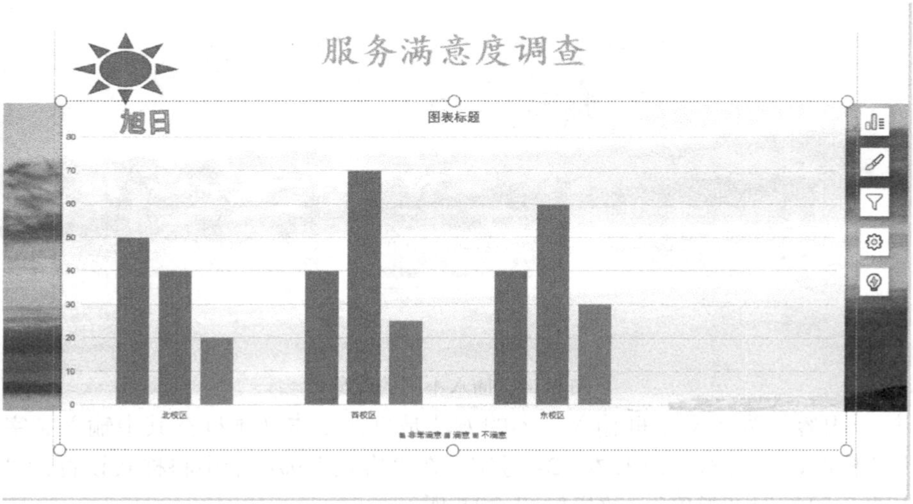

图 6-17　“服务满意度调查”幻灯片效果图

说明：一般情况下，图表或表格会在 WPS 演示做好后直接复制到幻灯片中。

(10) 制作“培训信息”幻灯片。插入一张版式为“标题和内容”的新幻灯片，将标题修改为“培训信息”，内容中插入表格，表格内输入相关的内容，如图 6-18 所示。

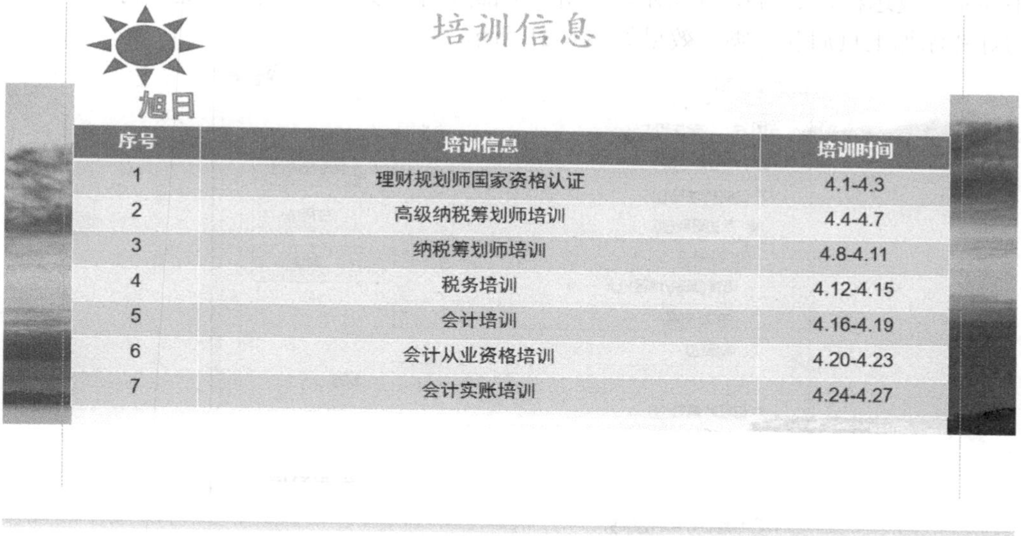

图 6-18　“培训信息”幻灯片

(11) 制作“联系我们”幻灯片。插入一张版式为“标题和内容”的新幻灯片，在标题占位符输入标题内容，在内容占位符中，单击“插入图片”图标，在打开的“插入图片”对话框中选择要插入的图片后单击“确定”按钮即可。图片插入后，可以根据需要对图片、文本位置及大小进行适当调整，效果如图 6-19 所示。

图 6-19　“联系我们”幻灯片

2. 在幻灯片中添加页眉页脚

本例中，要为除了标题幻灯片之外的每张幻灯片添加页脚，并且设置页眉页脚的格式，具体操作步骤如下：

(1) 选择“插入”→“页眉页脚”命令，打开“页眉和页脚”对话框。

(2) 选择“幻灯片”选项卡，设置“幻灯片包含内容”：将“日期和时间”设置为自动更新，勾选“幻灯片编号”和“页脚”复选框并输入“公司简介”文本，勾选“标题幻灯片不显示”复选框，如图 6-20 所示，单击“全部应用”按钮即可为除标题幻灯片之外的每张幻灯片添加上页眉和页脚，效果如图 6-21 所示。

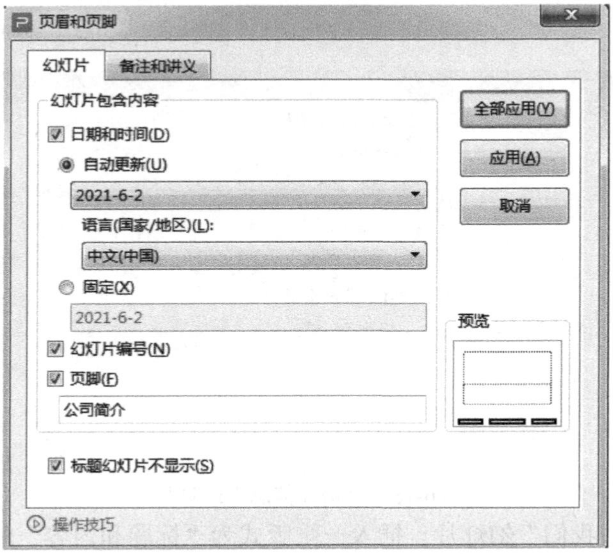

图 6-20　“页眉和页脚”对话框

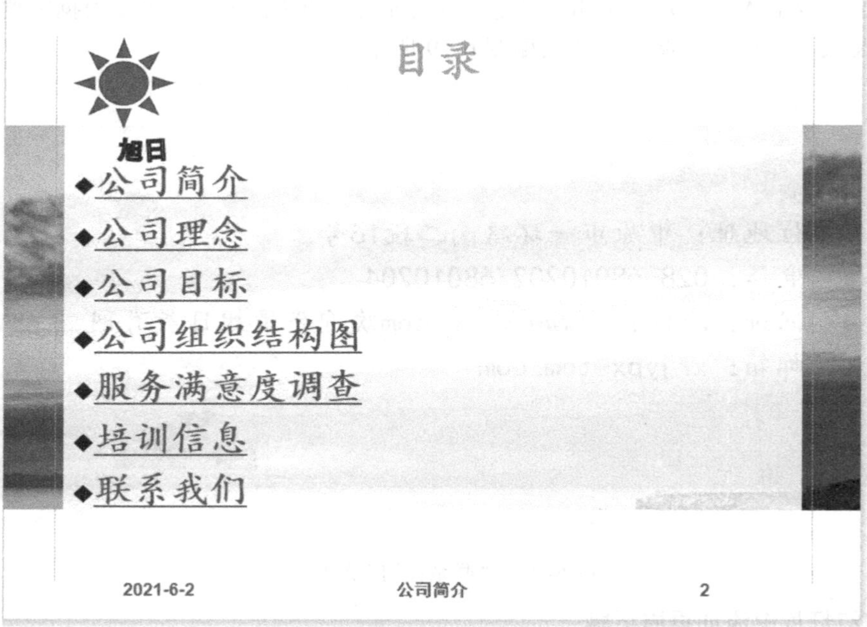

图 6-21　添加过页眉页脚的幻灯片

(3) 设置页眉和页脚的格式。如图 6-21 所示，初步设置好的页眉和页脚字体非常小，可能不符合要求，但是如果逐个修改也比较麻烦而且不容易统一，修改页眉和页脚格式的方法如下：选择“视图”→“幻灯片母版”命令，进入“幻灯片母版”编辑区，如图 6-22 所示，将下方页脚区的日期/时间、页脚和数字三项的字体设置为 20 号、粗体、居中对齐，关闭母版视图返回普通视图后，效果如图 6-23 所示。

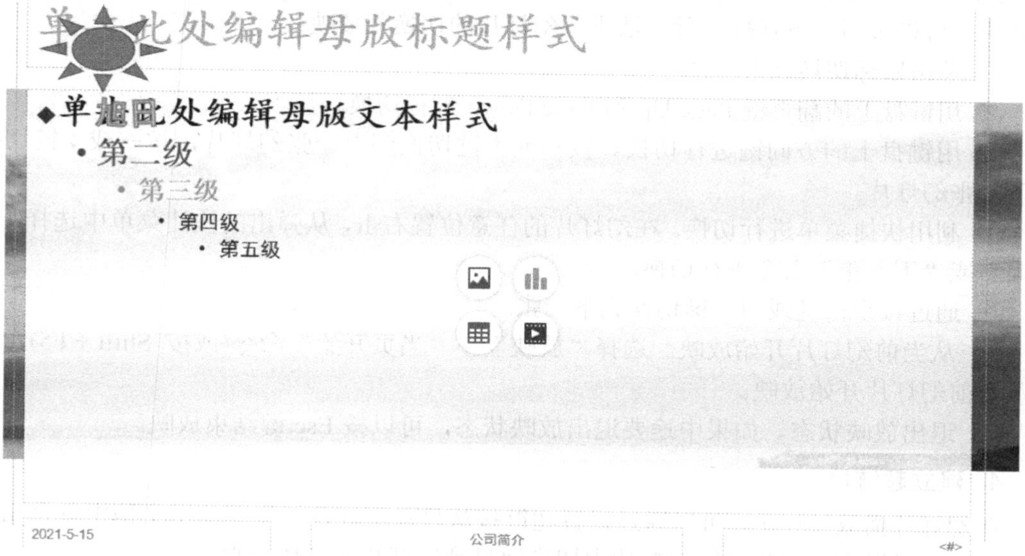

图 6-22　在母版中设置页眉页脚的格式

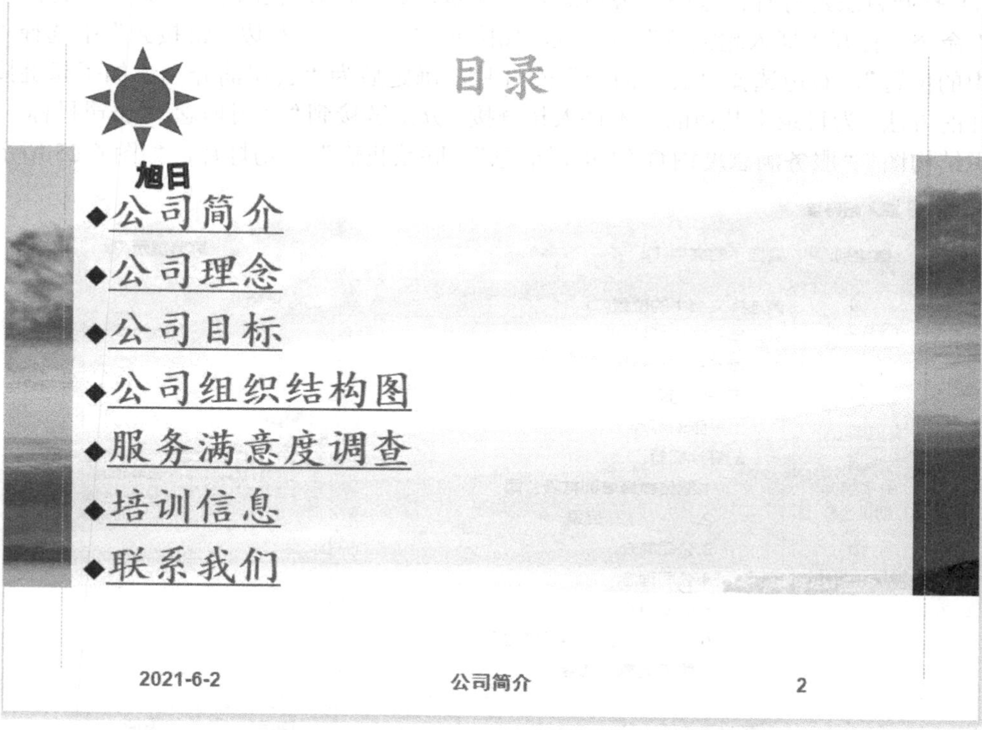

图 6-23　设置过页眉页脚格式的幻灯片

说明：在“页眉和页脚”对话框中，还可以设置备注和讲义的页眉、页脚。

3. 放映幻灯片

幻灯片放映有两种方式，一是从头开始放映，二是从当前的幻灯片开始放映。

(1) 从头放映幻灯片。选择“放映”→“从头开始”命令(或按 F5 键)，即可开始放映幻灯片。可以采用以下任何一种方法进行幻灯片的切换与放映：

① 单击鼠标切换到下一张。

② 用键盘上的翻页键 Page Up 和 Page Down 进行切换。

③ 用键盘上的方向键进行切换。按←或↑键切换到上一张幻灯片，按→或↓键切换到下一张幻灯片。

④ 利用快捷菜单进行切换。在幻灯片的任意位置右击，从弹出的快捷菜单中选择“上一张”或“下一张”命令进行切换。

⑤ 通过按空格键或回车键切换到下一张。

(2) 从当前幻灯片开始放映。选择“放映”→“当页开始”命令(或按 Shift + F5)，可以从当前幻灯片开始放映。

(3) 退出放映状态。如果中途要退出放映状态，可以按 Esc 键结束放映。

4. 建立超链接

在幻灯片播放过程中，可以通过设置超链接从目录幻灯片切换到演示文稿中各个相应幻灯片，也可以由后面相应的幻灯片中切换回目录幻灯片。具体步骤如下：

(1) 打开目录幻灯片，选中“公司简介”文本，右击，在弹出的快捷菜单中选择“超链接”命令，打开“插入超链接”对话框，如图 6-24 所示，在左边“链接到”中选择“本文档中的位置”，右边选择“公司简介”幻灯片，确定后为“公司简介”添加了超链接。用同样的方法，为目录中其他的文本插入超链接，分别链接到“公司理念”“公司目标”“公司组织结构图”“服务满意度调查”“培训信息”“联系我们”等幻灯片，如图 6-25 所示。

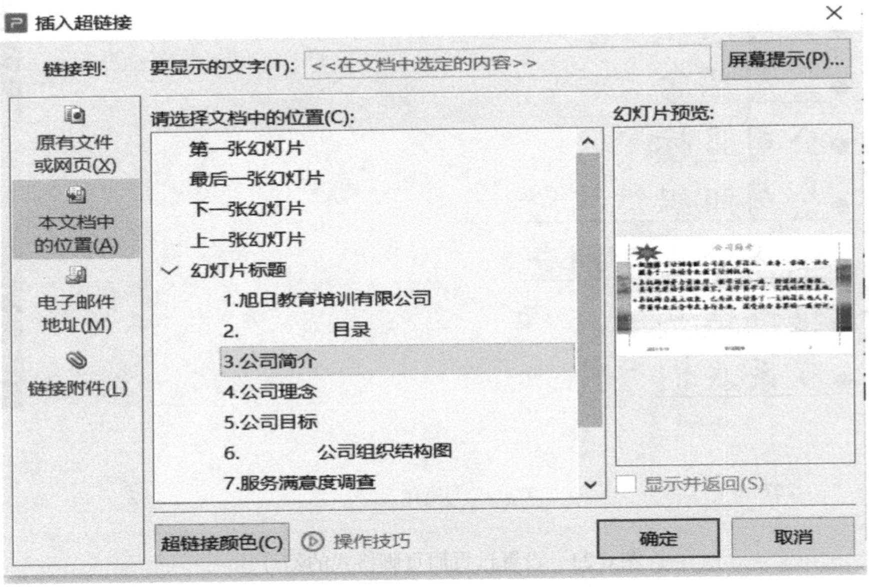

图 6-24　“插入超链接”对话框图

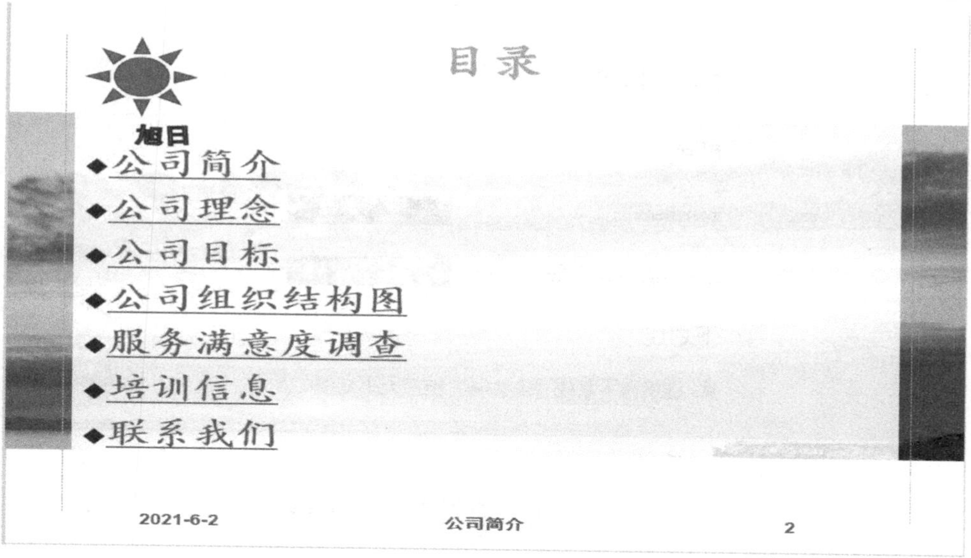

图 6-25　插入过超链接的幻灯片

(2) 更改超链接文本的颜色。本例中初步制作好的超链接文本的颜色不符合要求，所以要更改文本的颜色。操作方法如下：选中文本，右击，选择“超链接”命令中的“超链接颜色”命令，如图 6-26 所示，弹出“超链接颜色”对话框，将“超链接颜色”设置为蓝色，“已访问超链接颜色”设置为红色，如图 6-27 所示。单击“应用到当前”按钮即可设置成功。在放映的过程中，没有访问的超链接文本是蓝色的，已访问过的超链接文本是红色的。

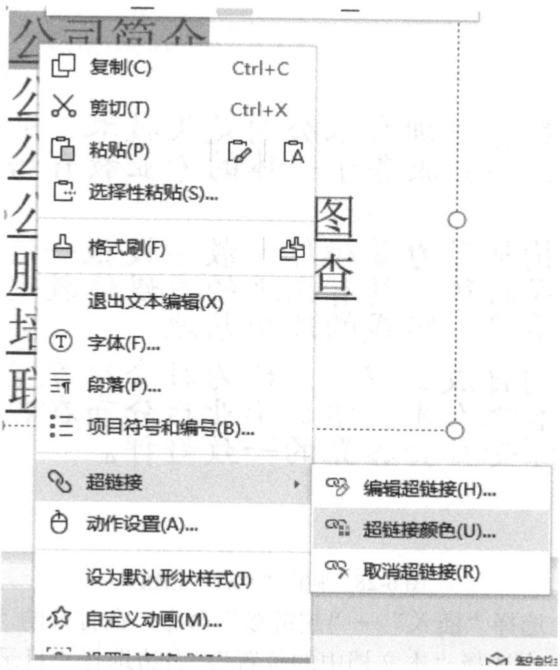

图 6-26　更改主题颜色

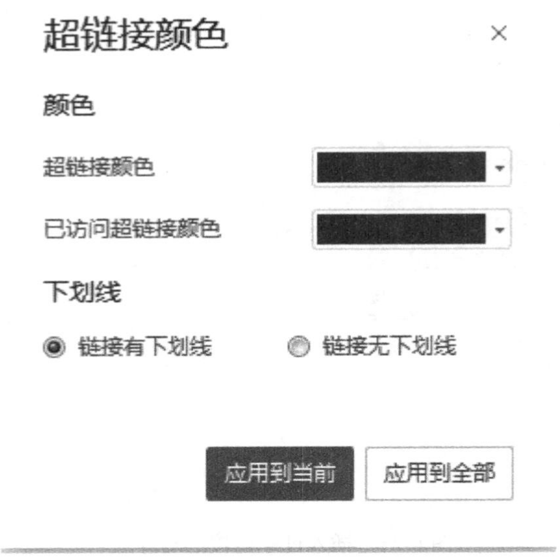

图 6-27　“超链接颜色”对话框

(3) 制作返回目录幻灯片的超链接按钮。打开“公司简介”幻灯片，选择“插入”→“插入形状”命令，选择“圆角矩形”形状，在幻灯片的右上角拖画出一个图形，单击该图形，添加文字“返回”，并适当设置该形状图形的样式和文本的格式，结果如图 6-28 所示。

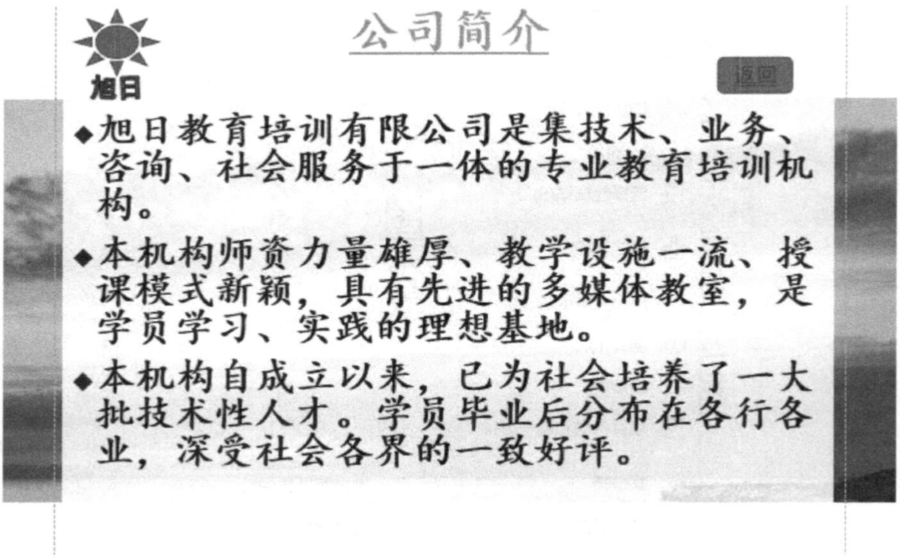

图 6-28　制作“返回”按钮

选中该形状按钮，选择“插入”→“超链接”命令，在打开的“插入超链接”对话框中，在左边“链接到”中选择“本文档中的位置”，右边选择“目录”幻灯片，确定后为“返回”添加了超链接。鼠标单击可以返回到“目录”幻灯片中。

复制该按钮，分别在“公司理念”“公司目标”“公司组织结构图”“服务满意度调查”“培训信息”“联系我们”幻灯片中粘贴即可，这样从第三张幻灯片开始，每张幻灯片都有一个能返回到“目录”幻灯片的按钮，也就是说“目录”幻灯片和后面的几张幻灯片可以随意通过超链接切换。

5. 设置幻灯片的切换动画。

(1) 设置不同的切换效果。为了让幻灯片在放映时更生动，可以为其设置不同的切换效果。选择第一张幻灯片，在“切换”选项卡中选择合适的换片动画效果，如本例中选择“形状”，声音选择“照相机”，速度为“00.50”，换片方式为“单击鼠标时换片”，如图 6-29 所示。这样放映第一张幻灯片时就可以按照设置的效果切换。

图 6-29　设置幻灯片的切换效果

使用上面的方法，为后面几张幻灯片设置不同的切换效果，这样整个演示文稿都可以有不同的切换效果。

(2) 设置相同的切换效果。除了设置不同的切换效果之外，还可以设置相同的切换效果，方法如下：选择演示文稿中的任一幻灯片，选择“切换”→“应用到全部”命令，就可以为所有的幻灯片设置相同的切换效果。

说明：一般情况下，商务幻灯片的切换效果不宜过多，通常只有两种，标题幻灯片是一种，非标题幻灯片是另一种，如果用户想对幻灯片中的各个对象设置不同的动画效果，则需要用到自定义动画，自定义动画设置将在下一个实例中使用。

6. 自动放映幻灯片

一般情况下幻灯片切换是“单击鼠标时换片”，但是也可以设置在固定的时间段切换，方法如下：在“切换”选项卡中勾选“自动换片”，在后面的文本框中设置幻灯片切换相隔的时间，如图 6-30 所示，设置时间间隔为 03:20。如果为每张幻灯片设置相同的时间间隔和动画效果，则单击 “应用到全部”命令即可。

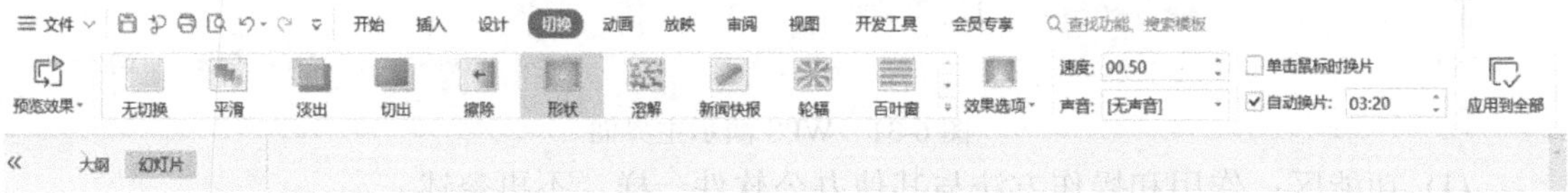

图 6-30　设置幻灯片自动切换的时间

【主要知识点】

1. WPS 演示功能介绍

WPS 演示是一个易学易用、功能丰富的演示文稿制作软件，用户可以利用它制作图文、声音、动画、视频相结合的多媒体幻灯片，并达到最佳的现场演示效果。

1) WPS 演示的用途

WPS 演示有两个主要用途：

(1) 用于公开演讲、商务沟通、经营分析、页面报告、培训课件等正式工作场合。

(2) 用于电子相册、搞笑动画、自测题库等娱乐休闲场合。

2) 演示文稿和幻灯片

由 WPS 演示创建的文件称为演示文稿，WPS 演示是以“. pptx”或者“. ppt”为扩展名保存的文件，一个演示文稿中包含多张幻灯片，每张幻灯片在演示文稿中既相互独立又相互联系。幻灯片是由不同的对象组成的，通常包括文字、图片、图表、表格、动画等。

2. WPS 演示的界面组成

WPS 演示的主界面如图 6-31 所示，窗口主要包括功能区、幻灯片编辑区、大纲幻灯片列表区、备注窗格、状态栏等。

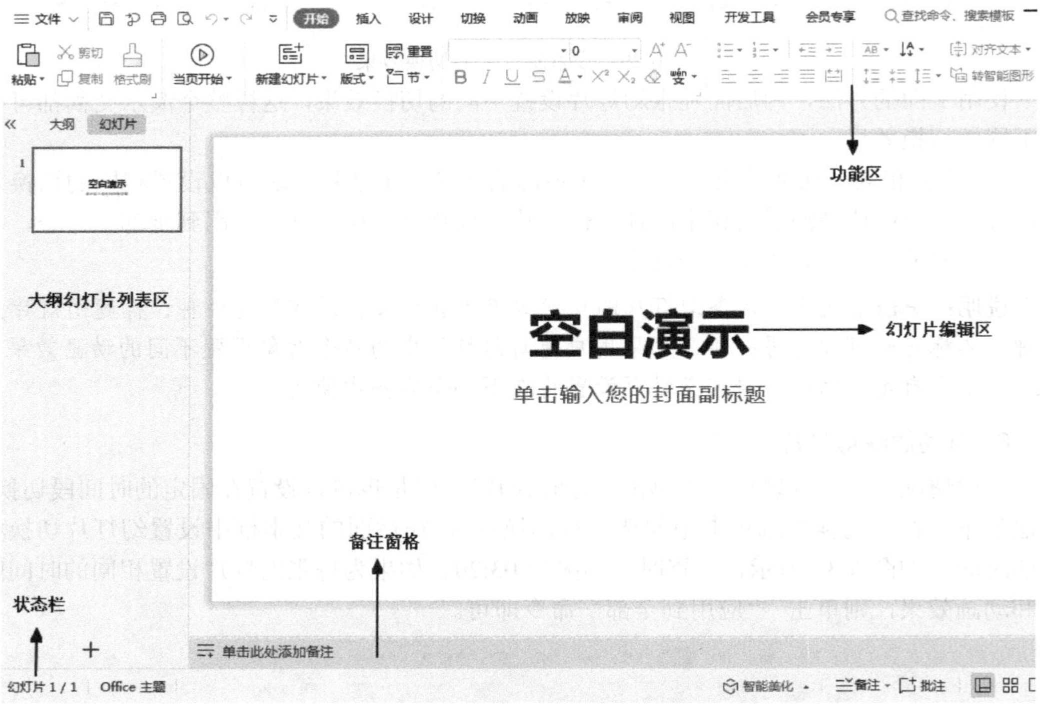

图 6-31　WPS 演示主界面

(1) 功能区：作用和操作方法与其他办公软件一样，不再赘述。

(2) 幻灯片编辑区：用来显示或编辑幻灯片中的文字、字符、图表、图片等内容。

(3) 大纲幻灯片列表区：该区可在“幻灯片”和“大纲”两种方式间切换，单击该区中的“幻灯片”或“大纲”选项卡即可。“幻灯片”方式显示当前演示文稿的所有幻灯片的缩略图，“大纲”方式显示当前演示文稿的文本大纲。

(4) 备注窗格：可以为每张幻灯片添加备注，备注在放映时不显示，但是可以打印。

(5) 状态栏：显示当前操作的状态，如光标位置、当前编辑的幻灯片序列号、整个文稿所包含的幻灯片的页数以及文稿中所用模板的名称等信息。

3. 创建演示文稿框架

单击“文件”菜单中的“新建”命令，可以选择创建多种类型的演示文稿。

(1) 创建空演示文稿。在“演示”选项卡列表区中选择“新建空白演示”，如图 6-32 所示，即可创建一个空白演示文稿文件，此文件中的幻灯片具有白色背景，且文字默认为黑色，不具备任何动画效果。

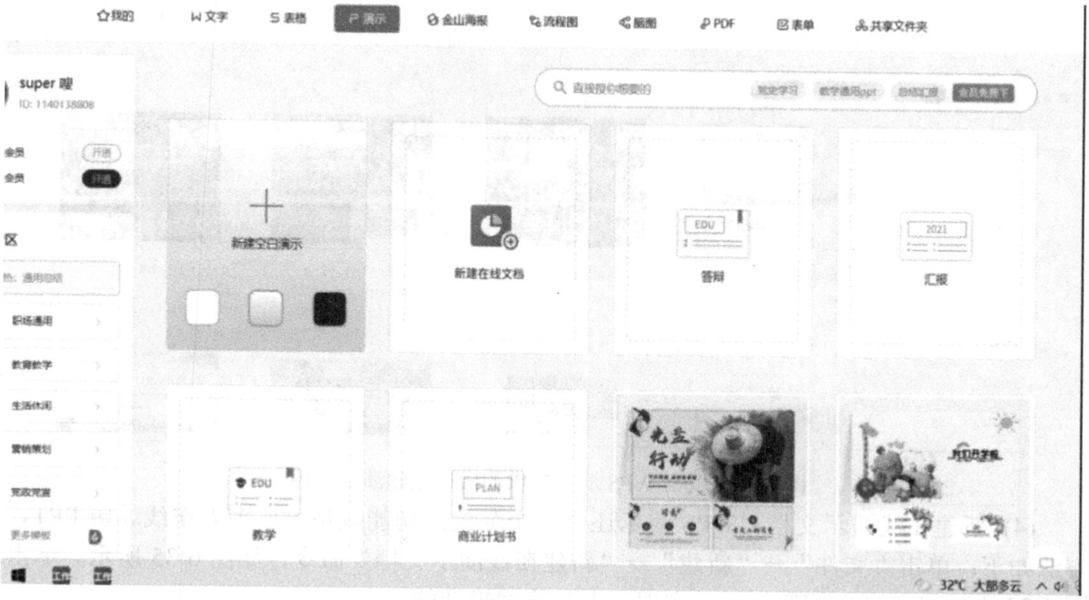

图 6-32　创建空白演示文稿

(2) 根据现有模板创建演示文稿。单击“文件”→“新建”→“本机上的模板”命令，弹出图 6-33 所示“模板”的对话框，用户可以选择任一种模板创建演示文稿。

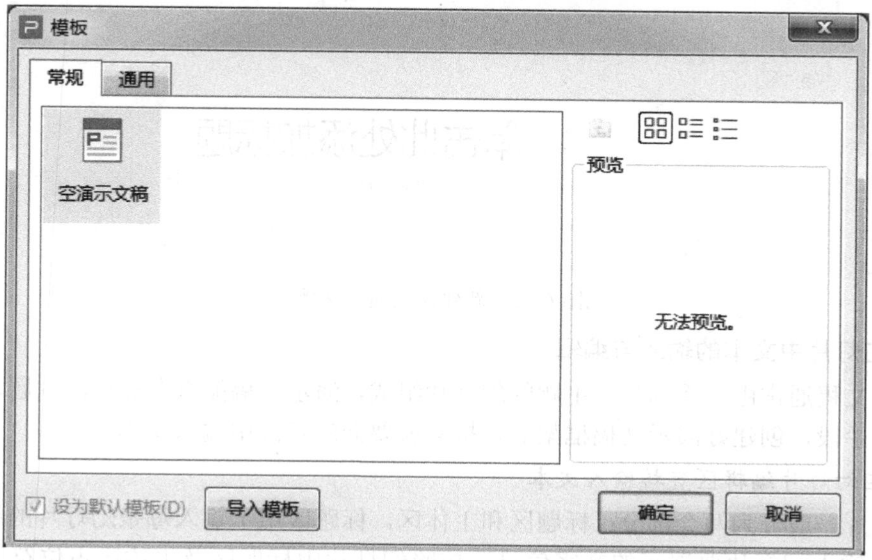

图 6-33　根据现有模板创建演示文稿

(3) 根据 WPS 演示提供的模板创建演示文稿。模板包括预先设置好的颜色、字体、背景和效果，可以作为一套独立的选择方案应用于文件中。在“演示”选项卡列表中选择某一模板，如图 6-34 所示，即可创建演示文稿。

图 6-34　根据 WPS 演示提供的模板创建演示文稿

(4) 新建在线演示文档。WPS 演示还有一个强大的功能就是可以多人在线编辑 PPT，方法如下：单击“文件”→“新建”→“新建在线演示文档”命令，如图 6-35 所示。单击图 6-35 中的“分享”按钮，可以实现多人在线编辑功能。

图 6-35　新建在线演示文档

4. 幻灯片中文本的输入与编辑

演示文稿通常由一系列具有主题的幻灯片组成，演示文稿能否充分反映主题，文本是最基本的手段，创建好演示文稿框架后，接着就要向幻灯片中输入文本。

1) 在幻灯片编辑区直接输入文本

幻灯片一般分为两个部分：标题区和主体区，标题区用于输入每张幻灯片的标题，主体区用于输入幻灯片要展示的文字信息。按照幻灯片中标题区及主体区占位符所指示位置，输入相应标题及文本。输入完成后，可根据需要对标题及主体区中文本的位置、字体等进行设置。

说明：幻灯片中的“单击此处添加标题”为占位符，放映时不显示，可以不用管它，如果觉得不合适可以删除。

2) 在幻灯片大纲区输入文本

在“幻灯片列表区”单击“大纲”选项卡，在弹出的大纲列表中输入标题。可以一次给多个幻灯片输入标题，方法是：输完一个幻灯片的标题后按 Enter 键，在系统自动增加的幻灯片中输入标题即可；若输入层次小标题，先选择级别，一个幻灯片最多可以建立五级标题。

说明：输入文字最快的方式就是在大纲列表区中输入，输入一个标题后接着输入下一个标题，通过“升级”和“降级”(Shift + Tab 和 Tab 键)可以实现标题级别的设置。

3) 幻灯片中文本的编辑

对幻灯片中的文本可以进行复制、移动、删除等编辑操作，对文字的字体和颜色也可进行设置，其操作同其他软件中的文本编排类似，这里不再赘述。

5. 演示文稿母版

母版是用来定义演示文稿格式的，它可以使一个演示文稿中每张幻灯片都包含某些相同的文本特征、背景颜色、图片等。当每一张幻灯片中都需要出现相同内容，如企业标志、CI 形象、产品商标以及有关背景设置等时，这个内容就应该放到母版中。本例中，在母版上设计了一个公司图标图形后，这个图标将出现在每张幻灯片的相同位置，它使演示文稿具有了相同的风格。

1) 演示文稿母版类型

演示文稿的母版类型一般分为三种：幻灯片母版、讲义母版和备注母版，通常使用的是幻灯片母版。

幻灯片母版主要用来控制除标题幻灯片以外的幻灯片的标题、文本等外观样式，如果修改了母版的样式，将会影响到所有基于该母版的演示文稿的幻灯片样式。

标题母版控制的是以“标题幻灯片”版式建立的幻灯片，是演示文稿的第一张幻灯片，相当于演示文稿的封面，因此标题幻灯片在一个演示文稿中只对一张幻灯片起作用。

备注母版主要提供演讲者备注使用的空间以及设置备注幻灯片的格式。

讲义母版用于控制幻灯片以讲义的形式打印的格式，可增加页眉和页脚等。

2) 幻灯片母版设置

选择“视图”→“幻灯片母版”命令，可以打开幻灯片母版视图。幻灯片母版内容的设置和幻灯片版式相关，不同的版式应用不同的母版，若想要整个演示文稿都应用母版样式，必须为在演示文稿中出现的不同版式进行母版设置。

6. 幻灯片版式

幻灯片版式是幻灯片中对象的布局，包括位置和内容的不同。单击“开始”→“版式”命令，如图 6-36 所示，在下拉列表中列出了所有的版式。若想更改版式，在此列表中选择其中一个即可。

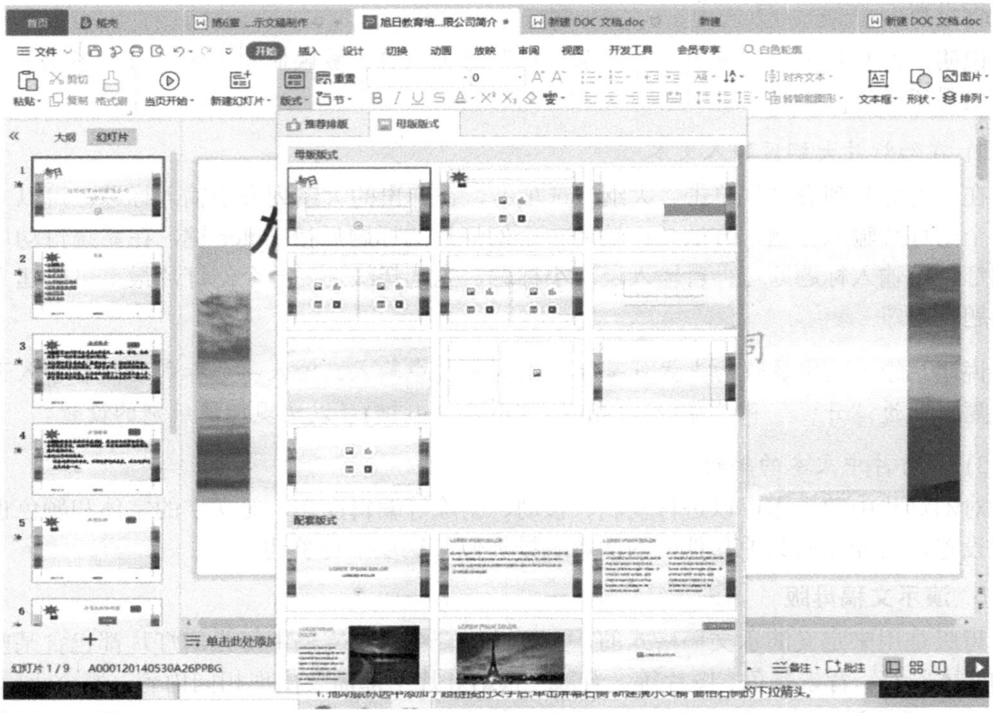

图 6-36　新建不同版式的幻灯片

7. 主题颜色方案的修改

主题颜色方案(又称配色方案)是由文本颜色、背景颜色、强调文本颜色、超链接、已访问的超链接等多种颜色组成的一组用于演示文稿的预设颜色方案。每一个主题都有多个不同的配色方案，一个配色方案可应用于一个或多张幻灯片，在设计幻灯片时可以改变其不同的配色方案，操作步骤如下：

选择“设计”→“背景”命令，在下拉列表中单击“背景”命令，此时在页面右侧出现“对象属性”对话框，在“填充”功能组中选择填充方式和颜色。如果将该配色方案应用到所有幻灯片上，单击“全部应用”按钮，如图 6-37 所示。此时所有幻灯片的配色方案就被更改为所选配色方案。

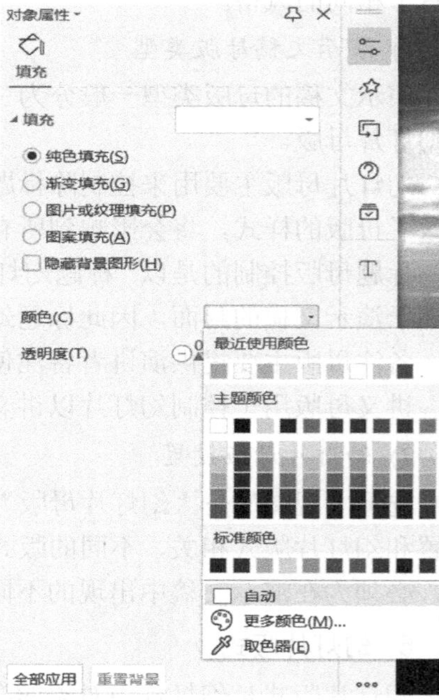

图 6-37　更改幻灯片背景颜色

8. 在幻灯片中插入声音

为了增加幻灯片的播放效果，还可以把声音添加到幻灯片中，在放映幻灯片时可以自动播放。插入声音的方法如下：

在幻灯片视图中打开一张幻灯片。选择“插入”

→“音频”命令，弹出图 6-38 所示的下拉列表，这里有 4 种类型的音频可以选择。一般情况下，选择“嵌入音频”，弹出图 6-39 所示的“插入音频”对话框，选择一个声音文件，单击“确定”按钮后会在幻灯片中插入一个音频播放图标，如图 6-40 所示。

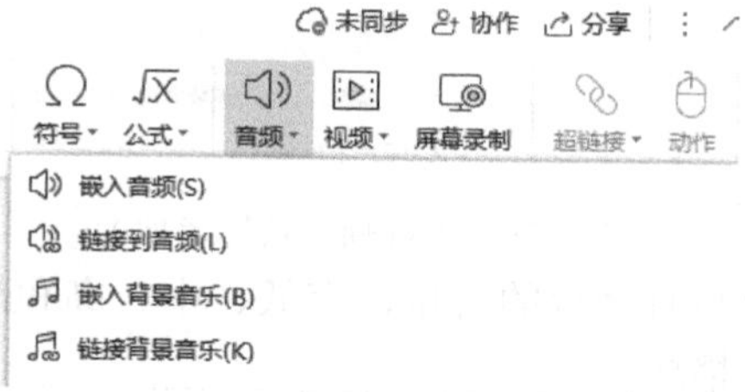

图 6-38　嵌入音频

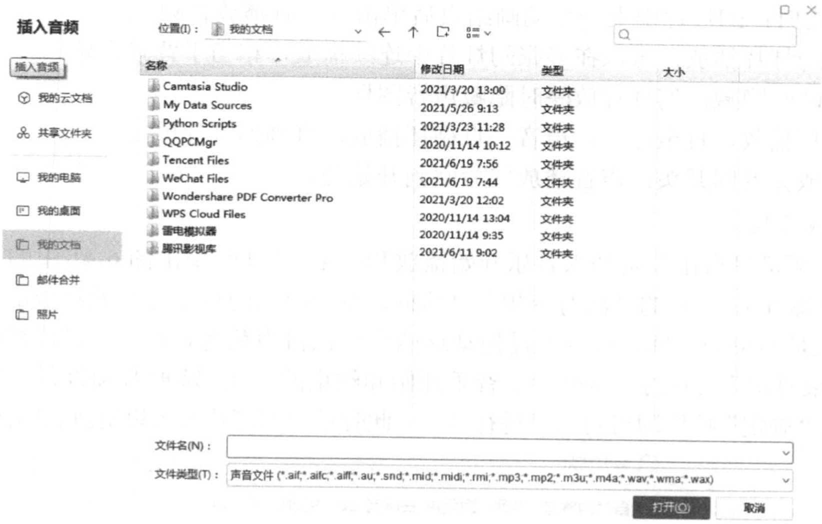

图 6-39　“插入音频”对话框

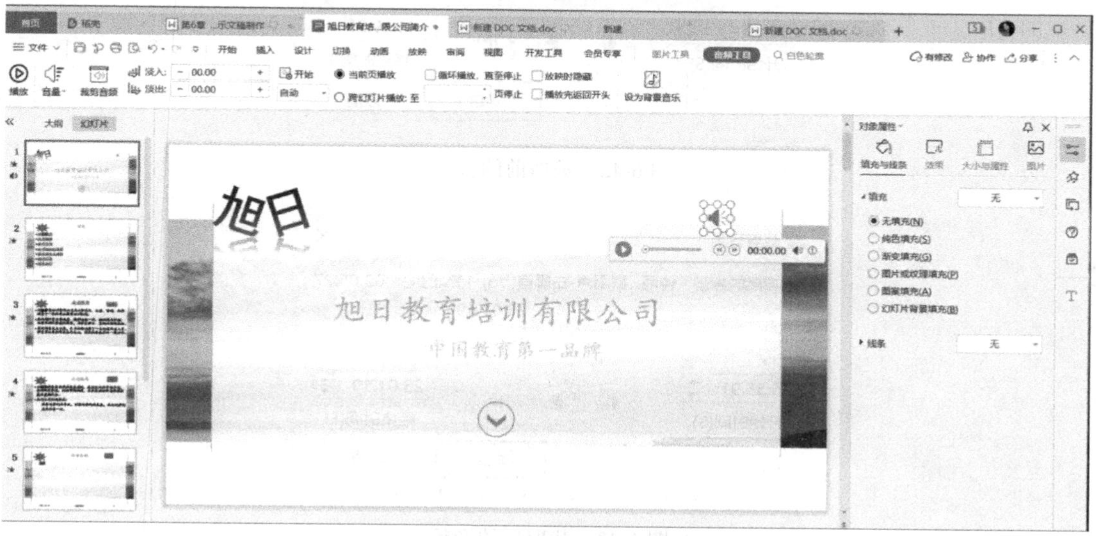

图 6-40　幻灯片中的声音提示框

1) 声音的播放设置

插入声音图标的同时，会显示“音频工具”选项卡，如图 6-41 所示。

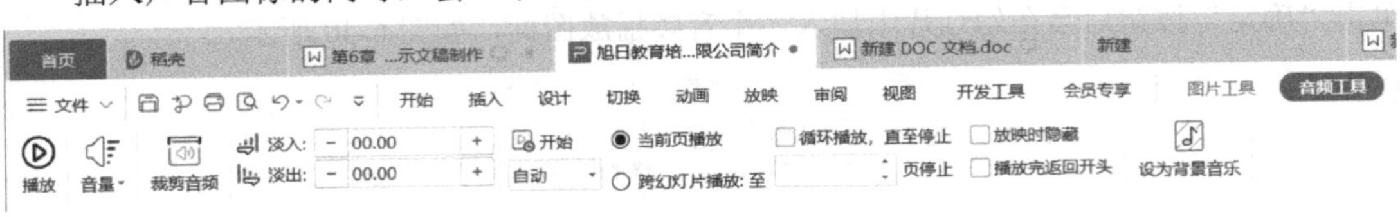

图 6-41　“音频工具”选项卡

(1) 音量：可以设置放映时播放的音量，有低、中、高和静音。

(2) 开始：自动、单击播放。

- 自动：幻灯片中上一个动画结束后自动播放音频。
- 单击时：幻灯片中上一个动画结束后单击鼠标时播放音频。

(3) 跨幻灯片播放：可以在多张幻灯片中连续播放，相当于背景音乐。

(4) 放映时隐藏：幻灯片放映时隐藏声音图标。

(5) 循环播放，直至停止：声音一直循环播放，直到幻灯片停止。

(6) 播放完返回开头：声音播放完后回到开始处。

2) 剪裁音频

裁剪音频可以自由设定插入音乐开始播放和结束的时间。单击图 6-41 中的“裁剪音频”按钮，弹出图 6-42 所示的“裁剪音频”对话框，左边绿色的标识是开始播放的时间，右边红色的标识是结束的时间，可以通过拖动这两个标识自由裁剪音频，也可以通过“开始时间”和“结束时间”上方的文本框设定音乐开始和结束的时间。裁剪音频设置示例如图 6-43 所示，单击“确定”按钮即可对音频进行裁剪。此时播放幻灯片就可以听到裁剪过的音频了。

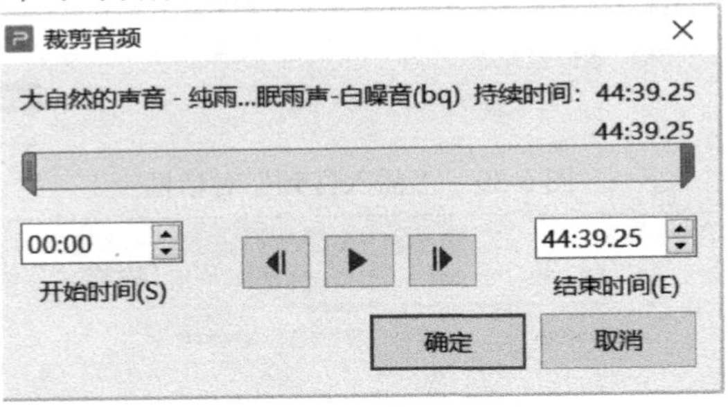

图 6-42　裁剪前的音频

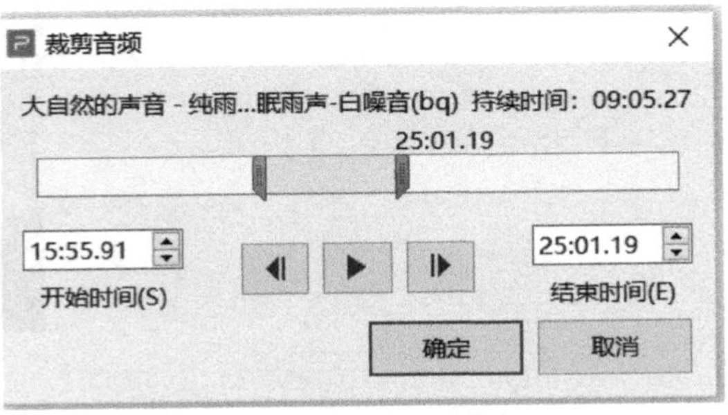

图 6-43　裁剪后的音频

9. 在幻灯片中插入视频

在幻灯片中还可以添加视频影片，方法如下：选择“插入”→“视频”命令，如图 6-44 所示，在下拉列表中选择“嵌入本地视频”，可在幻灯片中添加一个视频影片。影片的窗口大小可以调整，“播放”选项卡中的设置和音频的设置相同，同样也可以剪辑视频，在此不再讲解。将“开始”设置为“自动”，幻灯片放映时就会直接播放影片。

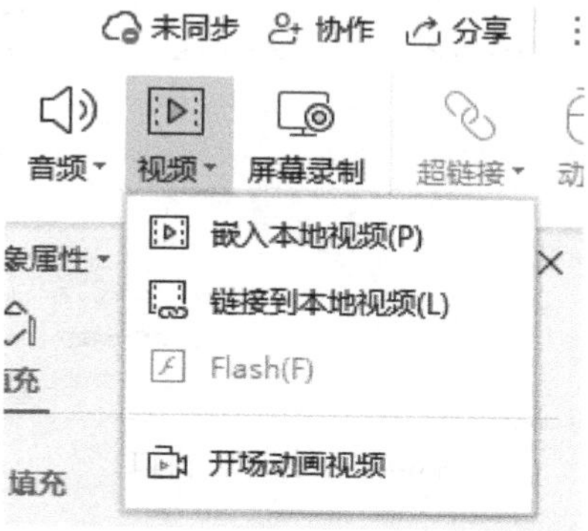

图 6-44　插入视频

10. 幻灯片的页面设置与打印

页面设置是打印的基础，操作步骤如下：

选择“设计”→“幻灯片大小”→“自定义大小”命令，打开图 6-45 所示的“页面设置”对话框。在对话框中可以分别对幻灯片、备注、讲义及大纲等进行各项设置，包括幻灯片的大小、宽度、高度、幻灯片编号起始值、方向等，单击“确定”按钮即可。

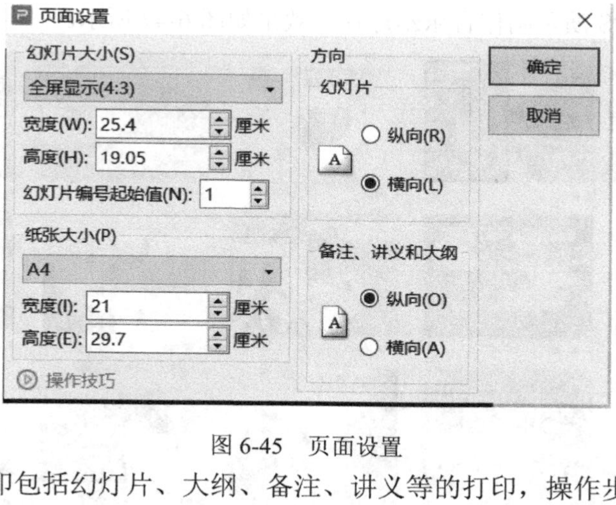

图 6-45　页面设置

演示文稿的打印包括幻灯片、大纲、备注、讲义等的打印，操作步骤如下：

单击“文件”→“打印”命令，在下拉列表中选择“打印”，弹出“打印”窗口，在此可以选择打印机，设置打印的份数、打印幻灯片的范围(全部或指定的页数)、打印内容、是否逐份打印、打印的方向和颜色等。本例中将“打印内容”设置为“幻灯片”，将“打印范围”中的“幻灯片”设为“1–6”，如图 6-46 所示，单击“确定”按钮即可打印。

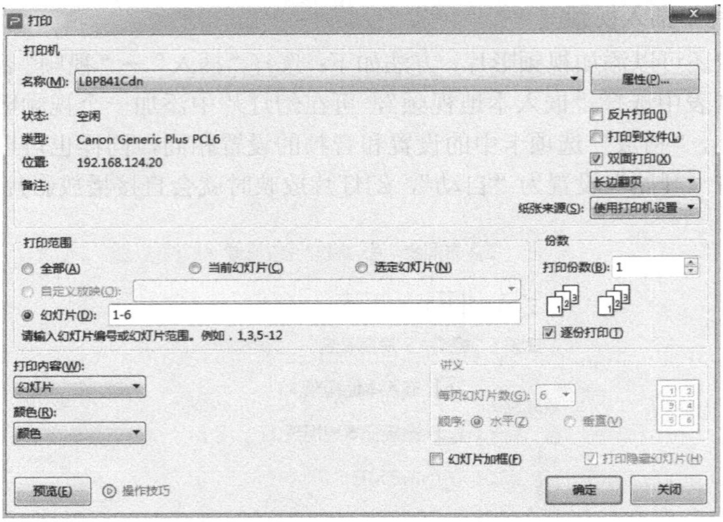

图 6-46 “打印”窗口

6.2　制作音画同步的音乐幻灯片实例

利用 WPS 演示可以制作图文并茂、音画同步的精美音乐幻灯片，同时，还可以将制作完成的音乐幻灯片打包成 CD 数据包，在没有安装 WPS 演示的计算机上进行放映。

【实例描述】

本实例使用 WPS 演示制作音乐幻灯片，效果如图 6-47 所示。

图 6-47　音乐幻灯片效果图

在本例中，主要解决如下问题：

(1) 如何对幻灯片设置背景。

(2) 如何添加背景音乐。

(3) 如何为幻灯片中的对象添加自定义动画。

(4) 如何设置排练计时。

(5) 如何自定义放映。

(6) 如何打包演示文稿。

【操作步骤】

在制作音乐幻灯片之前，首先选择一首自己喜欢的音乐，收集音乐歌词和相关精美图片等素材，然后再进行具体的规划。各类素材在计算机的存放路径为“D:\音乐幻灯片”。

1. 新建空白版式演示文稿

启动 WPS 演示，将新建的空白演示文稿更名为“音乐幻灯片-旅行”并保存到“D:\音乐幻灯片”文件夹中。在该演示文稿中添加若干张幻灯片，所有幻灯片的版式均选择“空白”版式。

2. 设置幻灯片背景

单击第 1 张幻灯片，选择“设计”→“背景”命令，在下拉列表中单击“背景”按钮，打开“对象属性”窗格，如图 6-48 所示。在“填充”选项卡中选择“图片或纹理填充”，在“图片填充”中选择“本地文件”，在对话框中选择需要作为背景填充的图片，单击“打开”按钮，即将图片设置为第一章幻灯片的背景，如图 6-49 所示。后面的每一张幻灯片都执行同样的操作，让每一张幻灯片都具有不同的背景。

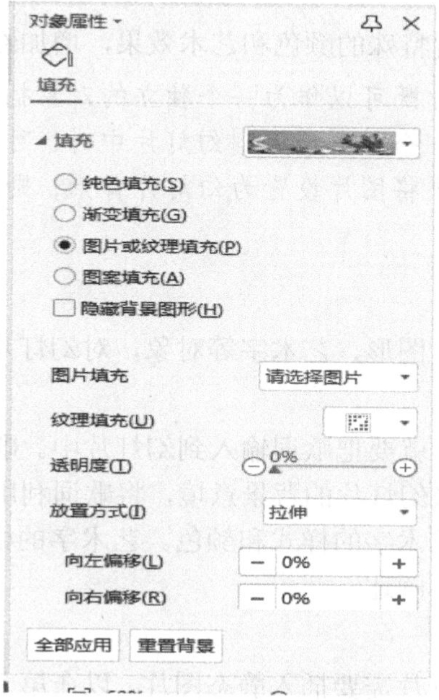

图 6-48　背景图片填充

图 6-49　为第一张幻灯片添加背景

需要说明的是，在图 6-48 所示的“对象属性”窗格有“全部应用”按钮。如果单击“全部应用”按钮，所选定的背景图片将应用到演示文稿中的每一张幻灯片。在此，可为演示文稿选择一张背景图片应用到所有幻灯片，然后根据需要再为单张幻灯片选择不同的图片设置个性化背景。在图 6-48 中还可以根据需要设置纯色填充、渐变填充、图案填充等效果。

另外，还可以对背景设置特殊的颜色和艺术效果，增加幻灯片放映时的美感。

说明：在幻灯片中，图片既可以作为一个独立的对象插入到幻灯片中，也可以作为幻灯片的背景存在。当作为一个对象插入到幻灯片中时，可以在幻灯片的编辑状态下进行位置、大小等的调整。如果将图片设置为幻灯片背景，则图片像画在了幻灯片上一样不可编辑。

3. 在幻灯片中插入对象

可以根据需要插入图片、图形、艺术字等对象，对幻灯片做个性的美化与设置。

1) 插入艺术字

要实现音画同步的效果，就要把歌词输入到幻灯片中。歌词可以直接输入也可以添加艺术字，在本例中，根据每张幻灯片的背景意境，将歌词利用艺术字的形式添加显示在相应幻灯片中，并适当地调整艺术字的样式和颜色。艺术字的格式设置方法同 WPS 文字中文本框的使用方法，在此不再阐述。

2) 插入静态图片

本演示文稿中有多张幻灯片需要插入静态图片。以在第 2 张幻灯片中插入图片为例进行说明，该幻灯片中已经设置了图片背景。选择“插入”→“图片”→“本地图片”，打开“插入图片”对话框，选择一张静态小图片插入到幻灯片中。调整图片的边框控制点，放到幻灯片的适当位置，如图 6-50 所示。

图 6-50　插入静态图片效果图

3) 插入动态图片

在本例中，为了使画面更灵动，还插入了动态图片。在第 5 张幻灯片中，插入几张蝴蝶的 GIF 动画图片，并调整每张图片的大小和旋转角度，以做到惟妙惟肖，如图 6-51 所示。

图 6-51　插入动画图片的效果图

说明：GIF 动画图片是一种相对比较简单、占空间比较小的动画，它插入到幻灯片中时，只有在放映的时候才可以呈现出动画状态。

4) 插入自定义图形

在幻灯片中，可以在绘制的不同形状的图形中填充照片、风景图片等来增加幻灯片的个性表现。本例在第 7 张幻灯片中插入了一个八角星图。操作步骤为：

(1) 选择“插入”→“形状”中的八角星，在要插入图形的幻灯片中拖画出合适大小的八角星形状。

(2) 右击该图形，在快捷菜单中选择“设置对象格式”，打开“对象属性”窗格，将其填充效果设置为图片填充，选择“图片”文件夹中的一幅图片。

(3) 调整图形的格式。将形状图形的轮廓设置为粉红色、加粗(线型的宽度)，效果如图 6-52 所示。

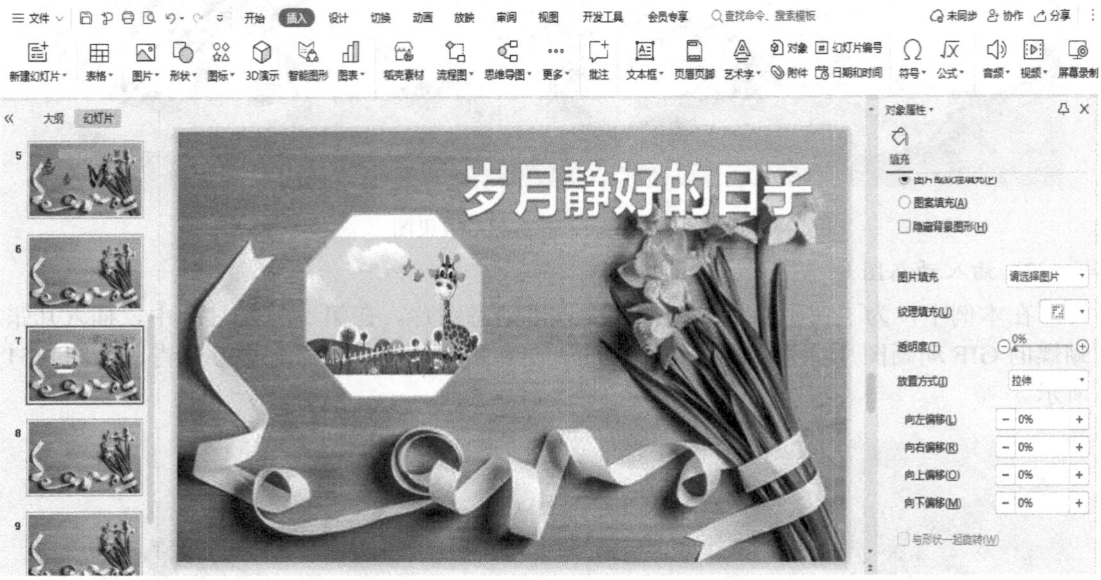

图 6-52　添加过自选图形后的幻灯片

4. 添加连续的背景音乐

在音乐幻灯片播放时，我们希望一首音乐能够贯穿始终，实现在演示文稿中连续播放的效果。操作方法是：选中首张幻灯片，选择“插入”→“音频”命令，在下拉列表中选择“嵌入音频”，弹出“插入音频”对话框。

选择要插入的音乐文件后，单击“打开”按钮，在当前幻灯片页面中就会出现一个小喇叭，同时在菜单栏中出现“音频工具”选项卡，选中“跨幻灯片播放”前面的单选按钮，同时选择“放映时隐藏图标”前面的复选框按钮，此时就可以自动连续跨幻灯片地播放背景音乐了。

如果想查看音乐是否能自动播放，选择“动画”→“自定义动画”命令，打开图 6-53 所示的“自定义动画”窗格，该窗格中显示了当前幻灯片中所有自定义的动画效果。此时可以看到音频文件前面有个“0”，代表幻灯片出现后自动播放音乐。

图 6-53 在“自定义动画”窗格中查看音频文件

5. 利用自定义动画设置幻灯片中各个对象的动画效果

上一节运用了幻灯片切换设置来为幻灯片设置切换动画，本节将运用自定义动画来更加灵活地设置每一个对象的动画。本例中为了做到动画尽可能地美观，每一张幻灯片中的对象都要设置自定义动画。下面用其中一张幻灯片举例说其具体操作步骤：

(1) 选择第 2 张幻灯片，这张幻灯片除了一张图片背景外，还有两行艺术字和一张静态图片对象。按照幻灯片放映时的顺序，首先选中“阵阵晚风吹动着松涛”艺术字，选择“动画”选项卡，展开动画效果，如图 6-54 所示，选择“进入”中的“缩放”，弹出图 6-55 所示的对话框，将“开始”设置为“单击时”，“速度”为“快速”。效果如图 6-56 所示。

图 6-54 为艺术字设置自定义动画

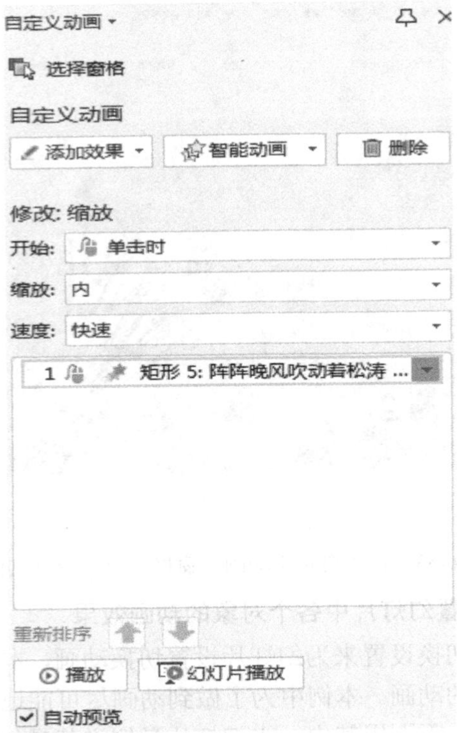

图 6-55　设置自定义动画效果

图 6-56　设置过自定义动画的效果

(2) 再次选中静态图片，用同样的方法为其设置动画为“翻转式由远及近”，“速度”为“快速”。

(3) 选中“吹响这风铃声如天籁”艺术字，展开动画效果，如图 6-57 所示，选择“华丽型”中的“浮动”，将“速度”选为“快速”。

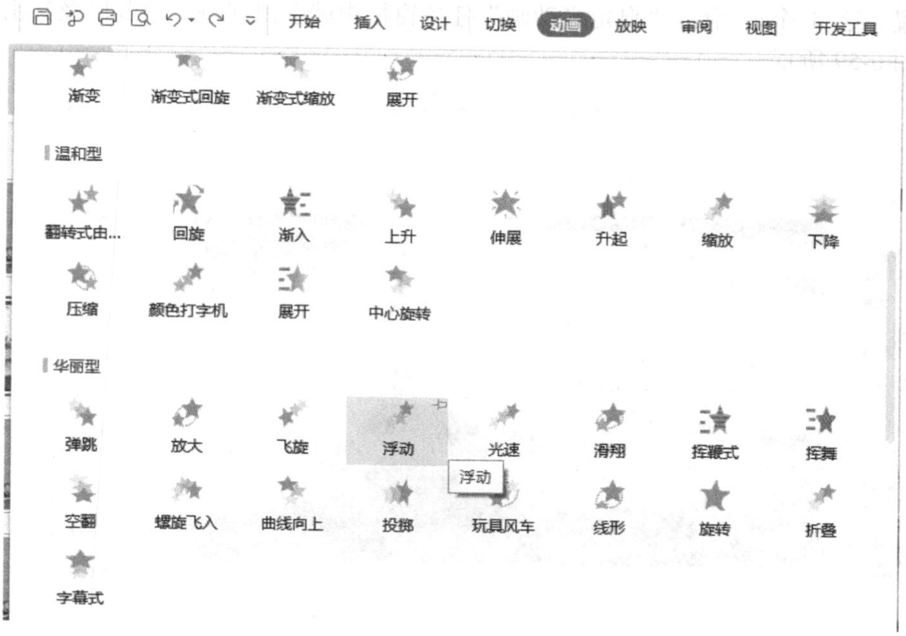

图 6-57 设置动画为“浮动”

(4) 再次选中该幻灯片中的静态图片，单击“动画”→“自定义动画”命令，弹出“自定义动画”窗格，单击“添加效果”按钮，在下拉菜单中选择“退出”中的“收缩并旋转”，如图 6-58 所示，就可以为图片再次设置一个退出的动画。

图 6-58 设置“退出动画”

设置完这 4 个动画后，“自定义动画”任务窗格中就会出现每个动画以及其出现的序号，如图 6-59 所示。

图 6-59　添加过 4 种动画的“自定义动画”窗格

按照上面介绍的方法，可以对其他幻灯片中的对象进行自定义动画效果的设置。

说明： 自定义动画分为 4 种动画效果：进入、强调、退出和动作路径。用户可以根据需要为一个对象设置一种或多种动画效果，也可以在“自定义动画”窗格中调整播放的顺序，如果预览效果不太理想，还可通过“动画”菜单栏中的选项对各个对象的动画进行修改。

6. 设置幻灯片的切换效果

为了让本音乐幻灯片放映时更生动、活泼，在“切换”选项卡中为每一张幻灯片选择不同的换片动画效果。

7. 对幻灯片播放进行排练计时

根据音乐幻灯片中每句歌词演唱时间的不同，结合幻灯片的切换时间和幻灯片中各对象动画效果的显示时间，来对每张幻灯片进行排练计时。在排练计时操作时，要做到音画同步。

选择“放映”→“排练计时”命令，即开始播放幻灯片，如图 6-60 所示。

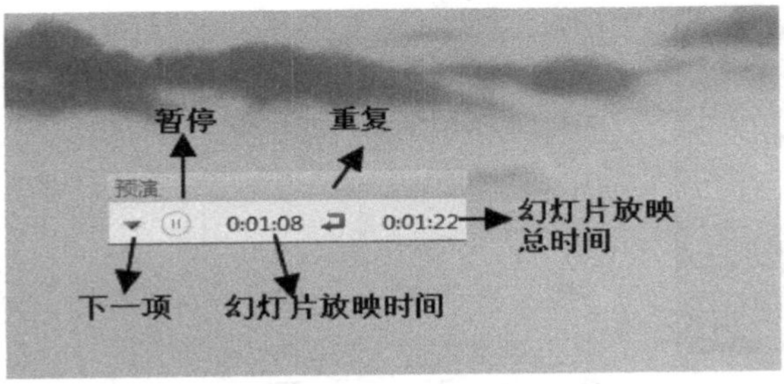

图 6-60　排练计时

图 6-60 中的“幻灯片放映时间”文本框中显示当前幻灯片的放映时间。如果对当前幻

灯片的放映时间不满意，可以单击“重复”按钮，重新放映计时。如果要播放下一张幻灯片，单击“下一项”按钮，或者在正播放的幻灯片任意位置单击，此时“幻灯片放映时间”文本框将重新计时。“幻灯片放映时间”文本框最右边显示的是幻灯片放映总时间。

幻灯片放映结束时，弹出提示对话框，如图 6-61 所示，询问是否保存排练计时的结果。单击“是”按钮，将排练结果保存起来。

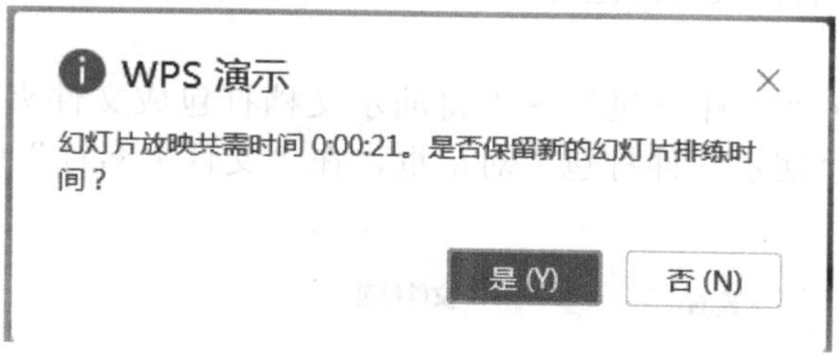

图 6-61　确认排练计时对话框

说明：对于幻灯片和对象比较多的演示文稿来说，一次排练计时不一定能达到要求，可以多做几次排练计时，后面的排练时间会自动替换之前的。因此，只要最后一遍排练计时符合要求即可。

8. 放映幻灯片

排练计时制作好之后，单击“放映”→“从头开始”命令，音画同步的音乐幻灯片即以规定的时间和内容伴随着优美的音乐播放出来。

9. 将音乐幻灯片存储为可以直接放映的类型

如果将演示文稿制作完毕，又想直接放映，可以在保存演示文稿时，在“另存为”下拉列表中选择“PowerPoint 97-2003 放映文件”类型，文件扩展名为 .pps，如图 6-62 所示。若想放映该演示文稿，双击该文件名，幻灯片就会自动放映。放映模式只能在已安装 WPS 演示的计算机上运行。

图 6-62　PowerPoint 97-2003 放映文件

10. 音乐幻灯片打包

WPS 演示的文件打包功能解决了当演示文档包含了多媒体资源(视频、音频等)且需要进行网络传输时，另一台计算机无法打开其中的多媒体文件的问题。因为 WPS 演示保存时，只是保存了一个指向该资源的索引，并不包含该文件，所以才无法打开，只有打包的时候，才会提取相关资源进行操作。将已经制作完成的演示文稿打包处理的操作步骤如下：

选择“文件”→“文件打包”→“将演示文档打包成文件夹”，如图 6-63 所示。弹出图 6-64 所示的“演示文件打包”对话框，在“文件夹名称”中输入“音乐幻灯片-旅行”。

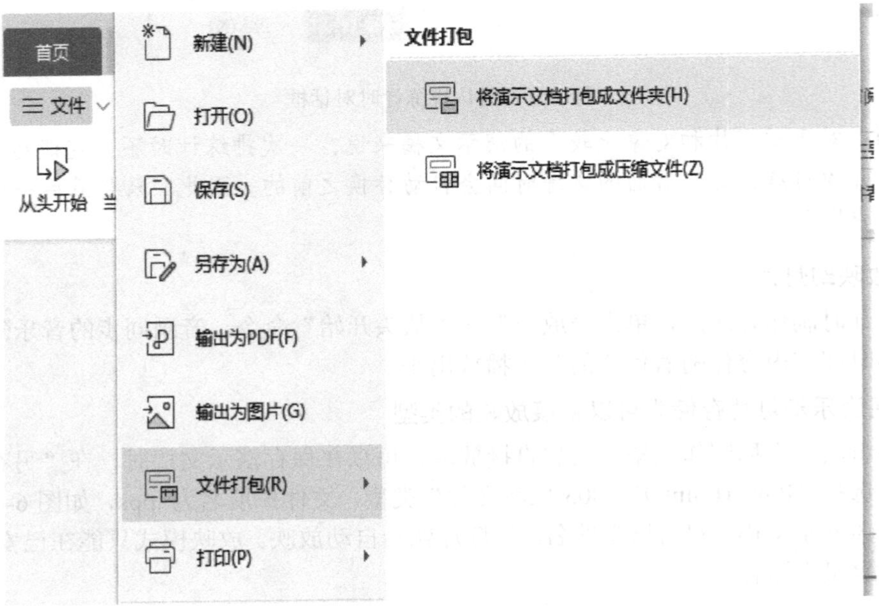

图 6-63　将演示文档打包成文件夹

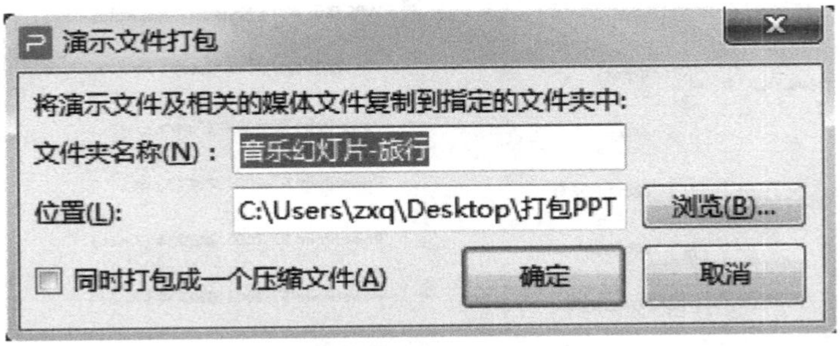

图 6-64　将文件打包

说明： 打包之后的文件夹中包含了演示文稿以及演示文稿中涉及的相关资源，如音乐。

打包后的文件夹中并没有包含播放器文件，因此，如果想在没有安装 WPS 演示的计算机上运行，可以下载安装 PowerPoint Viewer 播放器。运行该播放器，此时会让选择打包的文件夹，如图 6-65 所示，选择需要播放的文件，单击“打开”按钮即可运行。

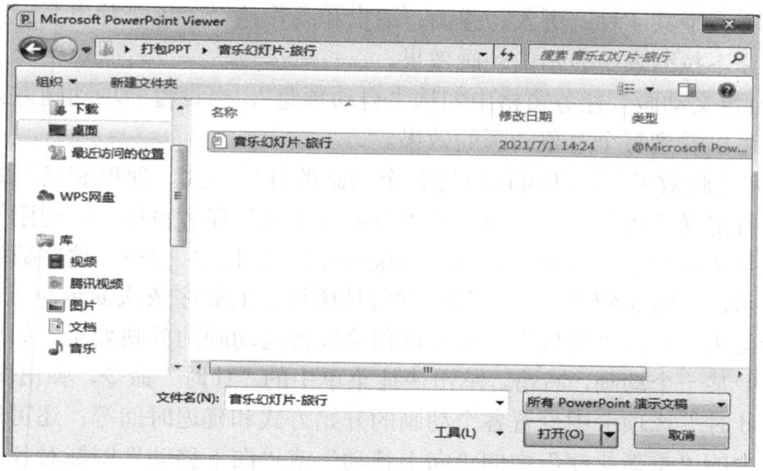

图 6-65　使用 Microsoft PowerPoint Viewer 播放打包的演示文稿

【主要知识点】

1. 自定义动画

动画是 WPS 演示中很具特色的功能，动画可以为幻灯片放映增加许多活泼性和吸引力。一般情况下，动画分为两类：一是幻灯片的切换动画，二是幻灯片中对象的自定义动画。自定义动画是用户对幻灯片中的各个对象设置不同的动画方案，各对象按所设置的顺序进行演示。操作步骤如下：

(1) 在幻灯片中选择需要设置动画的部分(标题、文本、多媒体对象等)，选择“动画”选项卡，打开动画下拉列表，如图 6-66 所示。

图 6-66　设置动画效果

对象的动画类型共 4 种：进入、强调、退出和动作路径，每一种类型下都有若干动画方案，可以选择下拉列表中显示的动画效果。

(2) 在“自定义动画”任务窗格中勾选“自动预览”，当设置一项动画方案后幻灯片会自动演示，即可以看到每个对象动画的效果。

(3) 设置完动画效果后，还可以设置各个动画的开始方式、速度和延迟时间等。选择“动画”→“自定义动画”命令，会打开“自定义动画”任务窗格，此时刚刚设置过的动画会出现在该任务窗格中，各元素左侧会出现顺序标志 1、2、3…，这些数码标志在普通视图方式下显示，如图 6-67 所示。在放映时将按所标记的顺序依次演示对应的元素，数码标志不会显示出来。单击“播放”按钮可以预览设置过动画的放映效果。如果动画效果不满意，可以选中某一个动画，右击，单击快捷菜单中的“计时”命令，弹出图 6-68 所示的对话框，在“计时”选项卡中设置各个动画的开始方式和延迟时间等；还可以通过“自定义动画”窗格中的“重新排序”中的“向上移动”或“向下移动”图标对各个对象的动画播放次序进行调整。

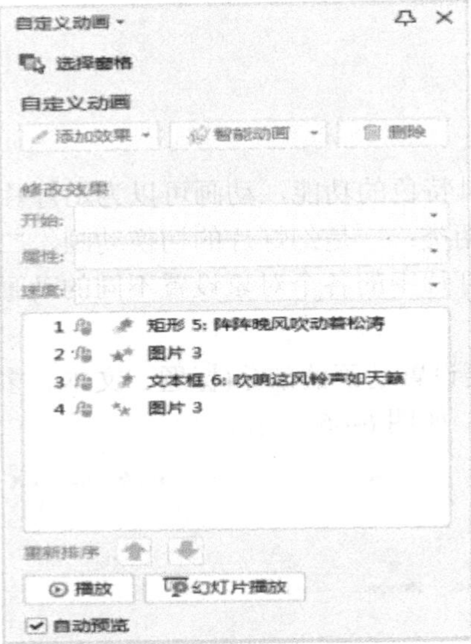

图 6-67　“自定义动画”任务窗格

图 6-68　重新设定计时效果

如果为同一个对象设置不同的动画效果，需要选择“动画”→“自定义动画”→“添加效果”命令，在打开的下拉列表中选择 4 种动画方案中的一种即可。

说明：“开始”中播放开始的时间有“单击时、之前、之后”3 种，“单击时”是指单击幻灯片时才会播放动画，“之前”是上一个对象动画播放完之前开始播放，“之后”是在上一个对象动画播放完之后开始播放。因此“之前”比“之后”更早一些。

WPS 演示中的动画刷工具允许用户把现成的动画效果复制到其他 WPS 演示页面中，用户可以快速地制作 WPS 演示动画。WPS 演示的动画刷使用起来非常简单，选择一个带有动画效果的 WPS 演示幻灯片元素，单击 WPS 演示菜单栏“动画”→“动画刷”命令，这时，鼠标指针会变成带有小刷子的样式，与格式刷的指针样式差不多。找到需要复制动画效果的页面，在其中的元素上单击鼠标，则动画效果就复制下来了。

2. 幻灯片放映方式设置

为了使放映过程更方便灵活、放映效果更佳，可以对演示文稿的放映方式进行设置。设置放映方式的操作步骤如下：

(1) 选择“放映”→“放映设置”命令，在下拉列表中选择“放映设置”命令，打开“设置放映方式”对话框，如图 6-69 所示。

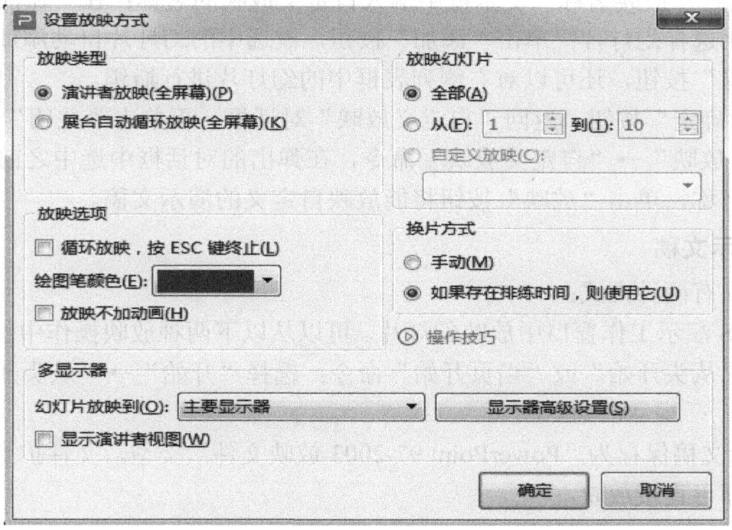

图 6-69　“设置放映方式”对话框

(2) 在“放映类型”的以下两种类型中选择一种：

① “演讲者放映(全屏幕)”：全屏显示演示文稿，适用于演讲者播放演示文稿，演讲者完整地控制播放过程，可采用自动或人工方式放映，需要将幻灯片放映投射到大屏幕上时也采用此方式。

② “展台自动循环放映(全屏幕)”：全屏自动显示演示文稿，结束放映用 Esc 键。

(3) 在“放映幻灯片”“放映选项”和“换片方式”区进行相应的设置。全部设置完成后，单击“确定”按钮即可。

3. 自定义放映的设置

自定义放映是用户将已有演示文稿中的幻灯片分组，创建多个不完全相同的演示文稿，放映时根据观众的需求不同放映演示文稿中的特定部分。操作步骤如下：

(1) 选择“放映”→“自定义放映”命令，打开“自定义放映”对话框，如图 6-70 所示。然后单击“新建”按钮，弹出“定义自定义放映”对话框，如图 6-71 所示。在该对话框的左边列出了演示文稿中所有幻灯片的标题或序号。

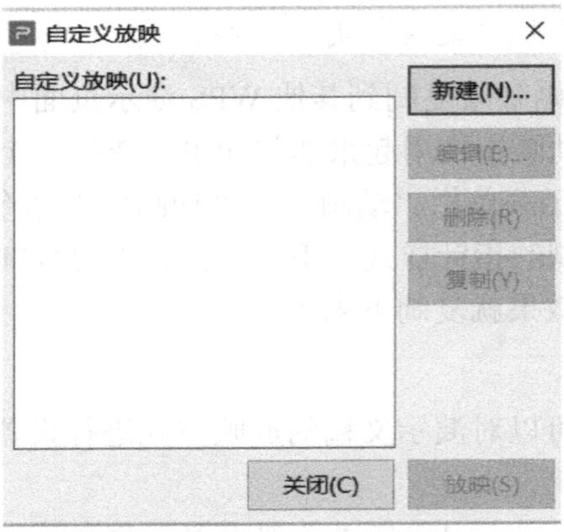

图 6-70　“自定义放映”对话框

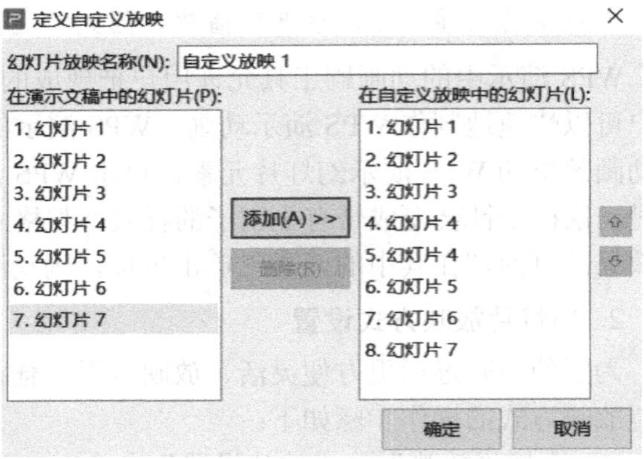

图 6-71　“定义自定义放映”对话框

(2) 在“幻灯片放映名称”文本框中输入自定义放映的名称；在“在演示文稿中的幻灯片”列表框中选择幻灯片；单击“添加”按钮，被选中的幻灯片自动添加到右侧列表框中。单击“删除”按钮，还可以对右侧列表框中的幻灯片进行撤销。

(3) 单击“确定”按钮，返回“自定义放映”对话框，再单击“关闭”按钮。

(4) 选择“放映”→“自定义放映”命令，在弹出的对话框中选中之前已经创建好的自定义放映的名称，单击“放映”按钮将能放映自定义的演示文稿。

4. 放映演示文稿

幻灯片放映有两种方式：

(1) 在 WPS 演示工作窗口中放映幻灯片。可以从以下两种放映操作中任选择一种：选择“放映”→“从头开始”或“当页开始”命令；选择“开始”→“从头开始”或“当页开始”命令。

(2) 将演示文稿保存为“PowerPoint 97-2003 放映文件”类型，文件扩展名为 .pps，双击该演示文稿即可直接放映。

本 章 小 结

WPS 演示是专门用于制作演示文稿的软件，它所生成的幻灯片除包含文字、图片外，还可以包含动画、声音剪裁、背景音乐等多媒体对象。把所要表达的信息组织在一组图文并茂的画面中，能够让观众清楚、直观地了解所要介绍的内容，呈现出生动活泼、引人入胜的视觉效果。

本章通过利用 WPS 演示制作“公司简介”幻灯片，介绍了制作演示文稿的基本方法和步骤。在音画同步的音乐幻灯片制作实例中，充分利用了背景设置、插入图形、艺术字效果、自定义动画、幻灯片切换效果、排练计时等功能，实现了音乐与画面的同步播放。

制作演示文稿时，首先需要创建其框架结构，然后进行文字输入以及文字编排；根据需要，演示文稿的一些幻灯片中还可以进行图片与图形的添加、表格与图表的添加、组织结构图的添加、声音与影片的添加。

演示文稿制作完成后，有时还需要进行调整和修饰，这就涉及幻灯片及其中对象的复制、移动、修改、删除等操作；根据需要还可以进行幻灯片模板的更换，修改幻灯片的母版设置，更改幻灯片的背景和幻灯片中各元素的配色方案等。

幻灯片放映时，需要进行切换效果设置、幻灯片中各元素的动画设置、动作按钮设置；在幻灯片中为了播放顺序以及导航设置的需要，还可以建立和应用超级链接；如果需要，用户可以自定义放映内容并对放映方式进行设置。

如果想让演示文稿可以脱离 WPS 演示播放，就需要对其进行打包操作。根据需要，可以设置演示文稿有不同的屏幕显示效果，可以进行各种打印操作。

通过本章的学习，读者可达到熟练创建各种风格的多媒体式演示文稿，并能娴熟地对不同等级的观众放映演示文稿的水平。

实　训

实训一　制作个人简介演示文稿

1. 实训目的

(1) 熟悉创建演示文稿的方法和幻灯片的放映方式。

(2) 掌握在幻灯片中插入与编辑文字、图形、图片等对象的方法。

(3) 掌握演示文稿模板的选择、版式的选取和母版的使用方法。

(4) 掌握幻灯片的动画方案、切换效果和超链接的设置。

2. 实训内容

制作个人简介幻灯片，制作效果自由发挥。

3. 实训要求

制作个人简介幻灯片，按如下要求进行设计：

(1) 演示文稿中至少包含七张幻灯片，包括首页、个人基本信息、教育经历、社团活动、获取证书(奖励、资格证等)、自我评价、结束页。

(2) 通过插入图片、设置背景等达到图文并茂的效果。

(3) 添加声音、动画，突出自己的特长和优点。

(4) 设计存在排练计时的幻灯片放映。

实训二　制作音画同步的音乐幻灯片

1. 实训目的

(1) 了解演示文稿打包操作。

(2) 掌握音乐幻灯片的制作步骤及方法。

(3) 掌握幻灯片背景设置及背景音乐的添加。

(4) 掌握自定义放映幻灯片的设置。

(5) 熟练掌握自定义动画设置。

2. 实训内容

(1) 自行收集音乐、图片等素材，参考 6.2 节制作一个音画同步的音乐幻灯片。

(2) 效果参见 6.2 节实例制作。

3. 实训要求

(1) 收集制作幻灯片所需的相关素材，确定音乐幻灯片主题及框架。

(2) 一首音乐的播放要贯穿整个演示文稿，并能够通过排练计时的设置实现音画同步。

(3) 将音乐幻灯片保存为 .pps 格式，要求实现单击后自动播放。

第 7 章　WPS 办公组件的综合应用

教学目标：

➢ 了解 WPS 各组件之间传输数据的方法和作用；
➢ 熟悉 WPS 中文字、表格、演示等几个常用组件之间资源共享的方法；
➢ 掌握 WPS 各项工具的使用技巧及其在实际工作中的应用。

教学内容：

➢ WPS 文字与 WPS 表格资源共享；
➢ WPS 文字与 WPS 演示资源共享；
➢ WPS 表格与 WPS 演示资源共享；
➢ 实训。

7.1　WPS 文字与 WPS 表格资源共享

数据可以从一个应用程序通过剪贴板复制、粘贴到另一个应用程序中，达到数据传送的目的。如果需要传送大量的数据，则可以使用对象的链接和嵌入技术来实现数据共享。

【实例描述】

WPS 表格具有数据库功能，但是它不能像数据库软件那样逐条打印记录。WPS 文字可以通过多种方式共享 WPS 表格的数据，作为 WPS 表格数据输出的载体，弥补了 WPS 表格的不足。本节的实例使用 WPS 文字合并 WPS 表格数据的方法打印个人工资条。实例的效果如图 7-1 所示。

姓名	基本工资	工龄工资	福利补贴
张林	2000	35	80
保险金	奖金	加班费	总工资
100	200	50	2465

姓名	基本工资	工龄工资	福利补贴
马丽	2600	45	90
保险金	奖金	加班费	总工资
100	150	50	3035

姓名	基本工资	工龄工资	福利补贴
刘绪艳	2600	50	100
保险金	奖金	加班费	总工资
100	300	45	3195

姓名	基本工资	工龄工资	福利补贴
傅建丽	2700	60	110
保险金	奖金	加班费	总工资
100	240	80	3290

图 7-1　个人工资条效果图

【操作步骤】

1. 建立文档模板

(1) 在 WPS 表格工作表中输入员工手机号及工资表的相关项目，例如基本工资、奖金等，如图 7-2 所示。将工作表命名为“工资表”，然后将工作簿保存为“工资表”(保存为 .xls 格式)。

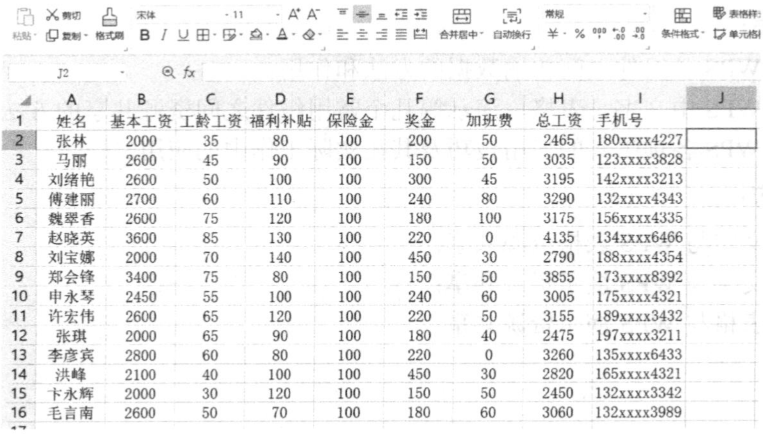

	A	B	C	D	E	F	G	H	I	J
1	姓名	基本工资	工龄工资	福利补贴	保险金	奖金	加班费	总工资	手机号	
2	张林	2000	35	80	100	200	50	2465	180xxxx4227	
3	马丽	2600	45	90	100	150	50	3035	123xxxx3828	
4	刘绪艳	2600	50	100	100	300	45	3195	142xxxx3213	
5	傅建丽	2700	60	110	100	240	80	3290	132xxxx4343	
6	魏翠香	2600	75	120	100	180	100	3175	156xxxx4335	
7	赵晓英	3600	85	130	100	220	0	4135	134xxxx6466	
8	刘宝娜	2000	70	140	100	450	30	2790	188xxxx4354	
9	郑会锋	3400	75	80	100	150	50	3855	173xxxx8392	
10	申永琴	2450	55	100	100	240	60	3005	175xxxx4321	
11	许宏伟	2600	65	120	100	220	50	3155	189xxxx3432	
12	张琪	2000	65	90	100	180	40	2475	197xxxx3211	
13	李彦宾	2800	60	80	100	220	0	3260	135xxxx6433	
14	洪峰	2100	40	100	100	450	30	2820	165xxxx4321	
15	卞永辉	2000	30	120	100	150	50	2450	132xxxx3342	
16	毛言南	2600	50	70	100	180	60	3060	132xxxx3989	

图 7-2　将要植入 WPS 文字文档中的区域

(2) 在 WPS 文字窗口中新建一个文档，根据工资表的相关项目制作一个表格，如图 7-3 所示。

姓名	基本工资	工龄工资	福利补贴	手机号
保险金	奖金	加班费	总工资	

图 7-3　在 WPS 文字中制作的表格

(3) 单击“文件”→“另存为”命令，在打开的“另存为”对话框中设置保存类型为“模板文件”，并命名为“工资条”。

(4) 保存原“模板文件”，单击左上角“文件”选项卡，在 WPS 文字中新建一个工资条模板文件用于接下来的学习。

2. 使用“邮件合并”

(1) 单击“引用”→“邮件”命令，如图 7-4 所示，此时在菜单栏中自动出现“邮件合并”选项卡。

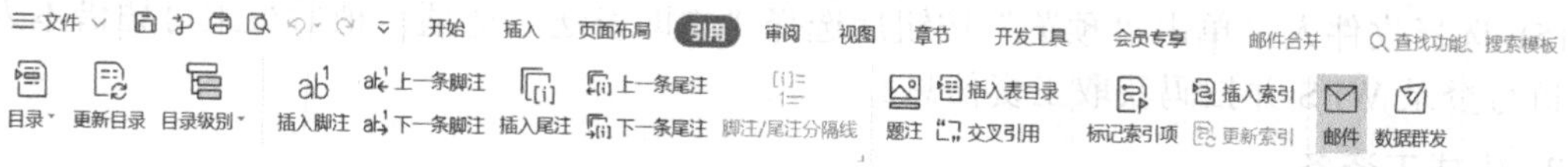

图 7-4　邮件任务窗格

(2) 单击“邮件合并”→“打开数据源”命令，弹出图 7-5 所示的“选择数据源”对话框，在对话框中找到并选中“工资表.xls”，单击“打开”按钮即可。

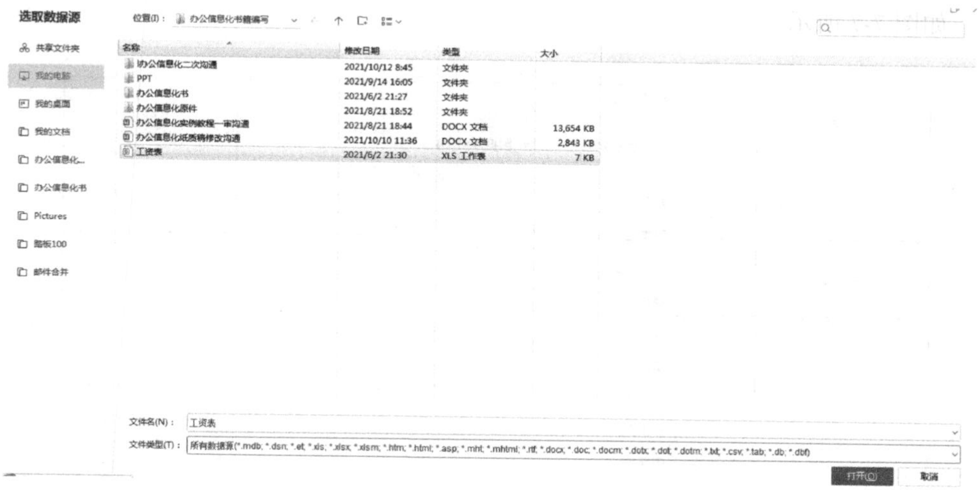

图 7-5　“选择数据源”对话框

(3) 单击“邮件合并”→“收件人”命令，选择收件人。

(4) 单击“引用”→“数据群发”命令，登录 WPS 账号，选择“工资表”文件，如图 7-6 所示。如果需要，可以在该对话框中调整收件人列表。

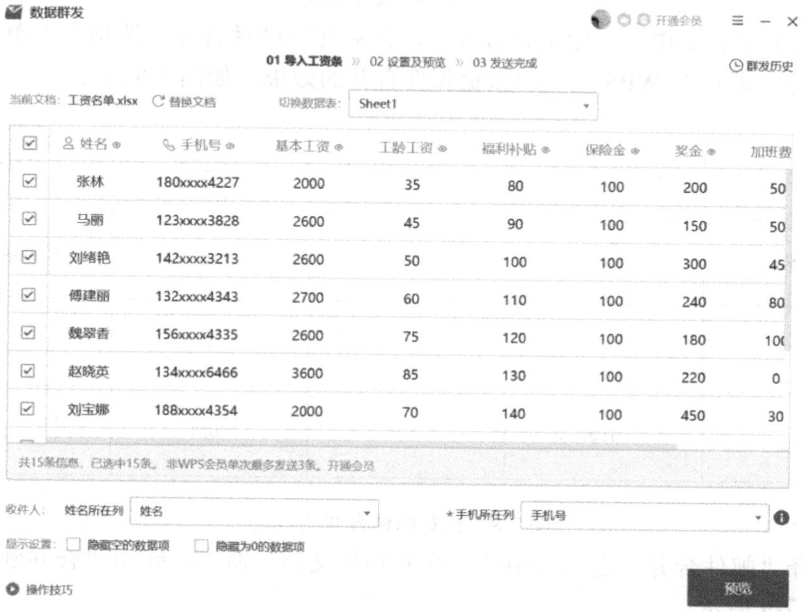

图 7-6　“数据群发”对话框

(5) 选择收件人，单击“预览”按钮后选择“立即发送”选项，稍后员工可凭借本人的手机号登录 WPS 并扫码获取工资信息。

3. 生成工资条

(1) 将光标定位在“姓名”单元格下方的单元格中，选择“邮件合并”选项卡中的“插入合并域”命令，在“插入域”对话框中选择“姓名”选项。

(2) 将插入点放置到“基本工资”单元格的下方，用同样的方法插入“基本工资”合并域，如图 7-7 所示。

图 7-7　插入合并域

(3) 重复上面的操作，添加所有合并域，然后在“邮件合并”选项卡中单击“查看合并数据”命令，即可在 WPS 文档中预览邮件合并的效果，如图 7-8 所示。

姓名	基本工资	工龄工资	福利补贴	手机号
马丽	2600	45	90	123xxxx3828
保险金	奖金	加班费	总工资	
100	150	50	3035	

图 7-8　预览邮件合并的效果

(4) 选择“邮件合并”选项卡中的“合并到新文档”命令，弹出“合并到新文档”对话框，如图 7-9 所示。

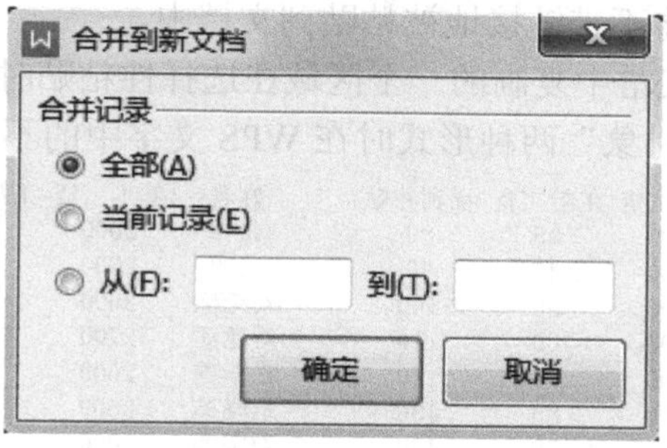

图 7-9　“合并到新文档”对话框

(5) 选中“全部”或者“从…到…”单选按钮，然后单击“确定”按钮，即可在新文档中看到邮件合并后的效果。

(6) 用剪切、粘贴等方法将后面页面的表格放置到前面的页中，这样即可在一页中方便地打印多个员工的工资条，如图 7-1 所示。

【主要知识点】

1. 将 WPS 表格中的数据复制到 WPS 文字中

WPS 表格和 WPS 文字的结合是最常用的软件组合之一。用户可以使用 WPS 文字建立链接，通过这种链接可以创立包含 WPS 表格数据的文档。

图 7-10 显示了 WPS 表格中一个区域的数据被复制到剪贴板之后，WPS 文字中“选择性粘贴”对话框的情况。用户粘贴的结果取决于是否选择“粘贴”或“粘贴链接”选项，也取决于用户对于要粘贴内容的类型选择。如果用户选择了“粘贴链接”选项，可以让表作为一个对象被粘贴。

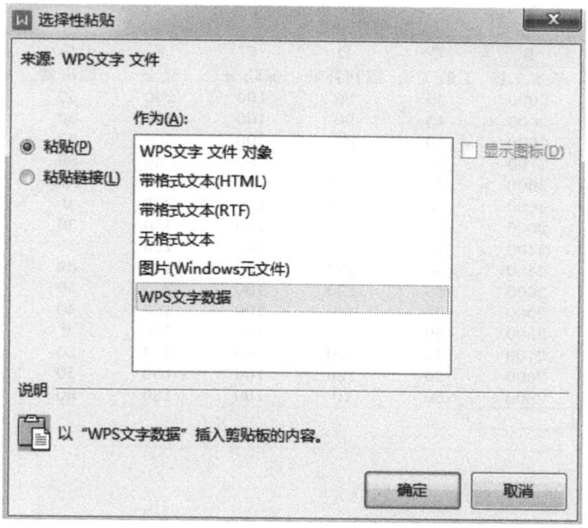

图 7-10　“选择性粘贴”对话框

1) 不带链接的粘贴

通常，用户复制数据的时候并不需要一个链接。如果用户在“选择性粘贴”对话框中选择“粘贴”选项，数据将不带链接地被粘贴到文档中。

图 7-11 显示了 WPS 表格中复制的一个区域在选择性粘贴时分别选择“图片(Windows 元文件)”和“WPS 表格 对象”两种形式时在 WPS 文字中的不同显示。

姓名	基本工资	工龄工资	福利补贴
张林	2000	35	80
马丽	2600	45	90
刘绪艳	2600	50	100
傅建丽	2700	60	110
魏翠香	2600	75	120
赵晓英	3600	85	130
刘宝娜	2000	70	140
郑会锋	3400	75	80
申永琴	2450	55	100
许宏伟	2600	65	120
张琪	2000	65	90
李彦宾	2800	60	80
洪峰	2100	40	100
卞永辉	2000	30	120
毛言南	2600	50	70

姓名	基本工资	工龄工资	福利补贴
张林	2000	35	80
马丽	2600	45	90
刘绪艳	2600	50	100
傅建丽	2700	60	110
魏翠香	2600	75	120
赵晓英	3600	85	130
刘宝娜	2000	70	140
郑会锋	3400	75	80
申永琴	2450	55	100
许宏伟	2600	65	120
张琪	2000	65	90
李彦宾	2800	60	80
洪峰	2100	40	100
卞永辉	2000	30	120
毛言南	2600	50	70

图 7-11　不同格式下选择性粘贴的显示情况

2) 粘贴链接

如果要复制的数据有可能被更改，就应该粘贴一个链接。如果用户选择“选择性粘贴”对话框中的“粘贴链接”，就可以在改变源文档的同时自动改变目标文档。

2. 将一个 WPS 表格区域植入到一个 WPS 文档中

本实例将图 7-12 中的 WPS 表格区域植入到一个 WPS 文档中。

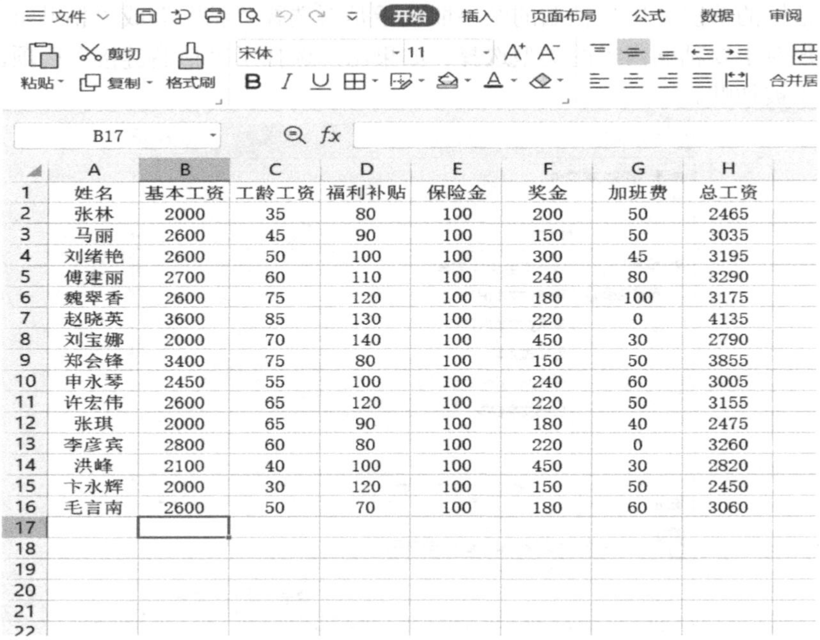

	A	B	C	D	E	F	G	H
1	姓名	基本工资	工龄工资	福利补贴	保险金	奖金	加班费	总工资
2	张林	2000	35	80	100	200	50	2465
3	马丽	2600	45	90	100	150	50	3035
4	刘绪艳	2600	50	100	100	300	45	3195
5	傅建丽	2700	60	110	100	240	80	3290
6	魏翠香	2600	75	120	100	180	100	3175
7	赵晓英	3600	85	130	100	220	0	4135
8	刘宝娜	2000	70	140	100	450	30	2790
9	郑会锋	3400	75	80	100	150	50	3855
10	申永琴	2450	55	100	100	240	60	3005
11	许宏伟	2600	65	120	100	220	50	3155
12	张琪	2000	65	90	100	180	40	2475
13	李彦宾	2800	60	80	100	220	0	3260
14	洪峰	2100	40	100	100	450	30	2820
15	卞永辉	2000	30	120	100	150	50	2450
16	毛言南	2600	50	70	100	180	60	3060
17								
18								
19								
20								
21								
22								

图 7-12　在工作表中选择需要植入的区域

选择 A1:H16 并将这个区域复制到剪贴板。打开 WPS 文档，选择“开始”→“粘贴”下拉按钮中的“选择性粘贴”命令，选中“粘贴”，并选择“WPS 表格 对象”，单击“确定”按钮，这个区域就显示在 WPS 文档中。

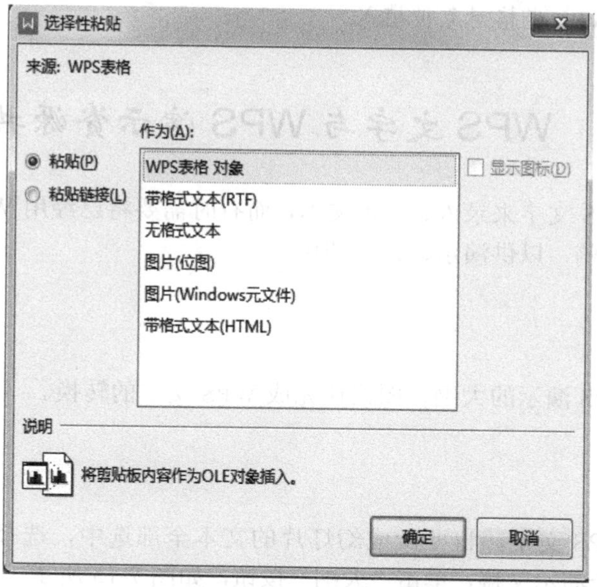

图 7-13　“选择性粘贴”对话框

采用这种方式时粘贴的对象不是一个标准的 WPS 文字表格。例如，用户不能选择或者格式化这个表中的某个单元格。如果用户改变了这个 WPS 表格工作表中的一个值，WPS 文字中表格的数据不会自动更新。

如果用户双击这个对象，会弹出对应的 WPS 表格，如图 7-14 所示。用户可以在 WPS 表格中编辑修改内容，WPS 文字表格会随着弹出的 WPS 表格中内容的改变而改变。

F21　fx

	A	B	C	D	E	F	G	H	I
1	姓名	手机号	基本工资	工龄工资	福利补贴	保险金	奖金	加班费	总工资
2	张林1	17329324119	2000	35	80	100	200	50	2465
3	马丽	17329324120	2600	45	90	100	150	50	3035
4	刘绪艳	17329324121	2600	50	100	100	300	45	3195
5	傅建丽	17329324122	2700	60	110	100	240	80	3290
6	魏翠香	17329324123	2600	75	120	100	180	100	3175
7	赵晓英	17329324124	3600	85	130	100	220	0	4135
8	刘宝娜	17329324125	2000	70	140	100	450	30	2790
9	郑会锋	17329324126	3400	75	80	100	150	50	3855
10	申永琴	17329324127	2450	55	100	100	240	60	3005
11	许宏伟	17329324128	2600	65	120	100	220	50	3155
12	张琪	17329324129	2000	65	90	100	180	40	2475
13	李彦宾	17329324130	2800	60	80	100	220	0	3260
14	洪峰	17329324131	2100	40	100	100	450	30	2820
15	卞永辉	17329324132	2000	30	120	100	150	50	2450
16	毛言南	17329324133	2600	50	70	100	180	60	3060
17									
18									

图 7-14　双击弹出对应的 WPS 表格

这里没有链接，如果用户在 WPS 文字中改变表格中的内容，在原 WPS 表格中这些改变不会出现。植入的对象相对于原始的文件是完全独立的。

说明：用户可以通过在 WPS 表格中选择区域并将其拖动到 WPS 文档中来实现对象的植入，结果是一个 WPS 表格对象被植入。

7.2　WPS 文字与 WPS 演示资源共享

我们通常用 WPS 文字来录入、编辑文本，而有时需要将已经用 WPS 文字编辑好的文本做成 WPS 演示文稿，以供演示、讲座使用。

【实例描述】

本实例利用 WPS 演示的大纲视图快速完成 WPS 文字的转换。

【操作步骤】

首先，打开 WPS 文字，将要做成幻灯片的文本全部选中，选择“开始”→“复制”命令。然后新建一个演示文稿，单击“大纲”按钮，如图 7-15 所示，将光标定位在第一张幻灯片处，执行“开始”→“粘贴”下的“只粘贴文本”命令，则将 WPS 文字中的全部内容插入到了第一张幻灯片中。

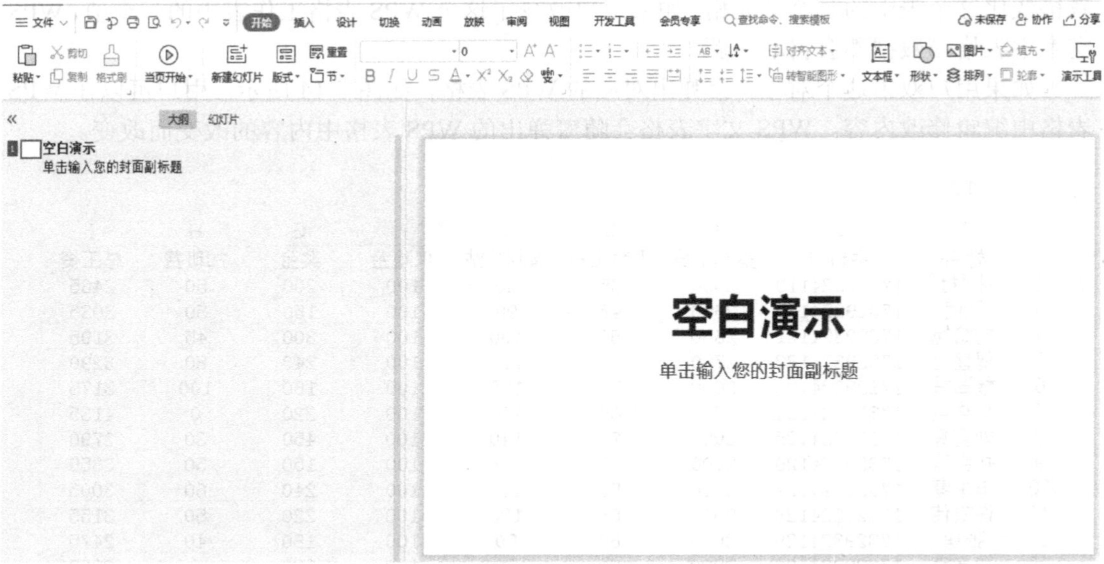

图 7-15　切换到“大纲”选项卡

可根据需要进行文本格式的设置，包括字体、字号、字形、字的颜色和对齐方式等；然后将光标定位到需要生成下一张幻灯片的文本处，直接按回车键，即可创建出一张新的幻灯片；如果需要插入空行，按下 Shift + Enter 键。重复以上操作，很快就可以完成多张幻灯片的制作，如图 7-16 所示。最后，还可以按下 Shift + Tab 键“升级”、按下 Tab 键“降级”以及按下“上移”“下移”等进一步进行调整。

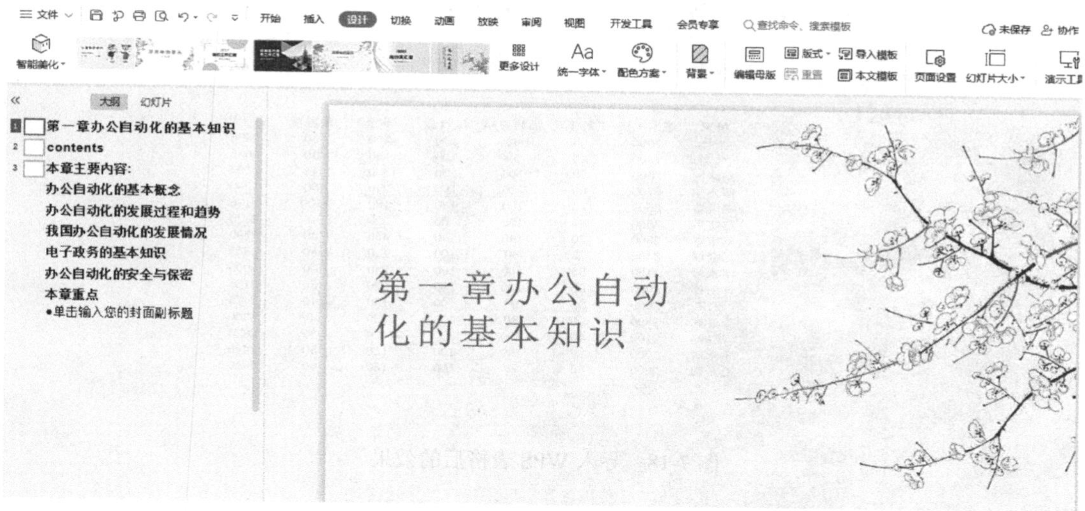

图 7-16 调整插入的幻灯片

说明：以上操作都是在普通视图下的大纲选项区中进行的。如果要将 WPS 演示文稿转换成 WPS 文字，同样可以利用“大纲”视图快速完成。方法是将光标定位在除第一张以外的其他幻灯片的开始处，按 Backspace 键，重复多次，将所有的幻灯片合并为一张，然后全部选中，复制、粘贴到 WPS 文字中即可。

7.3 WPS 表格与 WPS 演示资源共享

在使用 WPS 演示制作幻灯片时，很多时候要用到 WPS 表格中的数据表格，本节介绍 WPS 表格与 WPS 演示共享数据的方法。

【实例描述】

本例介绍在 WPS 演示中嵌入 WPS 表格中数据表格的方法。

【操作步骤】

(1) 在 WPS 表格窗口中复制选中的单元格区域。

(2) 切换到 WPS 演示窗口，选择要插入 WPS 表格的幻灯片，单击“开始”→“粘贴”下拉按钮中的“粘贴为图片”命令，如图 7-17 所示。

(3) 粘贴 WPS 表格后，用户可以像处理图片一样调整表格的大小和位置，结果如图 7-18 所示。

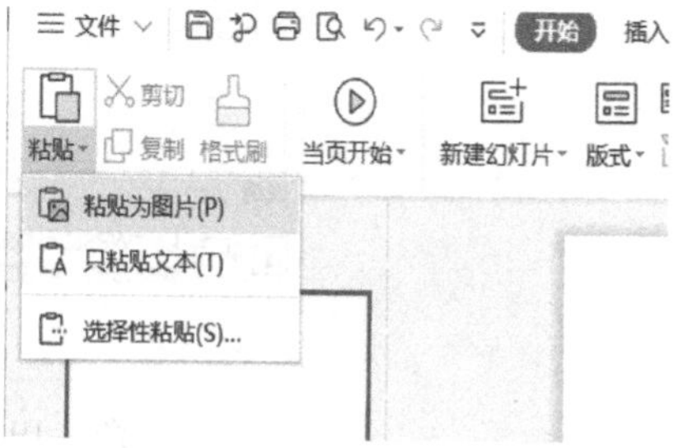

图 7-17 “粘贴为图片”命令

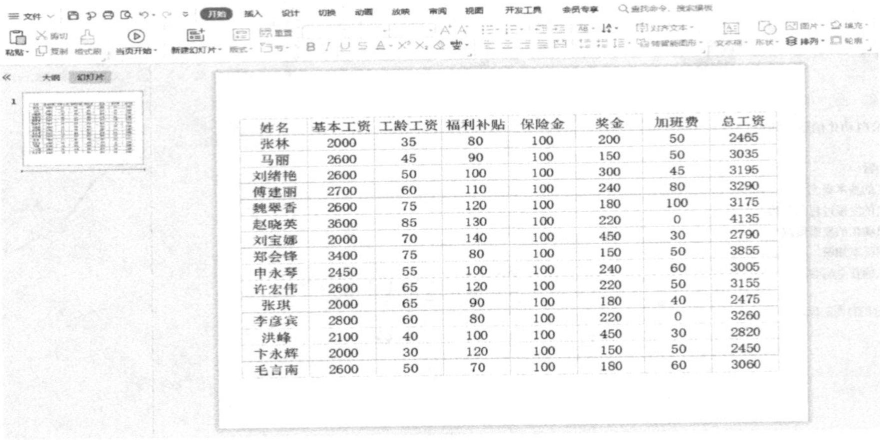

姓名	基本工资	工龄工资	福利补贴	保险金	奖金	加班费	总工资
张林	2000	35	80	100	200	50	2465
马丽	2600	45	90	100	150	50	3035
刘绪艳	2600	50	100	100	300	45	3195
傅建丽	2700	60	110	100	240	80	3290
魏翠香	2600	75	120	100	180	100	3175
赵晓英	3600	85	130	100	220	0	4135
刘宝娜	2000	70	140	100	450	30	2790
郑会锋	3400	75	80	100	150	50	3855
申永琴	2450	55	100	100	240	60	3005
许宏伟	2600	65	120	100	220	50	3155
张琪	2000	65	90	100	180	40	2475
李彦宾	2800	60	80	100	220	0	3260
洪峰	2100	40	100	100	450	30	2820
卞永辉	2000	30	120	100	150	50	2450
毛言南	2600	50	70	100	180	60	3060

图 7-18　导入 WPS 表格后的效果

【主要知识点】

1. 在 WPS 演示中链接 WPS 表格

用 WPS 演示制作图表幻灯片是一件很容易的事，但让人很头疼的是图表中所用的数据如何输入。如果有原始数据，再次输入数据显得有点浪费时间，而且在 WPS 演示中处理数据不像 WPS 表格那样方便。我们可以直接利用 WPS 表格里的数据建立图表来免去烦琐和重复的输入过程。

若要在 WPS 演示中插入链接的 WPS 表格图表，可执行以下操作：打开包含所需图表的 WPS 表格工作簿，选择图表；在"开始"→"剪贴板"功能组中，单击"复制"命令；打开所需的 WPS 演示文稿，然后选择要在其中插入图表的幻灯片，单击"开始"→"粘贴"按钮，在下拉菜单中单击"选择性粘贴"命令，在弹出的"选择性粘贴"对话框中选中"粘贴链接"，如图 7-19 所示。

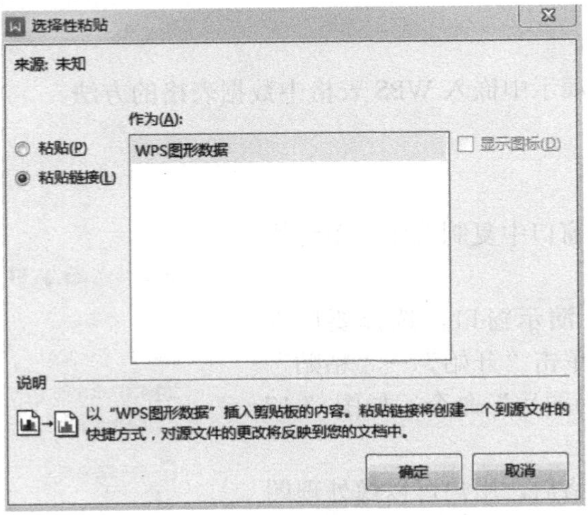

图 7-19　"选择性粘贴"对话框

说明：必须首先保存工作簿，然后才能在 WPS 演示文件中链接图表数据。如果将 WPS

表格文件移动到其他文件夹，则 WPS 演示文稿中的图表与 WPS 表格中的数据之间的链接会断开。

2. 利用 WPS 表格中的数据创建图表幻灯片

利用 WPS 表格中的原始数据创建图表幻灯片的操作步骤如下：

首先打开 WPS 演示，新建一空白幻灯片，单击“插入”→“图表”命令。在打开的图 7-20 所示的“图表”对话框中，滚动显示图表类型并选择所需图表的类型，然后单击“确定”按钮。WPS 演示自动插入的 WPS 表格图表如图 7-21 所示。

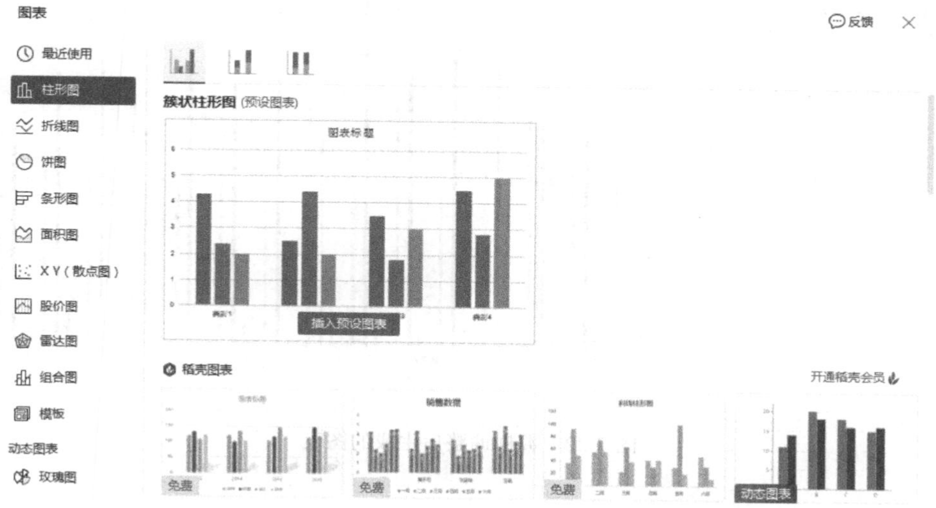

图 7-20　选择图表类型

若要更改图表中的数据，操作步骤如下：单击“图表工具”→“编辑数据”命令，在打开的表格中更改数据，WPS 演示的图表会自动更新。本例采用图 7-2 工资表中的数据，数据编辑完成后生成的图表如图 7-22 所示。

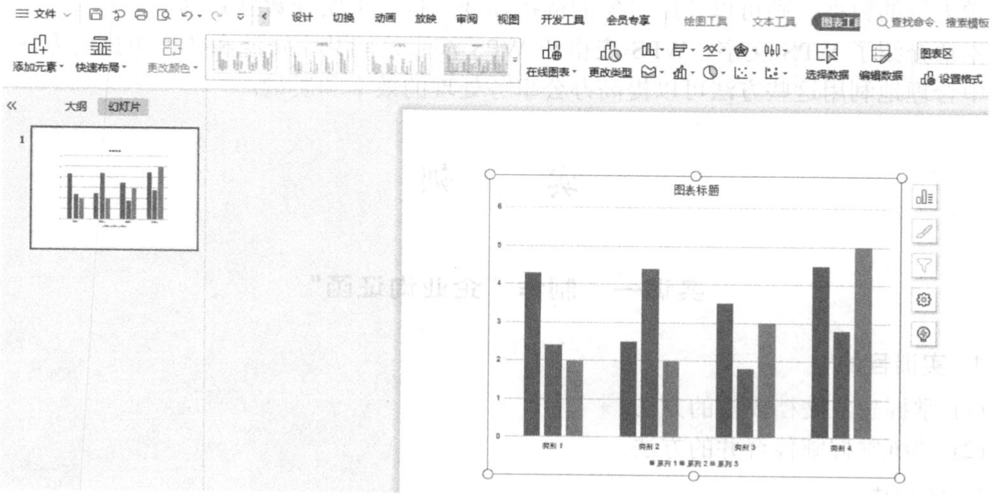

图 7-21　WPS 演示自动插入的 WPS 表格图表

说明： 更改工作表中的数据时，若要编辑单元格中的标题内容或数据，则在 WPS 表格工作表中，单击包含想更改的标题或数据的单元格，然后键入新信息；若要采用原始 WPS 表格工作表中的数据，需要选中该工作表中的数据，复制到 WPS 表格中的编辑数据区域中即可。

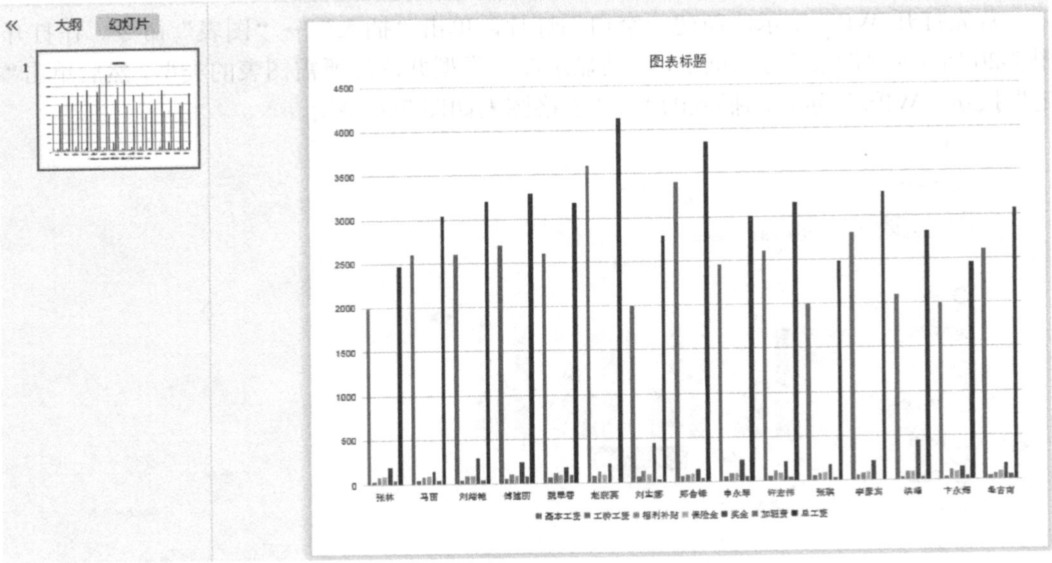

图 7-22　数据调整后生成的图表

本 章 小 结

WPS 各组件之间可以方便地传递数据，数据可以从一个应用程序中复制到剪贴板上，然后在另一个应用程序中使用粘贴命令将剪贴板上的内容复制到新的应用程序中。如果需要传送大量的数据，则可以使用对象的链接和嵌入技术来实现数据共享。

本章介绍了 WPS 文字、WPS 表格和 WPS 演示之间共享资源和传递数据的方法。在办公中合理地利用这些方法可以提高办公事务处理的效率和质量。

实　　训

实训一　制作“企业询证函”

1. 实训目的

(1) 掌握建立文档模板的方法。

(2) 熟练掌握邮件合并的方法。

2. 实训内容

根据 WPS 表格里面关于“往来账项明细表”的数据，制作企业询证函。

3. 实训要求

(1) 按照图 7-23 所示的格式制作“往来账项明细表.xls”。

(2) 使用“邮件合并”制作图 7-24 所示的企业询证函。

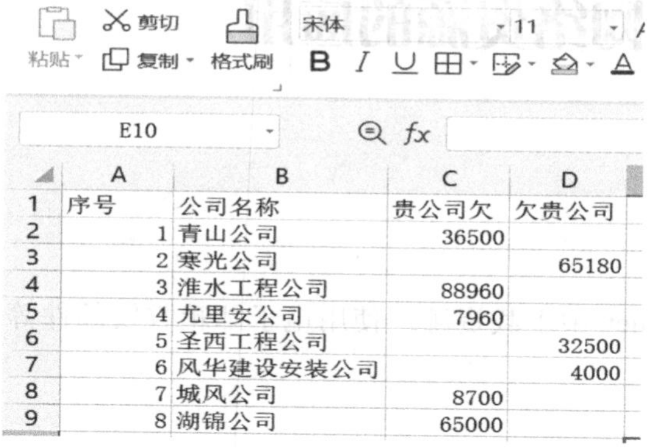

	A	B	C	D
1	序号	公司名称	贵公司欠	欠贵公司
2	1	青山公司	36500	
3	2	寒光公司		65180
4	3	淮水工程公司	88960	
5	4	尤里安公司	7960	
6	5	圣西工程公司		32500
7	6	风华建设安装公司		4000
8	7	城风公司	8700	
9	8	湖锦公司	65000	

图 7-23　往来账项明细表

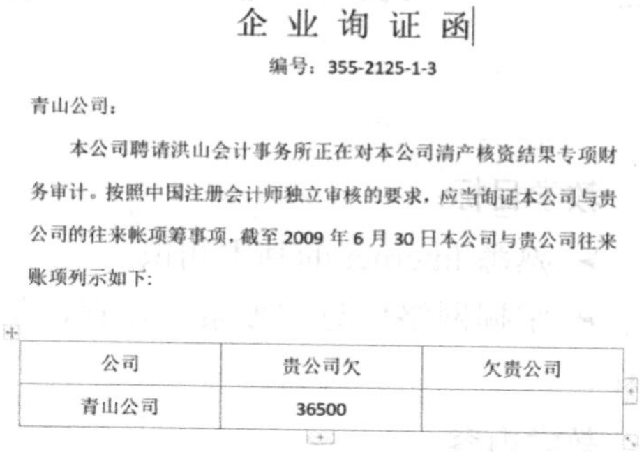

企 业 询 证 函

编号：355-2125-1-3

青山公司：

本公司聘请洪山会计事务所正在对本公司清产核资结果专项财务审计。按照中国注册会计师独立审核的要求，应当询证本公司与贵公司的往来帐项筹事项，截至 2009 年 6 月 30 日本公司与贵公司往来账项列示如下：

公司	贵公司欠	欠贵公司
青山公司	36500	

图 7-24　企业询证函

实训二　将 WPS 表格中的产品销售统计表复制到 WPS 文字中

1. 实训目的

(1) 了解将 WPS 表格中的数据复制到 WPS 文字中的几种方式。

(2) 掌握将 WPS 表格区域植入到 WPS 文字文档中的方法。

2. 实训内容

将“产品销售统计表”中的数据复制到 WPS 文字中。

3. 实训要求

(1) 按照图 7-25 所示的格式制作“产品销售统计表.xls”。

(2) 将“产品销售统计表”中的数据复制到 WPS 文字中。

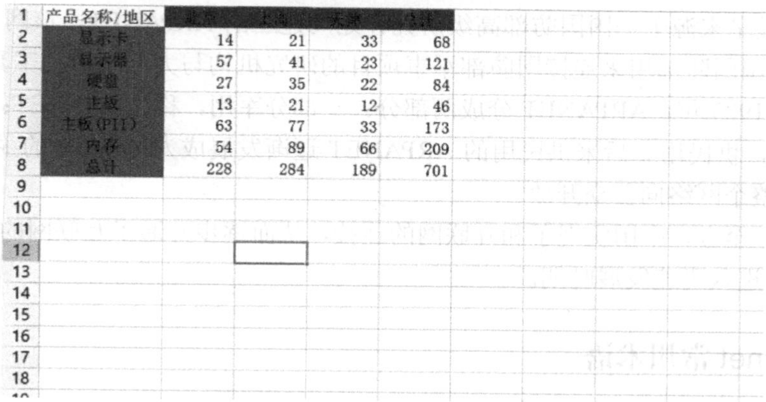

产品名称/地区	北京	上海	天津	总计
显示卡	14	21	33	68
显示器	57	41	23	121
硬盘	27	35	22	84
主板	13	21	12	46
主板(PII)	63	77	33	173
内存	54	89	66	209
总计	228	284	189	701

图 7-25　产品销售统计表

第 8 章　Internet 网络资源的应用

教学目标：

➢ 熟悉 Internet 的基本知识；

➢ 掌握网络信息的搜索、保存，从 Internet 中下载资源，使用电子邮箱收发邮件等操作。

教学内容：

➢ Internet 基础知识；

➢ Internet 的基本应用；

➢ 网络资源下载；

➢ 实训。

8.1　Internet 基础知识

Internet(因特网)是一个全球很多计算机网络连接形成的计算机网络系统，各网络之间可以交换信息和共享资源。

8.1.1　Internet 简介

Internet 最早来源于美国国防部高级研究计划局建立的 ARPANET，该网于 1969 年投入使用，是美国国防部用来连接国防部军事项目的研究机构与大专院校的工具，达到信息交换的目的。1983 年，ARPANET 分成两部分：一部分军用，称为 MILNET；另一部分仍称 ARPANET，供民用。后来供民用的 ARPANET 逐渐发展成为 Internet 的主干网，20 世纪 90 年代，整个网络向公众开放。

从 1994 年至今，中国实现了和互联网的连接，从而逐步开通了互联网的全功能服务，互联网在我国进入飞速发展时期。

8.1.2　Internet 常用术语

1. IP 地址

正如每部电话必须具有一个唯一的电话号码一样，Internet 的每一个网络和每一台计算机都必须有一个唯一的地址，这就是 IP 地址。利用 IP 地址，信息可以在 Internet 上正确地传送到目的地，从而保证 Internet 成为向全球开放互联的数据通信系统。

IP 地址提供统一的地址格式，目前有 IPv4 和 IPv6 两种表示方式。IPv4 由 32 个二进制位(bit)组成，IPv6 由 128 个二进制位(bit)组成。IPv4 应用最为广泛，常用“点分十进制”方式来表示。例如：河南司法警官职业学院网站的 IP 地址是 218.28.138.35。

2. 域名(DN)

在 Internet 中可以用各种方式来命名计算机。为了避免重命名，Internet 管理机构采取了在主机名后加上后缀名的方法，这个后缀名称为域名(Domain Name)，用来标识主机的区域位置。这样，Internet 上的主机就可以用“主机名.域名”的方式唯一地进行标识。例如：www.hnsfjy.net，其中 www 是主机名，hnsfjy.net 为域名(hnsfjy 为河南司法警官职业学院，net 为网络组织。这是按欧美国家的地址书写习惯，根据域的大小，从小到大排列)。域名系统需要通过域名服务器(DNS)的解析服务转换为实际的 IP 地址，才能实现最终的访问。域名是通过合法申请得到的。

表 8-1 列出了常用的域名分类。表 8-2 列出了一部分国家和地区的域名。

表 8-1　常用的域名分类

域代码	服务类型	域代码	服务类型
com	商业机构	net	网络组织
edu	教育机构	mil	军事组织
gov	政府部门	org	非营利组织
int	国际机构		

表 8-2　部分国家和地区的域名

国家和地区代码	国家和地区名	国家和地区代码	国家和地区名
au	澳大利亚	hk	中国香港
br	巴西	It	意大利
ca	加拿大	Jp	日本
cn	中国	kr	韩国
de	德国	sg	新加坡
fr	法国	tw	中国台湾
uk	英国	us	美国

3. IP 地址、域名与网址(URL)的关系

域名与 IP 地址之间实际上存在一种作用相同的映射关系。我们可以通过一个形象的类比来表示：

(1) IP 地址可以类比为单位的门牌号码。例如：河南司法警官职业学院的门牌号码是“文劳路 3 号”，学校的网站 IP 地址是 218.28.138.35。

(2) 域名可以类比为单位的名称。例如，河南司法警官职业学院的单位名称是“河南司法警官职业学院”，学校网站的域名是 hnsfjy.net。

(3) 网址(URL)说明了以何种方式访问了哪个网页，例如，就像说“我要坐公共汽车到河南司法警官职业学院，然后查看学院的院系设置”一样，可以通过“http 协议”来访问河南司法警官职业学院的网站并获知院系设置情况。

8.1.3　接入 Internet 的方式

用户必须将自己的个人计算机与 ISP(Internet Service Provider，Internet 服务提供商)的主机相连接，接入 Internet 才能上网获取所需信息。用户自己的个人计算机与 ISP 的主机的连接方式和所采用的技术称为 Internet 接入技术。

常见的因特网接入方式主要有拨号接入方式、专线接入方式、无线接入方式和局域网接入方式。

1. 拨号接入方式

拨号接入有以下三种方式：

(1) 普通 Modem 拨号接入方式。只要有电话线就可以上网，安装很简单。拨号上网时，Modem 通过拨打 ISP 提供的接入电话号实现接入。其缺点是：传输速率低；对通信线路质量要求高；无法享受一边上网一边打电话的乐趣。随着宽带技术的发展，这种接入方式已退出市场。

(2) ISDN(Integrated Services Digital Network，综合业务数字网)拨号接入方式。ISDN 方式能在一根普通的电话线上提供语音、数据、图像等综合业务，可以供两部终端(例如一台电话、一台传真机)同时使用。ISDN 拨号上网速度很快，它提供两个 64 kb/s 的信道用于通信，用户可同时在一条电话线上打电话和上网，或者以最高为 128 kb/s 的速率上网，当有电话打入或打出时，可以自动释放一个信道，接通电话。

(3) ADSL(Asymmetrical Digital Subscriber Line，非对称数字用户线路)虚拟拨号接入方式。ADSL 是一种能够通过普通电话线提供宽带数据业务的技术，它具有下行速率高、频带宽、性能优、安装方便、不需交纳电话费等优点，成为继 Modem、ISDN 之后的又一种全新的高效接入方式。ADSL 方案的最大特点是不需要改造信号传输线路，完全可以利用普通铜质电话线作为传输介质，配上专用的 Modem 即可实现数据高速传输。ADSL 支持上行速率 640 kb/s～1 Mb/s、下行速率 1～8 Mb/s，其有效的传输距离在 3～5 km 范围内。在 ADSL 接入方案中，每个用户都有单独的一条线路与 ADSL 局端相连，它的结构可以看作是星形结构，数据传输带宽是由每一个用户独享的。

2. 专线接入方式

专线接入有以下三种方式：

(1) Cable Modem(线缆调制解调器)接入方式。Cable-Modem 是利用现成的有线电视(CATV)网进行数据传输，已是比较成熟的一种技术。由于有线电视网采用的是模拟传输协议，因此网络需要用一个 Modem 来协助完成数字数据的转化。Cable-Modem 与以往的 Modem 的原理都是将数据进行调制后在 Cable(电缆)的一个频率范围内传输，接收时进行解调，不同之处在于它是通过 CATV 的某个传输频带进行调制解调的。

(2) DDN(Digital Data Network，数字数据网)专线接入方式。DDN 是随着数据通信业务发展而迅速发展起来的一种新型网络。DDN 的主干网传输媒介有光纤、数字微波、卫星信道等，用户端多使用普通电缆和双绞线。DDN 将数字通信技术、计算机技术、光纤通信技术以及数字交叉连接技术有机地结合在一起，提供了高速度、高质量的通信环境，可以向用户提供点对点、点对多点透明传输的数据专线出租电路，为用户传输数据、图像、声音等信息。DDN 的通信速率可根据用户需要在 $N \times 64$ kb/s($N = 1$～32)之间进行选择，速度越快租用费用也越高。

(3) 光纤接入方式。光纤能提供 100～1000 Mb/s 的宽带接入，具有通信容量大、损耗低、不受电磁干扰的优点，能够确保通信畅通无阻。

3. 无线接入方式

无线接入有以下两种方式：

(1) GPRS(General Packet Radio Service，通用分组无线业务)接入方式。GPRS 是一种新的分组数据承载业务，下载资料和通话是可以同时进行的。目前 GPRS 的数据传输速率达到 115 kb/s，是常用 56 kb/s Modem 理想速率的两倍。

(2) 蓝牙技术与 HomeRF 技术。蓝牙是一种短距离无线通信技术，传输距离为 10 米左右，用来在便携式计算机、移动电话以及其他移动设备之间建立起一种小型、经济、短距离的无线链路。HomeRF 主要为家庭网络设计，采用 IEEE 802.11 标准构建无线局域网，能实现未来家庭宽带通信。

4. 局域网接入方式

目前，各种局域网在国内已经应用得比较普遍。局域网接入是指局域网中的用户计算机使用路由器通过数据通信网与 ISP 相连接，再通过 ISP 的线路接入 Internet.

数据通信网有很多类型，如 DDN、X.25 等，它们都是由电信运营商运行与管理的。目前国内数据通信网的运营者主要有中国电信、中国网通与中国联通等。对于用户系统来说，通过局域网与 Internet 主机之间的专线连接是一种行之有效的方法。通过局域网方式接入是利用以太网技术，采用“光缆+双绞线”的方式对社区进行综合布线。

8.2　Internet 的基本应用实例

Internet 目前的应用非常广泛。从通信的角度来看，Internet 是一个理想的信息交流平台；从获得信息的角度来看，Internet 是一个庞大的信息资源库；从娱乐休闲的角度来看，Internet 是一个花样众多的娱乐厅；从商业的角度来看，Internet 是一个即能省钱又能赚钱的交易场所。可以说 Internet 是一个巨大的宝藏，如果能准确地获取其中需要的信息并为用户所用，就会更好地发挥网络的作用。本节通过具体实例介绍 Internet 的基本应用，包括 Microsoft Edge 浏览器的使用，网上信息的浏览、保存和打印，电子邮箱的使用，网上信息的搜索及常用的搜索网站介绍等。

2015 年 3 月，微软确认将放弃 IE 品牌，转而在 Windows 10 上，用 Microsoft Edge 取代了 Internet Explorer。

Microsoft 365 软件已于 2021 年 8 月 17 日起停止对 IE 11 的支持。微软也已于 2021 年 3 月 9 日结束对其 Edge Legacy 浏览器的支持。

所以，接下来的应用，我们将采用 Microsoft Edge 浏览器进行演示。

【实例描述】

朋友想知道中国历届奥运会获得金牌的情况，托我通过电子邮箱发给她。我自己也想打印一份金牌榜，那就首先在 Internet 上搜索看看吧。

本实例中，主要解决如下问题：

(1) 如何在 Internet 上搜索需要的信息。

(2) 如何实现网页的保存、打印。

(3) 如何使用电子邮箱发送邮件。

【操作步骤】

1. 搜索信息

打开 Microsoft Edge 浏览器，在地址栏中输入某个搜索引擎网站的网址，例如：www.baidu.com，就会出现图 8-1 所示的网页。

图 8-1　百度网站首页

在网站中央的文本框中输入要搜索的关键字“中国奥运会金牌榜”，单击“百度一下”按钮，即可出现图 8-2 所示的网页。

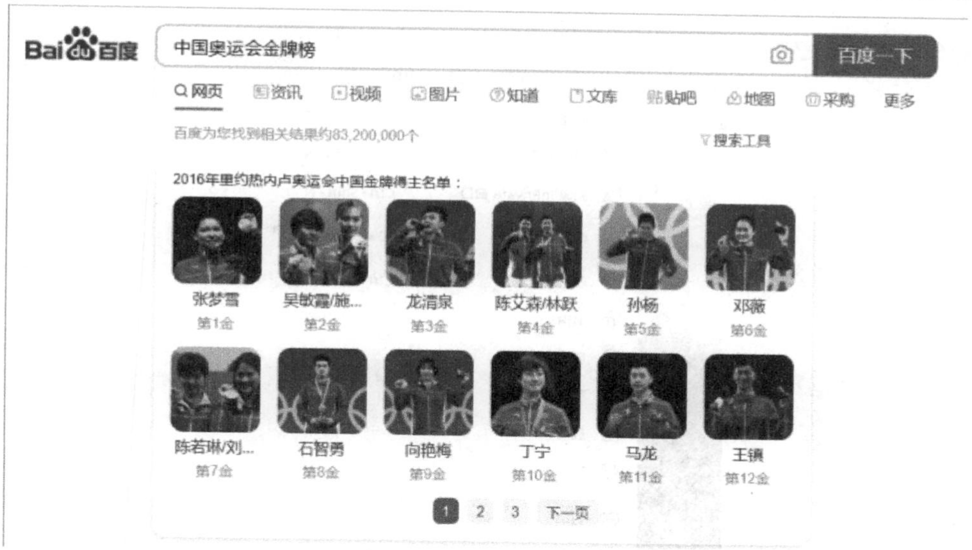

图 8-2　显示搜索结果

根据搜索结果的提示，经过查看找到满足自己需要的结果，如图 8-3 所示。

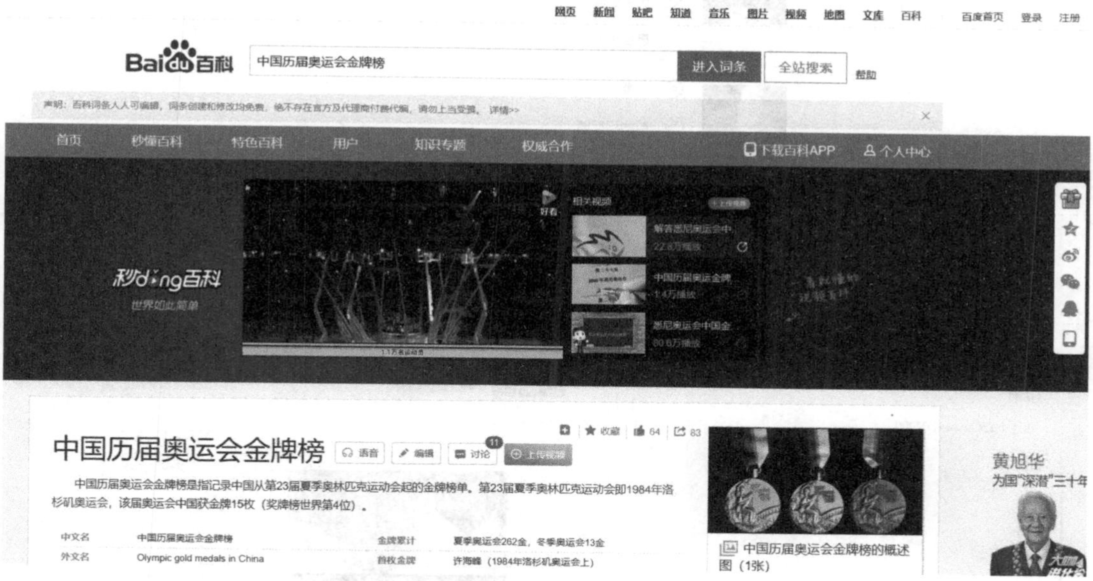

图 8-3　在 Microsoft Edge 中找到满足自己需要的网页

2. 打印、保存网页

可以使用 Microsoft Edge 浏览器工具栏中的按钮进行操作，也可以使用菜单命令进行操作。点击 Microsoft Edge 浏览器右上角的“设置及其他”，就可以把菜单栏显示在窗口中。

要打印网页，在“设置与其他”中选择“打印”，如图 8-4 所示。在弹出的对话框左侧可以设置打印机、份数、布局、页面、颜色，在“更多设置”中设置纸张、页眉和页脚、方向、页边距等，右侧为打印预览，如图 8-5 所示。

图 8-4　“设置及其他”菜单项

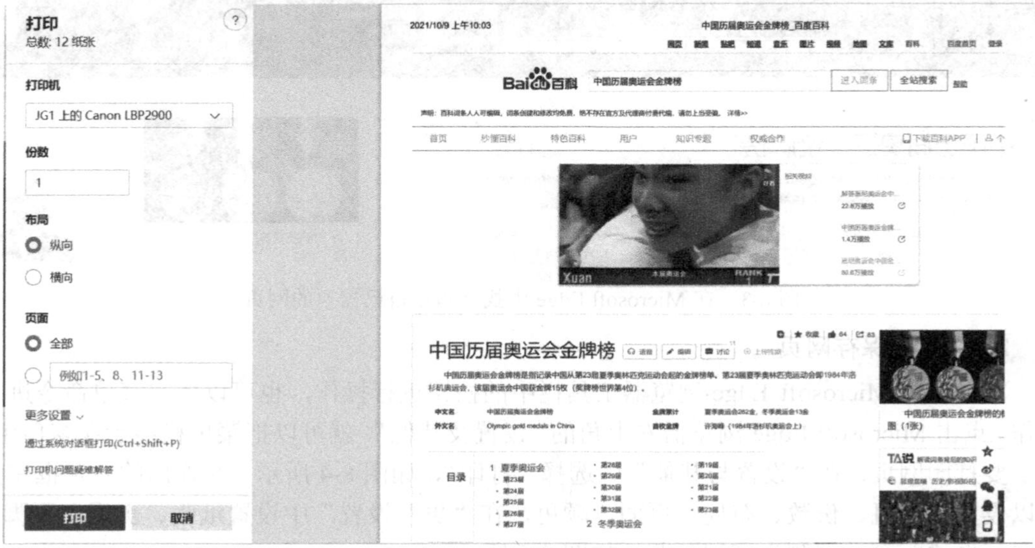

图 8-5　“打印”对话框，右侧为网页的打印预览界面

通过预览界面上方的工具栏按钮进行调整，满意之后即可打印输出。

要把该网页发送给别人，则首先要把网页保存。在“设置及其他”中选择“更多工具”→“将页面另存为”命令，打开图 8-6 所示的“另存为”对话框，选择要保存的文件的路径，输入文件名，选择文件类型，单击“保存”按钮即可。

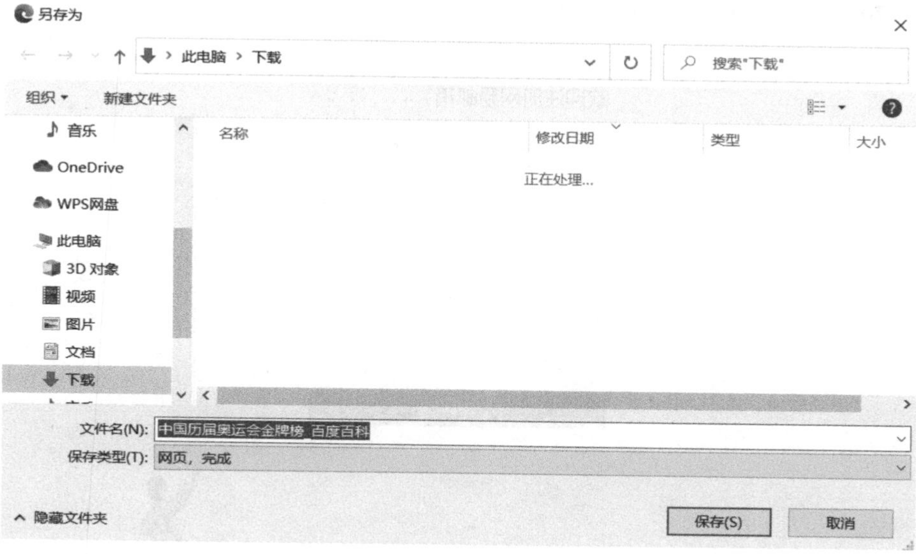

图 8-6　“另存为”对话框

3. 发送电子邮件

还没有自己的电子邮箱？那就先申请注册一个吧。在浏览器中输入网站的网址，比如 http://www.163.com，会出现图 8-7 所示的页面。

图 8-7　网易主页面

如果已经有邮箱的话，点击页面右上角的“登录”直接输入邮箱地址和密码登录即可。在这里我们注册一个新的邮箱，单击“注册免费邮箱”就会出现图 8-8 所示的邮箱注册页面。

图 8-8　163 邮箱注册页面

填入必要的信息之后，点击“立即注册”即可使用新的邮箱了，如图 8-9 所示。

图 8-9　邮箱申请成功

给朋友发送电子邮件时，单击网易邮箱主界面左侧的“写信”按钮，出现图 8-10 所示的页面。

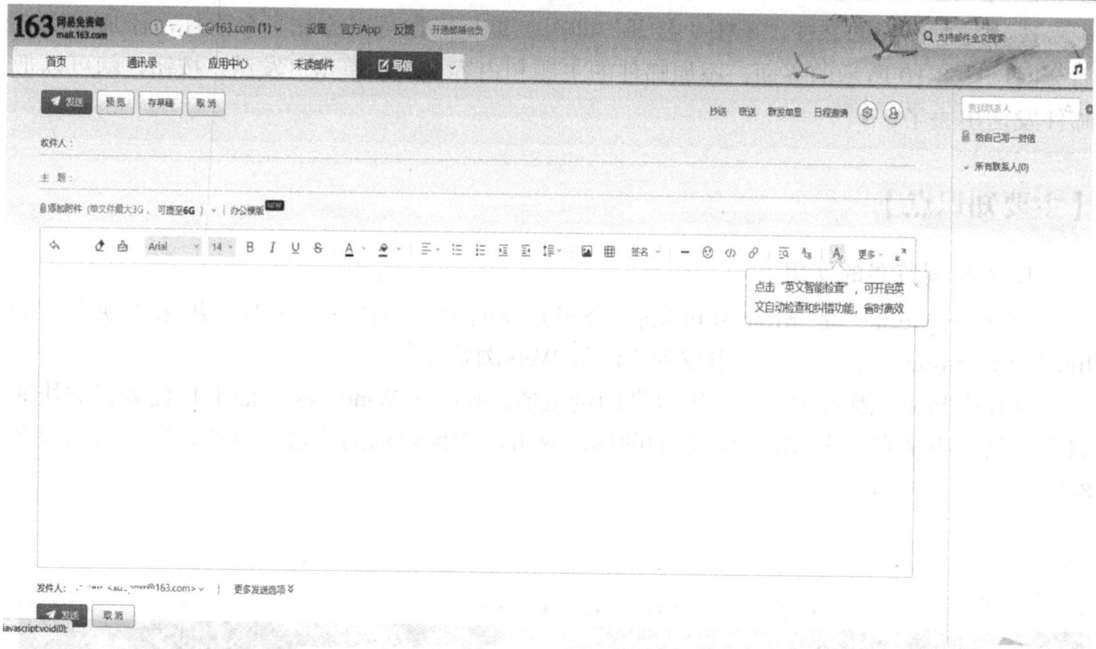

图 8-10　写信页面

在收件人列表框中输入朋友电子邮箱的地址，如果要发送给多个人的话，可以在抄送地址栏中输入其他人的邮箱地址，多个人的邮箱地址之间要用","分开。为了把刚才保存的页面发送出去，需要把保存的文件作为附件发送，单击"主题"下方的"添加附件"，会出现图 8-11 所示的页面。

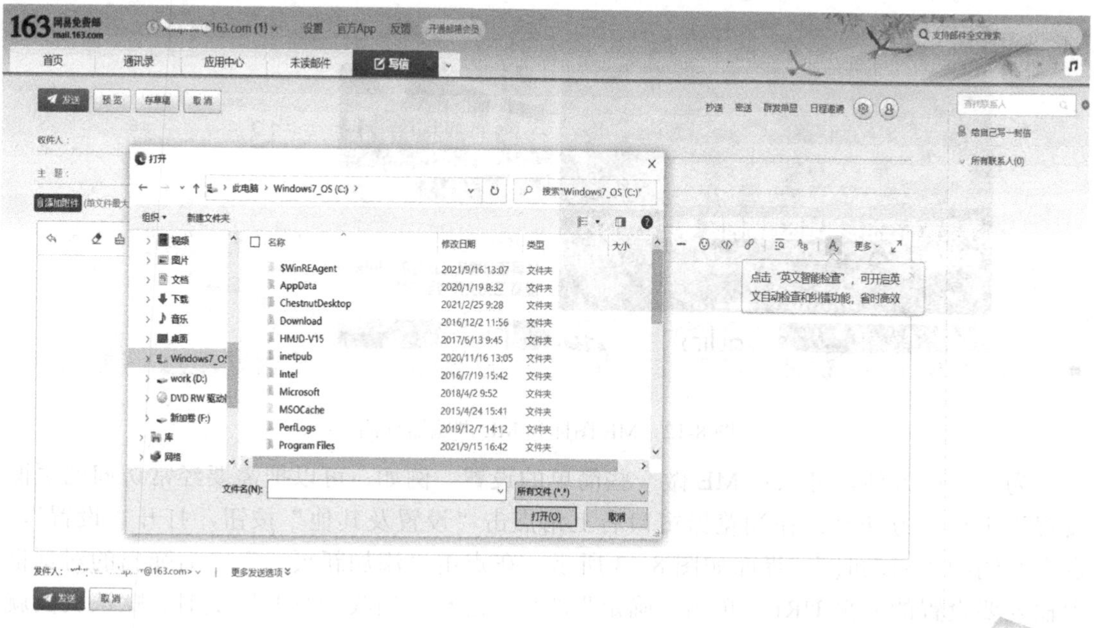

图 8-11　添加附件

选择之前保存的文件，单击“打开”即可。重复操作可以添加多个附件，添加成功之后会回到图 8-10 所示的界面，添加邮件的主题和内容之后，单击“发送”按钮，就可以把邮件发送出去了。

【主要知识点】

1. ME 浏览器的使用

Microsoft Edge 是 Microsoft(微软)公司开发的浏览因特网的工具，用来替换老旧的 Internet Explorer，也是目前应用较为广泛的 Web 浏览器。

打开电脑后，因为 ME 是系统自带的浏览器，所以在 Windows 桌面上和任务栏的快速启动工具栏中都有一个 ME 浏览器的图标，双击该图标启动浏览器。启动之后，将出现图 8-12 所示的窗口。

图 8-12　ME 图标和 ME 浏览器界面

为了使用方便，可以对 ME 做一些简单的设置。例如，可以把需要经常访问的页面设置为主页，方法是：在浏览器窗口右上角点击“设置及其他”按钮，打开“设置”，点击左侧的“启动时”，界面如图 8-13 所示。在点击“添加新页面”之后弹出的对话框中输入要设置的网页 URL，单击“确定”即可。这样，当我们打开网页时，默认页面就是该主页了。

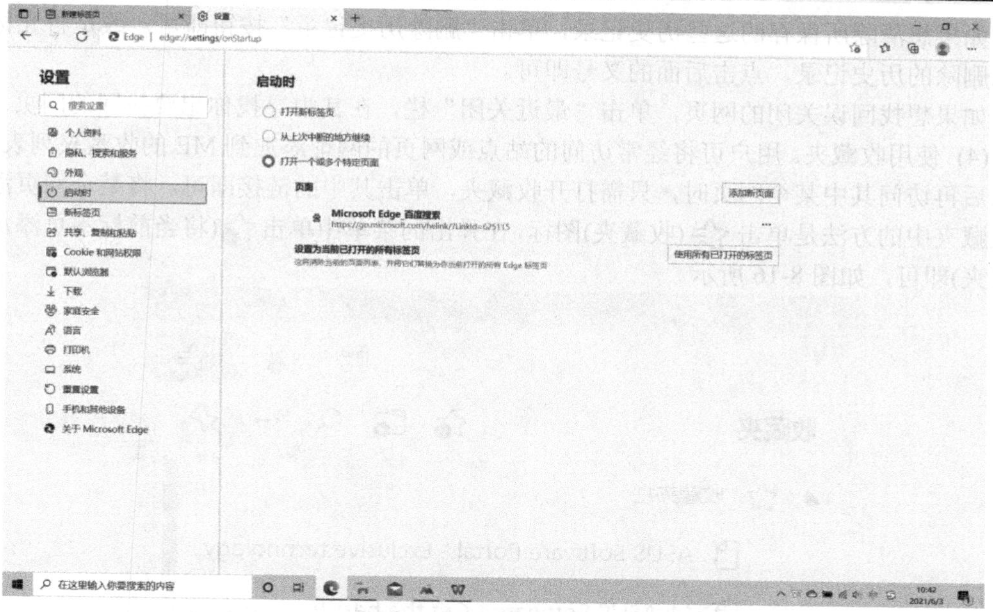

图 8-13　设置 ME 的主页

2. 网上信息的浏览、保存和打印

1) 网上信息的浏览

(1) 通过地址栏浏览网页。在 ME 主窗口的地址栏中输入某一网页的网址，然后按 Enter 键即可进入该 Web 页。

(2) 通过超级链接浏览网页。网页中通常包含转到其他 Web 页面以及其他 Web 站点的指针链路，称为超级链接，它可以是图片或彩色文字(通常带下划线)。当用户把鼠标指针移到某个超级链接上时，鼠标箭头形状变成一个小手模样，同时该超级链接所指向的 URL 地址出现在屏幕底部的状态栏中，此时只要单击一下鼠标，便可进入该链接所指向的另一个页面或进入一个新的 Web 站点。

(3) 通过历史记录浏览网页。ME 能够跟踪并记录用户最近访问过的网页，并将这些网页的链接保存起来。要查阅曾经访问过的全部 Web 页的详细列表，可以单击右上角的“设置及其他”中的“历史记录”，如图 8-14 所示，它按照日期顺序列出用户几天或者几周前曾经访问过的 Web 站点。点击某个站点或者某个网页标题即可进入该网页。

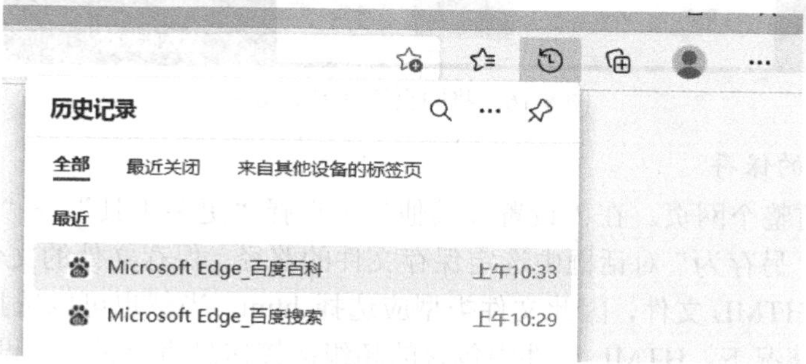

图 8-14　历史记录

如果想清除所保存的这些历史记录，单击“删除历史记录”按钮即可，或是将光标移到想删除的历史记录，点击后面的叉号即可。

如果想找回误关闭的网页，单击“最近关闭”栏，在其中寻找你想要找回的网页。

(4) 使用收藏夹。用户可将经常访问的站点或网页的网址添加到 ME 的收藏夹列表中，待以后再访问其中某个网页时，只需打开收藏夹，单击其中的链接即可。将某个网页添加到收藏夹中的方法是单击☆≡(收藏夹)图标，在弹出的菜单中单击☆⊕(将当前标签页添加到收藏夹)即可，如图 8-16 所示。

图 8-15　“收藏夹”菜单

打开已收藏的网页，可以看到地址栏右侧的五星处于“点亮”状态，点击★，可以对已添加到收藏夹的网页和名称和其所在的文件夹进行编辑，还可以创建子文件夹，分类保存网页等，如图 8-16 所示。

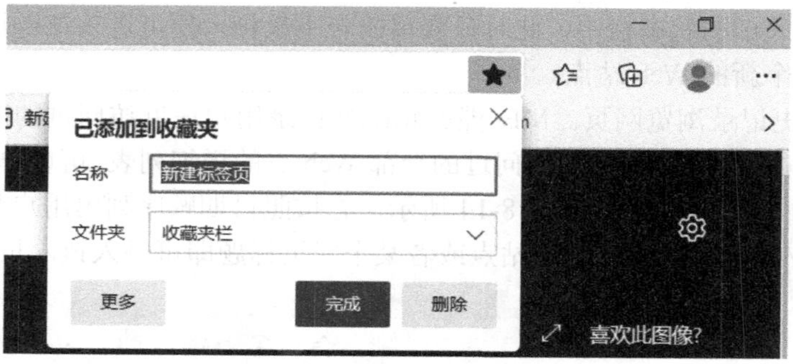

图 8-16　将网页添加到收藏夹

2) 网上信息的保存

(1) 保存当前整个网页。在“设置及其他”中选择“更多工具”→“将页面另存为”命令，在弹出的“另存为”对话框中选定保存文件的路径、保存文件的文件名、文件类型。大部分网页都是 HTML 文件，因此文件类型应选择.html。当然也可以选择文件类型为 .txt 文本文件，这种情况下，HTML 文件中包含的超级链接信息将会丢失。设置好之后，单击“保存”按钮即可。

(2) 保存网页中的文本信息。对于网页中感兴趣的文章或段落，可随时用鼠标将其选定，然后利用剪贴板功能将其复制和粘贴到某个文档或需要的地方。

(3) 保存网页中的图片。用户在浏览网页时，若要将一些感兴趣的图片保存起来，在要保存的图片上单击鼠标右键，在弹出的快捷菜单中选择“图片另存为”命令，在弹出的“保存图片”对话框中指定该图片要存放的路径名与文件名，单击“保存”按钮即可。

如果我们在网页中发现图片比较小，有可能是缩略图，如图 8-17 所示。这时如果直接在缩略图上右击选择“图片另存为”命令进行保存，保存的只是缩略图，如图 8-18 所示。此时，应单击缩略图打开图片后再执行保存操作，如图 8-19 所示，这样保存的才是完整的图片。

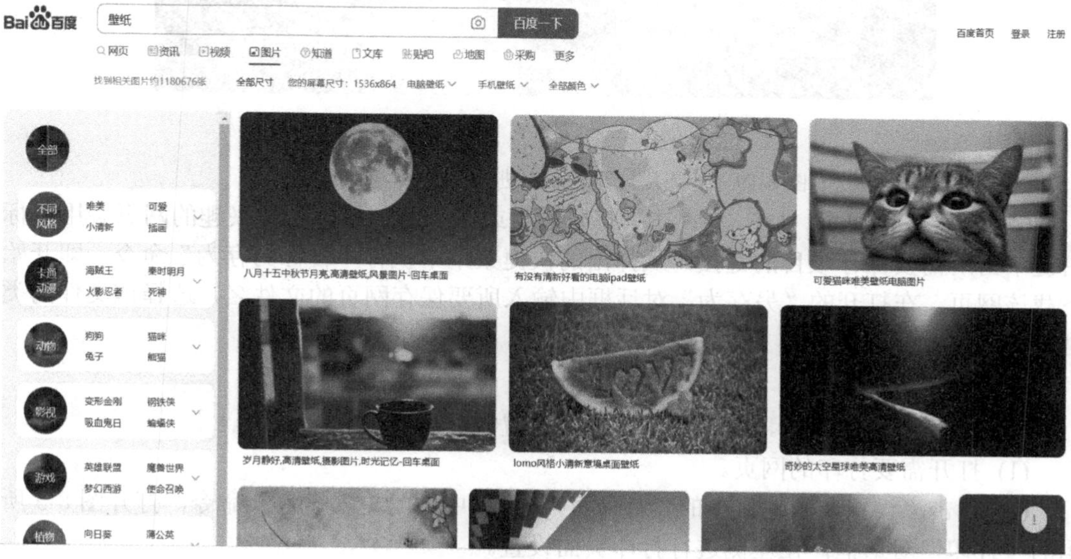

图 8-17　搜索出的缩略图

图 8-18　下载的缩略图打开之后是小图片

图 8-19　把图片打开之后再进行保存操作后的效果

(4) 直接保存网页。ME 允许在不打开网页或图片时直接保存感兴趣的网页。用鼠标右键单击所需要保存项目的链接，从弹出的快捷菜单中执行“目标另存为”命令，即开始下载该网页。在打开的“另存为”对话框中输入所要保存网页的文件名，选择该文件的类型并指定保存位置，单击“保存”按钮即可。

3) 网上信息的打印

对网页进行打印之前，首先要进行页面设置。操作步骤如下：

(1) 打开需要打印的网页。

(2) 单击“设置及其他”中的“打印”，选择其中的“更多设置”命令，打开图 8-5 所示的“打印”对话框，在左侧进行打印页面设置。

(3) 在“更多设置”的“边距”区域中，可以自定义页边距大小(以毫米为单位)。

(4) 在“布局”区域中，选择“纵向”或“横向”，指定页面打印时的方向。

(5) 进行必要的设置之后，在对话框右侧可以看到打印预览界面，如果对效果满意，就可以单击“打印”按钮打印输出了。

3. 电子邮件

电子邮件(简称 E-mail)是 Internet 上应用最广泛、最受欢迎的网络功能之一。电子邮件的使用方式一般分为 Web 方式和客户端软件方式两种。

所谓 Web 方式，是指在 Windows 环境中使用浏览器访问电子邮件服务商的电子邮件系统网站，在该网站输入用户名和密码，进入用户的电子邮件信箱，然后处理用户的电子邮件。用户无需特别准备设备或软件，只要有机会浏览互联网，即可使用电子邮件服务商提供的电子邮件功能。

所谓客户端软件方式，是指用户使用一些安装在个人计算机上的支持电子邮件基本协议的软件产品管理电子邮件。这些软件产品(例如 Microsoft Outlook 和 Foxmail)往往融合了全面的电子邮件功能，利用这些客户端软件可以进行远程电子邮件操作，还可以同时处理多账号电子邮件。远程电子信箱操作有时是很重要的，在下载电子邮件之前，对信箱中的电子邮件根据发信人、收信人、标题等内容进行检查，以决定是下载还是删除，这样可以防止把联网时间浪费在下载大量垃圾邮件上，还可以防止病毒的侵扰。

电子邮箱的格式由用户名和邮件服务器组成。例如 Username@Mailserver.Domain，其中，“Username”是用户名，“@”是电子邮件称号，“Mailserver.Domain”为邮件服务器，形式为“主机.域”。

电子邮件系统的常用功能如下：

(1) 写信和发信(回复、转发、抄送、密送、重发)。

(2) 收信和读信。

(3) 通讯录(地址簿)功能。

(4) 邮件管理功能(分文件夹、分账户)。

(5) 远程信息管理功能。

说明：抄送和密送的地址都将收到邮件，不同之处在于被抄送的地址将会显示在收件中，而被密送的地址不会显示在收件人地址列表中。这样，其他收件人会知道该邮件被寄送给谁和抄送给谁，但不会知道该邮件被密送给谁了。

要使用免费电子邮箱需要先进行申请，很多网站都提供免费邮箱的服务，如雅虎、搜狐、新浪、网易等。

4. 网上信息的搜索及常用的搜索网站介绍

搜索引擎是一个对互联网上的信息资源进行搜集整理，然后供用户查询的系统，它包括信息采集、信息整理和用户查询三部分。用户在搜索时可以使用逻辑关系组合关键词，可以限制查找对象的地区、网络范围、数据类型、时间等，可对满足选定条件的资源准确定位，还可以使用一些基本的搜索规则使搜索结果更迅速、准确。例如，使查询条件具体化，查询条件越具体，就越容易找到所需要的资料；或者使用加号把多个条件连接起来，有些搜索引擎可用空格代替加号；也可以使用减号把某些条件排除；还可以使用引号限定精确内容的出现。例如，当使用 Google 学术搜索时，大部分人可能只想搜索期刊论文或学位论文，但是搜索时会出现很多专利文献，这时可以在搜索框里加上“-patent”，就可以过滤掉绝大部分的专利。

下面介绍一些优秀的搜索引擎。

1) 中文搜索引擎

百度搜索引擎：全球最大的中文搜索引擎之一，可以查询新闻、网页、图片、视频等，可以使用百度贴吧、百度知道等。

新浪搜索引擎：规模最大的中文搜索引擎之一，提供网站、中文网页、英文网页、新闻、汉英辞典、软件、沪深行情、游戏等多种资源的查询。

雅虎中国搜索引擎：曾经是世界上最著名的目录搜索引擎。雅虎中国于 1999 年 9 月正式开通，是雅虎在全球的第 20 个网站。

搜狐搜索引擎：搜狐于 1998 年推出中国首家大型分类查询搜索引擎，到现在已经发展成为中国影响力最大的分类搜索引擎之一，可以查找网站、网页、新闻、网址、软件、黄页等信息。

搜狗搜索引擎：搜狗高速浏览器由搜狗公司开发，基于谷歌 chromium 内核，力求为用户提供跨终端无缝使用体验，让上网更简单，网页阅读更流畅。

2) 英文搜索引擎

Yahoo：有英、中、日、韩、法、德、意、西班牙、丹麦等10余种语言版本，各版本的内容互不相同，目录分类比较合理，层次深，类目设置好，网站提要严格清楚。该网站收录丰富，检索结果精确度较高，有相关网页和新闻的查询链接，有高级检索方式，支持逻辑查询，可限时间查询。

AltaVista：有英文版和其他几种西文版，搜索首页不支持中文关键词搜索，能识别字母大小写和专用名词，支持逻辑条件限制查询，高级检索功能较强。该网站还提供检索新闻、讨论组、图形、MP3/音频、视频等检索服务以及进入频道区(zones)，对诸如健康、新闻、旅游等类进行专题检索；有英语与其他几国语言的双向在线翻译等服务；有可过滤搜索结果中有关毒品、色情等不健康的内容的“家庭过滤器”功能。

Excite：是一个基于概念性的搜索引擎，它在搜索时不止搜索用户输入的关键字，还可智能性地推断用户要查找的相关内容进行搜索。除美国站点外，还有中国及法国、德国、意大利、英国等多个站点。该网站查询时支持英、中、日、法、德、意等 11 种文字的关键字；提供类目、网站、全文及新闻检索功能。目录分类接近日常生活，细致明晰；网站收录丰富，网站提要清楚完整；搜索结果数量多，精确度较高，有高级检索功能，并支持逻辑条件限制查询(AND 及 OR 搜索)。

infoseek：提供全文检索功能，并有较细致的分类目录，还可搜索图像。该网站收录极其丰富，以西文为主，查询时能够识别大小写和成语，且支持逻辑条件限制查询(AND、OR、NOT 等)；高级检索功能较强，另有字典、事件查询、黄页、股票报价等多种服务。

Lycos：多功能搜索引擎，提供类目、网站、图像及声音文件等多种检索功能。该网站搜索结果精确度较高，尤其是搜索图像和声音文件的功能很强；有高级检索功能，支持逻辑条件限制查询。

3) FTP 搜索引擎

FTP搜索引擎的功能是搜集匿名FTP服务器提供的目录列表以及向用户提供文件信息的查询服务。由于 FTP 搜索引擎专门针对各种文件，因而相对于 WWW 搜索引擎，搜索软件、图像、电影和音乐等文件时，使用 FTP 搜索引擎更加便捷。以下是一些 FTP 搜索引擎：

http://www.alltheweb.com

http://www.filesearching.com

http://www.ftpfind.com

4) 特色搜索引擎

常用的特色搜索引擎主要有以下几个：

SOGUA(http://www.sogua.com)：搜索中文的 MP3 歌曲。

Google 图像搜索：自称是最好的图片搜索工具。

Lycos(http://www.lycos.com)：多媒体搜寻。

Who where(http://www.whowhere.com)：一个老牌的寻人网站。

FAST(http://www.fastsearch.com)：可以同时搜索各种格式的多媒体文件。

MIDI Explorer(http://www.musicrobot.com)：搜索 MIDI 音乐文件。

5. BBS 的使用

BBS(Bulletin Board System，公告牌系统)是 Internet 上的一种电子信息服务系统。它提供了一块公共电子白板，每个用户都可以在上面书写，可发布信息或提出看法。大部分 BBS 由教育机构、研究机构或商业机构管理。像日常生活中的黑板报一样，电子公告牌按不同的主题分成很多个布告栏，布告栏的设立依据是大多数 BBS 使用者的要求和喜好，使用者可以阅读他人关于某个主题的最新看法，也可以将自己的想法毫无保留地贴到公告栏中。同样，别人对你的观点的回应也是很快的(有时候几秒钟后就可以看到别人对你的观点的看法)。如果需要私下交流，也可以将想说的话通过发送小纸条的方式发给某人。如果想与正在使用 BBS 的某个人聊天，可以启动聊天程序加入闲谈者的行列，虽然谈话的双方素不相识，却可以亲近地交谈。

有很多种方式登录 BBS，不过许多用户更习惯的还是利用浏览器以 WWW 方式访问 BBS 站点。只要在 ME 浏览器界面的地址栏里输入 BBS 站的地址，例如输入 http://tieba.baidu.com，即可进入百度贴吧 BBS 站。实际上，基于浏览器的 BBS 站是由一个个主页组成的。使用浏览器浏览 BBS，只需要用鼠标点击感兴趣的内容，就可以看到相应的信息。

这里就以登录百度贴吧 BBS 站为例介绍利用浏览器登录 BBS 的方法。

(1) 在浏览器的地址栏中输入 http://tieba.baidu.com，按 Enter 键，出现图 8-20 所示的百度贴吧 BBS 站首页。

图 8-20　百度贴吧 BBS 站首页

(2) 如果要发布信息，则需要输入自己的账号和密码进行登录。如果只是查看 BBS 上的内容，则可用鼠标单击页面左方的贴吧分类，如“体育”，则进入该贴吧区已有文章的分类列表页面，如图 8-21 所示。

图 8-21　贴吧的分类列表

(3) 点击某一贴吧标题即可打开该内容进行阅读，登录之后即可对已有的帖子内容进行讨论，如图 8-22 所示。

图 8-22　查看贴吧内容

另外，现在 Internet 上还有很多虚拟社区(使用方式和 BBS 类似)，我们也可以从中找到感兴趣或者需要的资讯。

网络传播的速度快、范围广、成本低是 BBS 的特点；资讯是交互的而不像传统媒体是单向的，这也是 BBS 风行的一个原因。但是它的优点也正是它的致命伤，正由于 BBS 的开放性，一个劣质的资讯在网络上造成的伤害也就更大。目前还没有一个专业机构来筛选资讯，所以大家都应该学会自我判断，才能够从 Internet 上得到益处。

8.3　网络资源下载

本节主要介绍最经典的文件直接下载方式，使用 HTTP(Hyper Text Transfer Protocol，超文本传输协议)方式，它是计算机之间交换数据的方式。所谓直接下载，就是指不借助下载工具，直接利用 WWW 下载所需的资源。直接下载是从互联网上获取所需资源的最基本方法，是办公人员必须掌握的方法。

HTTP 是超文本传输协议，浏览器(比如 ME)的“本职工作”就是解读按照这种协议制作的网页。Web 网页上的各种资源都有一个 URL(Uniform Resource Locator，统一资源定位符)，比如某个图片的 URL 是 http://www. aaa.com/a.jpg，某个页面的 URL 是 http://www.aaa.com/default.html 等。当 ME 看到这些 URL 时，它会将其显示出来。但是如果碰到 http://www.aaa.com/a.exe 这种扩展名为 .exe 的文件怎么办呢？这种文件可不能“显示”出来，否则就是一堆乱码，这时 ME 会弹出一个对话框提供给用户操作，用户就是通过这种方式下载所需资源的。

下面以从在互联网上下载“微信”的 PC 客户端为例对其作详细说明。操作步骤如下：

(1) 打开百度站点。

(2) 在查找框中输入“微信”，单击“百度一下”按钮后会出现图 8-23 所示搜索结果画面。

图 8-23　搜索结果

(3) 单击微信官网，显示图 8-24 所示页面。

图 8-24　微信官网主页

(4) 从这些信息可知这就是我们所要查找的软件。单击“免费下载”按钮，弹出图 8-25 所示的网页，选择 Windows 版本，点击“立即下载”，弹出图 8-26 所示的进度条。

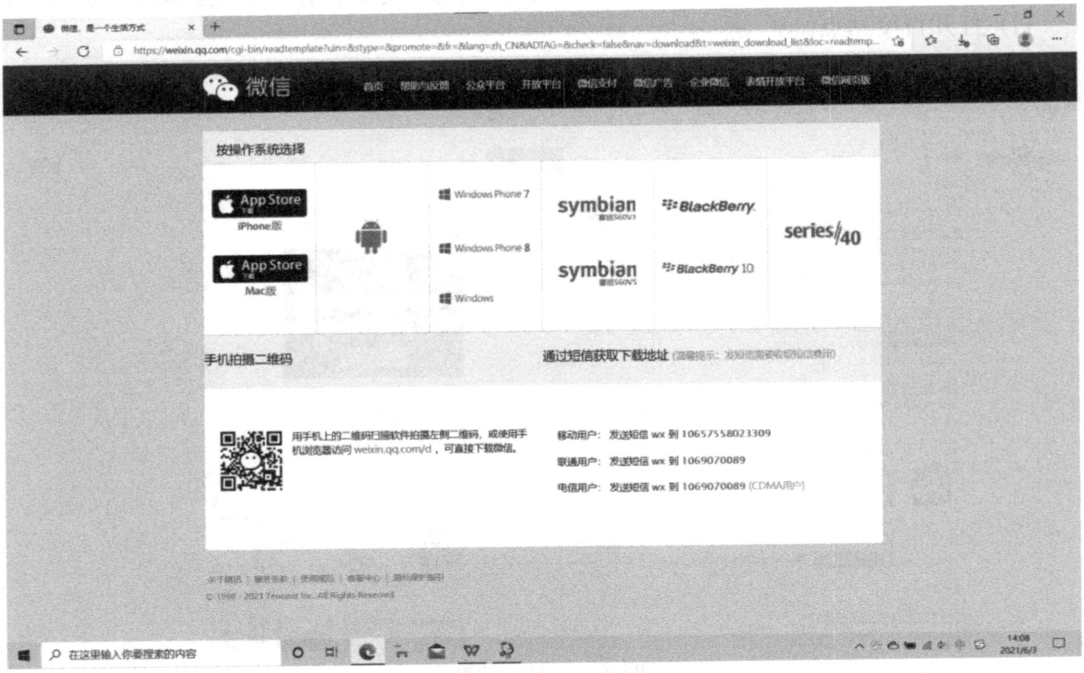

图 8-25　按操作系统选择

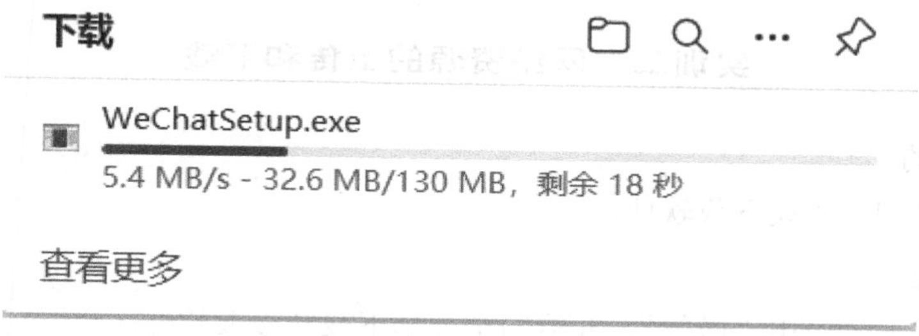

图 8-26　任务下载

(5) 下载完毕后，打开下载文件所在的文件夹，双击该文件即可安装使用。

本 章 小 结

办公中使用网络中的信息资源已经变得非常普遍。本章介绍了在办公中如何充分利用网络信息资源，包括因特网的基础知识，网页的搜索、浏览、保存和打印，网络资源的直接下载以及 BBS、电子邮箱的使用等。学习中必须清楚地理解域名与 IP 地址的概念以及二者之间的关系，了解 Internet 在现代办公中的主要应用，能够熟练使用 ME 进行网上信息的浏览、保存和打印，掌握搜索引擎的使用方法，同时要掌握从互联网上下载信息的方法。

通过本章的学习，读者应该熟练掌握网络资源的应用方法，充分发挥网络的作用。

实　　训

实训一　搜索网页并发送电子邮件

1. 实训目的

(1) 熟练掌握网上信息的搜索方法。

(2) 掌握网页的浏览和保存、电子邮件的发送。

2. 实训内容

在 ME 上搜索 5G 技术相关知识，了解其发展、工作原理及应用，保存相关的网页内容并通过电子邮件发送给你的朋友，必要时可以在论坛上发起询问帖获取更多信息。

3. 实训要求

(1) 启动 ME 浏览器，打开某个搜索引擎网站，如 www.baidu.com。

(2) 在 ME 上通过关键字“5G”搜索，或者到移动、电信或联通公司官方网站上查询相关知识。

(3) 把有用的网页保存起来。

(4) 把保存的网页通过电子邮件发送给你的朋友。

实训二　网络资源的上传和下载

1. 实训目的

掌握利用 HTTP 协议下载软件。

2. 实训内容

从网上下载一个应用“微信”，并给同学分享下载链接或软件。

3. 实训要求

(1) 启动 ME 浏览器，打开某个搜索引擎网站。

(2) 在 Internet 上搜索“微信”的最新版本。

(3) 下载该软件。

(4) 复制下载链接，用邮箱发给你的同学，或分享软件给你的同学。

参 考 文 献

[1] 王惠斌，马耀峰. 办公信息化实例教程[M]. 北京：中国水利水电出版社，2014.
[2] 王亮，姚军光. 办公软件项目式教程(Office 2007)[M]. 北京：人民邮电出版社，2013.
[3] 李永平. 信息化办公软件高级应用[M]. 北京：科学出版社，2009.
[4] 杨威. 办公自动化实用教程[M]. 北京：人民邮电出版社，2015.
[5] 张永忠. 办公自动化实训教程[M]. 上海：复旦大学出版社，2015.
[6] 张学兵，文世润. 办公自动化项目教程[M]. 北京：人民邮电出版社，2019.
[7] 谢海燕，吴红梅，陈永梅. Office 2010 办公自动化高级应用实例教程[M]. 2 版. 北京：中国水利水电出版社，2019.